北海道開拓の空間計画

柳田良造 著

北海道大学出版会

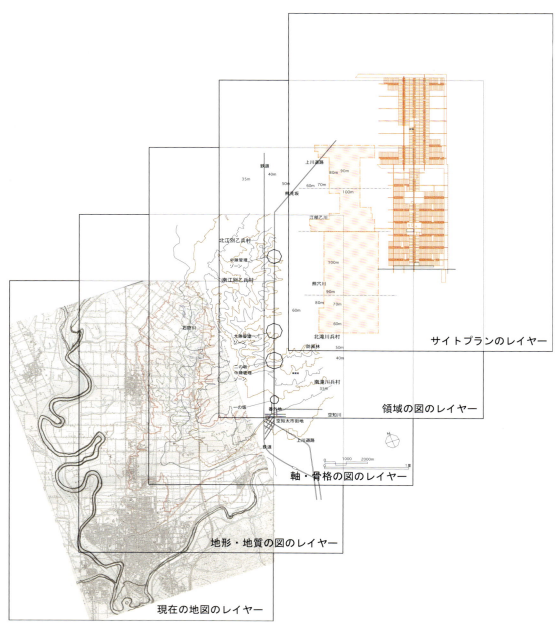

レイヤーの構成と分析の考え方。序章 2-1.「地域空間のレイヤー構造での分析」参照

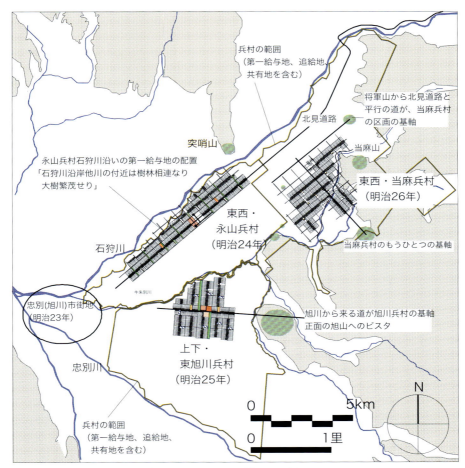

口絵 1 　上川盆地の兵村（永山，東旭川，当麻）の配置図（出典：北海道教育委員会『北海道文化財シリーズ　第 10 集　屯田兵村』（北海道教育委員会　1968 年），旭川市史編集会議『新旭川市史第二巻　通史二』（旭川市　2002 年），当麻町史編纂委員会『当麻町史』（当麻町　1975 年）などの資料を参照し，現地調査を行い作成した）。第 2 章 4-2.「軸と区画による配置計画のパターンの分類」参照

口絵 2 　永山兵村などの立地のよりしろになった突哨山の眺め

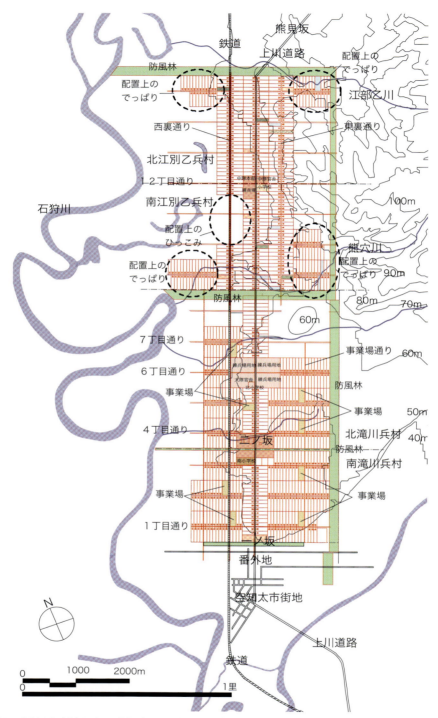

口絵3　南・北滝川兵村と南・北江部乙兵村の配置図（出典：「石狩国空知郡滝川村南滝川兵村屯田歩兵第2大隊第3，4中隊給与地配置図」（北海道立図書館蔵），滝川市史編さん委員会編『滝川市史　上巻』（滝川市役所　1981年）などの資料をもとにCAD図面化し作成）。第3章2-1.「地形との応答と調整のデザイン」参照

軸型での防風林の配置パターン

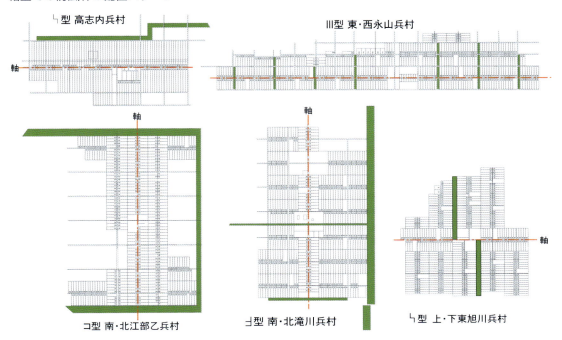

区画型での防風林の配置パターン

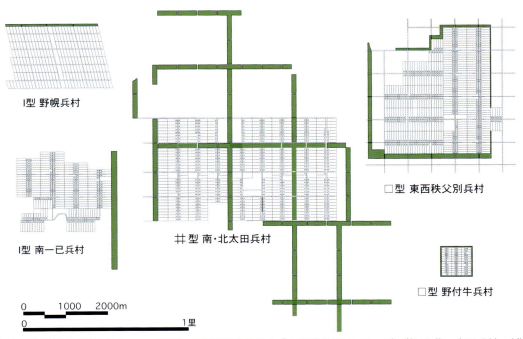

口絵4　防風林の配置パターン（出典：北海道教育委員会『北海道文化財シリーズ　第10集　屯田兵村』（北海道教育委員会　1968年），兵村の立地した各市町村史，兵村史などをもとにCAD図面化し作成）。第3章2-6.「樹林地と防風林の計画とデザイン」参照

口　絵　iii

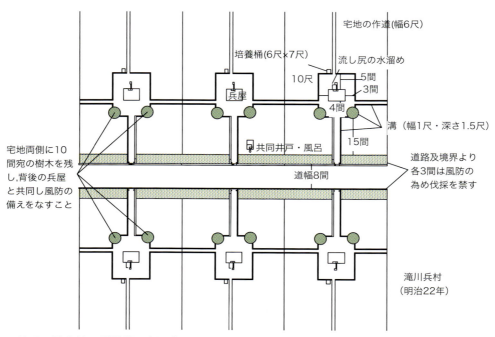

口絵 5　耕宅地の道路際の緑の扱い方（出典：滝川市史編さん委員会編『滝川市史　上巻』（滝川市役所　1981 年）中の屯田兵村での開拓営農に関する資料をもとに CAD 図面化し作成）。第 3 章 2-6.「樹林地と防風林の計画とデザイン」参照

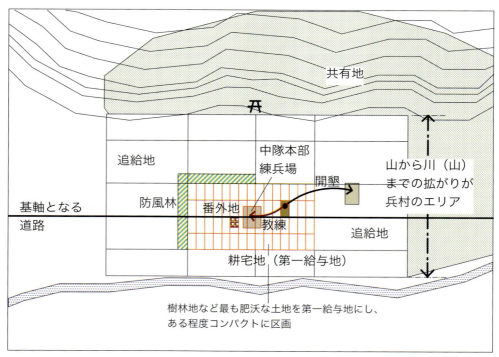

口絵 6　屯田兵村の空間構成のモデル図。第 3 章 4.「屯田兵村の空間構成モデル」参照

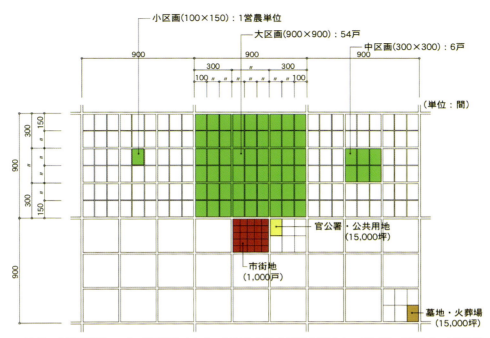

口絵 7　殖民区画モデル計画図（出典：北海道庁編『新撰北海道史　第四巻　通説三』（北海道庁　1937年　［復刻版］清文堂出版　1990年）などの資料をもとに CAD 図面化し作成）。第 5 章 4-4.「殖民区画の制度的規定」参照

口絵 8　殖民区画と防風林の景観（十勝）

口　絵　ⅴ

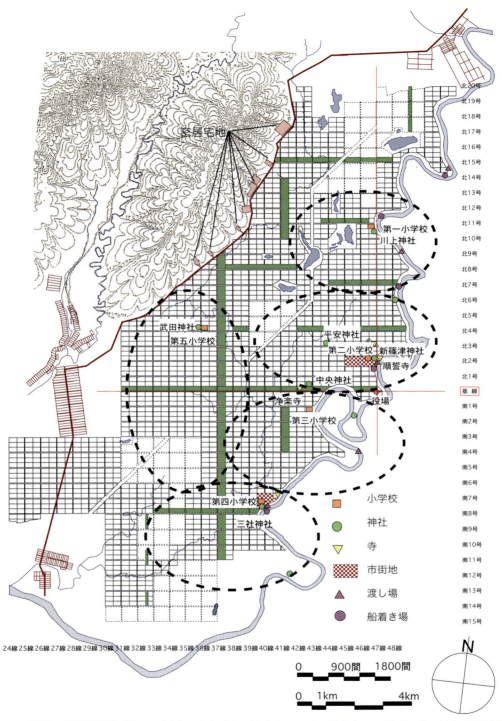

口絵 9　当別・篠津原野入植地の生活のまとまり（市街地・学校・神社・寺）（出典：「石狩国石狩札幌郡当別篠津原野区画図」（北海道立文書館蔵），新篠津村史編纂委員会編『新篠津村百年史　資料編』（新篠津村　1996 年）などの資料をもとに CAD 図面化し作成）。第 6 章 3-2.「当別・篠津原野」参照

目次

口絵　　　　　　　　　　　　　　　　　　　　　　　　　　　　　　i
序章　研究の目的と方法　　　　　　　　　　　　　　　　　　　　1
　1. 研究の目的　　　　　　　　　　　　　　　　　　　　　　　　3
　　1-1. 地域空間形成の「基層」　3
　　1-2. 地域空間形成における計画と成熟　5
　2. 研究の方法　　　　　　　　　　　　　　　　　　　　　　　　7
　　2-1. 地域空間のレイヤー構造での分析　7
　　2-2. 具体的研究方法　9

第1章　明治初期開拓の地域空間形成　　　　　　　　　　　　　13
　1. 明治以前の北海道開拓の底流　　　　　　　　　　　　　　　15
　　1-1. アイヌの空間認識　15
　　1-2. 江戸期における「蝦夷地」の空間認識と開拓　16
　2. 明治初期の開拓政策　　　　　　　　　　　　　　　　　　　18
　　2-1. 開拓使の誕生　18
　　2-2. 開拓使の開拓方針　22
　3. 開拓初期の地域空間形成の流れ　　　　　　　　　　　　　　24
　　3-1. 札幌本府計画と市街区画　25
　　3-2. 初期移住村　30
　　3-3. 屯田兵村　41
　4. 明治初期開拓事業の意味　　　　　　　　　　　　　　　　　44
　　4-1. 開拓地と集落立地　44
　　4-2. 移住地での集落形態　44
　　4-3. 入植地の農地区画の規模　44
　　4-4. 開拓入植での団体性・共同体の重要性　45
　　4-5. 入植開拓地での農業基盤確立のための副産物　45
　　4-6. 開拓入植のための基盤・交通網整備の重要性　46
　　4-7. 都市と農村の計画的連続性　46
　　4-8. 市街地の空間構成のモデルの確立　46

第2章　屯田兵村の配置計画の骨格パターン　　　　　　　　　　47
　1. 屯田兵村形成とその時代背景　　　　　　　　　　　　　　　49
　　1-1. 創設期（明治6〜15年）　49
　　1-2. 確立期（明治15〜23年）　51

1-3. 展開期（明治23〜29年）　51

1-4. 終焉期（明治29〜37年）　51

2. 屯田兵村の選地と国見　　　　　　　　　　　　　　　52

2-1. 屯田兵村の選地の4つの目標　52

2-2. 『屯田兵本部長永山将軍北海道全道巡回日記・上下』に
　　 見る土地選定の考え方　52

2-3. 土地の選定調査と国見　53

3. 屯田兵村の選地と国見　　　　　　　　　　　　　　　54

3-1. 給与地の分割給与　54

3-2. 給与地を樹林地へ　55

3-3. 屯田兵村において意図した営農形態　56

3-4. 給与地配置の意図　58

4. 配置パターンの分類　　　　　　　　　　　　　　　　59

4-1. 密度による配置パターンの分類　59

4-2. 軸と区画による配置計画のパターンの分類　68

4-3. 屯田兵村における配置計画の決定要因　83

第3章　屯田兵村のルーラルデザイン　　　　　　　　　　　85

1. ルーラルデザインとしての屯田兵村を考える意味　　　87

2. 屯田兵村のデザイン手法　　　　　　　　　　　　　　88

2-1. 地形との応答と調整のデザイン　88

2-2. 基軸と領域性　90

2-3. 基礎単位としての耕宅地のデザイン　90

2-4. 生活領域のまとまりに対応した空間計画　95

2-5. 中心ゾーンの計画と空間形態　100

2-6. 樹林地と防風林の計画とデザイン　101

2-7. 精神的よりどころの配置　106

2-8. 共有地の配置　108

3. ルーラルデザインとしての計画原理　　　　　　　　　110

4. 屯田兵村の空間構成モデル　　　　　　　　　　　　　112

第4章　屯田兵村での地域空間の形成と成熟　　　　　　　115

1. 屯田兵村での地域空間形成の意味　　　　　　　　　117

2. 地域の開拓拠点の形成　　　　　　　　　　　　　　117

3. 土地利用の継承と成熟・変容　　　　　　　　　　　119

3-1. 農村的土地利用の事例　120

3-2. 農村と市街地的土地利用の事例　128

3-3. 市街地的土地利用の事例　136
4. 空間構成の継承と変容・成熟　　　　　　　　　　　　143
4-1. 領域性とまとまりの継承と変容　143
4-2. 道路パターンと軸性の継承と成熟・変容　144
4-3. 区画の継承と成熟・変容　145
4-4. 中心ゾーンの継承と成熟・変容　146
4-5. 屯田兵村における地域空間形成の基層としての計画原理
　150

第5章　殖民区画制度の誕生　　　　　　　　　　　　　　　151
1. 殖民区画制度誕生期の北海道と取り巻く状況　　　　　153
1-1. 北海道への移住拡大の時代背景　153
1-2. 移住拡大を担った北海道庁の誕生　155
2. 開拓地の土地処分の方法　　　　　　　　　　　　　　159
3. 殖民地選定調査　　　　　　　　　　　　　　　　　　162
4. 殖民区画制度の成立　　　　　　　　　　　　　　　　164
4-1. トック原野への十津川移民の入植　164
4-2. トック原野での土地区画のデザイン　168
4-3. トック原野に続く土地区画のデザイン　175
4-4. 殖民区画の制度的規定　177
5. 殖民区画での疎居・密居問題と代替案の可能性　　　　179
5-1. 疎居・密居問題　179
5-2. 殖民区画の実施体制　180
5-3. 新渡戸稲造の殖民区画への代替案　181
6. 殖民区画による密居制の実施　　　　　　　　　　　　186
6-1. 殖民区画による密居制の実施事例　187
6-2. 密居論の展開　195
7. 殖民区画制度での集落計画の欠如とその理由　　　　　196

第6章　殖民区画制度による地域空間の形成と成熟　　　　203
1. 土地制度　　　　　　　　　　　　　　　　　　　　　205
1-1. 北海道土地払下規則　205
1-2. 北海道国有未開地処分法　206
2. 土地処分の進行と大土地所有　　　　　　　　　　　　208
2-1. 土地処分の急進　208
2-2. 土地処分の進行における大規模処分地の増大　212
2-3. 北越殖民社による小作農場のモデル　214

2-4. 北海道小作条例草按　　215

　　　2-5. 大規模小作農場の功罪　　216

　　3. 殖民区画による地域空間の形成　　　　　　　　　　　　216

　　　3-1. 鷹栖原野　　216

　　　3-2. 当別・篠津原野　　228

　　　3-3. 更別原野　　239

　　4. 殖民区画での市街地形成　　　　　　　　　　　　　　　246

　　　4-1. 殖民区画図段階で計画された市街地　　247

　　　4-2. 入植の進展後に形成された市街地　　250

　　5. 殖民区画の計画の意味　　　　　　　　　　　　　　　　252

　　　5-1. 広域秩序—「地」の形成　　252

　　　5-2. 空間形成の時間空間の集積と計画の持続力　　252

　　　5-3. マニュアル化された計画デザインと現場性　　254

　　　5-4. 疎居的な集落形成　　255

　　　5-5. 地域環境の制御と共有地の存在　　255

　　　5-6. 農村市街地の形成　　256

第7章　都市と村落・基層構造の持続性　　　　　　　　　　259

　　1. 開拓の進展に見る地域空間形成の基層構造　　　　　　　261

　　　1-1. 明治10年までの開拓の地域空間　　261

　　　1-2. 明治20年までの開拓の地域空間　　264

　　　1-3. 明治30年までの開拓の地域空間　　265

　　　1-4. 明治40年までの開拓の地域空間　　267

　　　1-5. 開拓期の地域空間形成における市街地と村落の基層構造
　　　　　268

　　2. 計画原理の相互関係　　　　　　　　　　　　　　　　　269

　　　2-1. 屯田兵村と市街地　　269

　　　2-2. 殖民区画と市街地　　270

　　　2-3. 屯田兵村と殖民区画　　271

　　3. 基層の計画原理　　　　　　　　　　　　　　　　　　　272

　　　3-1. 計画とデザイン　　272

　　　3-2. 自然地形との対応と親和　　276

　　　3-3. よりしろと場所　　279

　　　3-4. リザベーション　　282

　　　3-5. 都市と農村の相関・相補性　　284

　　4. 基層構造の規定力　　　　　　　　　　　　　　　　　　284

　　　4-1. 広域性—地と図　　284

4-2. 空間形成の時間の集積と計画持続力―インフラの規定力
　　286

4-3. 基準と現場性　287

4-4. 地域空間のスケール　288

補章　近代期における北関東・東北・北海道での比較　　　　　291

1. 奥羽越列藩同盟諸藩士族の移住開墾　　　　　296

1-1. 開拓の前提としての原野　296

1-2. 移住開墾のための移住地選択と移住条件　296

1-3. 移住地の土地区画と農村計画　298

2. 士族授産開拓　　　　　301

2-1. 士族授産開拓の入植地と成立条件　301

2-2. 士族授産開拓の開拓地の計画デザインと土地区画　302

3. 大規模経営農場開拓　　　　　306

3-1. 大規模経営農場開拓の入植地と成立条件　306

3-2. 那須野ヶ原の開墾事業と土地区画　309

3-3. 肇耕社の格子状市街地区画　310

3-4. 農場経営と環境形成　310

参考文献　　　　　315

表・図・写真リスト　　　　　329

あとがき　　　　　343

事項・人名索引　　　　　345

地名索引　　　　　355

序 章

研究の目的と方法

本章は北海道の開拓期の地域計画（屯田兵村や殖民区画，移住村，市街区画）の実態を明らかにするために，研究の方法論的における位置づけを示している。

　本書では地域空間の形成において，最も重要な原点を「基層」と定義し，「基層」が地域空間の形成過程や現在の地域空間を規定しているとの仮説を立て，北海道の開拓期は地域空間を形成する「基層」群が形成された時代であるとしている。そして「基層」群（屯田兵村や殖民区画，移住村，市街区画）がつくり出した地域空間の構造を明らかにし，「基層」群の計画が北海道の地域空間の形成過程において何を規定し，その結果どのような地域空間が形成されたのか，計画原理，実現化過程，成熟の経過について評価している。計画原理を解明し，成熟過程を評価する視点として「計画」と「デザイン」，「よりしろ」の３つをあげ，分析の方法を示している。

　章の構成は，仮説の設定，分析の手法，計画図の分析とフィールド作業，歴史資料の参照を通して，総合的な解析を行う手法を述べ，さらに北海道開拓期をめぐる空間計画に関する既往研究をレビューしたのち，論文全体の組み立てを示している。

1．研究の目的

1-1．地域空間形成の「基層」

　地域空間は，人間が居住した歴史と痕跡が集積した場であり，固有の地形や植生を基に，様々な時代の生活や土地に対する人間の働きかけが堆積している。

　＋地域空間を歩き，注意して見ると，ある時代の計画原理により形成された空間的特異性を発見することがある。例えば北陸など日本海沿いの港町を歩くと，市街地の一画に明らかに他と異なる町並みを発見することができる。江戸から明治中期にかけて北前船の交易により得た莫大な富が蓄積され形成された町並みである。地域空間は地理的な位置，地形的特性と気候・植生などの特徴に加え，歴史的な形成過程により規定される場である。

　本書が対象とする北海道の地域空間は地形や気候・植生がつくる大自然が大きな意味をもつが，そのなかにも，アイヌのレイヤー（土地に記された時代ごとの開拓や生活の痕跡が刻まれた層）が残り，江戸期松前藩のレイヤーや，明治期の開拓，戦後から現代までの開発のレイヤーなど，人間の土地に対する働きかけが重なり，構造化されているのを読みとることができる。短い歴史のなかにも，歴史の重層性を有する生活空間の存在を読みとることができる。

　地域空間の形成において，その構造を規定する重要な役割を果たすレイヤーを地域空間の形成における fundamental なレイヤーという意味で「基層」[1] と定義する。「基層」には，地域空間が存在する土台となる地形や植生の自然的な要素の他，歴史的な形成過程において重要な時代のレイヤーがある。「基層」は地域空間を形成する歴史の出発点である。出発点であり，その後の形成過程を規定している。長い歴史がある地域では条里制のように千年を超えて市街地，農村を含め地域空間の組み立てを規定しているような場合がある。また京都のように平安京の条坊制，太閤秀吉の街区割り，明治維新の近代化政策のように複数の「基層」が読みとれる場合もある。

　地域空間の「基層」とは，地域が大きな論理や流れのなかに包含され，その特性を否定されるような時代にあっても，その骨格を保持し，その姿を現しめている構造である。木造都市であった日本では，町並みは時代とともに移り変わっていく存在として捉えられてきた。しかし地域の土台となる地形と対話するなかで形づくられた土地割りや配置の骨格や軸性，固有のスケー

---

1) 基層の概念については，梅原猛・埴原和郎『アイヌは原日本人か−新しい日本人論のために』（小学館創造選書　1982 年）のなかに，「アイヌ文化は日本文化の基層」との捉え方がある。基層そのものの定義はされてないが，見出しとしての表現が見られる。

ルなど，地域空間の「基層」はほとんど変わることなく，持続されてきたのである。地域空間とはある意味，時代ごとにリセットしうる存在ではないのである。

　本書のフィールドである北海道の開拓期とは北海道の地域空間の「基層」が形成された時代であり，現代の地域空間はその「基層」に規定されているともいえる。

　開拓期における地域空間形成の計画は，地理的な位置を選定することにはじまり，国見などによる地形を読み込んだ骨格の配置，入植地の集落運営の方法とサイトプランの計画，場所の空間デザインという総合的なな計画の内容をもつものであった。道内各地の開拓の例を見ると，開拓期の計画が1世紀以上にわたり，その後の地域空間の骨格を規定し，漸進的な変化の過程を方向づけることで，地域空間の成熟に寄与している例が多い。つまり明治開拓期の計画が，北海道の地域空間を規定する「基層」としてあげられる。

　特に屯田兵村と殖民区画というふたつの計画原理は，道南エリアを除く北海道の地域空間の大半を−農村，市街地を含め−計画し，出発点と骨格を形成した。屯田兵村は地域空間形成の開拓「モデル」のフロンティアで，殖民区画は地域空間の「地」を面で形成したものだが，それぞれ個々のプロジェクトでは，地域の地形や環境条件に対応した即地的な場所のデザインを計画し，その後の地域空間の成熟の方向を示した。また屯田兵村，殖民区画の計画された時代には，入植地形成のさきがけとなった移住村や，北海道開拓の首府として位置づけられた札幌本府計画のような市街区画など，都市空間においても地域空間形成の「基層」が生まれた。

　本書の目的は，北海道開拓における地域空間形成において，その基礎となった屯田兵村や殖民区画の空間計画について明らかにするとともに，北海道開拓期に形づくられた「基層」群（屯田兵村，殖民区画，移住村，市街区画）がつくり出した地域空間の構造を描くことにある。そして，この明治開拓期の計画がその後，北海道の地域空間形成における土台として空間計画の側面からどのような現実の地域空間形成をもたらしたのかを，計画，形成，成熟過程から評価することにある。つまり明治開拓期の計画が地域空間の「基層」となった要因や過程を分析する。

　北海道開拓の地域空間を分析するに当たって，「基層」を考えることはもうひとつの理由がある。北海道の近代史の特色は，なによりも「始まりが確認できる」ことにあるように思う。地域空間においても最初の入植や原野の区画測設といった，働きかけを明確に史料や古地図類から確認できる。屯田

兵村や殖民区画で計画された地域で最初の計画が，図面で明確に残されており，図面を通して計画内容や計画意図を読みとることが可能である。さらに，計画図面を現在の地形図と重ねると，開拓期の計画がその後，地域空間の形成過程と現代の計画に与えた影響を分析できる。

　地域において最初の計画が確認できるということは，大きい意味がある。それは最も古いオリジナルの歴史が確認できるということに特に意味があるのではない。

　地域空間における最初の計画とは，選地から始まり，場所の特徴や地域の地理や地質条件や地形を的確に読みとり，計画の骨格を形づくり，そこで描ける空間像を示し，将来の発展像をも構想することである。地形は地域空間の特質を規定する上で大きな要素だが，最初の計画が，場所の地形的特徴をうまく読みとり骨格を計画したかどうかにより，その後の地域の有り様が決定されるともいえる。また最初の計画で考えられ描かれた内容は，開発の目的，土地利用やゾーニングといった時代に規定された機能が，時間の経過とともに変わるなかでも，場所に即した空間の特質としては変わらず受け継がれていく。なぜなら地域空間とは特定の土地の上につくりあげられ，その土地を離れては存在しえないものである。

　このように，他の歴史的事象以上に，地域空間においては最初の計画は，その後の地域空間の有り様を規定する側面が大きいものであり，重要である。

1-2．地域空間形成における計画と成熟

1）「計画」と「デザイン」

　地域空間形成における計画とは，「計画」と「デザイン」というふたつの面をもつものであると考える。「計画」とは，狭義の計画を意味し，地域の空間形成における目的，事業方法，規模や要素の種類と数，ゾーニング，交通など，平面レベルで位置関係，量を決めるものである。「デザイン」は，平面レベルでの位置関係，量に基づき，具体的に場所に対応した要素の関係，配置，形を決定し，3次元の景観としてたち現れるものを組み立てる手法である。

　「計画」と「デザイン」は具体的に何をさすか。開拓入植の計画として，空間的に最も多様で，密度の高いデザインが行われた屯田兵村のケースでは，以下のようになる。

　屯田兵村での「計画」は，まず未開の開拓地への入植と定住地形成のモデ

ルである。そのため，まず地理的な位置を考え，立地する場所が重視された。北海道の初期開拓の最大の課題であった入植と定着のための居住地形成の条件をさぐり，その条件を計画化することがもうひとつのテーマであった。

それに対し「デザイン」とは，計画課題を地形への対応や親和の考え方からまとめていくルーラルデザインであった。

「計画」と「デザイン」の考え方は，屯田兵村において最も明解な形で捉えられるが，初期の士族移住村や札幌本府の市街区画，明治20年代にスタートした大開拓移住期を支えた殖民区画においても，様々なレベルで捉えられるものである。殖民区画については，大量の移住民の需要に応える面から統一的な規準が地域のデザインより優先したと考えられてきた。しかし部分的には，土地の場に対応したデザインの事例や痕跡を数多く，発見することができる。

2）「よりしろ」と地域空間の成熟

地域の空間デザインにおいて，計画された場所が時間の経過とともに成熟し，豊かな空間に醸成されていく時の条件のひとつに，「よりしろ」というものがあると考える。

「よりしろ」とは「よりどころ」と「代（しろ：何かのためにとっておく部分）」で構成される言葉と定義する。「よりどころ」とは文字通り地域空間を計画する時の手がかりや目印となる場所や対象である。「よりどころ」はreliance を意味する。

「代」は，糊代とか縫い代などと使われる意味であるが，空間デザインにおけるゆとりや，何かのためにとっておく部分をさす物理的なスペースである。その「代」があることによって，人びとの生活とのかかわる時間の経過のなかで，場所が豊かな環境に成熟していくように思う。「代」はredundancy（余分な部分，冗長性）を意味する。

屯田兵村などの計画では，兵村全体の安定のための共有財産としての薪炭林や林地，農地が重要な意味をもったが，それら特別な機能をもった土地はreservation（共有地）として位置づけ，ここでいう「よりしろ」には含まない。

地域における基層の空間計画にはこのような「よりしろ」が最も必要であると考える。「よりしろ」の存在が，地域における基層の空間計画が，地域において，時間の集み積ねのなかで成熟した環境として形成される要因になっていると考える。

2．研究の方法

2-1．地域空間のレイヤー構造での分析

　地域空間の重層構造を分析する方法としては，レイヤー構造で分析する手法を用いる。レイヤーの概念は，現在はコンピュータ・ソフトの領域でよく使われる。コンピュータ・ソフトの設計の概念基礎となる「階層構造」での「階層」を意味する場合もあるが，最もよく使われるのは，画像処理ソフトで扱われる「描画用の透明なシート」の意味である。複数のレイヤーを利用することで，画像の重ね合わせや表示，非表示を切り替え，複雑で情報量が多い画像の処理を容易に可能にする。

　近年，このレイヤーの概念が地域空間を分析する手法[2]としても活用されるようになってきている。

　地域空間はベースとなる地形や植生の上に，人間がその地を踏み，居住のための場をつくって以来，歴史的変遷を積み重ねながら，形成された空間である。ベースの地形や植生に，時代ごとの空間構造が積み重ねられた上に現代の空間と活動がある。地域空間とはレイヤー的な重層構造を有する存在なのである。そのため地域空間を分析する手法としてレイヤー構造のモデルは極めてわかりやすく，レイヤーの情報の重ね合わせにより，空間構造が明解に分析しうる。コンピューターソフトでは特に，ＧＩＳやＣＡＤ，画像処理ソフトの進歩により，レイヤー分析の手法は作業的にも容易になった。

　本書のテーマである明治開拓期の北海道の地域空間計画を分析するため，5つのレイヤーを設定した。「現代の地図のレイヤー」，「地形・地質の図のレイヤー」，「軸・骨格の図のレイヤー」，「領域の図のレイヤー」，「サイトプランのレイヤー」の5つである。「現代の地図のレイヤー」とは最新の国土地理院発行の2万5,000分の1および，5万分の1の地図情報や地域の空中写真の情報である。「地形・地質の図のレイヤー」とは，明治開拓期当時の地図に基づく等高線や主要河川，沼沢，地質（樹林地，草地，泥炭地，湿地）などの地形・地質情報を抽出した図類の情報である。「軸・骨格の図のレイヤー」とは明治開拓期の地図に基づく，地域の開拓計画での基軸となった道路，鉄道，運河，既成市街地などの要素の情報である。「領域の図のレイヤー」とは明治開拓期の地図に基づく，地域の開拓地の領域やゾーニングを規定した情報や図である。「サイトプランのレイヤー」は明治開拓期での屯田兵村や殖民区画，市街区画などの配置計画図の情報である。

2)Ian L. McHarg『Design With Nature』(1969年 Natural History Press，日本語版『デザイン・ウィズ・ネーチャー』（集文社1994年）での地図のトレースと環境要素のオーバーレイ分析評価手法は，最も初期のレイヤー構造での分析手法の例である。
　近年ではIr. Laretna Trisnantari Adhisakti「都市における歴史的環境の保存ジョグジャカルタの歴史的な地区における保存」（都市環境デザイン98年国際セミナー記録　1998年都市環境デザイン会議関西ブロック）のジョグジャカルタ市の歴史的な重層構造を示したレイヤー分析や，佐藤滋・後藤春彦他『図説都市デザインの進め方』（丸善　2006年）での土地利用，家屋の分布などを地形のレイヤーと重ねて分析している例などがある。

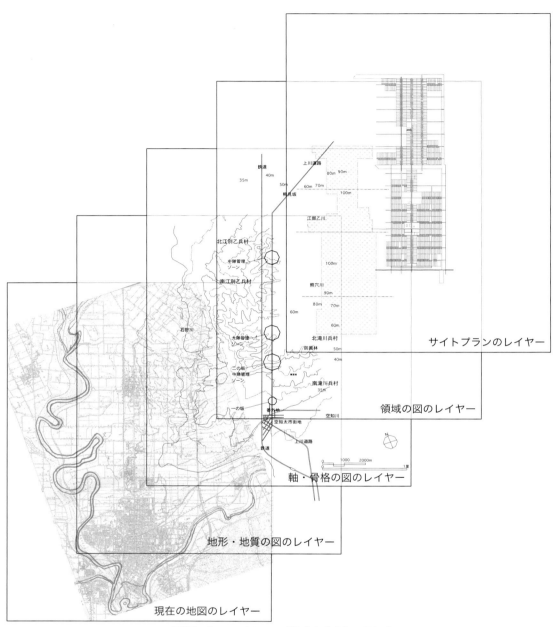

図序-1 レイヤーの構成と分析の考え方

　各レイヤーの画像データ作成の方法について少し触れておきたい。地図情報はスキャナー入力したpictデータである。サイトプランは計画図の情報を参照しながら，ＣＡＤデータとして改めて数値入力で作成したデータであり，軸・骨格，領域などの図もＣＡＤデータから，軸，領域を「図」として描き直したものである。それぞれの画像を同一縮尺で重ね合わせ，分析する

ためのデータとした。サイトプランをＣＡＤデータとして数値入力で作成した（ＣＡＤ上で計画図をトレースしたともいえる）意図は，サイトプランを描き直す作業のなかで，単位となるエレメントや各要素間の寸法的関係，いわば空間モジュールを発見することであった。

　明治開拓期の屯田兵村などの計画には実施案などのサイトプランは史料として現存するが，その計画デザインの意図を伝える規準や仕様書的なものはほとんど残ってなく，個別の事例で断片的な情報が得られるのみである。サイトプランの寸法やスケールの確認は，その計画意図を類推する手がかりになると考えた。またＣＡＤデータとして数値入力で描いた画像と pict データの地図情報を同一スケールで重ね合わせことは，ＣＡＤデータとしての正確性の再確認の意味と現代の地域空間に対する，明治開拓期の計画の影響を分析する作業でもあった。いわば質の異なるデータを重ねることにより，新たな発見や分析しうる情報を抽出する意味もあったのである。「現代の地図のレイヤー」以外は，明治開拓の「層」の情報である。「現代の地図のレイヤー」は現代の様相を示す図であるとともに，開拓期から現在までの過程の情報も蓄積されているものと考えた。

　この５つのレイヤーに分類した情報をコンピューターの画面上で取捨選択し重ね合わせることで，空間計画の特色やその構造，あるいは計画意図を読みとる作業を行った。

2-2．具体的研究方法

１）地形図・古図（計画図）の分析
　移住村，屯田兵村，殖民区画，市街区画などの開拓期の計画事例について，現代の地形図，空中写真をベースレイヤーマップとし，地形や骨格，領域，サイトプランの５つのレイヤーを設定し，それぞれのレイヤーの重ね合わせによる解析作業により，計画デザインの特徴や計画意図などを分析した。その分析から，計画の基本要素を抽出し，入手可能な各地域での建設，入植体験に関係する資料や既往研究を空間的視点から，さらに読み直した。これらの空間分析から得た計画手法を各地域相互，時代ごとの比較を行い，フィールド情報と照合しつつ，明治開拓期の地域空間を構成する計画原理を明らかにする作業を行った。

２）フィールドワークにおける観察と記録

　開拓期の計画事例についてのフィールド情報を現地調査によって行った。主要な事例では複数回の現地調査を行い，地図や計画図の分析から得られた空間情報と現実の空間を対応し，地域空間の構造の発見や計画デザインの意図を解析する作業を行い，その観察内容を記録した。

３）文献との対照
①歴史資料について

　屯田兵村に関係する一次資料について，上原轍三郎は『北海道屯田兵制度』の冒頭で，「…関係書類ハ主トシテ第七師団司令部倉庫ニ堆積ス。然レドモ其重要ナルモノニシテ先年火中ニ投ゼラレタルモノアリト云ヒ…」と，明治44年(1911)の調査時点で屯田兵村の関係資料の多くが失われていることに言及している。『新旭川市史第八巻史料三』でも原田一典が，明治41年(1908)に東旭川兵村発達史の叙述を意図した武田廣の言及「本書を編纂するにあたり其材料を旧兵村事務所，組合役場，小学校，支庁等に求めたるも何れも完全なるものを得ず特に第七師団司令部に交渉したるに往時の史料など大部焼棄して今何等みるものべきなしとの回答あり編者失望落胆何者が之に如かん」を引用[3]しているように，明治37年(1904)の兵村制度の廃止にともない旭川の陸軍第七師団に引き継がれた，屯田兵村の計画・建設に関連する統轄機関の資料の多くは，明治後期の時点で消失した可能性が高いといえよう。

　殖民区画に関しても，道庁技師として，その計画の実務にかかわった内田瀞や柳本通義らの資料，その計画意図に関する一次資料などは，明治42年(1909)の道庁庁舎火災などの原因により，その大半が消失したといわれている。実際，北海道立文書館や北海道立図書館北方資料部，北海道大学付属図書館北方資料室[4]に屯田兵村や殖民区画に関し，配置図や殖民区画図として印刷出版された図版を除き，計画に関する資料はほとんど見つけることができない。

　そういうなかで屯田兵村では東旭川兵村などの各地の兵村記念館[5]に一次資料が多く残されており，兵村の空間実態の解明の手助けとなる資料を得ることができる。また兵村史[6]の刊行や入植者の体験や聞き語り書などが多数発刊されてきており，参考資料として役立つ。また昭和43年(1968)の『北海道文化財シリーズ第10集　屯田兵村』[7]では全兵村地について現地調査が行われ，データは屯田兵村分析の基礎資料を補うものとなっている。

3)「旭川兵村とその関係資料について」新旭川市史編集会議『新旭川市史第八巻史料三』（旭川市　1997年）

4) 明治開拓期の計画に関するほとんどの一次資料は北海道立文書館や北海道立図書館北方資料部，北海道大学付属図書館北方資料室の3館に収集されており，閲覧，資料複写が可能である。

5) 東旭川兵村での「旭川兵村記念館」や野幌兵村での「屯田資料館」など，ほとんどの地域に屯田兵村記念館がつくられており，その地域の兵村関係の資料が収集展示されている。

6) 納内町開拓八十周年記念誌編纂委員会編『納内屯田兵村史』（納内町開拓八十周年記念誌編纂委員会1977年），一已屯田会編『一已一〇〇年記念誌　一已屯田開拓史』（一已屯田会1994年）などがある。

7) 北海道教育委員会編『北海道文化財シリーズ　第10集　屯田兵村』（北海道教育委員会　1968年）

②既往研究

　北海道開拓初期の地域空間の形成に関する既往論文を見ると，建築学の分野からは遠藤明久『開拓使営繕事業の研究』，越野武『北海道における初期洋風建築の研究』，上田陽三『北海道農村地域における生活圏域の形成・構造・変動に関する研究』[8]などのすぐれた先達の研究があげられる。前記２論文は，明治開拓期の北海道の地域空間形成についての視点をもつが，その関心は建築そのものの歴史が主である。地域空間形成という視点からは上田の論文が唯一の本格的な研究であるといえよう。本書も目的意識において多くの示唆を得ている。上田論文は前半部分で，北海道の地域空間研究の視点から農村を含めた市街地発生のパターンを捉え，分析している。

　屯田兵村に関する既往研究については，まず大正３年(1914)に出版された上原轍三郎の『北海道屯田兵制度』があげられる。まとまった屯田兵研究としては最初のものであり，現在も多くの歴史学的な論考の基本文献となっており，いわば屯田兵村研究の古典ともいわれるものであるが，歴史学や殖民学の視点からの分析が主である。また地理学の分野では，昭和の戦前期に井上修次や村松繁樹などによる集落地理学の論考が多く見られ，近年は山田誠の屯田兵村番外地の研究などがあげられる。建築学の分野では，『近代日本建築学発達史』に遠藤明久の「屯田兵村の建築」があり，兵屋の建築史的な分析を行っている。『図説集落−その空間と計画』での村本徹や『建築学大系２　都市論・住宅問題』での横山光雄の「村落開発史」，『新建築学大系18　集落計画』での石田頼房の「農山村計画をめぐる政策の展開」は，それぞれ集落計画の立場から先駆的に屯田兵村を整理している。

　殖民区画については，屯田兵村に比べて研究や論考の数は限られるが，そのなかでも，建築学の分野では川西光子らの「『北海道殖民地撰定報文』と「殖民地区画図」にみる北海道殖民地開発システムについて—北海道十勝国を事例として—」や，大條雅昭らの「北海道十勝地方における明治大正期殖民区画制と市街地についてその１〜２」の研究は，十勝地方での殖民区画に基づく地域開拓と拠点としての帯広市街地の形成過程についてまとめている。また歴史学の分野では，遠藤龍彦の「石狩国上川郡における殖民地の形成について」などがあり，文献資料を読み解くことから上川地域での殖民区画による入植開拓過程と拠点となった忠別（旭川）市街地の形成過程について，明らかにしている。

　本書はこれらの研究を継承しつつ，集落研究および現代の都市計画，農村計画学の視点から既往研究を再評価し，地形図および空中写真，フィールド

8）上田陽三『北海道農村地域における生活圏域の形成・構造・変動に関する研究』（北海道大学学位請求論文　1991年）

情報と照合して明治開拓期の地域空間の再分析を中心とし，北海道開拓期の地域空間形成の計画原理を明らかにしようと試みるものである。

　北海道の未開の原野を開拓し生活居住の拠点をつくりあげるという計画意志とその結果形成された地域空間としての基本構成を明らかにし，「地域空間計画」研究として立地計画，土地利用，都市計画，集落空間計画の視点などから北海道開拓期の地域空間形成を捉え直し，計画原理や空間モデルを描き出す。

　本書の構成は，以下のようになる。1章では北海道開拓がテイクオフするまでの準備段階の認識，政策や試行錯誤，試みられた開拓の空間計画の背景を描くとともに，初期開拓事業の計画的な特徴，その意図と各移住事業の取り組みを明らかにする。

　2章では北海道開拓でパイオニアとしての役割を果たした屯田兵村を取りあげ，集落としての基本構成を明らかにし，配置計画の骨格となるパターンを分析する。屯田兵村は37ヶ所建設されだが，配置計画はすべて異なり，ひとつとして同じものはない。3章では，屯田兵村の具体的な配置計画を分析し，異なるデザインという多様性をつくり出す条件と，通底する共通のデザイン原理を明らかにする。4章では屯田兵村の計画により，地域空間がどのように規定され，その後どう変容し，現在の地域空間を形成しているのか，具体的な事例を通して「基層」としての計画の規定力を明らかにする。

　道内への流入人口は明治20年代半ば頃から急増加する。本格化した北海道開拓での入植を支えたものが，殖民区画である。5章では殖民区画制度の成立とその計画の背景を明らかにし，大規模かつ組織的な開拓の役割を担った計画原理を描き出す。6章では，殖民区画の計画による地域空間形成の過程と特徴を明らかにするとともに，その計画が現代の地域空間に及ぼしている影響，地域空間の成熟の条件，内容を描く。

　7章では，移住村，市街区画，屯田兵村，殖民区画という計画制度の相互の関係性やそれぞれの「計画」と「デザイン」の考察を通して，北海道開拓における地域空間形成の「基層」構造の持続性について明らかにする。

　最後に補章として，東北，北関東などで行われた明治期の原野開拓の取り組みを北海道開拓との比較の視点から明らかにすることで，本州にも拡がった北海道開拓の方法を描き出す。

第１章

明治初期開拓の地域空間形成

北海道での人間居住の古層としての縄文，アイヌの時代での居住地の分布が明治開拓期の屯田兵村などの立地と重なる部分があることや，アイヌの河川を重視した生活システムや暮らしが，明治初期の移住地での居住形態と重なることなどをまず明らかにしている。また江戸・天明期に，国防や飢饉対策などから北海道の資源性が着目され，武士団による開拓入植が試みられるが，慣れない気候条件や孤立した移住地のなか多くの犠牲者を出し失敗に終わった。そのことが明治初期に教訓として受け継がれていくなど，北海道開拓がテイクオフするまでの歴史的な底流があることを述べている。

　「北海道」という名が歴史に登場した明治2年 (1869)，開拓使が創設され北海道開拓は明治政府の国家事業として出発するが，その制度や政策の歴史的な流れを地域空間形成という視点から捉え返した。開拓初期の事業方針にはケプロンらの提言も参考にされ，ふたつの目標があった。道路開削や鉄道，入植地の土地測量と区画などのインフラ事業と，官営工場や炭鉱開発など殖産興業としての事業である。最も重視されたインフラ整備事業は財政難によりスタートしたばかりで方針転換を余儀なくされる。そういう時代状況での初期開拓移住・都市づくり事業に札幌本府建設とその周辺への農村移民募集，士族階級の授産目的の移住村建設，軍事と開拓の制度である屯田兵村のスタート，明治10年代の開墾結社や民間団体による先駆的な民間開拓の取り組みがあった。

　この初期開拓事業の計画論的意味は，開拓地と集落立地が交通インフラに影響されたこと，移住地での集落形態は原野に引かれた一本の道の路村型が中心であったこと，入植地の農地区画の大きさや形態は様々な模索がなされたこと，士族移住村に見られた入植開拓での団体性・共同体の重要性，果樹のような入植開拓地での農業基盤確立のための副産物の存在，開拓入植のための基盤・交通網整備の重要性とその条件のなかった十勝原野の晩成社での開拓入植団体の孤立と失敗，札幌本府計画での都市と周辺農村の一体的地域計画と格子パターンの市街区画デザインの創出の8つを読みとることができ，後に開拓事業が本格的に展開していくときの計画課題を明らかにしている。

日本の文化は弥生文化以降，その形成過程は単一ではなく多様な展開見せたが，特に北と南では独自の様式を育んできた。北海道には，縄文文化の後，続縄文文化，擦文文化，オホーツク文化，アイヌ文化と続く独特の人びとの暮らしと文化が形成されてきた。特に7世紀前後から始まる擦文文化以降，アイヌ文化の成立にかけて北海道の文化は周辺地域と大きく異なっていくことになる。

アイヌ語で北海道の地は，「アイヌ・モシリ」といい，人間の静かな大地という意味をもつ。18世紀に入るまで，この「静かな大地」の大部分は，和人にもロシア人にも中国人にも，正確な地理も知られていないアイヌ民族らの長く居住してきた土地であった。

1．明治以前の北海道開拓の底流

1−1．アイヌの空間認識

アイヌの暮らしの居住地となってきた場所とその空間認識を浮かびあがらせるために，アイヌ研究の文献から，金田一京助[1]らの言語学研究，藤本強・宇田川洋らの考古学研究[2]，山田秀三の地名研究[3]，渡辺仁や瀬川拓郎のアイヌ・エコシステム[4]に着目し，アイヌの空間的な地域環境の認識の考え方を探った。これらの文献研究から明らかになった点は以下の内容である。

アイヌの生活の基本となったのは，この地域に豊富であった水産資源に依拠する漁猟採集であった。そのため，彼らの居住の場は，海岸沿いや石狩川，十勝川などの河川沿いに立地していた。アイヌの人びとの社会生活の基本は集落（コタン）である。集落は大きな川の岸辺，海へ注ぐ河口に近いところに数戸〜十数戸で構成され，この集落を狩猟・漁労・採集で生活を得るための領域（イウォル）が山や川による明確な境界をもって取り巻き，河川共同体の空間を形成していた。この領域は互いに守られ，これをおかすと宝物でつぐなわなければならないとされた。河川共同体の意味は重要で，山田秀三らのアイヌ語の地名に関する研究によれば，地名に関する言葉の半数以上は川に関する言葉といわれている。イウォルの縁辺部には要害の地を選んで築いたチャシ[5]と呼ばれる場所があった。チャシの機能については砦と考えられているが，見晴らしのよい小丘を選び，その周囲に溝を掘り，柵をめぐらせたもので万一のときはこれに籠ったという。

アイヌ社会は自給自足を基本としたが，孤立した経済を営んでいたのでは

1）金田一京助『金田一京助全集第12巻　アイヌ文化・民俗学』（三省堂 1993年）

2）藤本強『もう二つの日本文化−北海道と南島の文化』（UP考古学選書　東京大学出版会），宇田川洋『アイヌ考古学研究・序論』（北海道出版企画センター 2001年）などがある。

3）山田秀三『北海道の地名』（北海道新聞社　1984年），山田秀三『アイヌ語地名の研究1』（草風館　1982年）などがある。

4）Watanabe Hitoshi『The Ainu Ecosystem』（University of Tokyo Press 1972年），瀬川拓郎『アイヌ・エコシステムの考古学』（北海道出版企画センター　2005年）

5）宇田川洋『アイヌ伝承と砦（チャシ）』（北海道出版企画センター　2005年）

なく，他地域との交易や，贈与・交換も行われて，互いに不足なものを補い合っていたと考えられている。外洋航海用の船をもち，交易関係は海を越え広汎に拡がっていた。樺太経由では大陸につながる交易経路を通してアイヌ首長の豪華な正装に用いられる山丹錦や女性の装身具に使われる玉類が伝わって来ているし，津軽海峡は「しょっぱい川」にすぎず，幕藩体制後の松前藩による規制が強化されるまでは，東北地方，北海道は連続する領域であったといわれる。

　瀬川は，縄文からアイヌに続く歴史の流れのなかで，上川盆地を例に集落立地に関する論考[6]を行っている。そのなかで縄文期には，集落は川の氾濫の影響の及ばない河岸段丘2面での湧き水の出る位置に立地し，擦文期からアイヌにかけての集落立地は，鮭類の大量捕獲を目的とするため川に近づき，最も低い河岸段丘3面に立地した状況を明らかにしている。

　瀬川の論考は明治以降の開拓期の入植地の立地を分析する上でも興味深い。上川盆地での屯田兵の入植地は洪水のおそれのない河岸段丘2面に展開している。これは歴史的に見れば川に最も近づいたアイヌの集落立地からは離れ，縄文時代の集落立地に重なることになる。そこは鬱蒼とした大木の繁る樹林地だが，農耕に適した肥沃な土地であった。

　縄文からアイヌに続く歴史は，北海道の地における人間居住の歴史のなかの最も古いレイヤーを構成するものである。このレイヤーは地域空間の骨格となるような道や土地割りのような明確な手がかりを残すものではなかった。しかし明治開拓期の入植地において，立地や場所，環境を分析することや，土地に結びついた地名の付け方に関しては大きな影響を及ぼした。かすかな基層と呼ぶべきものである。

1-2. 江戸期における「蝦夷地」の空間認識と開拓

　江戸期における和人側からの空間認識と「開拓論」を浮かびあがらせるために，近世史研究の文献から海保嶺夫，菊池勇夫，榎森進らの研究[7]に着目しながら，『新北海道史』[8]を参照し，蝦夷地の認識と開拓移住論を探った。この文献研究から明らかになった点は以下の内容である。

　延文元年(1356)成立の『諏訪大明神絵詞』[9]によれば，14世紀初頭の蝦夷地には「日ノモト・唐子・渡党」の3種類の蝦夷の居住民がいたとされる。「日ノモト」は，東・太陽に関連し，北海道の東海岸に住むアイヌであり，「日ノモト」からは千島，カムチャッカなどのルートが開かれていた。「唐子」

6) 上川盆地に入植した6つの兵村のうち，永山兵村は石狩川沿いに長く延びた入植地で，河岸段丘2，3面にまたがる場所であったと考えられる（第2章参照）。

7) 海保嶺夫『日本北方史の論理』（雄山閣 1974年），海保嶺夫『エゾの歴史 - 北の人びとと「日本」』（講談社 1996年），菊池勇夫『幕藩体制と蝦夷地』（雄山閣 1984年），榎森進『北海道近世の研究 幕藩体制と蝦夷地』（北海道出版企画センター 1982年）

8) 北海道編『新北海道史 第二巻 通説一』（北海道 1970年）

9)『諏訪大明神絵詞』とは小坂円忠編の信州諏訪大社の縁起画に付せられた絵詞。14世紀初頭の津軽安東氏や当時の蝦夷地に住んでいた日ノモト・唐子・渡党の分類に触れており，和人側から見た中世の東北，蝦夷地に関する重要な文献。
　鈴木国弘『日本中世の私戦世界と親族』（吉川弘文館 2003年）が『諏訪大明神絵詞』を詳細に分析している。

は北蝦夷地に住むアイヌと見られるが，唐とは中国のことであり，当時の元が沿海州・サハリンを伺う状況のなかで，隣接する外国の存在が，アイヌ集団の呼称に使われたと考えられている。後にサハリンを唐太（からふと）と呼ぶことにつながる呼称である。

「渡党」の居住する地域は道南の渡島半島であり，彼らと和人の交易は津軽海峡を挟み，日本海交易が盛んになる 13 世紀以前から，さかんに行われていた。彼らがその後，和人の進出によって関係をもつことになる近世アイヌの人びとといわれる。

15 世紀になり，「渡党」との交易の契機に，安東氏の津軽の十三湊が登場し，それが幕藩期に入り，渡島半島の南端に松前藩が誕生することにつながっていく。この松前が和人にとって「化外の地」[10]であった蝦夷地に通じる入口となる。この北の異国は，海産物をはじめ，熊や鹿などの野生動物，木材，砂金など資源の宝庫であった。日本海を通してその産物が商人たちの手によって大坂，京都に運ばれてきた。米での石高をもたず，蝦夷地からの産物での交易により知行を得ていた松前藩は，その資源を獲得してくれる担い手であるアイヌとの交易を独占するため，蝦夷地に番所を置き，アイヌと一般和人の自由な往来を禁止した。蝦夷地もまた鎖国されたのである。

しかしこの鎖国の体制も，北の異国，ロシアの登場により次第に変化せざるを得なくなる。18 世紀末の天明期，時の老中田沼意次は『赤蝦夷風説考』[11]などのロシアの南下の動きへの警戒書に影響され，蝦夷地への調査隊を派遣することになる。この調査隊派遣を契機に，近藤重蔵や最上徳内，間宮林蔵という探検家の出現，伊能忠敬らの測量隊などの活躍につながり，蝦夷地を中心とする北方世界の事情がかなり正確に把握されることになる。高田屋嘉兵衛のようなスケールの大きな商人が活躍するのもこの時代であった。この時期の調査からは，北方世界での外交政策のための地理的情報の収集に加え，蝦夷地での農業開発の可能性の発見も大きな成果となった。天明の大飢饉や浅間山噴火など大災害が連続し，幕府財政も極めて苦しい状況に追い込まれていたなか，田沼は積極的な経済政策をめざし，蝦夷地での農業開拓を構想する。583 万石の収穫を見込んだ大規模な開発計画がつくられ，その魁として八王子千人同心団の蝦夷地移住[12]などのさきがけ的な事業も試みられることになる。しかし寒冷地での開拓技術を備えていなかった事業は失敗し，田沼政権崩壊後，蝦夷地への入植開発計画は中止となる。

幕末に至り，米国やロシアなどさらなる外圧の高まりにより幕府は開国の方針に転換し，蝦夷地をめぐる状況もまた新たな段階をむかえる。幕府は蝦

10）化外とは「王化の及ばない所」（広辞苑）を意味する。化外の地とは中央から見て，その影響する文化の及ばない辺境の地という意味である。

11）工藤平助『赤蝦夷風説考』は天明 3 年 (1783)，時の老中田沼意次に提出すべく著された北方問題の意見書。工藤平助は仙台藩の藩医で経世論家で前野良沢と親交があり，若き日の林子平にも影響を与えた。赤蝦夷とは当時のロシアの通称。工藤平助著・井上隆明訳『赤蝦夷風説考－北海道開拓秘史』（教育社 1979年）がわかりやすい。

12）八王子千人同心団は，寛政 12 年 (1800) に北辺の警備と北海道開拓のために勇払原野（苫小牧周辺）に移住した。しかし厳しい気候条件など，開拓は思うようにいかず，多くの犠牲者を出し，入植 4 年目に開墾地を離れることになった。
　文化 4 年 (1807) オホーツク海沿岸の斜里に派遣された津軽藩の藩士 100 人の運命は悲惨であった。72 人は斜里での越冬期間中に死亡し，1 年間の任務をまっとうして無事帰国したのは 15 人にすぎなかった。厳しい寒さに加え，孤立した土地で野菜の越冬保存に失敗して栄養のバランスを欠いたためといわれる。
　八王子千人同心団は安政 3 年 (1856) と安政 5 年 (1858) にも計 40 人が箱館郊外の七重に移住したが，このときは開拓定着に成功している。

第 1 章　明治初期開拓の地域空間形成　17

夷地を領土として守るためには，開拓や資源開発を進め，移民を定着させることの必要性を再認識し，蝦夷地を直轄地とし，移民による入植開拓の方針を打ち出す。これにより松前藩時代からの蝦夷地への往来規制は緩和され，蝦夷地は「化外の地」から，内国化への方向に動き始める。本州から和人の本格移住の仕組みが初めて形づくられるのである。

この時期の幕府の開拓・移住政策は，主産業であった漁業の場所請負制は維持しながらも，御手作場 [13] という一種の官営農場を箱館周辺や岩内，長万部の道南地域，石狩にかけてつくり，武士や農民の移住を促した。御手作場での移民の仕組みは，保護移民の制度で，これは明治初期の開拓使の移民制度に踏襲されていくことになる。また幕府直轄地の防備と開拓には，地域を分け，諸雄藩に担当させる仕組みもつくったが，この仕組みも開拓使の初期政策に継承される。このような形で，幕末期に北海道開拓の端緒が開かれることになったのである。

この期の地域空間形成における意味とは，外交的に緊迫した政治状況のなかでの探検測量の実施，防衛政策と連動する和人の入植による開拓構想という基本的枠組みの確立と，移住事業のための入植実験や農場などの建設を萌芽的に進めたことにあった。

そういうなかで道南の渡島半島地域は，松前藩による和人居住地として定着して以降，城下町としての福島，奉行所が置かれた港町箱館，漁業集落の江差などでは近世型の市街地を発展させ，箱館周辺の開拓農業地域と合わせ，この期にすでに地域空間形成の「基層」を形成し，明治に入って本格的に始まる北海道開拓のなかでも，独自の地域を発展させていくことになる。

2．明治初期の開拓政策

2−1．開拓使の誕生

明治期に入って本格化する北海道開拓のための組織や制度，方針を浮かびあがらせるために，河野常吉 [14] や高倉新一郎 [15] の北海道史研究，近代史研究の文献から永井秀夫，田中彰，原田一典らの研究 [16] に着目し，開拓政策の出発を整理した。この文献研究から明らかになった点は以下の内容である。

1)「北海道」と開拓使

「北海道」という名が歴史に登場するのは明治2年（1869）である。その年の5月に函館戦争が終わり，7月に開拓使の設置，8月15日に蝦夷地を

13) 御手作場は「おてさくば」と読み，幕府の官費経営の耕作地である。入植者には1戸当たり1町5反歩の土地が与えられ，初年度に畑3反歩，田5反歩を造成するための義務があった。そのための開墾費や馬購入費，家屋費，農具費，旅費，種子までが支給され，さらに自給できるまでの3年間の食費が与えられるという手厚い保護移民の政策がとられた。

14) 河野常吉『物語北海道史明治時代編』（北海道出版企画センター　1978年），河野常吉『河野常吉著作集3　北海道史編（二）』（北海道出版企画センター1978年）

15) 高倉新一郎「北海道拓殖史」（『高倉新一郎著作集第三巻　移民と拓殖［一］』北海道出版企画センター1996年），北海道編『新北海道史　第三巻　通説二』（北海道　1971年）

16) 永井秀夫『明治国家形成期の外政と内政』（北海道大学図書刊行会　1990年），田中彰『北海道と明治維新　辺境からの視座』（北海道大学図書刊行会2000年），原田一典『お雇い外国人　⑬開拓』（鹿島出版会　1975年）

「北海道」と改称し、10月にはその首都である札幌本府の計画に取りかかる、というあわただしさの最なかであった。当時北海道の人口はわずか6万人弱。ロシアの脅威に対する北の防衛を担い、無尽蔵の資源が眠る未開の大地を開拓し、人びとを入植させ、地域を開発する政策や計画が切実に求められていた時代であった。

開拓使[17]は新政府の省庁のひとつとして誕生したが、当初は組織や体制が整わず、明治2年（1869）7月から明治4年（1871）8月までの間、開拓使の他に、1省（兵部省）、1府（東京府）、24藩（水戸・佐賀・徳島藩など）、2華族（田安慶頼・一橋茂栄）、8士族（伊達邦成・伊達邦直・片倉小十郎・稲田邦植など）、2寺院（増上寺・仏光寺）の計38領地での北海道の分領支配が行われ、幕末期を引きずる統治の状況がしばらく続いた。

２）開拓使初期の移民事業

この時期の開拓使による官営の移住事業としては、明治2年（1869）9月、東京で募集し、樺太300人、宗谷100人、根室に99人を送り込んだ事業が最初であるといわれる。対ロシアの外交問題[18]が緊迫した状況のなかで行われた事業で、移民は幕末期御手作場での方法を継承し、手厚い保護を受け、旅費・仕度費の他、家屋・寝具・農器具などが給与され、3年間は食料も支給されることになった。しかし、この移民事業はまったくの失敗に終わった。東京府に依頼してかき集めた移民は質が悪く、移住地が遠隔の地であり気候条件も厳しいため、病人が続出し、翌年には移住民を東京や札幌に送還する他なくなる。国防という緊急の目的はあったにせよ、入植地の状況と移民の条件や経験がまったく考慮されていない事業で、天明期の八王子千人同心団らの移住事業の失敗が再び繰り返されたものであった。

この失敗後、募移民の条件としては気候面での寒冷地への慣れ、農業経験や団体性などを重視し、東北地方の農民や士族を対象と考えるようになる。

明治2年（1869）11月に入植移民に関する最初の制度である「移民扶助規則」が定められた。移民を募移農夫・自移農夫・募移工商・自移工商[19]に分け、それぞれ保護給費の内容を定めたものだが、基本は幕末期からの保護移民の仕組みを踏襲したものであった。当時開拓使の本庁は東京にあり、北海道内には開拓使出張所（函館本庁）、銭函仮役所（札幌）、根室開拓使出張所の3役所が置かれ、移民事業もそれぞれ管轄ごとに行われていた。「移民扶助規則」の運用による移民事業は全道で統一的に行うものにはなっていなかった。銭函仮役所では島義勇開拓判官による札幌本府建設に合わせ、本

17）開拓使は北海道と樺太を合わせて管轄し、開拓事業を進める行政機関としてスタートした。明治3年2月、樺太開拓使が別に設けられたが、明治4年（1871）8月北海道開拓使に統括、合併される。

18）明治2年（1869）の6月、ロシアの軍艦が樺太南部に来航し、和人の漁場を破壊し基地を建設するなどの動きがあり、樺太の領土をめぐる日ロの関係は危機的な状況にあった。

19）募移農夫は開拓使の募集に応じて移住した農民。自移農夫は自分の意志で移住した農民。募移工商、自移工商も同様に工、商につくために移住したもの。種類に応じて、少しずつ扶助の仕組みが違った。

府周辺の移住村に対する募移農夫や本府建設にともなう工・商民の移民事業が行われた。函館本庁では箱館戦争後の混乱を収拾し，生活困窮者を救うための開墾事業の奨励や，根室周辺では漁業経営ないし漁場移民の保護を主とした事業が行われた。

3）黒田清隆の開拓使次官就任

開拓政策での転機となったのは明治3年(1870)5月の黒田清隆の次官就任であった。対ロシア問題が緊迫していたなか，黒田は7月から樺太に赴き視察した後，北海道を経由して10月に帰京し，直に視察結果を踏まえた建議[20]を政府に提出する。

内容は現状では樺太は3年ももたないと危機感を募らせたもので，対策には局地的な戦術ではなく，本格的な北海道と樺太の開拓が必要と論じ，具体的方策として表1-1の諸点をあげた。

20) 日本史籍協会編『開拓使日誌1』(1869年 ［復刻版］ 東京大学出版会 1987年)

表1-1　黒田清隆開拓使次官の建議の内容

●石狩を全道を統轄する鎮守の地とし，地勢に応じて県を置くこと
●樺太開拓使も石狩の鎮守の管轄とすること
●大臣を選んで統括の長とすること
●諸藩の分領制を廃止し，政府の一括とすること
●北海道・樺太の歳額を150万両とすること
●アイヌを撫育[21]すること
●渡島国，東北の寒さに慣れた住民を移住させること
●風土の適当な外国より開拓に精通するものを雇い政策に資すること
●留学生を海外諸国に派遣すること

21) アイヌ民族に対しては，同化教育や農業生産の強要など，固有の生活や文化を失わせる政策をとった。また明治11年(1878)に戸籍上は平民と同一としたが，区 が必要な場合「旧土人」の呼称を使うとし，明治32年(1899)の「北海道旧土人保護法」につながる流れを生んだ。

4）開拓使顧問ケプロンの提言

黒田の建議は大きな転換点となり，その後開拓使による本格的な開拓政策がようやく始まりだす。明治4年(1871) 1月，黒田は留学生をともない米国へ出発，4月には開拓使本庁を札幌に移転，8月には分領支配を廃止[22]し，全道を開拓使が管轄することになる。

訪米した黒田清隆は，北海道開拓の指南役として時のアメリカ合衆国農務長官H・ケプロンに顧問就任を懇請した。ケプロンは農務長官の職を辞し，黒田の帰国直後の7月に，開拓事業の教師としての技師アンチセル，ワー

22) 明治4年(1871) 7月14日に廃藩置県が実施されており，北海道での分領支配の廃止もその流れのなかにあった。

23) アンチセルは地質・鉱山技師，ワーフィールドは地理測・道路建設技師，エルドッジは医師であった。

24) 開拓使顧問としてのケプロンは任期中，明治5年(1872)5月〜10月の「第1回北海道巡検」，明治6年(1873)6月〜9月の「第2回北海道巡検」，明治7年(1874)5月〜8月の「第3回北海道巡検」の3回の巡検調査を行った。巡検をもとにした提言を明治4年(1871)11月の「初期報文」，明治6年(1873)11月の「第2期報文」，明治8年(1875)3月の「開拓使顧問ホラシ・ケプロン報文」，の3度提出している。

フィールド，エルドッジ[23]らをともない来日する。彼は4ヶ年の任期のなかで北海道の開拓のための調査に基づく提言書・ケプロン報文[24]を作成し，黒田らの開拓方針に大きな影響を及ぼすことになる。

ケプロンの北海道開拓への提言は大きくふたつの方向があり，ひとつは開拓事業を展開するための基盤づくりためのものであり，もうひとつが資源を開発し収益をもたらす諸産業の振興策であった。

その基盤づくりの方策として挙げたものは，以下の点であった。

表1-2　ケプロンの北海道開拓のための基盤づくりへの提言

●自然や資源の実態を把握する気候・地勢・地質・資源などの調査事業
●開拓殖民の実施の基礎となる道内の未開原野の測量・土地区画事業
●移民の流入と商品の流通のために必要な道路整備事業
●移民の拡充と産業の振興ための運送利便の改革と運送費の低減対策
●移住民の諸権利を確保する諸制度の整備
●北海道の生活に適応するための衣食住の慣習の変革運動

また収益をもたらす諸産業の振興策としてあげたものは，以下の内容であった。

表1-3　ケプロン提言による諸産業の振興策

●日本の在来農法を変革し，欧米農法を採用すること，その実験の場として，官園，養樹園，試験場と農学校の設立
●林業を木材工業と関連させ製材，建築・鉄道用材として供給すること
●場所請負人制度を改革し，漁業を自由な営業に解放すること，ならびに資源保護
●石狩・空知炭田の積極的な採鉱
●北海道に工業を起こすための紡績，製粉，製網，葡萄酒，缶詰，工作機械などの製造工場の建設

また北海道への開拓移民についても，それまで開拓使が進めてきた保護移民の制度を改め，北海道開拓の主力として独立自営民の移住を積極的に推進すべきものとした。

第1章　明治初期開拓の地域空間形成　21

2-2. 開拓使の開拓方針

1）開拓使 10 ヶ年計画の方針

　明治 5 年 (1873) からの開拓使 10 ヶ年計画に際し，黒田は以下のように述べ，その方針の大要を示した。

　「凡ソ事大小トナク先ツ其目的ヲ立テ，然ル後順序ヲ逐テ之ヲ施セザル可カラズ。況ヤ開拓ノ大業ニ於テ豈ニ褓施妄作スベカケンヤ，抑清隆開拓ノ大主意ハ，先ツ道路ヲ開通シ船艦ヲ備ヒ，運輸ノ便ヲ得セシメ，地質ヲ検シ物産ヲ査シ，開拓ノ資本ヲ立テ，然ル後民政ニ及ボシ，適宜処分ノ善法ヲ定メ，利用厚生ノ道ヲ尽シ，終ニ全道ヲシテ，殷実ニ至ラシメントスルナリ」[25]

　その内容は，大小にかかわらず，事をなすにはまずその目的を立て，その後順序立てて，実行していかなければならない。まして（北海道）開拓のような大業においては，粗雑な妄策はつつしまねばならない。（黒田）清隆の北海道開拓の目標は，まず道路を開通し，船舶を備え，運輸の便を図り，地質や植生，生産物を調査し，開拓の基盤を用意することにあり，その後民間の開拓を進めるために，処分の適切な方法を定め土地や資源を利用し，生活を豊かにし，全道を充満して富ましめることにあるというものであった。

　この黒田の方針のもと，開拓使は明治 5 年 (1872) から 10 ヶ年[26]で総予算 1,000 万円の巨費を投入する北海道開拓計画を大要を発表する。

2）開拓方針の転換

　しかし 10 ヶ年計画がスタートして翌年，明治 6 年 (1873) 6 月の本支庁宛達[27]において，早くも方針の一部見直しと支出の抑制策が通達されることになる。

「治所ノ區畫殖牧ノ方法ヨリ新道開鑿等ニ至リ皆先務ヲ以之ヲ急ニスト雖施行ノ際或ハ誇大ノ幣ニ免カル能ハス稍悔悟スル所アリ因テ願ヲ自今ノ事痛懲猛省シテ其源ヲ深クシ其本ヲ固クセサル可ラスト」，開拓殖民のための土地区画や道路の開削など，すべて急を要する重要事業ではあるが，事業計画が過大になりすぎるきらいがあった。今後はこの点を猛省し，開拓政策の基本を固めていかなければならないとした。さらに，「前途開拓資本ノ目的ヲ立其實地ヲ具シテ廟議ヲ請ヒ確乎成功ヲ期スヘクシテ後施行セントス因テ右確定ニ至迄各支廳諸務都テ舊ニ仍リ創設無之様致度函館樺太ノ如キモ斯キ意ヲ体シ寧ロ事ヲ省モ之ヲ増サス可成」と，開拓のための資本の投資目的とその実施計画を具体化を検討し，成功の道筋を明確化したのち，施行すべきであ

25）北海道郷土資料研究会編『北海道郷土研究資料 第 11 黒田清隆履歴書案』（北海道郷土資料研究会 1963 年）

26）開拓使 10 ヶ年計画とは，歳額を 10 ヶ年で 1,000 万円とし，開拓事業を進めるという財政支出の見通しを示したものであって，具体的な計画内容を組織として決たものではなかった。

27）『開拓使事業報告附録 布令類聚 上編』（大蔵省 1885 年 ［復刻版］『開拓使事業報告 第 6 編（附録）布令類聚 上編』 北海道出版企画センター 1985 年）

28)『開拓使事業報告附録布令類聚　上編』（大蔵省　1885年［復刻版］『開拓使事業報告　第6編(附録)布令類聚　上編』北海道出版企画センター　1985年)

29)　札幌本道については、『開拓使事業報告第2編勧農・土木』（大蔵省　1885年［復刻版］北海道出版企画センター　1983年)のなかに、路線の詳細な図面掲載があるように開拓使も重視した事業であることがわかる。高倉新一郎監修『改訂郷土史事典1　北海道』（昌平社　1982年)に、札幌本道の建設をめぐる当時の状況が詳しく紹介されている。

30)　屯田兵村事業でも、最初の琴似兵村は失敗事例といわれるが、その原因に黒田らの意図と現場の担当との間の情報や権限などでの齟齬があった。

ると。それが確定するまでは，新規事業は中止し，特に函館，樺太の支庁は，支出を抑えるようにすべしとした。

　しかしこういう懸命の引き締め策も功を奏せず，11月には開拓方針の抜本的な見直しを黒田自身が行わざるをえなくなる。

　「夫開拓ノ大基本ハ，先進路ヲ開シ船艦ヲ備具シ，転運輸送ノ便利ヲ得セシメ，地質物産ノ検査ヲ審ニシ，以テ利用厚生ノ道ヲ尽ニアリ，今ヤ転運輸送粗其便利ヲ得，地質物産亦其検査ヲ終レバ，…」[28]

　開拓の大基本は道路を開削し，船艦を具備し，運輸の便を図り，地質資源の探査を行い，その利活用の道を開くことにある。現状を見るとき，交通施設整備や地質資源調査などは完了したので，今後は産業や資源開発の結実のために進むべきであると。

　道路開削や土地の測量・区画など，基礎的事業はまだ緒についたばかりなのに，早くも完了宣言を行い，産業振興の具体的施策に目を転じる方針転換を示したものであった。

　これはどういうことであったのだろうか，基盤事業としての道路開削について見てみたい。開拓使の直営道路事業としては，函館と札幌という，当時の最も重要な2拠点をつなぐ札幌本道[29]が顧問のワーフィールドらの指導のもと，明治5年(1872)に起工され，翌年6月に竣工している。札幌本道は，馬車道として設計された長距離道路としては，日本で最初に竣工した本格的な道路であった。その工事に従事した職人や人夫の待遇も就業時間が一日8時間，病気や風雨などによる休業時も賃金の3分の1が支給された他，冬期の積雪を考慮して雇用期限は9月までとなるなど，恵まれた雇用条件のもと，工事は実施されたものであった。欧米に学び，未開地に新しい社会をつくろうとした理念による事業であり，後の北海道庁時代初期の道路開削や排水工事の重労働に，因人を使役させた施策とは大きな差があった。しかし結果，総事業費は84万3,000円にも達するものとなる。開拓使の予算は巨額とはいえ，年間に割ると100万円である。その8割を超える額を一本の道路建設に支出したのである。さらに札幌本道の沿線の土地は多くが海岸沿いで，地域も農業に不適な火山灰地が多く，開拓道路としての開発効果も乏しかった。維持や補修碑費の不足から開削されたばかりの札幌本道は次第に荒れていき，事業的には失敗との汚名を被ることになる。

　当時，開拓使は実質トップである黒田次官や顧問のケプロンが東京在住であり，札幌本庁は本庁としての機能を果たせず，黒田らと各事業地域の現場の担当の間で様々な齟齬[30]を来たしていた。理念や理想と北海道の現場と

第1章　明治初期開拓の地域空間形成　23

のギャップが大きな問題になっていたのである。

　明治6年 (1873) の黒田の開拓方針の転換の背景には，一言でいえば莫大な経費がかかる基礎的事業に対する開拓使財政の窮乏にあった。しかし，その問題は財政の絶対的な不足というよりは，かぎられた財源を有効に活用するための効率的な行政機構や事業実施での現実的対処策にこそあった。結果，高い理想や理念にもかかわらず，財政事情の問題が最優先され，事業順位が判断されることになる。開拓方針は費用対効果が高く，すぐに成果の期待できるものに施策の方向を転じることになったのである。

　道路開削は札幌本道以降まったくストップしてしまう。道路建設が進まないなかでは，開拓事業は進展せず，入植は札幌本府周辺などにかぎられることになる。未開原野の開拓を進めるには，道路などのインフラ事業は必要不可欠の条件であった。幹線道路の開削事業再開は明治19年 (1886) の北海道庁の開庁まで待たねばならなかった。そして内陸部に本格的な入植地が展開したは，明治20年代以降であった。

3) 開拓使における入植地の土地制度

　明治5年 (1872) 9月，開拓使は「北海道土地売買規則」ならびに「地所規則」を制定・公布する。この規則により，北海道の開拓のための未開原野の土地処分，土地制度の基本が定まった。その内容は北海道の原野・森林などの未開地[31]はすべて売下処分とし，地券[32]を渡し私有地とすること，売下はひとり10万坪を限度とし，地価は1,000坪当たり1円50銭〜50銭（上等，中，下等で地価を分けた），入植後10年間は免祖とした。

　明治6年 (1873) の地租改正に対応し，明治9年 (1876) 12月「北海道地券発行条例」が公布される。地租は府県の地価2.5％に対し，北海道は1％と決められ，入植後10年間の免祖項目と合わせ，移住入植のためのインセンティブを支える方策がとられたのであった。

3．開拓初期の地域空間形成の流れ

　明治期の初期開拓による地域空間形成を浮かびあがらせるために，開拓使の最初の本格的な事業となった札幌本府とその周辺移住村事業，戊辰戦争に敗れた奥州士族による北海道の原野への入植開拓，晩成社などのさきがけ的な民間団体移住について，市町村史やローカルな地域入植史[33]に着目し，その形成過程や計画的特徴を整理したい。

31) 江戸期から入植が進んでいた道南地域の一部を除き，開拓使は北海道の大半の未開地を，近代法的意味での無所有地と見なして官有地とし，開拓目的の入植者に新たな所有権を付与する制度を整備した。アイヌ民族が長く居住してきた土地はアイヌ民族に利用権を認めたが，その所有権は認めず官有地として組み込まれることになった。

32) 地券とは政府が土地所有者に対し交付した土地所有権を証明する証券。明治5年7月から，地租改正に備え全国で実施された。

33) ローカルな地域入植史には，円山百年史編纂委員会編『円山百年史』（円山百年史編纂協賛会　1977年），平岸開基120年記念会編『平岸百二十年』（平岸開基120年記念会1990年）など，入植地域ごとに多くの記念史，入植開拓史の出版されている。

3-1. 札幌本府計画と市街区画

　開拓の拠点となる本府の場所の決定とその建設は開拓使が最初に取り組んだ事業であった。明治2年(1869)9月，東久世開拓使長官は開拓判官の島義勇らをともなって「箱館」に到着し，「箱館」を「函館」に改名した後，開拓使出張所を設置した。函館は天然の良港をもち，幕末期に開かれた開港場や奉行所による市街地の発展は当時最大の都市を形成していたが，その位置は北海道の南端にあり，対ロシアへの防衛や開拓の拠点という点では，北海道全体の首都となる開拓使本府の設置場所としては適当とはいえなかった。地理的位置や交通，後背地の拡がりなどから候補地が選ばれ，道央部石狩川下流の広大な平野の拡がる地域が，本府の場所として適当と判断された。この地は松浦武四郎の『西蝦夷日誌』[34]のなかにも，「ツイシカリ川（豊平川）三里を上り，札幌・樋平（トヒヒラ）の辺りぞ大府を置の地なるべし」とあるように，石狩川支流の豊平川扇状地に拡がる札幌の地が，都を置くことにふさわしい場所であることが描かれていたのであった。

　10月には札幌に本府建設のため，島判官が派遣された。島は西郊の丘陵（円山あたり）に上り，豊平川の扇状地一体の国見をし，札幌本府の区画割りを

34) 松浦武四郎は幕末期に北海道内を調査・探検し，数多くの調査記録を残した。『西蝦夷日誌』は，安政3年(1856)～5年(1858)の「東西蝦夷山川地理取調日誌」中より主として西蝦夷地沿岸地方に関する記事を摘要したものである。松浦武四郎著・吉田常吉編『蝦夷日誌 下　西蝦夷日誌 』（時事通信社 1981年)

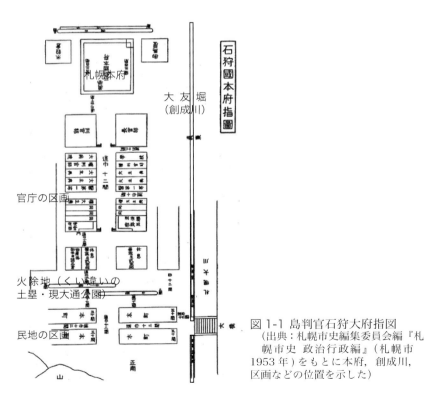

図 1-1 島判官石狩大府指図
　（出典：札幌市史編集委員会編『札幌市史 政治行政編』（札幌市 1953年）をもとに本府，創成川，区画などの位置を示した）

第1章　明治初期開拓の地域空間形成　25

構想したといわれている。島判官の構想は，まず開拓使本府庁舎の区域（300間四方）を決め，そこから大友堀[35]に平行に南に延びる軸線を通し，それに沿って長官邸や判官邸，学校，病院，各役人の居宅を配置するものであった。さらにその南に民地を配置し，官庁の区画との間には，軸線となる通り上に防御を固める土塁を置いた。官と民のゾーンを明確に分け，その間には防御的な空間を配置するという，城下町的なゾーニングとパターンをもつ構想であった。本府建設事業は冬期間の工事の困難などにより予算をオーバーし，定額金を使い果たした島判官は翌明治3年(1870)4月免官となってしまう。　明治4年(1871)，代わって札幌に赴任した岩村判官は，島の構想を受け継ぎながらも，本府庁舎正面を東に向ける軸の変更と，全体を60間四方，道幅を11間幅とする方形パターンの街区で構成するという計画案をつくりあげ，新たな測量を始める。民地のゾーンでは，街区を幅6間の中通で区切り，2行6門に分け，1戸当たりの敷地を5間×27間とした。官庁ゾーンとの間は58間街路（火除地：現大通公園）で区切った。明治6年(1873)には，八角ドームを頂く洋風の開拓使本庁舎が300間×240間の敷地の中央に建ちあがる。

　しかし，札幌の都市形成は順調ではなく，明治6年(1873)頃の市街地の戸数700戸余りのうち不景気のため転出するもの100戸，自立就産のめどが立たないものが400戸といわれる有り様であった。ようやく，明治8年

[35) 大友堀は慶応2年(1866)，幕吏・大友亀太郎によって開削され，入植者の飲用水，用水の他，石狩川にも通じる運河の役目も果たした。南は鴨々川につながり，長さは南6条以北で約10kmである。明治7年(1874)から創成川と呼ばれるようになった。

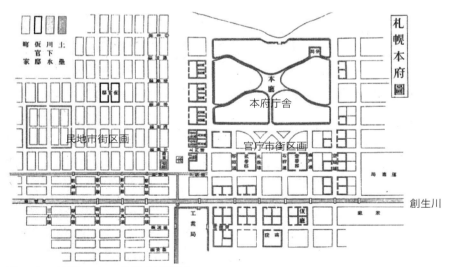

図1-2　明治4年の札幌本府計画
（出典：北海道庁『北海道史 付録地図』（北海道庁 1918年）〔再掲〕札幌市教育委員会編『札幌歴史地図〈明治編〉』（札幌市教育委員会 1978年）の図版をもとに本府，創成川，区画などの場所を示した）
島の構想に対し本府庁舎正面を東に振ることで官庁ゾーンの軸が南北から東西に変わるなどの変更はあったが，官と民のゾーニングは変えていない実施案である。

(1875) の琴似屯田兵村の建設事業などを転機とし，回復に向かい，明治 12 年 (1889) の開拓使による土蔵・石造の建築奨励や明治 13 年 (1880) の手宮〜札幌間鉄道の開通などにより，都市としての基盤確立への歩みを始めることになる。

　札幌は政治都市として，ほとんどなにもない原野にゼロから建設された新都市である。都市を維持するため，開拓使は市街地の人口増加，周辺村落の建設，産業の振興，既開発地域との交通の整備など，都市基盤の整備に力を注いだ。その後内陸開拓の進展につれ，旭川や帯広，滝川，名寄など，それぞれの地域の拠点となる都市がつくらていくが，札幌と同様に未開の原野に新しく建設された都市群であった。札幌はこれらの都市づくりのモデルとなった。

1）札幌本府創成の計画原理

　札幌本府創成計画から，5つの市街地計画原理を読みとることができる。

①河川を基軸とする

　島判官の構想のもとになったといわれる「石狩国大府指図」[36] は，海（石狩湾），大河（石狩川），札幌川（豊平川），銭函，丘珠村，琴似村などの地名を記した地図のほぼ中央に石狩大府（札幌本府）の位置を示し，東，南の方位も示している。全体の大きさや方向は正確ではないが，それぞれの位置関係はほぼ正確に描かれている。そのなかで注目すべきは，札幌川が南北に描かれ，本府の軸がそれに平行して示されていることである。つまり南北方向にとる本府計画の軸の構想が明確に読みとれる。札幌川の川道は南東の向きであるため，実際の本府計画の南北の軸を決定したのは，扇状地のなかにほぼ南北の方向 [37] で慶応 2 年（1866）に開削されていた大友堀（創成川）であった。これを手がかりに本府区画の南北方向の基軸としたのであった。

②官と民のゾーニング

　本府とその周辺の官庁ゾーンと民の市街地ゾーンが，帯状の火除地でゾーニングされている。官庁ゾーンは本府を核として，明解な軸線をもった配置計画となっている。官と民の間の火除地は，後に線状のオープンスペースとして整備され大通逍遥地（大通公園）になる。

36)「石狩国大府指図」は明治 2 年 (1868) 〜 3 年 (1869) 作成の図で，「石狩大府図」ともいわれる。北大付属図書館北大北方資料室の北海道関係地図・図類目録収載に収蔵されているが，札幌市教育委員会編『新札幌市史第二巻 通史二』（札幌市 1991 年）にも同じ図が掲載されているので，本書ではそれを参照している。

37) 真北に対し，西に 5 度傾いている。

③碁盤目状の区画

　島の本府計画である「石狩国本府指図」では，民の市街地ゾーンは二列の平行型に描かれていたが，岩村判官による明治4年（1871）の実施計画では，碁盤目状の市街区画が明確になっている。この碁盤目状の区画については，平安京まで遡ってモデルとしたというよりは，江戸をはじめとする城下町での町人地の碁盤目状[38]の区画を参考としたと考えられる。

　元幕臣であった大鳥圭介[39]は箱館戦争後特赦によって赦免され北海道開拓使に採用され，その後技術官僚として新政府のなかで重要な地位に就いていくが，明治5年（1872）2月には留学生17人の監督も兼ね米国，欧州の視察に赴く。筆者は北海道立図書館北方資料を探索中に，大鳥の米国滞在中の明治5年(1872)12月4日，ニューヨークから黒田に宛てた書翰[40]を発見した。そこには以下のような碁盤目状の街区形態への言及があった。「札幌その外新規に都府村落を開き候には，最初より市街の割付方必要にして，必碁盤の目方に割り付け，十分に町中を広くし，下水の付方に注意し，高処を撰み，飲料水の貯処を作る事大切と存候。欧米にても，古き都市は町巾狭く，割付方あしく，今に至り容易に之を改正し難く，諸人難渋致候。町名は号を以て名づけ，一番丁，二番丁と呼び候様致度，左候へば，後来人の便利を為し候事甚大に後座候。新地を開き候人は，後世を慮り第一に注意すべきことと存候一例に米国ヒラデルヒヤの都は，町街碁盤の目形にて，東西の町筋は地名又は人名をつけ，南北は何れも番号を以て唱申実。加え，一町内は必ず百番宛の番号を附け有之候間，例之ば何町の八百五十番と申候得ば，八番町の中程と申事相分り，便利格別，西洋古都府には決して無之候。」

　札幌など，新しく都市村落を建設するときには，最初に区画の計画が必要で，そのデザインは必ず碁盤目状に区画し，十分なスペースをとり，下水の計画に配慮し，また高台を選び飲料水の貯留するところを確保することが重要である。欧米においても，古い都市は道幅も狭く，区画もよくなく，これを改良することは困難である。

　町名は号をもって名付け，一番町，二番町とすれば，後の人にも便利である。新しく計画することは，後世の人の利便を一番に考えるべきで，その例として米国のフィラデルフィア市がある。フィラデルフィア市は，碁盤目状の街区で構成され，東西の町筋や地名には人名をつけ，南北は番号にし，一番町の番号は必ず100番までとしている。つまり何町の850番といえば，八番町の中程だということがすぐにわかる。これは大変便利で，ヨーロッパの古い都市ではありえないことだと。

38）高橋康夫ほか編『図集日本都市史』（東京大学 1993年）

39）大鳥圭介は箱館戦争では幕府軍の陸軍奉行として戦った。赦免後開拓使に出仕し，欧米の工業開発状況の視察に赴き，明治7年開拓使に，4冊の視察報告「石炭編」「山油編」などを提出している。後に大鳥は工部省に移り，新政府における技術官僚のトップ，さらに工部大学校の長として数々を業績をあげていくことになる。

40）『大鳥圭介書翰黒田清隆宛一明治五年（一八七二）十二月四日在・ニューヨーク』（出版者・出版年不明 複製本　北海道立図書館蔵）

ちなみに札幌の市街区画では明治 5 年 (1872) に各通りに，北海道の国名（渡島通，小樽通，虻田通など）がつけられた。大鳥の提言はその後であったが，明治 14 年 (1881)6 月になり，条丁目に変更される。この条丁目への変更には，大鳥の提言の影響があるのかもしれない。いずれにせよ，札幌本府計画以降に新しく建設された都市市街地，旭川，帯広，名寄などの市街区画において，碁盤目状の区画と条丁目の地名が踏襲されることになる。

④ 60 間四方の市街区画
　札幌の市街区画の街区は，60 間 (108m) 四方で構成された。ただし官のゾーンが 60 間四方に対し，民のゾーンは中通りを設け 60 間× 27 間の街区とした。表 1-4 は北海道開拓において計画的につくられた都市の街区と敷地割りをまとめたものだが，札幌とほとんど同様の構成で行われているのが見てとれる。札幌での街区構成の考え方が，その後の旭川などの市街地区画に継承されていったのである。

表 1-4　計画都市の街区と敷地の形状

都　　市	街　　区	民地の敷地割
札幌 （M4）	60 間 ×27 間 中 6 間	間口 5 間 × 奥行 27 間 (135 坪)
根室 （M8）	60 間 ×28 間	間口 6 間 × 奥行 14 間 (84 坪)
滝川 （M22）		間口 5 間 × 奥行 27 間 (135 坪)
旭川 （M23~25）	60 間 ×27 間 中 6 間	間口 6 間 × 奥行 27 間 (162 坪)
帯広 （M26）		間口 6 間 × 奥行 27 間 (162 坪)
名寄 （M34）	60 間 ×26 間	間口 6 間 × 奥行 26 間 (156 坪)

(出典：北海道編『新北海道史第四巻　通説三』(北海道　1973 年) などを参照し作成)

⑤本府市街地の建設と周辺の移住村
　札幌本府建設とともに，周辺に官募の移住村を配置することで，市街地を村落が支えるように，都市と農村を一体的に捉え，計画している。市街区画と周辺の農村区画を一体的に計画する手法は屯田兵村や殖民区画などを通して，その後継承される原理である。

２）札幌本府計画のその後の影響
　官と民のゾーニングを除く 5 つの計画原理は開拓に合わせ進展する地域空間の形成に継承されていった。なぜ官と民のゾーニングの原理は継承されなかったのか。官と民のゾーニングは，城下町のように封建時代の都市計画に

求められた原理であり，明治以降の近代の都市計画では必要とされなくなっていた。その意味で，札幌本府の計画デザインは時代の転換期にあり，封建制の遺構を一部引き継いでいた。しかしこのことが他の北海道の市街地にはない中心性（大通公園）や軸性（本府後の北海道庁へ向かう通りの軸性など）を有する都市空間となる基となった。

3-2. 初期移住村

　開拓使の移民事業は明治3年 (1870) になり，札幌本府建設を支える周辺の集落を配置することや，伊達や会津など奥羽列藩同盟諸藩の禄を失った士族の北海道開拓移住など組織的な事業がスタートし，初期開拓移住村の建設が始まる。

1）札幌本府周辺移住村
　札幌本府周辺には幕末期の御手作場の開拓村が数ヶ所あるのみで，未開の土地であった。札幌本府建設とその市街地の維持や防衛のために，札幌本府周辺への村落配置が不可欠と判断され，開拓使は島判官を奥羽北越地方に派遣して，札幌本府周辺の移住農民を募集した。

①庚午ノ村[41]

　明治3年 (1870) 2月から6月にかけて，まず第一陣の募移民100余戸の移民が入植した。移民たちは到着後土地を選定して割渡しを受け，庚午一

41）干支で明治3年 (1870) が庚午の年であったため，この年の入植地を庚午の村と呼んだ。

表 1-5　札幌本府周辺の移住村とその出身地

開拓村落	入植年月	戸数	人数	出身地
庚午一ノ村（苗穂）	明治3年4月	36戸	120人	酒田県農民
庚午二ノ村（丘珠）	明治3年4月	30戸	88人	酒田県農民
庚午三ノ村（円山）	明治3年6月	30戸	90人	酒田県農民
	明治4年	11戸	51人	
庚午四ノ村（札幌新村）	明治3年5月	22戸	96人	柏崎県
白石村	明治4年	150戸	600余人	仙台藩白石片倉小十郎家臣士族
平岸村	明治4年	65戸	203人	仙台藩水沢邑士族
生振村	明治4年3月	29戸	124人	仙台県農民
雁来村	明治4年4月	19戸		岩手県遠田郡農民
月寒村	明治4年5月	43戸	185人	盛岡県農民
篠路村	明治4年6月	42戸		盛岡県
琴似村	明治4年10月	44戸		辛未一ノ村（山鼻）移民再配置
花畔村	明治4年	39戸	129人	盛岡県農民
手稲村	明治5年2月	47戸	241人	仙台藩白石士族移住民の分派

（出典：札幌市教育委員会編『新札幌市史第二巻　通史二』（札幌市　1991年）などを参照し作成）

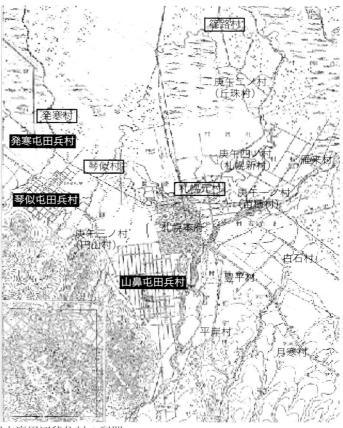

凡例

御手作場村
篠路村など，幕末期の御手作場により開かれた村

初期移住村
庚午一ノ村，平岸村など，明治開拓期の初期移住村

屯田兵村
明治8年から始まる琴似屯田兵村など

図1-3　札幌本府周辺移住村の配置
（出典：国土地理院『札幌（明治29年版）5万分1地形図』（国土地理院　1896年）〔再掲〕札幌市教育委員会編『札幌歴史地図〈明治 編〉』（札幌市教育委員会 1978年）の図版をもとに初期移住村，屯田兵村入植の明治10年(1877)頃の状況を示す）

ノ村（苗穂村），庚午二ノ村（丘珠村），庚午三ノ村（円山村），庚午四ノ村（札幌新村）と，札幌本府を囲むように配置された入植地に入った。幕末期の御手作場事業での移住村（篠路村・札幌村・発寒村・琴似村）の近くに位置し，保護移民の仕組みも御手作場を継承した。

庚午三ノ村（円山）には明治3年(1870)6月に酒田県の移民30戸，90人，明治4年(1871)に11戸，51人が入植した[42]。現在の中央区の北5条から南1条の間の西25丁目，そこから東南に折れ斜めに南9条まで続く一本道を開き，その両側に地割した。1区画2町5反歩から3町歩程度にとり，全体で45区画あった。

庚午四ノ村（札幌新村）では，札幌村（元村）が御手作場として慶応2年(1866)に開村し，明治3年(1870)に農民33戸・アイヌ3戸，72人が住んでいた。明治3年(1870)年5月，開拓使は柏崎県から22戸・96人

42) 円山百年史編纂委員会編『円山百年史』（円山百年史編纂協賛会　1977年）

を募って同地に入植させ，先の入植地を札幌元村，新移住地を札幌新村としたが，明治4年(1871)5月合わせて札幌村となった。現在も当時の集落の道が，札幌の方格状の街路を突っ切るように斜めに通っており，「斜め通り」の愛称で呼ばれている。またこの地域は，札幌本府よりも歴史が古い先達としての誇りやコミュニティとしてのまとまりから，10年前ほどに誕生したローカルFMも「さっぽろ村ラジオ」と名乗っている。

②第二陣の募移民村

第二陣の募移民は，明治4年(1871)に，辛未村(札幌本府の南方)，月寒村，花畔村，生振村，雁来村，平岸村などを開き，入植した。平岸村[43]は明治4年，仙台藩水沢邑伊達将一郎の家臣坂本平九郎らの移住地で，62戸・200人が入植した。豊平寄りの北側を1番地とし，道路の両側に間口40間・奥行300間(面積1万2,000坪)に地割した。土地はクジ引きで決めた。

月寒村[44]は，明治4年(1871)5月，岩手県募民農民44戸が入植した。千歳道の月寒坂上から開墾地が割り当てられた。道路の両側に間口40間ずつの区画がとられた。千歳道は明治6年(1873)開通の札幌本道の一部となる。

これらから判断すると札幌本府周辺に入植した移住村は，一本の道に沿った路村型の集落を形成したといえそうである。幕末期の御手作場での移住村が，石狩から川を遡り移住してきたルートに沿って，札幌北部の小河川沿いに，沿川型の集落を形成したのに対し，明治開拓期になり札幌本府周辺に入植した各村は，本府から周辺に新しく開削された道に沿って配置された。集

43) 平岸開基120年記念会編『平岸百二十年』(平岸開基120年記念会 1990年)

44) 豊平町史編さん委員会編『豊平町史』(豊平町 1959年)

表1-6　札幌本府周辺移住村の土地区画の形態と規模

開拓村落	入植年月	戸数	区画地		
			間口	奥行	面積
庚午一ノ村(苗穂)	明治3年4月	36戸			
庚午二ノ村(丘珠)	明治3年4月	30戸			
庚午三ノ村(円山)	明治3年～4年	41戸			2.5～3町歩
庚午四ノ村(札幌新村)	明治3年5月	22戸			
白石村	明治4年	150戸	40間	300間	12,000坪(4町歩)
平岸村	明治4年	65戸	40間	300間	12,000坪(4町歩)
生振村	明治4年3月	29戸			
雁来村	明治4年4月	19戸			
月寒村	明治4年5月	43戸	40間	努力次第	
篠路村	明治4年6月	42戸			
琴似村	明治4年10月	44戸			
花畔村	明治4年	39戸			
手稲村	明治5年2月	47戸	40間	150間	6,000坪(2町歩)

(出典：札幌市教育委員会編『新札幌市史第二巻　通史二』(札幌市　1991年)，豊平町史編さん委員会編『豊平町史』(豊平町　1959年)などを参照し作成)

落を成立させるための交通インフラが自然河川から，開削された道に変わったのである。この変化は開拓を計画的，組織的に進める上で大きな変化であったが，それが可能なのは札幌本府周辺のかぎられた地域であった。

路村型集落を構成する単位である土地の区画を，間口，奥行，面積でわかるものを拾うと表1-6のようになる。間口40間という寸法が共通している。奥行きは，300間が2ヶ所，150間が1ヶ所，入植者の努力次第というのが1ヶ所である。入植者の努力次第については，『新北海道史第三巻 通説二』[45]のなかに次のような記述がある。「手稲村では，間口40間，奥行150間，面積6,000坪の土地を割当たといわれる。また月寒村では道路の両側を間口40間，奥行375間，面積15,000坪にずつに区分し割り当てたと伝えられている。だが月寒村の場合も，奥行はその人の努力次第で与えられたとあるように，白石・手稲両村も含めてこの時期の開拓村落で入地と同時に明確な地割りが行われたとは想像しにくい。もし行われたとすればやや年数を経てからであろう。」

確かに図1-4の白石村土地割図[46]を見ても入植当初に，土地の区画図が正確な測量をもとに，作成されたとは考えにくい。土地区画の方法については，間口の寸法は区画地の位置に影響するため，正確に決めて面積は数値で示したのであろう。奥行は，土地の条件でおおよその位置を決めた上で，入植者の努力により，開墾が進んだ場合はその分の奥行きまでを与えたものなのではないだろうか。

入植村落を計画する場合，土地区画の基本となる正確な土地測量が必要である。札幌本府の計画では，正確な測量に基づく区画デザインが行われてい

45) 北海道編『新北海道史第三巻 通説二』（北海道 1971年）

46) 白石村の移住資料は阿部末吉『奥羽盛衰見聞誌 下編』（白石市史編纂調査会 1956年）〔再掲〕札幌市教育委員会『札幌歴史地図〈明治編〉』（札幌市教育委員会 1978年））などによる。

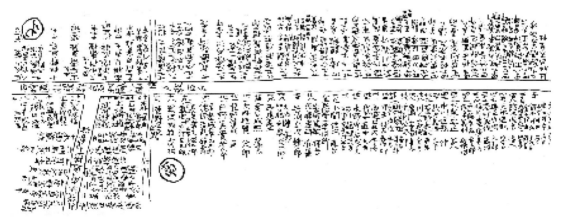

図1-4　白石村土地割図（明治4年）
（出典：阿部末吉『奥羽盛衰見聞誌 下編』（白石市史編纂調査会 1956年）〔再掲〕札幌市教育委員会編『札幌歴史地図〈明治編〉』（札幌市教育委員会 1978年））

る。移住村の場合，範囲が広大で，しかも短い時間で，入植地の区画を決めなければならなかった。そのような条件の移住村の場合，正確な測量を行う時間も技術者も不足していた。そのため，入植者の土地の区画は，以下のような計画にならざるをえなかったのではないだろうか。開墾地として適当と考えた原野に一本の道を開き，その道の両側に沿って1戸の間口を決め，入植者の土地を戸数分，割り当てるという方法である。

　しかし，こういうリニアーで単純な形態ではなく，面的に配置計画を考えようとするには，やはり正確な測量が欠かせない。正確な測量に基づく入植地の土地区画が計画されるのは，明治8年（1875）の屯田兵村の実施あたりまで待たざるをえなかった。

　間口に対し，奥行の深い短冊型の土地が道路の両側に並ぶ路村型の形状は日本の伝統的な集落形態のひとつである。その場合，密居形態になるが，札幌本府周辺の移住村の場合，各戸の間口は40間（72 m）ある。武蔵野などの新田開発[47]に比べて，かなり居住密度の低い集まり方になる。

47）矢嶋仁吉『武蔵野の集落』（古今書院　1954年）

　札幌本府周辺では，初期の移住村に次いで，明治8年（1875），9年（1876）には琴似と山鼻に屯田兵村が計画される。その土地区画は，最初の琴似兵村の場合，市街地のような極端な密居型の配置計画であった。山鼻兵村では，市街地区画型の欠点が指摘され，路村的な配置になったが，区画形態は間口20間，奥行82.5間である。いずれも初期移住村と比べてより密居的な配置になっている。

　とまれ，札幌本府周辺への初期移住村で試みられた間口40間，奥行300間，面積1万2,000坪という土地区画はその後北海道開拓が進展する過程で様々な大きさの土地区画の提案がなされるが，その最初の1球が投げられたものであった。十分に研究されたものというよりは直感で投げられたような1球であったが，その後の展開を考えると悪い球筋ではなかったように思うのである。

2）士族移住村
　奥州列藩同盟として戦い敗れた東北諸藩の士族は禄を奪われ，その生活再建のため，北海道開拓の先兵として各地に入植した。まず明治2年（1869）2月に太政官が会津降伏人を蝦夷地に移すことを決め，その後も仙台藩支藩の伊達邦成（亘理），伊達邦直（岩出山），片倉小十郎（白石）らが旧家臣団の北海道移住を計画し，志願した。

　明治3年（1870）4月から明治16年（1883）までの間，仙台藩士族は現在

48) 貫属とは本来は戸籍の存在する土地をさすが，明治期には，その人がある地方自治体の管轄下にあることを意味した。

の伊達市（紋別），当別町，札幌市白石区に移住し，顕著な成績を残したといわれる。当初は自費移住をだったが，明治4年(1871)には身分は開拓使貫属[48]となり，開拓使から移民扶助規則による保護を受けるようになった。翌年には民籍に編入され身分は一般農民と変わらなくなったが，移民扶助は続けられた。士族移住は封建的主従関係が基礎となっていて，旧藩主を支柱に強固な団結力で成果をあげ，団体的入植のモデルになったといわれる。同時代の士族移住村には明治3年(1870)淡路稲田藩一行の静内入植などがった。

　さらに明治9年(1876)の秩禄廃止後，多くの士族階級は生活に困り，西南戦争後のインフレが窮乏化に拍車をかけた。政府は困窮士族を救済授産するため，農業開発や紡績事業に多額の資金を投じ，旧藩主らも旧臣たちの窮乏生活に対し数々の救済策をめぐらした。そのなか，開拓使は士族による北海道開拓を希望する団体に対しては「北海道土地売買規則」にこだわらずに，大地積の無償付与その他の便宜を図ると公告した。その結果，明治10年代になり旧藩主を代表とする原野払下げ，士族入植の開拓計画が，改めて動き出すことになった。このケースには明治10年(1877)からの尾張・徳川慶勝による八雲の開拓（1,000町歩以上），明治14年(1881)の旧山口藩主・毛利元徳の余市原野1,000町歩の払下げなどがあった。八雲のケースを除き，事業は成果をあげなかったといわれるが，この旧藩主らによる未開地の大規模な土地払下げの動きは，明治20年代に華族らによる大土地所有の農場事業につながるものとなる。

①有珠郡

49) 有珠郡への士族移住は伊達市史編さん委員会編『伊達市史』（伊達市1994年）を参照した。

　仙台藩亘理支藩の伊達邦成ら家中の一門は有珠郡に移民[49]し，地域の開拓に従事した。有珠郡の場所は，噴火湾に面し，室蘭から約3里の緩勾配の土地で，北海道のなかでも比較的温暖な気候の場所であった。一行の入植は船で室蘭に行き，そこから歩いて入植地までたどり着いたが，交通的には舟運が可能な土地であった。明治3年(1870)4月，220人がまず移住した。当初は土地区画が1戸600坪で密居型の配置であった。その後，移住は明治13年(1880)まで続き，後期の入植では稀府に150間四方の区画と50間×150間（7,500坪）の農業開拓型の区画を行った。

　伊達家の士族移住民は移住後，扶助米金のうちから相当部分を積み立て，開拓事業での窮乏時の備えに役立てた他，独自の勧農規則をつくるなど，組織的な仕組みをつくり運営したといわれる。明治7年(1874)5月，「西洋形

表 1-7　伊達士族有珠郡移住の流れ

入植年月	人数	土地区画
明治3年4月	220人	600坪
明治3年8月	72人	
明治4年2月	788人	
明治5年3月	465人	
明治6年4月	562人	
明治7年4月	58人	
明治8年〜11年	56人	
明治13年3月	353人	50間×150間 （7,500坪）
計	2574人	

（出典：伊達市史編さん委員会編『伊達市史』（伊達市　1994年）などを参照し作成）

犂馬其他農器払下」を開拓使に申請し，教師の派遣を得て，プラウ[50]など
の使用法を習った。これは函館郊外の七重に開かれた開拓使の官園[51]など
を除き，移住地における西洋農具使用のさきがけであったといわれる。開拓
使が進めようとした西洋農具の普及が，伊達家の士族移住民団体により広め
られたのである。

②当別

　明治5年（1872）当別の士族移住村は仙台藩の支藩岩出山城城主伊達邦直
一行が，石狩川の河口を2里半遡り，当別川に沿って右岸，およびその支流
（パンケチベシュナイ川）の合流点に移住地を定め，入植[52]した。当初は明
治4年（1871）4月に，日本海に面した石狩の聚富に開拓使より土地を与え
られ入植し，小川沿いに1戸間口30×奥行50間（1,500坪）の地割を行っ
た。しかしその場所は地質が悪く，日本海に面し北西の風が強く気候条件な
どから不適と判断した。他の候補地を開拓使に願い出て，石狩から2里半(約
10km）入った当別の土地を候補地として提供されたのであった。

　パンケチベシュナイ川の両岸に道路を通し，これらに沿って間口40間，
奥行100間，面積4,000坪を一戸分とした。その配置計画では伊達邦直の
土地を東小川通一番，家老で当別移住のリーダーであった吾妻兼を下川通一
番と決め，ここから各自旧来の身分により順次に土地を配置したが，面積は
平等であった。一戸分の区画の規模について，「間口の間数算出の根拠につ
いては，当時の記録など信ずべき資料はない。岩出山の時代の区画割が，間
口20間となっていたので，当時の人たちの頭にそのことが先入観として固
まっていたということである。その考え方で北海道の広大な土地の区画割に
臨んだ場合，思い切って広くというのが，みんなの一致した考えであったか
ら。それならば郷里の二倍という計算になったものであろう。つまりは二倍
ということは精一杯大きくということを意味したのである。」（鹿野恵造回想

50）プラウは洋犂といい，
洋式農具奨励策で米国より
導入されたもので北海道開
拓でおおいに利用された。
プラオともいわれるが，北
海道以外ではほとんど普及
していない。

51）官園は開拓使が外国人
技術者のもとで洋式農法の
指導を実施する場として設
けたもので，東京，函館（七
飯），札幌にあった。
　七飯官園はもともと榎本
武揚が西洋農法による開墾
のためプロシア人のガルト
ネルなどと開いたもので，
箱館戦争後開拓使に引き継
がれ，七重官園となる。農
業試験場としての役割は明
治27年(1894)まで続き，
ガルトネルらが林檎や葡萄
など多くの作物を日本に紹
介し，実習生たちは後の北
海道開拓に大きな足跡を残
した。

52）伊達邦直一行の当別移
住は，当別町史編さん委員
会編『当別町史』　当別町
　1972年)を参照した。

53)『当別町史』（当別町 1972年）に収録されている。

録)[53]とある。

配置パターンは川に沿った路村型の配置となった。移住者たちは郷土での密集生活に慣れ，かつ草創のときであったことから，比隣近接を好む心が沿道村落をつくることになったものと考えられる。

明治12年（1889）の3回目の移住では，最初の入植地の南の対雁地区に間口50間，奥行250間，面積1万2,500坪の区画を行った。これについては当初の予定では，間口60間，奥行250間，面積1万5,000坪（5町歩）を出願したが，地積が不足したため縮小したという。北海道の入植における給与地の土地区画の大きさに5町歩の規模が現れるのは明治18年（1885）頃からであり，屯田兵村や殖民区画では明治23年（1890）からである。この当別の給与地の規模はそれらのさきがけになる可能性のあったものである。

当別の地勢は当別川が山間から石狩平野に出たあたりで，周囲に泥炭地が拡がる原野のなかでは地味も悪くなく，自然状態の平野の集落立地の典型ともいえる立地である。山麓沿いに西は石狩の港町に，東はその後石狩川沿いの開拓のさきがけになった樺戸集治監の月形に通じ，南は対雁通を経て石狩川沿いの江別（屯田兵村が立地）に通じるなど，交通的にも要衝に位置し，

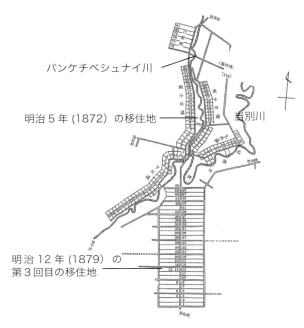

図1-5 当別士族移住村配置図
（出典：当別町史編さん委員会編『当別町史』 当別市 1972年）にある「明治5年および12年移住者土地分配図」に川名，入植年度の情報を表記した）

第1章 明治初期開拓の地域空間形成 37

周辺地域の開拓の拠点となった。

　明治5年 (1872) の当別移住に当たって，伊達邦直は家老の吾妻謙に命じて，入植地での規則として，共同で開拓事業を行うための「邑則」[54]を起草させた。前途の見えない未開の地への移住と開墾を前に，一団の結束と勤勉を図る意図のものであった。49条からなる邑則は，封建的な上下関係のしばりをできるだけ排除し，各自が能力を発揮できるような規定の内容をめざした。主君と結びついていた武士社会の彼らが，一気に斬新的な思想に切り替わったかどうか，その実状はわからないが，第一条が「邑中の事務一切衆議に決すべし」から始まるように，新しい入植地で必要となる協同性を原則とする方針であり，武士が身につけていた教養をもって，新時代の文明開化，四民平などの思想を最大限取り入れようとしたものであった。伊達紋別での勧農規則や「邑則」の内容は，後に屯田兵村での規則に受け継がれていくものも多くあった。

③余市の黒川・山田村

　元会津藩士を中心とする一団を，明治2年 (1869) 3月を兵部省の管轄域に移住させることにし，193戸を9月および10月に小樽周辺に移住，仮住まいさせた。明治4年 (1871) に開拓使が引き受け募移民とし，余市に移住することになった。

　高倉新一郎の『北海道拓殖史』[55]から，この移住の詳細を見たい。明治3年 (1870) 12月の「移民規則」による扶助規定を受け，3ヶ年間，ひとり一日玄米7合5勺の扶助米および塩噌料1ヶ月金2分宛が支給された。200余戸を余市川の両岸の土地に区画し，「移民規則」に則り，200戸を6つに分け6名の村長を入札で決めた。その村長が組長を任命した。名主・組頭など，5人組制度が維持されていたので，これに基づいて村を形づくろうとした。

　明治4年 (1871) 2月から村長は村民を率いて現地に入り，付近の山から建築用材を伐採し，3月に入ると各自が家屋敷地（10間×5間）の地形を整えた。家屋は2間道路の片側に各々間隔10間を隔て，間口10間乃至12間，奥行4間半の長屋建てで，一棟に1組，5戸ないし6戸を住まわせるものであった。1戸は間口2間，奥行4間半，9坪。農家というよりも足軽屋敷のようであったといわれる。

　村名は余市川左岸が黒川村，右岸は山田村とした。山田村では，上下村に各1戸の共同浴場が設けられた。伐木した木材で米蔵・雑蔵が建てられた。

54)「邑則（ゆうそく）」邑は「むら」と読み，村落を意味する。邑則とは村づくりの基本となる取り決めである。当別町史編さん委員会編『当別町史』（当別町 1972年）に詳しい。

55) 高倉新一郎「北海道拓殖史」（1972年）『高倉新一郎著作集第三巻移民と拓殖 [1]』（北海道出版企画センター 1996年）に採録されている。

両村に1軒ずつ商店を置き，日用品の配給に当たり，積金をもって商品を仕入れて置いた。また両村に1ヶ所ずつ講武館を設けて武術の修業も行った。学校は居宅のひとつを開放し，有志が教師となった。翌明治5年（1872）村民が協力して木を切り，郷学校を建てた。神社は特別にはつくらず，場所請負の時代からあった稲荷神社（現在の余市神社）を尊崇し，移住者のひとりが神官になった。開拓使からの官吏は両村の中央に役宅を構えて，扶助米の給与，商店の運営その他行政の任に当たった。

　生業は土地が各戸に区画されたわけではなかったので，伐木，開墾，漁業も自由であったといわれる。保護期間の期限である移住3年目までに開墾による自立をめざしたが，見込みは立たず，扶助米の廃止とともに，移住者は困窮に落とされた。しかし偶然の機会が地域の農業経済を確立し，生活を安定化させることになった。それは林檎の栽培であった。明治8年（1875）開拓使は入植地に桑・杉・檜などの苗や馬鈴薯，林檎，桜桃，西洋梨，西洋李などの苗を配った[56]。林檎苗は1戸当たり10本配られ，翌明治9年（1876）にも配付された。人びとは最初，義務的に植え，大した注意も払わなかった。それが明治12年（1879）頃になり，各所に結実を見るようになる。明治13年（1880）に，札幌で農業仮博覧会に収穫された林檎を出品したところ好評を得て，小樽方面で高値で売られるようになった。人びとはそれを契機に林檎栽培に興味を示し，栽培法なども研究し，次第に生産量を増やし，それとともに販路も拡がっていった。明治20年（1887）頃には林檎栽培は山田村，黒川村で盛況となり，余市地域一円に拡がっていく。

　山田村，黒川村での士族移住地の移住苦難を切り抜け得たものは組の力であったといわれる。組中のものは互いに助け合った。同郷の，同難同苦をなめた同志であったためだろう。入植地での共同性の重要さが，後の屯田兵村などの仕組みに継承されていくことになる。

3）民間団体移住

　明治10年代に入り，民間団体の開墾結社や移住団体による土地払下げ，開拓計画も動き出した。明治11年（1878）徳島県の仁木竹吉らによる余市周辺の入植は民間移住団体による事業の端緒を切り開き，明治12年（1879）の開進社や明治13年（1880）創設の神戸のクリスチャンの一団である赤心社[57]の静内開拓，明治16年（1883）の依田勉三ら晩成社の十勝原野の入植などの開墾結社による事業が続いた。

　民間団体移住入植は明治20年代以降の移住開拓事業の主流になった事業

56）開拓使が果樹の苗木を配った。

57）赤心社は明治13年に旧三田藩出身の鈴木清らがキリスト教的理想郷の建設による北海道開拓をめざし神戸で設立した結社である。初期開拓結社として成功した会社組織として名高い。鈴木清は神戸時代に神戸女学院の創立にもかかわっている。
　赤心社の移住資料には山下弦橘『風雪と栄光の百二十年―ピューリタン開拓団赤心社のルーツと業績を辿る』（赤心株式会社・浦河町　2002年）などがある。

であるが，明治10年代の民間団体移住入植時は，そのための基盤や体制は
ほとんど整っていなかった。結果，十勝原野の晩成社のように，原野のなか
で交通や流通の手立てもなく孤立し，大自然に敗れる残念な結果になる例も
生んだ。

　この反省から，入植地の基礎調査や縦貫する国道の開削や鉄道の敷設など
の社会資本整備が北海道庁の主要事業として位置づけられたが，整備が本格
的に進むのは明治20年代以降であった。

①仁木村

　明治11年 (1878) 開拓使が行った最初の民間移民地の区画が仁木村[58]
であった。徳島県の仁木竹吉が開祖である。郷里阿波国は吉野川の氾濫がし
ばしば起こり，田畑流亡の災害常襲地帯であった。仁木は村民救済のため北
海道移住を計画した。彼は道内各地を回り，明治12年 (1879) 後志国余市
郡に100万坪・100戸の土地貸付を出願した。受け入れ側の開拓使では仁
木村の移民入地に先立って，移民地の区画を設計した。当時，屯田兵村では
1戸当たり1万坪の土地を給与することになっており，それにならって，こ
の方式を仁木村に応用しようとしたのである。まず東西に幅6間の幹線道
路を設け，その東に250間の間隔で4間幅の道路を2本平行に通し，これ
と直交し，4間幅の道路を160間おきに13〜14本通した。これによって
4間道路で囲まれる長さ250間・幅160間・面積4万坪の碁盤目がつくら
れる。この1区画に4戸の農家（1戸1万坪）を配置した。開拓使が土地
の測量，区画デザインを行った計画は，後の殖民区画制度の土地区画デザイ
ンにつながるものを持っていたといえるかもしれない。

②晩成社[59]

　伊豆の豪農依田勉三以下27人が下帯広村に入植したのは，明治16年
(1883) 5月のことである。依田勉三は明治14,15年の2度にわたり，移住
地選定のため道内を事前調査しており，明治15年 (1882) 渡道のとき，札
幌県庁で十勝を推薦されたのだった。依田勉三らは「15年間で1万町歩を
開墾したい」とその希望はスケールが大きかったが，札幌周辺の道央部には，
すでにそれだけの土地を見つけることはできなくなっていた。

　下帯広村の原野のまっただなかに入った晩成社だが，そこから外に通じる
道はまったくなく，唯一の交通が十勝川を通行する丸木舟であった。入植地
から十勝川河口の大津までの往復所要日数は3, 4日，運賃も片道一艘につ

58) 仁木村の移住資料は川
端義平編『仁木町史』（仁
木町　1968年）による。

59) 依田勉三らの晩成社に
ついて書かれたものは多い
が，ここでは帯広市史編纂
委員会編『帯広市史［昭和
59年版］』（帯広市　1984
年）を参照した。

40

60）依田勉三らの入植した
明治16年（1983）は，開
拓使が廃止され，北海道の
行政が三県に分かれていた
時代で，十勝地方は札幌県
に属していた。

き米1俵と非常に高いものであった。依田勉三は移住早々から札幌県令[60]あてに大津から下帯広村までの道路開削願いを出すが，返事が返ってくることはなかった。晩成社は十勝の無人の原野で，まったく孤立していく。移住地の選定を誤ったといえばそれまでだが，その程度が悪すぎた。

晩成社の資本金は5万円。社員は晩成社から土地を借り，収穫物の2割を社費として納め，余力を社業の牧畜労働に振り向けて給料をもらう仕組みで，開拓が軌道にのる条件は自給自足と生産物の流通が可能になることであった。しかし牧場の牛から乳をしぼり，ハムや，林檎をつくったとしても，十勝原野のなかで孤立して，まったくさばくことができなかった。余市周辺に入植した士族移住村でとれた林檎が売りさばけたのとは状況が違った。余市は港湾都市としてめざましく発展していた小樽に隣接していたからである。

15年間で1万町歩の計画に対し，晩成社はわずか30町歩を開くのに10年かかった。脱落者が相次ぎ，新たに加わる社員も数えるほどであった。この間，借金は雪ダルマ式に増え，晩成社の負債額は大正2年（1913）には17万8,000余円に達する。

明治26年（1893），約700人の十勝監獄の囚人労働により，大津−下帯広−新得間に十勝原野初めての縦貫道路が開かれる。監獄開庁と同時に1,300人の囚人，260人の職員が入り，下帯広村は急速に市街地へと発展する。移民の足音が高まり，十勝原野にもようやく開拓の手が延びてくることになったのである。晩成社の入植は10年早すぎたのかもしれない。

しかしその取り組みはその後の北海道開拓の貴重な先例となった。晩成社は十勝開拓のパイオニアとして，その名は地域のシンボルとして語り継がれていくことになる。

道路などのインフラが整わない孤立した土地に入植することは失敗につながるという教訓は，その後の開拓事業において最も重要な要件として記憶されていくことになる。

3-3．屯田兵村

1）屯田兵村

開拓使時代における屯田兵制度は，幕末期からその必要性が叫ばれていた対ロシアへの北方防衛や札幌本府周辺や開拓地内の警備への備えと，明治維新後に困窮し不満が高まる士族への授産目的，さらに集団的に開拓を行う部

隊を創出するねらいから，明治6年 (1873) に創設されたものである。

　明治7年 (1874) に「屯田兵例則」を設け，明治8年 (1875) 春，宮城・青森・酒田の3県および開拓使管内の士民志願者198戸，965人を札幌郡琴似村に移住させたのを嚆矢とし，明治9年 (1876) 春には青森・秋田・鶴岡・宮城・岩手の5県および有珠郡の士民[61]合わせて275戸，1,174人を募り，一部分を琴似・発寒両村に補充し，他を山鼻村に，入植させた。屯田兵制度は明治15年 (1883) の開拓史廃止後も陸軍省に属する屯田兵本部によって継続され，明治23年 (1890) 以降は毎年500戸の移住を行う事業として発展していく。

　屯田兵は保護移民の制度だが，屯田兵村の特色は兵士が給与された土地で家族とともに兵屋に暮らし開墾に従事しながら，普段は訓練や道路整備などを行い，有事の場合には，軍事行動（西南戦争・日清戦争・日露戦争など）に出動したことであった。つまり集落を形成し，未開地を開墾し開拓のフロンティアを切り開きながら，当時の北海道内の警備組織の役割も担ったのである。

2）官営士族移住村

　明治15年 (1882) の開拓使の廃止後，屯田兵村事業が中断したので，三県一局時代の明治16年 (1883) 6月「士族移住取扱規則」を制定し，屯田兵村的事業を3県でそれぞれ実施することになった。函館・根室両県は毎年50戸，札幌県は150戸の士族移住を受け入れる。

　土地は，函館・札幌県では1万坪，根室県では1万5,000坪，他に宅地1,000坪をあらかじめ区画した。3ヶ年以内に開墾し終わるときは無償付与（根室7ヶ年）とし，20年間免粗。ただし不耕起の分は没収された。各戸の土地はあらかじめ区画されており，抽選によってその主が決められた。屯田兵村の土地配分にならったのである。入地後「移住士族申合規約」をつくり，親睦互助の精神をもって開拓を進めていく。

　しかし政府部内では士族授産ならば，開拓使時代に始められた屯田兵制度を再び取り入れるべきだとする意見が起こり，この規則による士族取り扱いの経費を陸軍省に移管し，「移住士族取扱規則」は後に廃止された。

　この規則で応募した士族移住は明治17年 (1884) ～19年 (1886) に行われ，入植地は函館県は木古内村，札幌県は岩見沢村，根室県は釧路の鳥取村であった。木古内と鳥取は近くに重要な港があり，岩見沢は開通したばかりの鉄道で，幌内炭鉱，札幌，小樽に通じており，交通面では，条件のよ

61）有珠郡紋別に移住した伊達邦成ら家中の士族である。

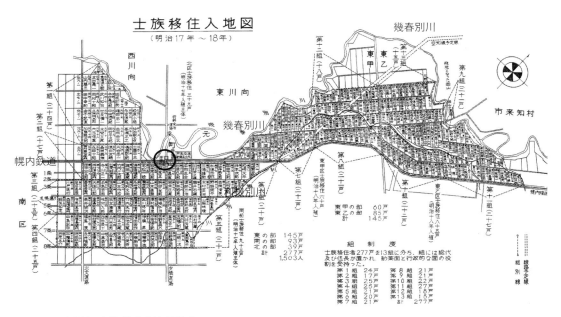

図 1-6　岩見沢士族移住村区画図
（出典：「岩見澤市史編さん委員会『岩見澤市史』（岩見沢市　1965 年）収録の図に，川，鉄道などを示した）

い土地であった。また港や炭鉱は警備対象であった。

　木古内村には 105 戸・568 人，岩見沢村には山口・鳥取の士族を主に，明治 17 年 (1884) ～明治 19 年 (1886) に 279 戸，1,408 人が入植[62]した。村は約 20 戸を 1 組とし，13 組に分けられた。1 戸の区画は間口 50 間，奥行 100 間であった。釧路・鳥取村[63]は 105 戸，521 人が移住した。気候的に厳しい条件であったので，広い土地が与えられ，一戸 1 万 5,000 坪（5 町歩）が支給された。以降，この 5 町歩の規模が北海道庁の拓殖政策にも受け入れられ，開拓における入植時の土地給与面積の基準となっていく。

　「移住士族取扱規則」の雑則で，20 戸を一組とし，総代を置いて組中を取締ることとした。しかしその自治委任の権限は狭小であって，屯田兵よりもかえって窮屈な制度であった。やがて三県制度の廃止後北海道庁の設置となり，屯田兵村事業が再スタートしたことでこの事業は 3 例のみの実施でその役割を終える。

　そのなかで岩見沢ではこの事業による土地区画が，その後の地域形成，特に間口 50 間×奥行 100 間の土地区画から 50 間四方の街区が生まれるなどの市街地形成につながり，つまり「基層」が形成されることになった。

62) 岩見澤市史編さん委員会編『岩見澤市史』（岩見沢市　1965 年）

63) 釧路市審議室市史編さん事務局『市政施行 70 周年記念誌　目で見る釧路の歴史』（釧路市　1992 年）に鳥取村への士族移住が詳しい。

4．明治初期開拓事業の意味

4-1．開拓地と集落立地

　開拓地での集落立地と形態は，交通インフラに大きく影響された。幕末期の御手作場などの移住地は，道路インフラのない状況で入植したため，交通手段は丸木舟などでの河川交通が中心で，集落立地も川沿いなどに形成された。明治期に入り，札幌本府周辺ではインフラとしての道路開削が始まり，集落立地は，開削された道路の両側に沿って立地し，路村型の形態が現れた。しかし札幌本府から離れた場所では，道路インフラも整備は進まず，幕末期と変わらない状況が続き，河川沿いの集落立地となった。

4-2．移住地での集落形態

　移住事業がスタートしたばかりの明治3年（1870），4年（1871）の入植地における区画のデザインは，原野に引かれた一本の道に沿って，その道の両側に1戸の間口を決め，入植者の土地を戸数分，割り当てていくという方法であった。川沿いに入植地が区画された当別の移住村でも川沿いに道を設け，それに沿って区画地を設定している。土地区画には測量が欠かせないが，初期の入植地では，正確な測量を行う技術者や道具もそろっていなかったと考えられる。そういう状況での土地区画の方法とは，間口の寸法を正確に設定し（横に並んだ場合のそれぞれの区画地の位置に影響する），面積は数値で示したと考えられる。面積に関係する奥行は，土地の条件も考慮してその位置が決められ，入植者の努力で，開墾が進んだ場合には，かなりの奥行きまで与えられた。以上の条件で形づくられた集落は，1本の道に沿って両側に入植区画の並ぶ路村型の形態となった。間口の幅は40間のケースが多く，奥行きは100間から300間，それ以上は努力次第であった。

4-3．入植地の農地区画の規模

　開拓農業の確立に向けて，最も大きい要素は，基本となる農地規模の設定である。明治3，4年の入植地のうち，札幌本府周辺では手稲村で40間×150間の6,000坪（2町歩），円山村で2.5〜3町歩，平岸村では40間×300間の1万2,000坪（4町歩），月寒村では40間×375間の1万5,000

坪（5町歩）など，それぞれかなり大きな規模の区画であった。札幌周辺以外では，伊達・紋別が600坪，当別は40間×100間の4,000坪（1.3町歩），余市の黒川・山田村は数字は不明だが，かなり小さい規模であったと考えられる。その後，明治8年(1875)の最初の屯田兵村である琴似兵村で給与地の規模は5,000坪（1.67町歩）が設定される。しかしその規模では十分ではないとされ，明治11年(1878)に1万坪（3.3町歩）に増加される。このように，開拓初期には標準となる土地の大きさはまだ確立しておらず，土地の条件に合わせ，様々な試みが成されていた。

北海道の内陸地域への入植開拓が軌道に乗り，進み始める明治20年代に入り，土地区画の標準として1万5,000坪（5町歩）の規模が確立される。この5町歩が実際の現場に初めて登場するのは明治17年（1884）の釧路での官営士族村においてである。

4-4．開拓入植での団体性・共同体の重要性

明治8年(1875)，開拓使顧問のケプロンは3回の北海道巡視をまとめた報文[64]のなかで，当別について「石狩川に注入する当別川の傍に一孤村あり当別と云ふ。戸数多くして善く耕耘せる畑地凡そ一百町あり。・・・此地の居民たる男子は容貌いやしからず，婦女は手織の清潔なる衣を穿ち，家屋もまた美なり」の記述がある。開拓の成功事例として取りあげていることが伺える。

一般の官募移民がなかなか成果をあげられない状況のなかで，有珠郡や当別，余市，札幌周辺の白石，平岸などの士族が団体で移住した開拓村の状況を規律があり，開墾技術も工夫されているなど，様々な状況に対しても団体として協力し困難を克服する面があると開拓使は評価し，開拓村のモデルと捉えた。開拓入植での団体性・共同体の重要性は，その後組織的に展開される屯田兵村の入植事業において，継承される。

4-5．入植開拓地での農業基盤確立のための副産物

入植地において，副産物が地域の農業経済を確立し，生活を安定させた。余市の士族移住村において，明治8年(1875)開拓使は入植地に桑・杉・檜などの苗木や馬鈴薯，林檎，桜桃，西洋梨，西洋李などの果物の苗を配った。数年後に林檎が収穫できるようになり，出品した農業仮博覧会で思わぬ好評

64)「開拓使顧問ホラシ・ケプロン報文」（北海道庁編『新撰北海道史第六巻史料二』（北海道庁　1936年　［復刻版］清文堂出版1991年)

を博する。さらに港町小樽ではロシア人などの外国人に人気を得て，高値で売られるようになる。主農業の生産が伸びないなか，副産物が地域の農業基盤を確立させることになったのである。

4-6．開拓入植のための基盤・交通網整備の重要性

明治初期から，開拓入植のための基盤・交通網整備の重要性は認識されていたが，開拓使の時代には幹線道路の建設は札幌周辺を除き，ほとんど進まなかった。道路開削の現実的な手立てや予算がなく，事業は後回しにされたのである。

内陸部に通じる道路は，北海道庁開設後の明治19年(1886)にようやく中央道路が札幌から上川まで通じる。この道路開削後やっと石狩川に沿い開拓前線が内陸部に進み始める。十勝原野が本格的に開け始めるのは明治26年(1893)の大津−下帯広−新得間の縦貫道路開削まで待たねばならなかった。

4-7．都市と農村の計画的連続性

初期開拓事業の特色に札幌本府建設と周辺移住村建設のように，市街地建設と集落が一体のものとして，関連をもって計画されたことがあげられる。この方針はこの後も，屯田兵村や殖民区画などを通して，地域開拓のモデル，基本的な方針として継承されていく。

4-8．市街地の空間構成のモデルの確立

札幌本府の計画原理は，計画者島義勇の出身である佐賀の城下町の身分制のゾーニングと格子状パターンでの市街区画のふたつの計画原理が融合したものである。ふたつの計画原理のうち，格子状パターンによる市街区画は，その後北海道開拓で計画都市における市街地形成のモデルとなる。

第 2 章

屯田兵村の配置計画の骨格
パターン

屯田兵村の形成とその時代背景は，創設期（明治6~15年），確立期（明治15~23年），展開期（明治23~29年），終焉期（明治29~37年）の4つの時期区分に分けられる。創設期，確立期を通して試みられた計画が，明治20年代の展開期に500戸／年の実施事業のなかで，多様で洗練された計画として展開していく。

　屯田兵村の計画ではまず土地の選地が重視され，眺望が利く場所から土地を吟味する国見が行われた。選地の方法はよく検討されており，選地の方法そのものがすぐれたデザインであった。

　屯田兵村の計画は教練や開墾を効率的に進めるための合理的な配置計画の側面と，出身地や身分も違う人間が厳しい気候・環境のなか，未開の原野のなかで生活共同体を運営するためのコミュニティ計画の側面を合わせもっていた。

　配置計画の基礎となった給与地の考え方は，均等に土地を配分するだけでなく，共同の暮らしを成り立たせる様々な「しかけ」を内包していた。そのため屯田兵村の計画は，土地の条件に対応し，多様な配置パターンをもった。

　配置パターンは，密度による分類と軸と区画による配置の骨格計画から分類することができる。

　密度による分類では密居的な配置パターン，疎居的な配置パターンとその中間的密度の配置パターンの3タイプに分けられる。配置パターンが異なる要因を分析した考察のなかで，従来の屯田兵村の分類概念である疎居，密居の考え方に対する疑問を述べている。

　骨格の計画による分類では幹線道路が兵村内を通るかにより，軸型の特徴をもつパターンと，そうではない区画型の特徴をもつパターンの2つのタイプに分類できた。軸型はさらに一列軸型，二列軸型，三列軸型，組み合わせ軸型のサブタイプに分かれ，区画型は平行区画型，組み合わせ区画型，市街区画型，分散区画型のサブタイプに分類できた。それぞれのタイプについて事例を通して，その特徴や計画的意図を明らかにしている。

1) 明治6年11月の黒田開拓使次官の建議を受け，太政官の大蔵・陸軍・海軍省への諮問と三省および左院の答議提出という経過をたどり，明治6年12月25日，太政大臣三条実美から開拓使あての達書があり屯田兵制が正式に決定した。

2) 二期に分ける考え方には，戦前の植民学研究での加藤俊次郎『兵農植民政策』（慶應書房 1941年）や地理学の増田忠二郎「屯田兵村における集落形態の諸問題」（『人文地理』（『人文地理』第14巻6号 1962年），足利健亮「屯田兵村と殖民地区画」（藤岡謙二郎編『地形図に歴史を読む−統日本歴史地理ハンドブック−』（大明堂 1969年））などがある。

3) 三期に分ける考え方には上原轍三郎『北海道屯田兵制度』（北海道拓殖部 1914年 ［復刻版］北海学園出版会 1983年），小田邦雄『屯田兵生活考』（北見市史編さん事務室 2011年），高倉新一郎「屯田兵制度」（『高倉新一郎著作集第四巻 移民と拓殖［二]』北海道出版企画センター 1997年）がある。

4) 本府札幌防衛時代，東岸防衛時代，内陸開拓時代，北辺開拓防備時代の四期に分ける考え方に井上修次「北海道東海岸屯田兵村について」（地理研究会『地理研究』創刊号 1941年）があり，「屯田兵制と旭川兵村」（旭川市史編集会議『新旭川市史第二巻通史二』旭川市 2002年）も四期に分けているが，井上とは時期区分が少し異なる。なお東旭川兵村については当初旭川兵村と称したが，明治31年東旭川兵村に変更している。本論では東旭川兵村名を使用する。

5) 明治7年10月，開拓使は陸軍省との協議の上，屯田兵制度の基本となる「屯田兵例則」（正式名は屯田憲兵例則という）を制定した。編成・検査・昇給・勤務・休暇・給助・罰・諸官の職務の八項目からなっていた。

1．屯田兵村形成とその時代背景

　北海道における屯田兵制度は，江戸後期から必要性が叫ばれていたロシアに対する日本の北方防衛，明治維新後の本格的な入植期をむかえた北海道の警備と開拓の拠点づくり，さらに困窮する士族の授産目的などから，設置が図られた。明治6年(1873)北海道開拓使次官黒田清隆が設置の建議を行い，12月に太政大臣から達書[1]が届き，創設が決定された。屯田兵制度は北海道開拓の初中期に大きな役割を果たし，その特色は兵士が集団的に兵営で起居するのではなく，給与された土地で家族とともに戸建ての兵屋に暮らし，練兵と営農とに従事したことがあげられる。つまり軍隊組織の中隊を単位としながらも，集落を形成し地域の警備と開拓に従事する，この集落を屯田兵村と称した。明治37年(1904)9月に屯田兵制度が廃止されるまでの間に，37兵村，兵屋7,300余戸を建設し，家族あわせて3万9,900余人を入植させ，7万余町歩の未開地を開墾した。

　30年間にわたる屯田兵村の形成の時期区分については，兵士の身分から士族屯田の時代（明治7〜23年）と平民屯田の時代（明治23〜37年）の二分する分け方[2]や管轄・統轄機関から開拓使の時代（明治8〜15年），屯田事務局・司令部の独立時代（明治15〜29年），第7師団の司令部に属した時代（明治29〜37年）に三期とする分け方[3]，設置地域やその目的の機能的な分類から本府札幌防衛時代，東岸防衛時代，内陸開拓時代，北辺開拓防備時代の四期[4]とする分け方などがあり，いずれもそれぞれの研究視点や目的から分類しており定説といわれるものはない。本章では集落空間としての屯田兵村の形成に着目し創設，確立，展開，終焉の4つの時期区分に分ける（表2-1）。

1−1．創設期（明治6〜15年）

　開拓使時代の明治8年最初の入村となった琴似兵村の建設に始まり，翌明治9年(1876)の山鼻兵村から明治15年(1882)の開拓使の廃止までの期間，屯田兵例則[5]などの基本制度の制定と札幌本府の防衛拠点づくりとしての兵村開設を計画し，規模や形態，土地給与，営農など様々な面での試行的な立ち上げ期となった。この期の入植戸数は509戸であった。

表 2-1　屯田兵村の時期分類

時代区分	立地エリア	番号	屯田兵村名	現在の都市名	入村年	戸数	第一給与地 間口（間）	奥行（間）	面積（坪）
	明治6年		●屯田兵制度制定						
創設期	札幌本府防衛	1	琴似	札幌市	明治　　8 年	208	10	15	150
			発寒		明治　　9 年	32（240）	10	20	200
		2	山鼻		明治　　9 年	240	20	82.5	1,650
	札幌本府周辺	3	江別	江別市	明治　　11 年	10	60	166.7	10,000
			篠津		明治　　14 年	19	40	100	4,000
							50	80	4,000
	明治15年		●北海道開拓使廃止、3 県 1 局時代						
確立期	札幌本府周辺	3	江別	江別市	明治　　17 年	77（220）	40	100	4,000
					明治　　17 年		50	100	5,000
			篠津		明治　18,19 年	73	40	100	4,000
					明治 17,18,19 年	41	40	100	4,000
					明治 17,18,19 年		50	100	5,000
		4	野幌		明治 18,19 年	225	40	100	4,000
	明治18年		●金子堅太郎「北海道三県巡視復命書」						
	明治19年		●北海道庁の設置						
	明治20～21年		●永山武四郎らのアメリカ・ロシア・清の屯田兵制度視察						
	札幌本府周辺	5	新琴似	札幌市	明治 20,21 年	220	40	100	4,000
		6	篠路		明治　22 年	220	30	166.7	5,000
	重要港湾の防衛	7	東和田	根室市	明治 19,21,22 年	220	40	125	5,000
		8	西和田		明治 19,21,22 年	220	40	125	5,000
		9	輪西	室蘭市	明治 20,22 年	220	30	100	3,000
		10	南太田	厚岸町	明治　23 年	220	40	125	5,000
		11	北太田		明治　23 年	220	40	125	5,000
	上川道路沿い 空知開拓	12	南滝川	滝川市	明治　22 年	440	40	125	5,000
		13	北滝川				31.3	160	5,000
展開期	明治23年		●殖民区画測量の最初の実施（新十津川トック原野）						
	明治23年		●屯田兵条例・土地給与規則の改正（1 万坪→1,5万坪）						
	上川道路沿い 空知開拓	14	美唄	美唄市	明治 24,25,26,27 年	160	30	500	15,000
							40	375	15,000
		15	高志内		明治 24,25,26,27 年	120	30	333.3	10,000
							30	500	15,000
		16	茶志内		明治 24,25,26,27 年	120	30	500	15,000
	上川原野	17	東永山	旭川市	明治　24 年	200	30	150	4,500
		18	西永山		明治　24 年	200	30	150	4,500
		19	上東旭川		明治　25 年	200	30	150	4,500
		20	下東旭川		明治　25 年	200	30	150	4,500
		21	東当麻	当麻町	明治　26 年	200	30	150	4,500
		22	西当麻		明治　26 年	200	30	150	4,500
	上川道路沿い 空知開拓	23	南江部乙	滝川市	明治　27 年	400	40	125	5,000
		24	北江部乙				31.3	160	5,000
	雨竜原野	25	南一已	深川市	明治 28,29 年	200	30	150	4,500
		26	北一已		明治 28,29 年	200	30	150	4,500
		27	納内		明治 28,29 年	200	50	200	10,000
		28	東秩父別	秩父別町	明治 28,29 年	200	30	150	4,500
		29	西秩父別		明治 28,29 年	200	30	150	4,500
終焉期	明治29年		●第 7 師団を創設し、屯田兵司令部を廃止						
	明治29年		●殖民区画地撰定及び区画施設規定を定める						
	北見道路沿い	30	上野付牛	北見市	明治 30,31 年	198	30	60	1,800
		31	中野付牛		明治 30,31 年	198	30	60	1,800
		32	下野付牛	端野町	明治 30,31 年	200	30	60	1,800
	オホーツク沿岸	33	南湧別	上湧別町	明治 30,31 年	399	30	60	1,800
		34	北湧別		明治 30,31 年		30	60	1,800
	天塩川流域 道北	35	南剣淵	剣淵町	明治　32 年	337	15	100	1,500
		36	北剣淵		明治　32 年		15	100	1,500
		37	士別	士別市	明治　32 年	99	15	150	2,250
	明治32年		●第 7 師団を旭川移転が決まり、屯田兵募集中止						
	明治37年		●屯田兵制度の廃止						

（出典：北海道編『新北海道史第四巻　通説三』（北海道　1973 年），北海道教育委員会『北海道文化財シリーズ第 10 集　屯田兵村』（北海道教育委員会　1968 年），兵村の立地した各市町村史、兵村史などを参照し作成した）

1－2．確立期（明治 15 ～ 23 年）

明治 19 年 (1886) 北海道庁が誕生し，屯田兵村が改めて警備・開拓の手法として評価され，新たに屯田兵の基本法制として屯田兵条例[6]を制定，給与地規準など事業制度が確立していった時代である。この期の屯田兵村は太平洋岸の重要港湾周辺の根室・和田，厚岸・太田，室蘭・輪西や札幌本府の北（新琴似，篠路），東（江別，野幌）の守り，石狩川に沿って空知開拓の先陣としての滝川兵村の入植などがあった。この期の全体入植戸数は 2,396 戸である。

1－3．展開期（明治 23 ～ 29 年）

明治 23 年 (1890) の屯田兵条例の改正により，平民身分の屯田兵制度となり，石狩川沿いに空知から上川まで開設されたばかりの中央道路[7]に沿って内陸部への入植が進んだ。土地給与規則も改正し，共有地制度や兵村会および兵村諮問会の自治組織の制度も創設された。明治 24 年 (1891) ～ 29 年 (1896) までの間，美唄，高志内，茶志内，江部乙，雨竜原野の一已，納内，秩父，上川原野の永山，東旭川，当麻の各兵村に，毎年 500 戸の入植が進んだ。この期の全体入植戸数は 3,000 戸であった。

1－4．終焉期（明治 29 ～ 37 年）

徴兵令の施行など軍隊制度が整ってくる時代のなかで，明治 29 年 (1896) に屯田兵司令部は廃止され，北海道に初めての師団である第 7 師団が創設された。また北海道の民間開拓は内陸部まで進み，開墾可能なまとまった土地の確保が難しくなっていた時期で，屯田兵制度の目的が変容していった時代である。明治 32 年 (1899) に最後の剣淵，士別兵村の入植後，兵役任期満了にともない，明治 37 年 (1904) に屯田兵制度が廃止される。この期の入植地はオホーツク海側や北部の天塩川流域など，開拓の遅れていた地域で，野付牛（北見），湧別，剣淵，士別の各地域での全体入植戸数は 1,431 戸であった。

6) 屯田兵の所属を開拓使から陸軍省に移管後，明治 18 年 5 月従前の「屯田兵例則」を廃し，新たな基本法令としての「屯田兵条例」が制定された。

7) 明治 19 年北海道庁が開庁されるともに，遅れていた幹線道路整備が最重要課題となり，札幌から上川までの上川道路と，上川から網走に通じる北見道路を合わせて中央道路と呼び，その建設を進めることになった。（北海道道路史調査会編『北海道道路史路線史編』北海道道路史調査会 1990 年）

2．屯田兵村の選地と国見

2−1．屯田兵村の選地の４つの目標

　上原轍三郎は『北海道屯田兵制度』のなかで，屯田兵村の選地について次のような目標があったと記している。①軍事上の関係，②開拓上の関係，③農耕適地，④面積上屯田兵村の一中隊として少なくとも600万坪以上の農耕適地の地積を確保できる場所，の４つである。屯田兵村の目的から軍事上の拠点であるのはいうまでもないが，上原によると開拓上も一般の入植地以上に屯田兵村の選地は，大きい意味があった。「極言スレバ殖民地撰定ハ消極的ニシテ屯田兵用地撰定ハ積極的也」と，つまり一般の入植地は交通の便など条件に恵まれた場所を選び入っていく傾向にあるが，屯田兵村は場所の利便性よりも，地域全体の開墾上の拠点性や軍事的な重要性などから選地され，フロンティアの拠点を切り開く意味があった。そのため土地の選定は，周到に調査が行われ，その立地が決定された。

2−2．『屯田兵本部長永山将軍北海道全道巡回日記・上下』に見る土地選定の考え方

　明治19年(1886)7〜10月屯田兵村適地調査のため屯田兵本部長永山武四郎とともに道内を巡回調査した屯田兵士官栃内元吉[8]の『屯田兵本部長永山将軍北海道全道巡回日記・上下』に，実際には選ばれなかった場所だが，土地選定の考え方が伺える記述を拾うことができる。「北ニ小山脉アリ西ニ丘陵アリ海気山風ヲ防グニ足リ又河岸崩壊ノ恐レナキヲ以テ河水濫流ノ虞ヲ見ス且水運皆天塩河ニ拠ル便利論ヲ俟タスサルヘツノ東岸ノ地質最モ良好幅員大約三里方里許屯田兵一聯隊ヲ配置スルニ充分ナリトス」，北側の小山や西の丘陵が北西の風を防ぎ，天塩川に望み水運が利用可能で，しかも洪水のおそれがない土地。東岸は特に地味がよく，広さも３里（約12km）四方ほどもあり，一連隊を入植させることも十分可能であると。

　こういう条件にかなう土地は未開の原野が拡がっていた明治初期の北海道でも多くはない。特に平民屯田の時代になり開墾重視になった明治23年(1890)以降の土地捜しは，一般の入植地と競合し，難しくなっていったと思われる。その立地を地図上で確認すると，まさにここしかないといえるような条件の場所を選地していることが確認できる。

8) 栃内元吉は明治10年に屯田兵少尉に任官以来，明治34年の退官までの間兵村建設の実務を担当したといわれ，屯田兵本部長永山武四郎の全道巡回調査にも同行し兵村の選地や計画に最も精通した人物と思われるが，講演録の「北海道屯田兵制度考」以外ほとんど資料を残していない。

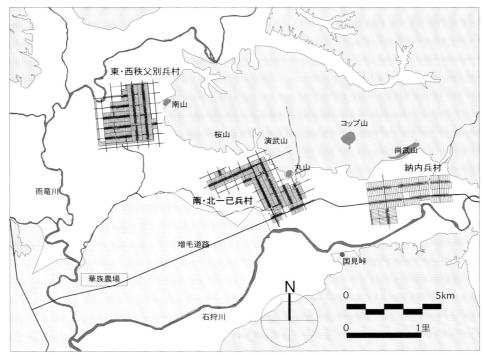

図 2-1　雨竜原野の開拓のための屯田兵村の立地
（出典：秩父別町史編さん委員会『秩父別町史』（秩父別町　1987 年），納内町開拓八十周年記念誌編纂委員会『納内屯田兵村史』（納内町開拓八十周年記念誌編纂委員会　1977 年），一已屯田会『一已一〇〇年記念誌　一已屯田開拓史』（一已屯田会　1994 年）などの資料と現地調査をもとに作成した）

　　現地調査で確認すると，図 2-1 の雨竜原野に入植した兵村のように屯田兵村の立地は背後を丘陵部に，前面に川の流れを望む，いわゆる風水でいう山水の地形にかなう場所であり，兵村の範囲も山から川までという地形的まとまりに対応する拡がりになっているのを見ることができる。雨竜原野では，石狩川と雨竜川の合流地付近から一已兵村にかけて，広大な雨竜の組合華族農場[9]の貸下げ地があった。明治 24 年（1891）組合華族農場は，代表であった三条公爵の死去により解散するが，そのメンバーであった蜂須賀，菊亭は地域にそれぞれ新たに数千坪の土地の貸下げを受け，大規模農場の経営をめざしていた。

2-3．土地の選定調査と国見

　　土地の選定調査過程で，地勢，土質，気候，植生，自然の条件などの詳細調査に加え，主要幹部の国見（現地視察）が重視されている。初期の琴似，山鼻兵村の場合は，開拓使顧問であった H・ケプロンや松本十郎開拓使大判

9）雨竜の組合華族農場とは，三条公爵，蜂須賀侯爵，菊亭候などが明治 23 年，北海道庁より雨竜原野の官有未開地 1 億 5 千万坪（5 万町歩）の貸下げを得て，アメリカ式の大農場経営による開墾を試みたものである。明治 24 年（1891）の三条公爵の死去により，組合華族農場は成功せず解散したが，蜂須賀侯爵は新たに約 6 千町歩（耕宅地約 3 千町，山林 3 千町）の官有未開地の貸下げを受け，蜂須賀農場を開設し大規模農場の経営を始めた。菊亭候爵も約 1,600 町歩の土地の貸下げを得，農場を開いた。

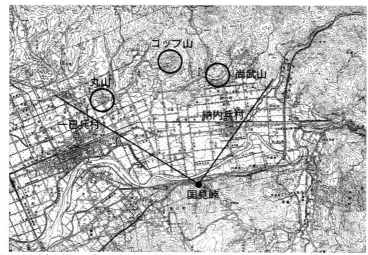

図2-2 雨竜原野の屯田兵村の立地と国見
（出典：国土地理院2万5,000分の1地図をもとに現地調査により作成した）

写真2-1 深川市音江にある国見峠。現在は公園になっている。

写真2-2 国見峠からの眺め1。一巳兵村方向

写真2-3 国見峠からの眺め2。納内兵村方向とコップ山

官の視察，後には屯田兵司令官や北海道庁長官を担い，屯田兵制度の頂点にいた永山武四郎将軍の視察・選地調査が土地選定の最終決定につながった例を見ることができる。地域の小高い丘や山に登り原野を眺め土地の視察を行った場所が，国見峠[10]や将軍山[11]などと名付けられ，そこからの見通しが兵村の区画割りの軸線や範囲を決める手がかりになった。雨竜原野での屯田兵村の立地環境の状況は国見峠からの眺望により確認できる。国見峠からは眼下に石狩川を望み，一巳兵村エリア，納内兵村エリアへのパノラマ的な視界の拡がりに地域を捉えることができる。

一巳兵村エリアの丸山，納内兵村エリア背後などのコップ山など独立型の丘陵が，計画地の軸，区画の手がかりになったことを伺わせる。計画地におけるランドマークの存在の意味が確認できる。

3．屯田兵村の選地と国見

3-1．給与地の分割給与

屯田兵に入植時に給与される土地は創設時の琴似兵村では5,000坪であった。栃内元吉の回想資料[12]によると，H・ケプロンが東京周辺で当時農家が自立できる最小規模といわれていた1町6反歩[13]の畑を基本に，開拓使官園での使用人夫を調べ標準家族数を割り出し，5,000坪（約1.6町歩）を適当としたようである。しかし琴似兵村の扶助期間（3年間）の終了が近づ

10) 国見峠は上川道路沿いの深川・音江にあり眼下に石狩川，一巳兵村，納内兵村などの雨竜原野を一望する場として有名，現在は公園として整備されている。

11) 将軍山は上川盆地の東部にあり，屯田兵本部長永山武四郎が登り，永山兵村，当麻兵村の選地での眺望点になったことで将軍山の名がついた。

12) 栃内元吉が昭和17年92歳のときに，慶応義塾経済史学会で行った講演が，「北海道屯田兵制度考」（『歴史と生活』第6巻 1943年）としてまとめられている。

13) 菊地利夫『新田開発』（古今書院 1977年）では，江戸中期の武蔵野新田での土地規模の平均値として1戸当たり1町7反14歩があげている。

くと，家族が多く開墾余力をもつ兵員への対応や自活のために必要な農耕地積の見直しが必要となり，1万坪（約3.3町歩）に増加することが検討され，明治11年(1878)2月に変更された。ただし5,000坪の成墾者にかぎって，さらに5,000坪以内の追給与が可能という条件付きであった。

さらに明治23年(1890)には1万5,000坪（約5町歩）に増給されることになるが，1万5,000坪[14]は当時の一般入植者の土地規模の標準であり，明治23年(1890)以降実施される殖民区画の基本単位でもあった。このときの土地給与も，入村時に全面積給与されるのではなく，第一給与地と追給地に分け，第一給与地は抽選で場所が決められるが，そこを成墾した早い順に，自由に場所が選択できる追給地が給与される。インセンティブを与え，「開墾競争」を進める土地給与の仕組みが改めて導入された。この土地の分割給与の仕組みが，屯田兵村の集落形態を規定する大きな要因となった。明治23年(1890)の改正では，各屯田兵への給与地に加え，兵村全体に共有地として給与地の全体と同面積の土地が給与されることにもなった。兵村に給与される土地の全面積（兵村の規模）は一挙に2倍になった。

3-2．給与地を樹林地へ

東旭川兵村で入植地の樹林植生を調べた記録[15]が残されている。その記録によると第一給与地は樹林地（八歩），原野地（二歩），追給地は樹林地（四歩），原野地（六歩），共有地は樹林地（六歩），原野地（四歩）の植生であった。第一給与地には樹林地80％の土地が選ばれ，追給地は40％と樹林地の割合の低い場所が選ばれている。隣接する永山兵村でもその土地について「全村平坦にして地味肥沃なり。石狩川沿岸他川の付近は樹林相連なり大樹繁茂せりといえども，その他の大部分は樹木なき草原なりし」[16]という記述が見られるが，第一給与地はその樹林地を選ぶように石狩川沿いに長く8kmに渡って延び，路村的に配置されている。湧別兵村は分散型の配置に特徴があるが，その植生の調査記録[17]でも第一給与地は主に樹林地が選ばれている（図2-3）。3つのケースから第一給与地は主に樹林地が選ばれているとの仮説が立てられる。

開墾において樹林地は最も労力を必要とする土地であった。ほとんどの兵村で入村当初は，ナラやタモ，イタヤカエデなどの巨木が繁茂した森で，樹木の伐採が開墾の第一歩といえる難事業[18]であったという記述がある。なぜ樹林地が選ばれたのか。理由として考えられるのは，1番目の理由が植生

14）開墾の土地単位として1万5,000坪が登場するのは明治18年(1885)鳥取士族の釧路への集団入植や，明治19年(1886)江別東部に入植した北越殖民社での区画（間口60間，奥行250間，面積1万5,000坪）の頃からといわれる。

15）高垣仙蔵『旭川屯田開拓』(総北海　1987年)

16）『「永山屯田兵村」』(北海道庁殖民部拓殖課『殖民公報』第3巻第十九号　北海道協会支部　1904年［復刻版］北海道出版企画センター　1985年)での「永山屯田兵村」の記述。

17）上湧別町史編纂委員会編『上湧別町史』(上湧別町　1968年)

18）例えば「全く身の毛もよだつばかりの大密林で，昼なお暗き鬱蒼たる状態でありました。」(大政翼賛会北海道支部編『開拓血涙史−屯田兵座談会−』(長谷川書房　1943年)のなかの大西又五郎の体験語りから)

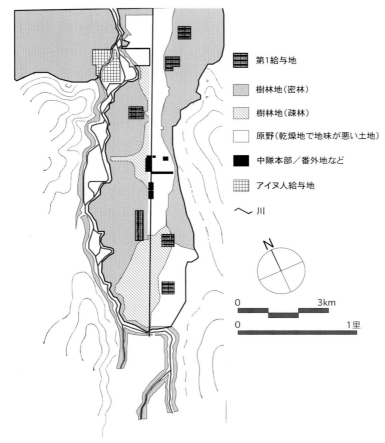

図2-3　南・北湧別兵村入村当時の樹林地と原野の分布
（出典：『上湧別町史』（上湧別町　1968年）の「入村当時の原野と樹林地」資料をもとにCAD図面化し作成）

による地力の判断としてアカナラ，イタヤカエデ，カツラなどの広葉樹林地は最も肥沃な土地に分類[19]されるように，開墾する土地の肥沃度の点から選ばれたということ。2番目の理由が兵屋を建設する用材を現地調達したから，その供給面から選ばれたこと。3番目の理由が第一給与地は早く成墾した順に次の広い追給地を優先的に選択できる開墾競争があり，最初に最も難しいが必ず開墾しなければならい土地を選んだことがあげられる。

3-3．屯田兵村において意図した営農形態

　篠津兵村は，札幌本府から北東に約4里，石狩川右岸の篠津太に選地されたが，そこは野桑が多く自生していた。開拓使は養蚕，製麻を開拓初期の農業政策の二本柱[20]に奨励して，すでに明治4年(1871)から札幌本府の北

19) 明治の開拓期における植生による地力の判断については，明治8年(1875)の「開拓使顧問ホラシ・ケプロン報文」（北海道庁編『新撰北海道史第六巻　史料二』北海道庁　1936年［復刻版］　清文堂出版1991年）や北海道庁が明治19(1886)～24年(1891)に行った　北海道庁第二部殖民課編『北海道殖民地撰定報文』(1891年［復刻版］　北海道出版企画センター　1986年）などの調査がある。本書は山崎不二夫監修『農地造成』（金原出版　1958年）での植生による地力の判断についての記述を参考にした。

20) 明治4年(1871)5月開拓使の「北海道開拓施設順序大略」に「稼穡を授け生産を開く事。米作は未だ安全を期すべからず，畑作を専らとし，養蠶（蚕）を奨励す。麻作特に欧羅巴にて金巾を織るの草適應すとの西人の設あれば，之を試むべし。」とある。（北海道庁編『新撰北海道史第三巻　通説二』（北海道庁　1937年［復刻版］　清文堂出版 1990年））

に位置する丘珠に養蚕室を設け，上州から教師を雇い養蚕を試みていた。屯田兵村は組織的な養蚕実践の場と考えられ，琴似・山鼻両屯田兵村には，入植早々の明治9年(1876)に養蚕室を設け，最初に開墾した給与地は原則としてすべて桑樹の植栽地にするよう奨励した。桑苗は東北地方などから移入した。しかし地質や気候などからなかなか馴染まず，石狩川周辺の原野などに多く自生していた野桑が重視されるようになった。明治8年(1875)開拓使が招聘した上州の養蚕家田島弥平の調査報告[21]のなかに「村人某ヲ雇ヒ桑樹ノアル処ヲ探討シテ深ク篠津渚ノ両岸皆桑ナリ，（中略）是レ信ニ天賦養蚕ノ地ト謂フヘキナリ」の記述を見ることができる。

篠津太は有望視され，明治10年(1877)に本格的な上州式の蚕室二棟を建設し，明治12年(1879)にはその管理を屯田事務所の所管とし，永山屯田事務局長（当時）自らが陣頭指揮をとり，明治14年(1881)春には「養蚕得志者」[22]の条件をつけた屯田兵19名を入植させた。篠津兵村は結果的には石狩川の氾濫の問題があり，兵村の規模は小さいものになったが，野桑の自生が選地の条件となっており，特殊なケースではあるが興味深い事例のひとつであった。

琴似，山鼻の屯田兵村での営農形態は換金作物の養蚕を主に考えたため，自給用の蕎麦，粟，豆，馬鈴薯などは小規模な菜園や，桑の樹間に植えるように指導された。また経営を安定させるため，もう一つの換金作物として製麻を考えた。麻の栽培は北海道の気候にも適し，漁業用の網などに需要があり，しかもその加工が雪中期の副業になるだろうとの考えであった。明治11年(1878)に兵村内に乾麻場と製麻所を建て，開拓使から技術者派遣を受け麻製造を開始する。養蚕は技術面の難しさもあり，奨励した割には屯田兵村での生産は十分には軌道にのらなかったが，製麻は比較的安定し長く屯田兵村の有力な収入源となったといわれる。

明治11年(1878)の江別兵村では，エドウィン・ダンら御雇い外国人[23]の有畜混合農業の進言もあり，棟畜舎も付設した実験的な屯田兵村が試みられる。プラウの使用法や牧畜の実施指導も行われ，ここでは給与地面積も1万坪と特別に拡げられた。最初に入植した10戸では兵屋の建築も，琴似，山鼻での本州の農家住宅にならった和式のものとは異なり，ガラス窓入り，ストーブ付きの米国式の洋風兵屋が試みられた。

この他にも林檎や梨，葡萄などの外来果樹導入の試みや，明治中期以降の上川盆地では水田耕作も東旭川兵村で最初に行われたように，屯田兵村とは組織的な実践（実験的な性格も強いが）が行えるという意味で，開拓のなか

21) 江別市篠津自治会編『篠津屯田兵村史』（図書刊行会 1982年）のなかに明治8年の田島弥平「続養蚕新論」の篠津関連部分が紹介されている。

22) 養蚕経験のすぐれた者である。

写真2-4 篠津兵村地区に建つ養蚕堂跡の碑

23) 原田一典『お雇い外国人 ⑬開拓』（鹿島出版会 1975年）

で農業試験場としての意味をもっていた。土地の給与の方式がたびたび変更され、配置パターンも各地で模索された背景には、実験的な農業への対応の意図があったとも考えられる。

3-4. 給与地配置の意図

屯田兵村において給与地が分けて与えられた理由は成墾順に次の土地を選べるというインセンティブによって開墾スピードを高める「開墾競争」に加え、斜面地や湿地など土地条件による不平等をできるだけ平準化することや、兵村の性格からして軍事教練のため兵屋部分を集め召集の利便性を高める必要があったことによる。また後述する井戸や風呂の共同利用と生活単位でのまとまりの形成、養蚕や製麻などの農産品加工の作業場の共同利用など、未開の原野のなかでの生活や営農上の共同性確立の仕組みを入植時からある程度確保するため、土地の単位をコンパクトにし、集合化する必要性によるものでもあった。

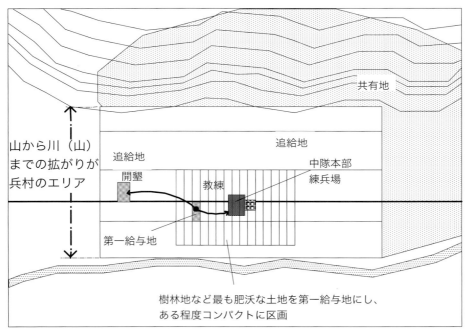

図2-4　屯田兵村における給与地配置の意図

4．配置パターンの分類

4-1．密度による配置パターンの分類

1）屯田兵村における密居，疎居

　北海道の開拓期において，大農，中農，小農という規模論[24]とともに，農家の集合形態，つまり密居か疎居かの集落構成は農村計画の最も大きな問題であった。屯田兵村での密居か疎居（集村か散村）かの問題は上原が触れて以来，既往研究でも言及[25]される場合が多い。

　「我ガ屯田兵制度ハ我ガ國ニ於ケルー種ノ試験的制度ニシテ或ル方法ニヨリ不結 ナルトキハ又他ノ新ラシキ方法ヲ採リ常ニ一定ノ準據スベキモノナク而モ其給與地積ノ如キモ屡々変更セラレタルヲ以テ其區劃方法ニ影響シ所謂一定ノ區劃方法ヲ用ヒザリシナリ。然レドモ大體ヨリ之レヲ二種 スルコトヲ得ベシ，一，密居制度，二，疎居制度」[26]，屯田兵村はそれぞれ土地区画が異なり，その配置計画の基準となる原理は読みとれないが，密居的な配置か疎居的な配置かには二分できるとし，「密居制」として琴似，山鼻兵村，終焉期の野付牛兵村，「疎居制」として展開期の納内兵村，美唄の高志内，美唄兵村をあげている。密居は軍隊としての召集や監督上の利便の他，兵屋の間に交情を温めやすい，相互で助け合えること，児童の通学上の便の利点があり，逆に不利な点としては農耕地の通い耕作の不便を最も大きな理由とし，他に家の事情が漏れやすい，兵屋の間に不和を生じやすい点をあげている。

　配置計画の要因を「密居制」といわれる琴似，山鼻，野付牛と，「疎居制」といわれる納内，美唄の高志内，密度的に中間に位置する上川盆地の永山，旭川，当麻の各兵村の比較で見てみたい。

2）「密居制」といわれる兵村の配置計画
①琴似兵村

　最初の琴似兵村は，150坪の第一給与地（宅地のみ）が十字型の街路を骨格に市街区画のように配された。150坪では日常の蔬菜用にも不自由するので，入村後宅地近くに50坪，次に共同開墾した土地から桑樹栽培地用に各250坪の土地が2回給与され（500坪），さらに桑園用に3,000坪が追加給与された。極端に狭い区画や細切れの土地給与の仕組みから，「この兵村区画割りは旧幕府時代の足軽長屋である」と開拓使の札幌での責任者であった

24）北海道開拓における農地の規模論は開拓使顧問のH・ケプロンなどの北米型の殖民地農業の導入論に始まるが，明治30年（1897）前後に佐藤昌介の大農論，高岡熊雄『北海道農論』（裳華書房　1899年）など，札幌農学校教授による北海道農業の規模論の議論が展開されている。千葉燎郎「北海道農業論の形成と課題－第一次大戦前を対象に－」（湯沢誠編『北海道農業論』日本経済評論社　1984年）を参照。

25）北海道庁編『新撰北海道史第三巻　通説二』（北海道庁　1937年［復刻版］清文堂出版1990年），高倉新一郎「屯田兵制度」（『高倉新一郎著作集第四巻　移民と拓殖［二］』北海道出版企画センター1997年）などがある。上原の『北海道屯田兵制度』では「密居」，「疎居」という語を使っているが，「疎居」については同様の意味である「疎居」の方が一般的だと思われるので，上原の著述に関連すること以外は「疎居」を使用する。

26）上原轍三郎『北海道屯田兵制度』（北海道拓殖部　1914年［復刻版］北海学園出版会　1983年）

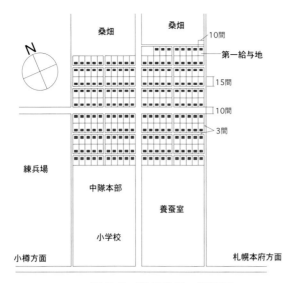

図 2-5 琴似兵村の配置図

(出典：札幌市教員委員会編『屯田兵』(さっぽろ文庫 33 1985年)、札幌市教育委員会編『新札幌市史第二巻 通史二』(札幌市 1991年)の資料などを参考に CAD 図面化し作成)

松本十郎大判官が後に回想[27]のなかで酷評するほどで、北海道開拓の実状には合わずに失敗と評価され、その後琴似兵村型のタイプは出現しない（図2-5）。琴似兵村は最初ということで試行的な面はあるにせよ、このような事態に陥った背景には、黒田次官[28]が在勤し予算面からも開拓使での意志決定権を握っていた開拓使東京出張所と現場の札幌本庁との間の意志疎通が従来より問題[29]となっていたなか、黒田自身が兵村の配置では密居制を意図して現場の意見との調整が十分できないまま計画が進行し、途中ケプロンを派遣した見直しも、時間的に切迫して修正できなかったことがあげられるようである。

琴似兵村[30]は札幌本府の北西約1里、本府を囲むように開拓使が配置した集落のひとつとして位置する。場所は発寒川扇状地にあり、地味はよい。しかし札幌本府を囲むように配置された他の移住村（街道型の路村形態をもつ）と異なり、市街地のような密居の配置形態は特異である。

②山鼻兵村

翌明治9年(1876)の山鼻兵村では、開削したばかりの石山道路を南北の基線にし、その両側に約130万坪の地積を用意した。琴似での欠点を改良すべく、兵屋に隣接して開墾地を各戸1,500坪配置した。第一給与地（宅地と開墾地が一体となっていたので耕宅地とも呼ばれる）の面積は宅地(150坪)を含め間口20間、奥行82.5間、面積1,650坪で一気に規模は10倍以

27)「松本判官の密居制兵屋建設の回想」(松本系譜 北大図書館蔵) 札幌市教育委員会編『新札幌市史第二巻 通史二』(札幌市 1991年)に抜粋あり。

28) 明治7年(1874)8月2日以降は参議兼開拓使長官

29) 開拓使東京事務所は明治3年に設置され、開拓使と中央政府の連絡調整に当たる機関であったが、開拓次官の黒田清隆が在京で勤務したため、現実的にはここが予算や事業の決定権を握っていた。札幌本庁で開拓業務を統轄できないため事業の停滞混乱が生じたので、在道内の開拓判官岩村や松本の意見書の提出や、明治5年10月には黒田次官以下主要メンバーを召集した札幌会議を開催して調整を行ったが会議は紛糾した。このことが屯田兵村開設での試行錯誤の要因にもなったと思われる。(札幌市教育委員会編『新札幌市史第二巻 通史二』(札幌市 1991年)

30) 琴似兵村は明治8年入植の琴似兵村(208戸)、明治9年入植の発寒兵村(32戸)からなる。第一給与地の土地は琴似が10間×15間、発寒が10間×20間であり、どちらも市街地型の密居配置である。

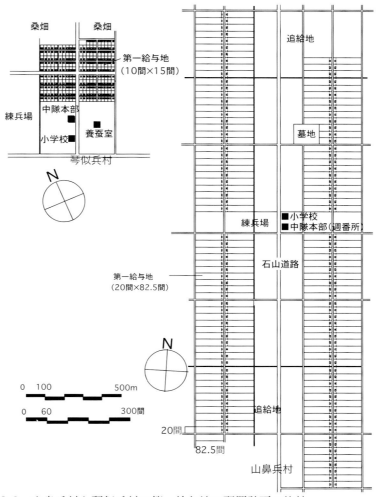

図 2-6 山鼻兵村と琴似兵村の第一給与地の配置計画の比較
(出典:札幌市教員委員会編『屯田兵』(さっぽろ文庫 33 1985 年), 札幌市教育委員会『札幌歴史地図〈明治編〉』(札幌市教育委員会 1978 年) などの資料を参考に CAD 図面化し作成)

上になり, 配置パターンも二列路村の列状村型で 10 戸ごと (200 間おき) に東西の道を通した (図 2-6)。山鼻兵村の配置計画は宅地と開墾地 (農地) を一体とする給与地の考え方, 幹線道路を基軸とするパターン, 中隊本部 (週番所), 練兵場, 小学校などの管理施設を中心ゾーンに配置する点でその後の屯田兵村の基本形となった。

山鼻兵村の位置は中隊本部から開拓使札幌本庁まで約 2.5km, 北側は本府開設にともなう札幌市街区画に接している。こういう立地性は終焉期の士別兵村も類似していて, 屯田兵村の入植と同時に区画された士別の鉄道駅と駅周辺の市街地に兵村エリアは接している。両兵村の第一給与地の間口はそ

れぞれ20間，15間と狭い。こういう市街区画に隣接する立地性には，当初より農村としての開拓だけでなく，市街地形成の一環として開拓する意図があったのかもしれない。山鼻兵村の第一給与地の区画の大きさは20間×82.5間であり，札幌の市街区画の街区の大きさ27間×60間である。山鼻兵村の土地区画は街区の大きさに近いものである。

　山鼻兵村と札幌市街区画は接して計画されたものだが，その区画の軸は異なっている。札幌市街区画の基軸になった大友堀（創成川）に対し，山鼻兵村の基軸となった石山道路は6度ほど東に振れている。兵村の区画が隣接する市街区画や殖民区画に対し，このように微妙にずれているデザインはその後の兵村の配置計画においてもしばしば見られる。

　図2-7は山鼻兵村での追給地の範囲を示す図である。山鼻兵村での第一給与地の次に給与される追給地は，図のようにその外側に拡がっていた。屯田兵制度は，たびたび変更があり，明治23年（1890）の制度改正では，給与地が1万5,000坪になったのに加え，兵村への共有地も新設された。それらの土地はこの範囲には収まらなくなり，新たな追給地や共有地は，豊平川を越えた右岸や豊平川の上流などに求められることになった。しかしそれらの場所には平岸や豊平など，すでに明治初期からの入植開拓地があった。既

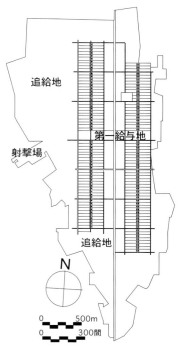

図2-7　山鼻兵村の第一給与地を中心とする配置計画と追給地の範囲
（出典：札幌市教員委員会編『屯田兵』（さっぽろ文庫33　1985年），札幌市教育委員会『札幌歴史地図〈明治編〉』（札幌市教育委員会　1978年）などの資料を参考にCAD図面化し作成）

存開拓地をさけて，山鼻兵村の用地が求められたため，かなり遠距離で分散した場所に土地が点在することになり，通い作などに入植者は苦労したといわれる。

③野付牛の3兵村

　野付牛の3つの兵村（上・中・下野付牛）の立地は，中央に開削されたばかりの北見道路が通り，谷間の土地で両側に山と川が迫り，平坦地の幅が1〜1.5kmほどの狭く細長い形状である。後述する上川原野の兵村群と比較すると，面積的には永山兵村とそれほど変わらないが，地域の拡がりは図2-8のように明らかに違いが見てとれる。こういう線形の土地で，どういう給与地の配置が成り立つか，上野付牛兵村を例に検討してみたい。

　図2-9のAは明治中期の展開期に事例の多い間口30間×奥行150間のパターンのうち，最もリニアーな永山兵村のパターンを当てはめたものであるが，寸法的に無理がある。図2-9のBは山鼻兵村の配置プランを当てはめたものだが，この場合配置自体は可能だが，追給地が遠い場所では兵村中心から6〜7km離れることになり，開墾に通うには大きな障害になる。実現案の図2-9のCは，給与地を3ブロック（区と呼んだ）に分け各ブロックの中心に60〜70戸ほどの第一給与地のまとまりを配置し，その周辺にそれぞれの追給地を配置している。ブロック内で第一給与地と追給地がセットになっているため，通い耕作への移動距離は他の兵村よりもかなり短いものとなっている。逆に両端のブロックの構成員には，兵村の中隊本部や練兵場までの距離が長くなっている。上原がいう密居制の利点である「召集上の便利」と不利な点である「農耕地の通い耕作に不便」がここでは逆になっている。

　野付牛や湧別地域の兵村は耕宅地を分散し，サブ集落を形成した点でそれまでの屯田兵村と異なるが，給与地の配給方法でも第一給与地だけでなく5町歩全体の土地を最初から抽選で決めた点で異なっていた[31]。この地域の兵村は任期を終えた根室，厚岸の第4大隊を引き継ぐ大隊であった。根室，厚岸の兵村は気候や土地条件などが農耕には厳しい場所で，開墾には非常な困難を背負った。そこでの経験をもとにしながら，谷間の細長い土地での開墾やコミュニティ形成のための配置のあり方，また我先にという「開墾競争」による土地の給与が屯田兵員間の不和や競争に敗れたものの脱落につながった面があったことなどを考慮し，土地の区画や配置計画，給与方式を見直した計画であった。

31）野付牛や湧別の土地給与が最初に抽選で決められたことについては，北見市史編さん委員会編『北見市史上巻』（北見市　1981年），上湧別町史編纂委員会編『上湧別町史』（上湧別町　1968年），伊藤廣『屯田兵村の百年　下巻』（北海道新聞社　1979年）などに記述がある。

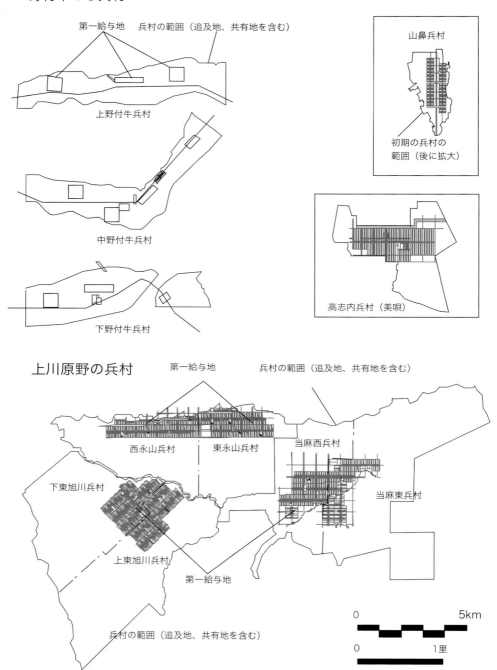

図 2-8 密居制兵村（野付牛，山鼻）と疎居制兵村（高志内）と上川原野の兵村（永山，旭川，当麻）の比較図
（出典：北海道教育委員会『北海道文化財シリーズ 第10集 屯田兵村』（北海道教育委員会 1968年），旭川市史編集会議『新旭川市史第二巻 通史二』（旭川市 2002年），当麻町史編纂委員会『当麻町史』（当麻町 1975年）などを参照し作成した）

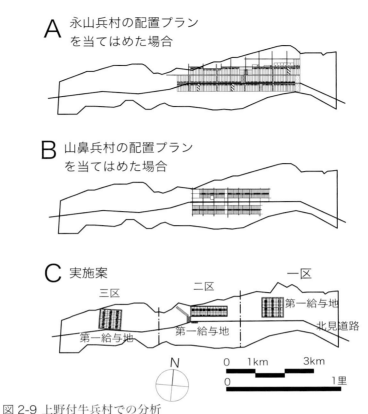

図2-9 上野付牛兵村での分析
　（出典：北見市史編さん委員会編『北見市史　上巻』(北見市役所　1981年）などの資料を参照し作成した）

3）中間的密度の兵村の配置計画

　明治23年(1890)の制度改正により屯田兵の入植の目的は，平民屯田，開墾重視の時代となる。その展開期の入植地である永山，旭川，当麻の兵村は，上川盆地東部の石狩川，牛朱別川，忠別川と丘陵部の地形で区切られる，まとまった形の土地を兵村の範囲とし立地している。

　配置計画は，まず北見道路などの幹線道路や国見の場になった山への軸線を基軸に設定している。次に肥沃な樹林地の拡がりの分布から，第一給与地の立地エリアを設定し，それを入植する戸数分で分割することにより，第一給与地のおおよその規模を決めた。間口30間，奥行150間，積4,500坪のサイズが上川盆地の各兵村で採用された第一給与地のサイズである。これを兵村の生活単位である班の数（約20戸）集合させ，区画道路を配した（図2-10）。この区画道路のスケールは同時期に上川などの原野でも区画測設が始まっていた殖民区画300間四方に一致する場合が多い。

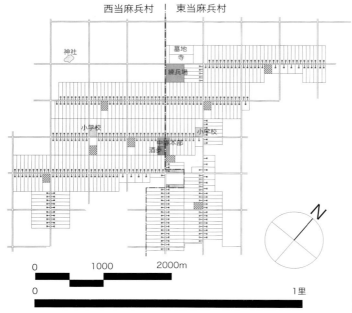

図 2-10　中間的密度の当麻兵村の配置図

（図 2-10,11 は同一スケール）

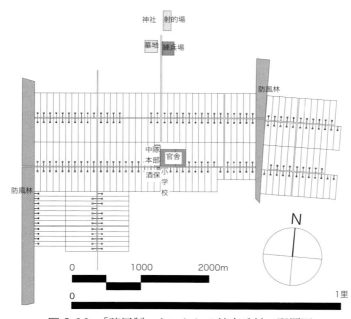

図 2-11　「疎居制」といわれる納内兵村の配置図

4）「疎居制」といわれる兵村の配置計画

　高志内などの美唄地域の３兵村は工兵や騎兵，砲兵という特殊連隊で，１中隊の戸数が他と比べ120戸（美唄だけは160戸）と小さい。高志内の第一給与地は奥行が333間〜500間と深く，面積も１万坪〜１万5,000坪と大きいため「疎居制」に分類されている。しかし間口は30間と上川の兵村と共通であり，上川道路を基軸にした一列の列状村型となっている（図2-19）。戸数規模が小さいため，一列の路村配置でも兵村の全長は上川や雨竜の兵村と同様に１里[32]以内で収まり，また一列型のため奥行きが深くとも兵屋間の近隣関係は上川の兵村群と変わらないのである。

　平民屯田，開墾重視の展開期の兵村ではふたつの中隊を一体にして，中央に両中隊本部，練兵場，番外地などを立地させたケースが多いが，納内兵村は１中隊規模の兵村である（図2-11）。開削されたばかりの増毛道路沿いと，もう一本平行して二列に第一給与地（間口50間×奥行200間，面積１万坪）を配している。納内兵村の第一給与地は規模が大きく間口も広いものとなったが，道路に沿って櫛の字型に耕宅地が並ぶ路村型の配置は他兵村と同様に成立している。１中隊という規模のため中隊本部，練兵場などへの距離が相対的に短くなることから，間口の広い単位での構成（兵村の全長は他兵村と同様におおよそ１里以内）が可能になったと考えられる。この兵村だけ特に営農面を重視し，第一給与地の規模を大きくしたという理由を見つけることはできない。

5）密度による兵村の配置パターンの分類の問題点

　上原の著作以来流布している屯田兵村の密居，疎居による分類に関していえば，殖民区画と比較して屯田兵村での集落形態上の相違は密居，疎居と呼ぶほどの違いではなく，集村である列状村のなかでの程度の違いというほどのものではないだろうか。山鼻や終焉期の士別の兵村は間口が狭いやや密な列状村であり，北見や湧別の兵村は奥行きが浅いやや密な列状村で分散型のサブ集落を構成したものである。美唄地域の３兵村と納内兵村は，全体の戸数が小さいため一戸の単位を大きくすることが可能となったやや疎らな列状村である。それ以外の札幌本府周辺や重要港湾周辺の兵村と展開期の兵村は中間的な密度の列状村といえよう。さらにその配置計画は様々な条件を総合的に考慮し計画したもので，従来いわれたような軍備優先＝密居配置，開墾優先＝疎居配置の単純な図式だけでは説明できるものではないといえよう。

32）屯田兵村の中隊の大きさは，兵屋の並んだ集落の範囲では，教練や開墾への距離などから長さはほぼ１里以内に収まっている。

4-2．軸と区画による配置計画のパターンの分類

　北海道開拓が停滞していた明治18年(1885)，明治政府の肝入りで伊藤博文参議，金子堅太郎書記官が派遣され，実状をつぶさに視察し，提案をまとめたものが「北海道三県巡視復命書」[33] であるが，そこに北海道開拓の展開における屯田兵村の位置づけが明確に描かれている。その内容は，北海道開拓が進んでいない理由として主要道路がほとんど開削できていないことをあげ，囚人労力を使い早急に札幌本府からオホーツク海側（根室）に通じる中央道路を開削すること，その沿道に5里ないし10里の間隔で，平坦肥沃の土地を区画し，屯田兵を入植させ，開墾または牧畜の業に従事させ，同時に沿道地域の治安確保や駅逓の業を営ませることを述べているのである。明治19年(1886)の北海道庁設置後，屯田兵村の入植は本格化するが，ほとんどこの復命書通り20〜30kmの間隔で石狩川左岸に開削された中央道路（上川道路や北見道路）に沿い，屯田兵村が河岸段丘や扇状地に立地していくことになる。中央道路（上川道路や北見道路）沿いの屯田兵村の立地状況を図2-12に示す。

　この開削されたばかりの幹線道路に沿って立地した兵村は，幹線道路が配置計画上の基軸となった。一方札幌周辺や雨竜原野の兵村などは，幹線道路からは少し離れ，引き込み道路を設け配置計画を行っている。

　屯田兵村の配置計画のパターンは，37の兵村ですべて異なっている。多様なパターンの配置計画が試みられたわけだが，多様なパターンを読み解く鍵として，基軸性があるように思う。幹線道路に沿った兵村の配置計画では，基軸が明解であり，軸に沿って方向性や中心性のあるパターンをもっている。それに対し，幹線道路からはずれた兵村では，道路に沿った列村的な配置計画を有するが，全体として方向性や中心性が明確でなく，前者のパターンとは異なるデザインになっている。このように兵村内に幹線となる道路が通っているかどうかで兵村の配置パターンを分類できそうである。

1）軸型と区画型

　兵村のなかを幹線道路が通り，兵村の基軸となっているパターンを軸型と呼び，もう一方のタイプを区画型と呼ぶ。ふたつのタイプはそれぞれ軸の数や区画の方向や組み合わせ方でさらにサブタイプに分類できる。そのタイプを示したのが図2-13である。

33) 金子堅太郎「北海道三県巡視復命書」（北海道庁編『新撰北海道史　第六巻　史料二』北海道庁1936年［復刻版］清文堂出版　1991年))

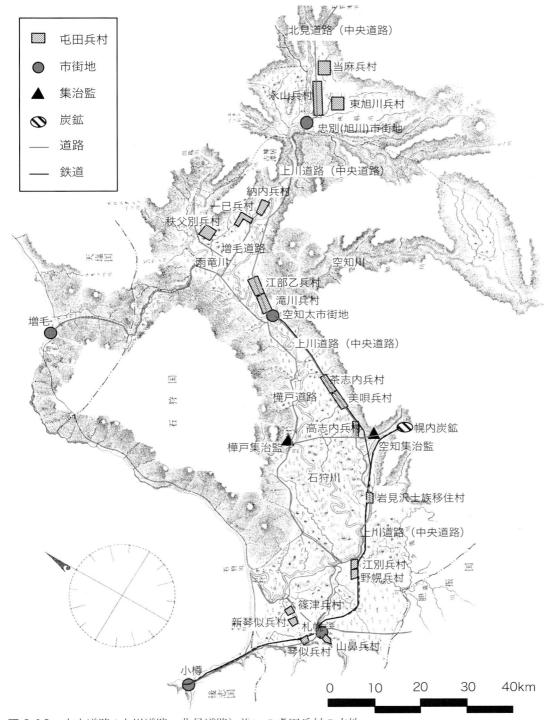

図 2-12　中央道路（上川道路・北見道路）沿いの屯田兵村の立地
（出典：北海道編『新北海道史第四巻　通説三』（北海道　1973 年）収録の図版「石狩原野殖民地撰定図」をもとに，市街地，屯田兵村，集治監，道路などの位置を示した）

第 2 章　屯田兵村の配置計画の骨格パターン　69

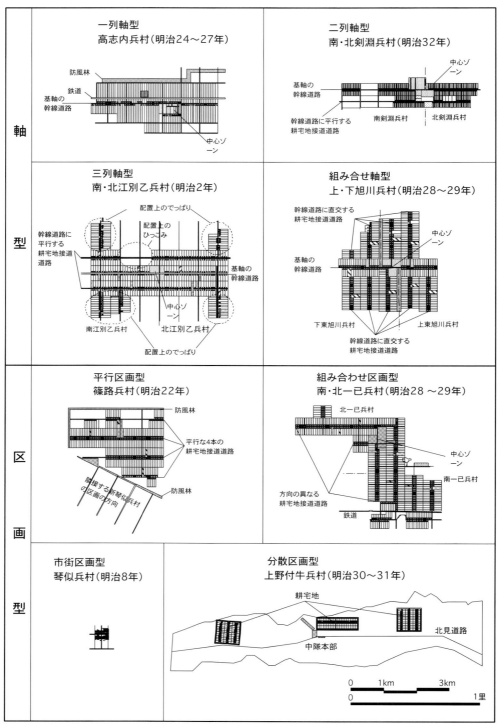

図2-13 屯田兵村の配置パターンのタイプの事例
(出典：北海道教育委員会『北海道文化財シリーズ 第10集 屯田兵村』(北海道教育委員会 1968年)、各兵村の立地した市町村史、兵村史などの資料をもとにCAD図面化し作成)

①軸型

軸型を一列軸型，二列軸型，三列軸型，組み合わせ軸型の４つのサブタイプに分類した。

一列軸型とは幹線道路に沿って路村状に第一給与地（兵屋の建つ敷地と開墾地が一体となっていたので耕宅地ともいう，以下耕宅地）が配置されているタイプで，美唄地域の３兵村に見られる。

二列軸型とは幹線道路ともう一本平行に耕宅地が接道する道路[34]（以下，耕宅地接道道路）がある場合で山鼻兵村，上川盆地の永山兵村，天塩川流域の剣淵兵村などに見られる。

三列軸型とは幹線道路とその両側に平行して２本の耕宅地接道道路があるタイプで，江部乙兵村がその型である。この事例では，地形条件（河岸段丘に兵村域[35]がのっている）から，段丘面に沿って部分的に三列の軸方向と直交する方向に区画が延びている場合（配置上のでっぱり）も含む。また地形的に条件の悪い低地で，軸沿いでも区画を行っていない部分（配置上のひっこみ）もある。組み合わせ軸型とは幹線道路を基軸に，それに直交する何本かの耕宅地接道道路で配置区画が構成されており，滝川兵村，東旭川兵村などがこのタイプである。

②区画型

区画型は平行区画型，組み合わせ区画型，市街区画型，分散型の４つのサブタイプに分類できる。平行区画型とは幹線からの引き込み道路に平行に，何本かの耕宅地接道道路を配置しているもので，札幌本府周辺の新琴似，篠路兵村，根室の和田兵村，厚岸の太田兵村に見られる。組み合わせ区画型とは地形条件から耕宅地接道道路が平行型だけではなく，異なる方向の道路で区画されるタイプで，当麻，一已，秩父別など展開期の兵村に見られる。室蘭の輪西兵村もこの型だが地形条件が影響し不規則なプラン形状をもつ。

最初の琴似兵村のタイプは平行区画型だが，給与地の敷地規模が小さく，150坪の宅地部分のみで市街地区画のように計画された。このタイプを市街区画型と呼ぶ。こういう例は琴似兵村のみであった。北見，湧別の兵村群は，北見道路などの幹線道路に沿って立地しているが，地域が谷間で平坦地の幅が狭く，細長い土地であったため，耕宅地が中隊内で３〜４ヶ所に分散して，他の兵村群とは明らかに形態が異なる。そこで，この北見，湧別エリアの兵村を分散区画型と呼ぶ。軸型と区画型による配置パターンの分類を表2-2に示す。

34) 屯田兵村の配置形態は，耕宅地接道道路（市街区画でいう「町通」的性格の道路）と耕宅地の側面を通過する道路（市街区画での「筋」的性格の道路）によって，区画が構成されているといえる。

35) 兵村域とは耕宅地と中心ゾーン，事業場などを含む範囲で，一般イメージとして兵村の範囲と考えられるエリア。屯田兵村の全体積はこの外側に農地としての追給地，さらに外側に共有地があり，全体で2,000町歩ほどであったが，本書では基本的にこの兵村域を研究の対象とする。

表 2-2　軸型と区画型による屯田兵村の配置パターンの分類

パターン分類		屯田兵村名	入村年		戸数	耕宅地		
						間口	奥行	面積（坪）
軸型	一列軸型	美唄	明	24,25,26,27 年	160	30	500	15,000
		高志内	明	24,25,26,27 年	120	30	500	15,000
		茶志内	明	24,25,26,27 年	120	30	500	15,000
	二列軸型	山鼻	明	9 年	240	20	82.5	1,650
		東永山	明	24 年	200	30	150	4,500
		西永山	明	24 年	200	30	150	4,500
		納内	明	28,29 年	200	50	200	10,000
		南剣淵	明	32 年	337	15	100	1,500
		北剣淵				15	100	1,500
	三列軸型	南江部乙	明	27 年	400	40	125	5,000
		北江部乙				31.3	160	5,000
	組み合わせ軸型	南滝川	明	22 年	440	40	125	5,000
		北滝川				31.3	160	5,000
		上東旭川	明	25 年	200	30	150	4,500
		下東旭川	明	25 年	200	30	150	4,500
		士別	明	32 年	99	15	150	2,250
区画型	平行区画型	江別	明	11～19 年	160	60	167	10,000
		野幌	明	18,19 年	225	40	100	4,000
		新琴似	明	20,21 年	220	40	100	4,000
		篠路	明	22 年	220	30	166	4,980
		東和田	明	19,21,22 年	220	40	125	5,000
		西和田	明	19,21,22 年	220	40	125	5,000
		南太田	明	23 年	220	40	125	5,000
		北太田	明	23 年	220	40	125	5,000
	組み合わせ区画型	篠津（江別）	明	14,17,18,19 年	60	40	100	4,000
		輪西	明	20,22 年	220	30	100	3,000
		東当麻	明	26 年	200	30	150	4,500
		西当麻	明	26 年	200	30	150	4,500
		南一已	明	28,29 年	200	30	150	4,500
		北一已	明	28,29 年	200	30	150	4,500
		東秩父別	明	28,29 年	200	30	150	4,500
		西秩父別	明	28,29 年	200	30	150	4,500
	市街区画型	琴似	明	8 年	208	10	15	150
		発寒	明	9 年	32	10	20	200
	分散区画型	上野付牛	明	30,31 年	198	30	60	1,800
		中野付牛	明	30,31 年	198	30	60	1,800
		下野付牛	明	30,31 年	200	30	60	1,800
		南湧別	明	30,31 年	399	30	60	1,800
		北湧別	明	30,31 年		30	60	1,800

(出典：北海道編『新北海道史第四巻　通説三』（北海道　1973 年），北海道教育委員会『北海道文化財シリーズ
第 10 集　屯田兵村』（北海道教育委員会　1968 年），兵村の立地した各市町村史、兵村史などを参照し作成した)

図 2-14 軸型と区画型の分布図
（表 2-2 のデータをもとに北海道地図に分布を示した）

　表 2-2 から軸型は明治 20 年代に入植した兵村に多いことがわかる。上川道路に沿って立地した兵村の任務のひとつは開削間もない幹線道路の維持と改修であった。幹線道路は幅員も広く，兵村空間の社会活動の基盤となった。
　軸型と比較し，区画型は最初期や試行錯誤の続いた明治 10 年代の兵村に多く見られる。重要港湾の防衛を最優先に計画された根室・和田兵村や厚岸・太田兵村は，気候的にも夏期の低温など条件が悪く，開墾が失敗に終わったケースといわれるが，交通的にも海路以外，他地域へのアクセスがなく，陸の孤島であった。そこでは基軸性が弱く区画型の配置になっている。配置パターンの事例として軸型，区画型からそれぞれ 4 例ずつ取りあげ，事例の分析を通して屯田兵村における配置パターンの計画条件について見てみたい。

2）軸型の 4 つのパターン
① 一列軸型・美唄地域の 3 兵村

　明治 24(1891) 〜 27 年 (1894) の 4 ヶ年にわたって，美唄地域の高志内，美唄，茶志内に 3 つの兵村が入植した（図 2-15）。3 兵村の位置は東側が山地で，山裾からなだらかな地形の扇状地が上川道路を挟んで西に向かって延び，兵村エリアを越えたあたりから石狩川までは湿原や泥炭地が続いていた。

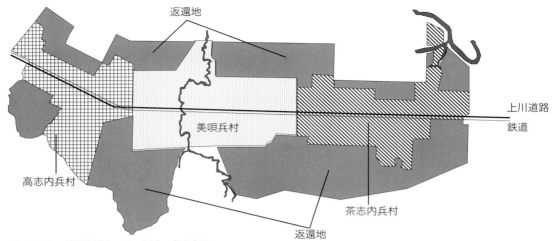

図2-15 美唄地域の3兵村の位置図
(出典:「沼貝村屯田兵用地整理之図」(北海道立文書館所蔵)をもとに作図し兵村名などを記入し,場所を明示した)
沼貝村とは美唄村の旧名である。図上で網色の部分は,凡例で返還地とある。兵村の給与地となっていた。 利用されずに返還された土地と考えられる。地形的には東側(図では下)は丘陵地,西側(図では上)は低地で地質は湿地・泥炭地である。返還地は丘陵地,湿地などの条件の悪いところに多いことがわかる。

　この3兵村は軍事上他兵村と少し性格が異なる。一般に兵村は歩兵から構成されたが,この3兵村は砲兵(高志内),騎兵(美唄),工兵(茶志内)からなる特科隊であった。高志内,茶志内の兵村の戸数は120戸,美唄兵村は160戸で,一般の兵村の200～240戸と比べると小さい。

　耕宅地の基本形状は30間×500間=1万5,000坪と奥行きが非常に深く,面積も大きい。配置パターンは上川道路沿いに一列に向かい合って並んだ路村状の形態となっている(図2-16)。120戸を向かい合わせに2戸ずつ,間口30間で一列に並べると,(120÷2)×30=1,800間で,途中に区画道路を何本か通しても全長は2,000間ほどである。一兵村の大きさ[36]としては教練での集合や生活圏での歩行距離から,1里(2,160間)程度の長さ[37]が兵村域の大きさの目安となっていた。120戸という戸数は一列型の配置を可能とする条件であった。200戸の規模では,(200÷2)×30=3,000間となり,一列型の配置では長くなりすぎる。一列型であれば移動は幹線上での動きであって,奥行は深くても教練や生活領域のまとまりでの距離の問題は生じない。また砲兵,騎兵,工兵は馬を装備とする隊であったため,開墾も馬耕が当初から想定されたといわれ(兵屋に馬小屋が付属していた),こういう面からも奥行きが深く面積の大きい区画配置に対応する条件を備えていた。

　高志内兵村の中隊本部などの管理施設,学校や神社用地,商業施設の中心ゾーンは,上川道路沿いの兵村の中央やや美唄兵村よりに区画された敷地に

[36] 兵村全体の面積(200戸の場合)は1戸の供給地,5町歩(約1.5万坪)が200戸分と,それと同面積の共有地で構成され,約2,000町歩(約600万坪)の広さがあったが,一般に兵村域をさす場合,耕宅地と管理施設の建つ範囲でおおよそ350～400町歩の広さである。
[37] 富田芳郎は「我が植民地に於ける聚落の原型に就いて(一),(二)」(地理研究19巻5,6号1934年)のなかで「喇叭の音は大體25町(1,500間=2.73km)の距離迄徹底するので一部隊－多くは中隊－がその範囲内に兵屋を配置するを便とするといふ当麻兵村の一屯田兵出身者の談」を引いている。また江部乙での屯田兵家族の聞き語りのなかに,「追給地がここから1里も離れているので,毎日子供の手をひいて うのでした。」,「追給地までは1里半も離れていましたから,いつくりができなかったのです。」(NHK札幌中央放送局放送部「屯田兵～家族のみた制度と生活～」1968年)とあるように,毎日教練に通う必要のある屯田兵村において,耕宅地の範囲として長くても1里程がその限界であったと考えられる。

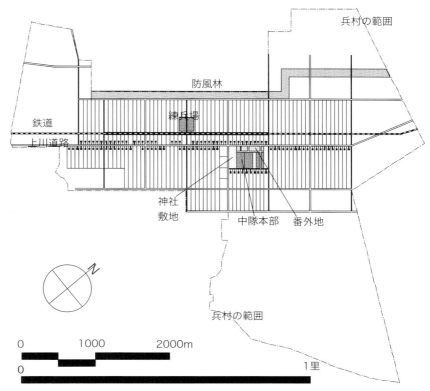

図 2-16 高志内兵村の配置図
（出典：美唄市百年史編さん委員会編『美唄市百年史通史編』（美唄市　1991年）などの資料をもとにCAD図面化し作成）

配置された。練兵場は兵村全体での利用距離と配置上のバランスを考え，そこから西側に約500間（約900m）の鉄道を越えた位置に設けられた。防風林は耕宅地の北西からの風を防ぐように設けられている。

② 二列軸型・東・西永山兵村

土地的には，「全村平坦にして地味肥沃なり而して石狩川沿岸其他川の付近は樹林相連りしきみ，楡，白楊，柳等の大樹繁茂せりと雖も其他の大部分は樹木なき草原なりしを以て開墾の業甚だ容易なりき」[38]とあるように，平坦で地味もよく，石狩川やその支流の川沿いには大樹が繁茂するが，その以外は草原で，開墾するには恵まれていた。兵村は北見道路（中央道路とその北西側（石狩川側）において，並行するもう一本の道路を軸として，長く延びる路村型に配置された。

軸となる道路に直交しておおよそ300間ごとに，8間幅の道路を配置した。永山屯田兵村の配置パターンは一見すると，この8間幅道路の配置に微妙

38) 北海道庁殖民部拓殖課『殖民公報』第3巻第十九号　北海道協会支部 1904年　［復刻版］北海道出版企画センター　1985年

なずれがあり，非規則的に見える。しかしルールを解読すると実際の耕宅地の配置には，明解な規則性に則ってできていることがわかる。8戸単位と，8戸＋防風林（30間幅）の単位が交互に繰り返され，南北方向の区画道路が配置されているのである。耕宅地のユニットの数が基本であり，それに防風林や神社が加わった区画は幅が広くなっている。班という耕宅地のまとまりの単位が基本となり，兵村全体のサイトプランが組み立てられている。追給地や共有地を含めた兵村全体の範囲は，3方が石狩川，牛朱別川で囲まれ，北東は図2-17でわかるように突哨山が石狩川にぶつかるように延びてきたところまでであった。突哨山は，地域のランドマークとして，場所や範囲を決定する手がかりになったと考えられる（写2-5）。

北見道路に沿って中央のゾーンに番外地を設け，これより北東を東兵村，南西を西兵村としている。番外地は1戸分5間×27間に区画した。入植後まもなく，戸長役場，郵便局，病院，商店，旅人宿その他70～80戸が連

写真2-5　永山兵村から突哨山の眺め

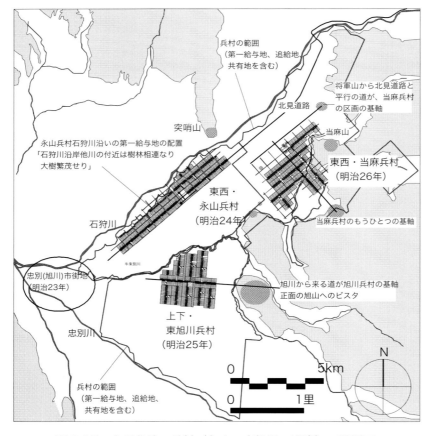

図2-17　上川盆地の兵村（永山，東旭川，当麻）の配置図

（出典：北海道教育委員会『北海道文化財シリーズ　第10集　屯田兵村』（北海道教育委員会　1968年），旭川市史編集会議『新旭川市史　第二巻　通史二』（旭川市　2002年），当麻町史編纂委員会『当麻町史』（当麻町　1975年）などの資料を参照し，現地調査を行い作成した）

図 2-18　東・西永山兵村の配置図
（出典：旭川市永山町史編集委員会編『永山町史　全』（旭川市　1962），金巻鎮雄『地図と写真でみる旭川歴史探訪』（総北海 1982 年）などの資料をもとに CAD 図面化し作成）

担してでき，市街地のような状況になり兵村では日用品に不便はなかった。

　永山兵村は平民屯田の第 1 号で，平坦な草原の部分が多く，開墾の苦労も他と比べ少なかったので，移住後数年間の成績は屯田兵村中第 1 であった。しかし明治 30 年（1897）の鉄道開通以降，地域は交通条件などがよくなり，農業をやめ土木請負や商人に転ずるものが増えたともいわれる。

③ 三列軸型と組み合わせ軸型・滝川地域の４兵村

　滝川兵村の耕宅地の配置エリアは同時期に計画された空知太市街地計画の北に位置し，10〜15ｍほど上った河岸段丘端部（一の坂）から北端は熊穴川までの範囲である（図2-19）。南北に通る上川道路を基軸とし，320間ごとに横断する７本の道路を配し，１丁目から７丁目の丁目通りを区画した。上川道路に沿っては間口40間，奥行125間，積5,000坪の耕宅地の区画，丁目通りに沿っては間口31.25間，奥行160間，積5,000坪の耕宅地で，南北・滝川兵村でそれぞれ220戸ずつを配置した。一方滝川兵村の北に隣接し，５年遅れの明治27年(1894)に入植した南北・江部乙兵村でも南は熊穴川，北は江部乙川までの範囲で，同じように上川道路を基軸にし，それぞれ200戸を配置した。320間ごとに横断する７本の丁目通りは滝川兵村と同様だが，江部乙兵村では上川道路の東と西に250間離れ並行する裏東通り，裏西通りを計画し，耕宅地は主にこの３本の道路沿いに並べ間口40間，奥行125間，面積5,000坪の区画を行った。

　位置的に連続し，耕宅地の規模も同様の両兵村での配置プランの違いはどこにあるのであろうか。その違いは地形への対応の仕方にあると考えられる。滝川兵村の立地は一の坂と二の坂でそれぞれ10ｍほどの高低差のある２枚の河岸段丘面で構成されているが，それぞれの面はほぼ平坦で，拡がりも東に向かって広く延びている。江部乙兵村の兵村域も河岸段丘面にのっているが，東は丘陵，西側は石狩川の河跡湖が迫り，全体に東から西に向かっての平坦部分の幅が狭い。特に東面の丘陵はかなり傾斜があるので，丁目通り（基軸に直交する通り）に耕宅地を配置すると斜面を上る坂道沿いに耕宅地が配されることになる。これをさけるため等高線に沿って耕宅地を配置するよう上川道路に並行する道路を軸にしている。また段丘面の平坦部分が狭いため，地形的に立地可能な部分については拡がりに合わせ区画にでっぱりを設けたり，また条件の悪い場所では配置上のひっこみを設けている。

　兵村の中心ゾーンは江部乙兵村では兵村全体の中央に位置する12丁目通りと上川道路の交差エリアに配置されたが，滝川兵村では上川道路と４丁目通りの交差する二の坂に中隊の管理施設，６丁目通りには大隊管理施設，さらに番外地は一の坂の南と分散して配置された。その理由に滝川兵村には中隊本部以外に，滝川地域の４兵村を統轄する大隊本部の管理施設が必要だったことや隣接した空知太市街地計画との関連が考えられる。滝川地域の兵村は兵村域を囲むように配置された防風林や樹林地の環境形成機能に注意をはらった計画や指示に特色がある（後述の図6-7など）。この地域の大隊長の

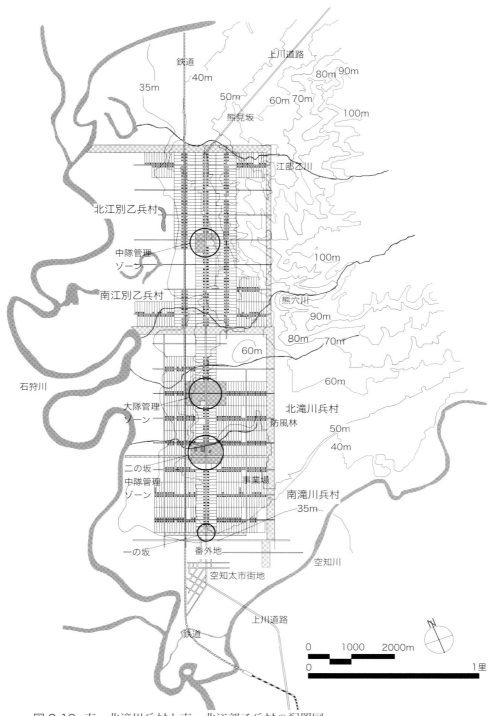

図 2-19 南・北滝川兵村と南・北江部乙兵村の配置図
（出典：「石狩国空知郡滝川村南滝川兵村屯田歩兵第 2 大隊第 3,4 中隊給与地配置図」（北海道立図書館蔵），滝川市史編さん委員会編『滝川市史　上巻』（滝川市役所　1981 年）などの資料をもとに CAD 図面化し作成）

指令[39]に基づく設営の方針であったことが推察される。

39) 37ヶ所の屯田兵村は4大隊と美唄の特科隊の5つに分かれるが，それぞれ大隊長の方針で配置デザインや耕宅地の供給方式など兵村での基本計画が決めれた。

3）区画型の4つのパターン
① 平行区画型・篠路兵村

篠路兵村は南側の新琴似兵村との間に防風林を設定し，それを境に隣接しているが区画の方位は25度ほどずれている（図2-20）。これは新琴似兵村が琴似兵村につながる街道に沿って計画され，篠路兵村が創成川右岸沿いの石狩街道をもとに測設したためであろう。石狩街道に直交し333間の間隔で1〜5番通りを耕宅地接道道路として設け，間口30間，奥行167間，積5,000坪の耕宅地を区画した。また番通りに直交し横線と呼ぶ道路を360間ごとに設けた道路区画としたが，横線は当初，中通とか横道路と呼ばれた。

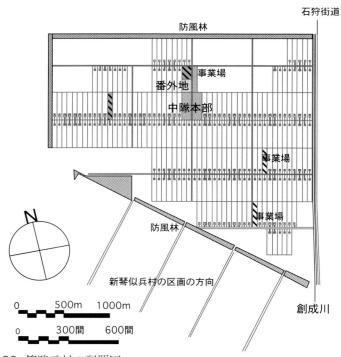

図2-20 篠路兵村の配置図
（出典：札幌市教育委員会『札幌歴史地図〈明治編〉』（札幌市教育委員会　1978年）などの資料をもとにCAD図面化し作成）

② 組み合わせ区画型・一已兵村

南北・一已兵村の配置計画は本来は増毛道路を基軸にしている。しかしその西側はすでに菊亭華族農場の土地になっており，南には石狩川があったので，兵村域は北に延びた（図2-21）。その配置パターンは地形に対応させ，

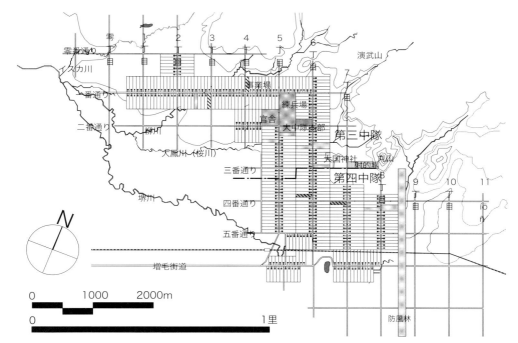

図 2-21　南・北一已兵村
（出典：「石狩国雨竜郡深川村北一已兵村屯田歩兵第1大隊第2,3中隊給与地配置図」（北海道立図書館蔵），一已屯田会『一已一〇〇年記念誌　一已屯田開拓史』（一已屯田会　1994年）などの資料をもとにCAD図面化し作成）

写真 2-6　一已兵村の
ランドマーク丸山

写真 2-7　丸山からの
一已兵村の眺め

直交する耕宅地接道道路を組み合わせて，区画している。北と東を丘陵が囲む地形のなかで一番通り，二番通りが東西軸で配置され，三番通りから南では方向が90度回転して，大鳳川と堺川の間に南北軸で，耕宅地が配置されている。江部乙兵村で述べたように耕宅地は等高線に沿って配置するのが基本のためである。この兵村の耕宅地は間口30間，奥行150間である。これを20戸集め給養班という単位とし，兵村の配置デザインを300間モジュールで道路区画を行い，構成している。しかしこのパターンも一番通りの北側や二番通りと三番通りとの間，増毛道路の南側の道路区画は給養班の戸数が異なり微妙にモジュールがずれている。

　一已兵村での配置デザインの特色に丸山，演武山など丘陵部の小山が地域のランドマークとなっているのを読みとることができる。丸山は一已兵村のシンボルといわれ，その頂きから兵村全域を眺望することができるが，入村後まもなく丸山に向かう三番通りに沿って兵村の鎮守（大國神社）が設けられ，山麓には墓地も配置されることになる。増毛道路の代わりに，この通りが地域空間を秩序づける要素となっていることを伺うことができ，いわば心的な空間軸を形成している。

第2章　屯田兵村の配置計画の骨格パターン　81

③市街区画型・琴似兵村

　図2-5の琴似兵村を参照。

④分散区画型・上中下野付牛兵村

　上中下野付牛兵村の建設の経緯を描くと，明治22年(1889)に北見地方(上常呂原野)の殖民地選定調査が行われ，明治24年(1891)に旭川・網走間の道路（中央道路）が開削される。同年，北見地方（上常呂原野）で，草原と丘陵地を重点に第1次区画地測設が実施され，明治26年(1893)に，小泉少佐が兵村用地の選定を行い，栃内少佐が兵村用地の測量監督となって区

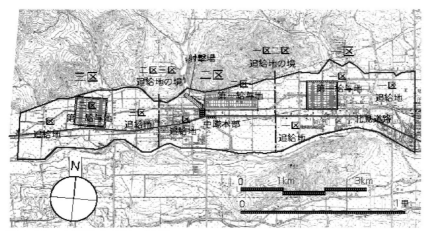

図2-22　上野付牛兵村の配置
（出典：国土地理院5万分の1地図に兵村域，追給地，中隊本部などの位置を示した）

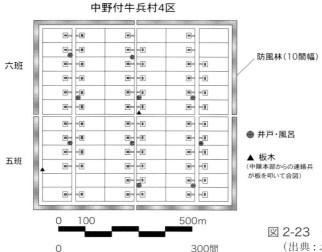

図2-23　中野付兵村での耕宅地のサイトプラン
（出典：北見市史編さん委員会編『北見市史　上巻』（北見市役所　1981年）などの資料をもとにCAD図面化し作成）

画測量を実施した。

明治24年（1891）に北見地方は殖民区画の区画測設が行われているが，屯田兵村の対象となるエリアの存在は，すでにその時点で想定されていたと考えられる。

中央道路の開削による軸の設定，殖民区画の実施とも関連し，野付牛地域の屯田兵村が実現したといえよう。

上中下野付牛兵村では，1中隊を3〜4の区に分け，耕宅地のまとまりを分散して配置した。ここでの耕宅地は30間×60間という小規模な敷地であったため，そのまとまりもコンパクトに構成され，その外周を防風林で囲み，集村的な配置をとった。それぞれの追給地は耕宅地のまとまりの周辺に配置された。6戸を単位とする井戸組，風呂組のまとまりが基礎の生活単位となった。

中隊本部などは，北見道路沿いで，全体の地理的中心の位置に設けられた。射撃場は，背後に山を背負う必要から，山際の位置に設けられた。

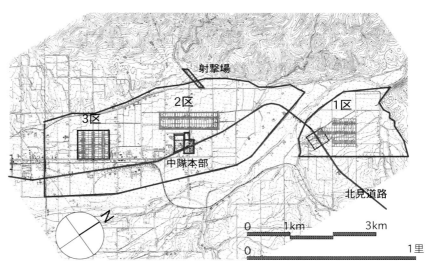

図2-24　下野付牛兵村の配置図
（出典：国土地理院5万分の1地図に兵村域，追給地，中隊本部などの位置を示した）

4-3．屯田兵村における配置計画の決定要因

第一給与地を基礎単位とする屯田兵村の配置計画は，兵村の立地する土地形状を読みとり，そこでの農業形態のあり方，開墾地への距離と練兵場など教練に通う距離とのバランス，近隣での生活の共同行為の利便性などを総合的に判断し，計画されたものである。そのなかで山鼻や士別の兵村では立地

位置が都市市街地の計画地域に隣接していたため農村としてだけでなく市街
地形成を意図して間口を狭くしているし，地形的に谷合いの場所で制約の大
きい野付牛兵村の場合は，数十戸ほどのまとまりを土地条件のよいところを
選んで3〜4ヶ所に分散させ，その周りに追給地を配置している。上川の各
兵村は広いまとまった場所があったため幹線道路を基軸とし，最も肥沃な場
所が選ばれたものであるし，高志内や納内兵村は一中隊で全体の戸数が小さ
いため一戸の単位を大きくすることも可能となったなど，それぞれの地域性
を考慮し計画された。明治23年(1890)に実施され，その後の北海道の農
村区画の規準となった殖民区画は300間四方で地域を区画し，それを6分
割した間口100間×奥行150間の土地(5町歩)を基本単位とし，そのなか
に農家が点在する疎居的な配置となっている。それに対し屯田兵村は教練
や農業作業，近隣生活での共同性などの理由から集合して集落形成を行う必
要があり，いろいろなパターンがあるとはいえ，基本的に兵屋の建つ敷地が
連なって並ぶ列状村の形態になっている。

　上原の著作以来流布している屯田兵村の密居，疎居による分類に関してい
えば，殖民区画と比較して屯田兵村での集落形態上の相違は密居，疎居と呼
ぶほどの違いではなく，集村である列状村のなかでの密度が異なる程度のも
のである。山鼻や終焉期の士別の兵村は間口が狭いやや密な列状村であり，
北見や湧別の兵村は奥行きが浅いやや密な列状村で分散型のサブ集落を構成
したものである。美唄地域の3兵村と納内兵村は，全体の戸数が小さいため
一戸の単位を大きくすることが可能となったやや疎らな列状村である。それ
以外の札幌本府周辺や重要港湾周辺の兵村，展開期の兵村は中間的な密度の
列状村といえよう。さらにその配置計画は様々な条件を総合的に考慮し計画
したもので，従来いわれているような軍備優先＝密居配置，開墾優先＝疎居
配置の単純な図式だけでは説明できるものではないといえよう。

　新渡戸稲造は上原の研究よりも10年以上前の明治31年(1898)，『農業
本論』[40]のなかで「屯田兵村の日に益進歩を加へ，今日植民地中にて最も
繁盛なる有様を呈するに至りしは止だ政府の保護に由るのみならず，全く密
居制を取りしの結果にあらざるなきか」と述べて，屯田兵村の開拓の成果の
要因として，農業上の幾分かの不便はあるにしても個々の孤立を防いだこと，
つまりは集村形態を採用したことの重要性を指摘しているのである。

40) 新渡戸稲造『農業本論』
(裳華書房　1898年　再録
『新渡戸稲造全集第二巻』
教文館　1969年)

第３章

屯田兵村のルーラルデザイン

屯田兵村において集落空間を形成することは，入植者が定着するために生活と生産とが十全に機能するように土地と環境を計画的にデザインすることであり，何よりコミュニティの共同体意識を形成することを意図したデザインであった。屯田兵村のルーラルデザインとは入植地モデルとして，北海道の初期開拓において最大の課題であった入植者を定着させるための条件を重視した計画手法であった。

　限られた戸数で拡大を前提としていないため，場所や立地などの地形や環境条件にきめ細かく対応しえたことと，生活単位を基礎として積み上げる計画原理が，屯田兵村の配置計画にバリエーションを生み出した。ひとつの計画を画一的に適応するものではなく，土地の条件などを十分に読み込んで，場所ごとに適応した個別の配置計画を行うことで多様性を生み出したのである。

　屯田兵村の計画デザイン手法は，地形に対応した計画と調整手法をもとに，空間の骨格になる基軸と領域的なまとまりの形成，共同体意識が生まれやすい生活単位を積み上げる配置デザイン，歩行スケールに対応した生活領域の設定，社会・経済軸と信仰軸（精神的よりどころ）をもった空間デザイン，中心性の計画的な配置，防風林など樹林を積極的に活かした環境形成，兵村の存続条件を高めるための共有地の配置，などの空間計画としてまとめることができる。

1．ルーラルデザインとしての屯田兵村を考える意味

　日本の近代における代表的な農村計画のひとつである屯田兵村は 37 ヶ所建設され，総戸数 7,300 余戸が入植したが，配置計画はすべて異なり，ひとつとして同じものはない。自然発生的な集落ではなく，計画的にデザインされてつくられたものである。異なる配置計画を行う理由があったはずである。前章において屯田兵村の軸と区画による分類を行うとともに，計画原理として地形や肥沃地などを注意深く読んだ選地の考え方と開墾を競うインセンティブをもつ土地給与のシステム，営農・教練・地域形成の機能を複合的に捉えた全体計画などの空間対応モデルを探り出した。

　また屯田兵村の集落形態を，（密度形態の）程度の差はあるにしても基本的に「列状村」の性格をもつ集村であると分析した。「列状村」について地理学者の矢嶋仁吉氏は『集落地理学』[1] のなかで路村，複路村，格子型路村，街村などの分類を提出している。

　ここでは「列状村」である屯田兵村に見られる配置パターンの様々なタイプを分析することで，多様性のあるデザインをつくり出す条件と，通底する共通のデザイン原理を探り，屯田兵村のデザイン手法を集落計画として明らかにする。

　集落としての屯田兵村の平面形態については，地理学の分野で，足利健亮氏は「永山兵村は…国道 39 号線（北見道路）とその北側の東裏りに沿って…8km に及ぶ 2 列の長い路村を形成した。」，また「東旭川兵村では…兵村中央を東西に走る大通りとそれに直交する各南北路に面して並ぶ形をとっていた。」（『地形図の歴史を読む－続日本歴史地理ハンドブック』1969 年）と書いているように，部分的にではあるが配置パターンの分析は試みられている。また増田忠二郎氏の「屯田兵村における集落形態の諸問題」[2] での，耕宅地の敷地規模を指標にし，1 琴似型兵村（2,000 坪以下），2 野幌型兵村（4,000 坪以下），3 永山型兵村（4,500 坪），4 滝川型兵村（5,000 坪），美唄型兵村（1 万坪以上）のような分類も提出されている。しかし建築学の領域からは屯田兵村の配置形態の分類，分析についてまとまったものは提出されていない。

　本書の屯田兵村の分類は，このような既往の屯田兵村の形態的分析の部分的な試みや従来の分類への問題提起を意図している。

　分析手法としては北海道立文書館に保存されている各兵村の屯田給与地配置図をもとに各市町村史や屯田兵村関連資料を参考にし，兵村時代の配置図

1）矢嶋仁吉『集落地理学』
（古今書院　1956 年）

2）増田忠二郎「屯田兵村における集落形態の諸問題」（『人文地理』第 14 巻 6 号　1962 年）

をCAD上で現状の2万5,000分の1の地図に重ね合わせた分析図を作成する。作成した分析図から37の屯田兵村の配置計画のパターンを分類し、それぞれの配置パターンの特徴をケーススタディを通して提示する。次に配置パターンの分析から、兵村の配置デザインに共通する計画要素を抽出する。さらに計画要素相互の関係性を探り、その分析を総合してルーラルデザイン[3]として屯田兵村の計画手法を明らかにするものである。

2. 屯田兵村のデザイン手法

2-1. 地形との応答と調整のデザイン

　地形条件を十分に読み込んだ計画の考え方は、屯田兵村の選地から始まり、配置デザインの計画手法としても最も重要な要素である。農耕適地の理想は1～3度程度の傾斜地といわれるが、扇状地や段丘面に入植した屯田兵村の土地も緩勾配の平坦な地形が多い。一兵村域内で高低差が30mを超すところはない。耕宅地の配置計画では勾配方向に道を設け、灌漑排水を計画できるように設計している。起伏のある地形の場合は、活動のベースとなる通り（耕宅地接道道路）が坂道になることをさけるため、等高線に沿って道を配置し耕宅地を並べている。また配置の規準にこだわることなく、地形に対応し、区画にでっぱりやひっこみがあり、融通のきく配置計画を行う原則を有していた。

　周辺の小山をランドマークにして軸を設定したり、坂、小丘陵などの小地形の変化を活用し、中心ゾーンや神社、墓地などを配置している。また管理施設や神社の敷地内では、微地形をうまく活かしたデザインを行っている。

　例えば滝川兵村にある滝川神社は、もともと上川道路の二の坂と呼ばれる大隊本部や練兵場がある中心ゾーンの坂上に位置したが、明治後期に発展してきた滝川（空知太）市街地との関係から、兵村南端部の一の坂に移転した。一の坂の神社へのアプローチは、坂の途中で上川道路から階段を上って参道に入り、参道を上りきって神社境内に達する。上りきった境内からは眺望が開け、滝川市街地が一望できる。神社敷地内の沢からは湧き水が吹き出し、上水として利用されたといわれるように、地形的特徴を活かした場所の選定とその巧みなサイトデザインが見られる。そういう例は、江別兵村での萩ヶ岡に立地した江別神社、一已兵村の大国神社、当麻兵村での神社の丘などがあり、事例は枚挙にいとまがない。

3) 日本建築学会編『図説集落－その空間と計画』（都市文化社　1989年）のなかにルーラルデザインの考え方が示されている。「共同空間の形態的景観的特性や、具体的な特性のある場所（多くは共同空間）の系の保全、住宅と敷地のとりつきの法則などについてであり、ここには、より具体的な方向性が重要である。」

写真3-1　滝川兵村の立地した河岸段丘地形1・石狩川側。
手前の水田と7～8mと高低差がある河岸段丘に立地した。

写真3-2　滝川兵村の立地した河岸段丘地形2・空知川側。
手前の畑と10mと高低差がある丘に立地した。

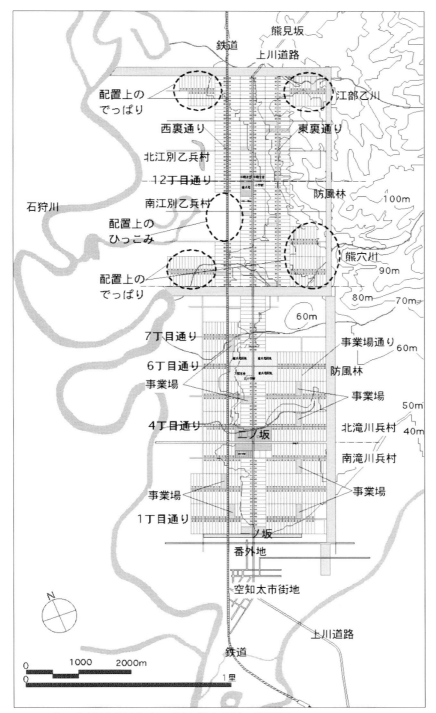

図 3-1 南・北滝川兵村と南・北江部乙兵村の配置図
（出典：「石狩国空知郡滝川村南滝川兵村屯田歩兵第 2 大隊第 3, 4 中隊給与地配置図」（北海道立図書館蔵），滝川市史編さん委員会編『滝川市史　上巻』（滝川市役所　1981 年）などの資料をもとに CAD 図面化し作成）

現在でも，高志内兵村の公共施設エリア（中隊本部など）は，神社，寺，小学校などの立地するコミュニティの中心ゾーンとなっており，国道から少しなかに入ると，土手，あぜ道，小丘陵に植えられた大木など，微地形を活かしたルーラルな空間デザインの事例を見ることができる。また，野幌屯田兵村では，元中隊本部の敷地に置かれた錦山神社や旧本部建物の建物を訪れると，沢地と微高地の地形に巧みに配置された空間デザインを，周りを囲む林の存在のなかで体験することができる。このように屯田兵村では，管理ゾーンや神社などの共用空間は，地形的に特徴ある場所に立地し，ランドマークになっており，今も多くの場所でその空間デザインが継承されている事例を見ることができる。

写真 3-3　一の坂に立地した滝川神社

2-2．基軸と領域性

　明治19年(1886)の道庁設置後，内陸開拓のさきがけとなるべく，開削されたばかりの上川道路に沿って，屯田兵村が20〜30kmの間隔（当時の駅逓間の距離）で立地した。兵村の任務のひとつは開通間もない幹線道路の維持と改修であった。幹線道路が兵村空間の配置計画の基軸となった。国見の丘陵や眺望点などの地形的手がかりも，兵村からのビスタを形成し軸線の要素となった。また防風林は，屯田兵村で初めて原野開拓の計画ツールとして導入されたものだが，兵村を囲む場合や兵村内を区切るタイプなど，領域を明確化する空間構成の手法としても展開されていった。

2-3．基礎単位としての耕宅地のデザイン

　屯田兵村の配置計画において耕宅地の規模と形状が基礎単位として大きい意味をもっている。耕宅地は短辺を主要な道路側に並べた短冊型の形状となっている。
　耕宅地の形状を年代順に出現したタイプでまとめたものが図3-2と図3-3である。
　創設期は，琴似兵村でのわずか150坪の市街区画のようなタイプから，江別での1万坪の大規模なタイプなど，ほとんど定型がないかのような，試行錯誤が重ねられた時期といえる。次の確立期においても兵村ごとに形状が異なり様々なパターンが現れることになるが，規模的には3,000坪から6,000坪と，かなり収斂する方向も見えてきた時期といえる。この時期，特

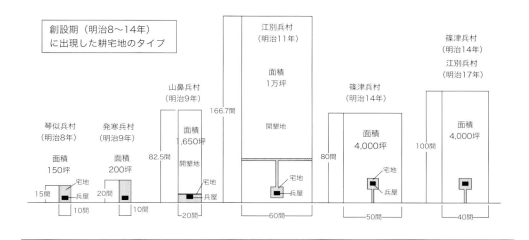

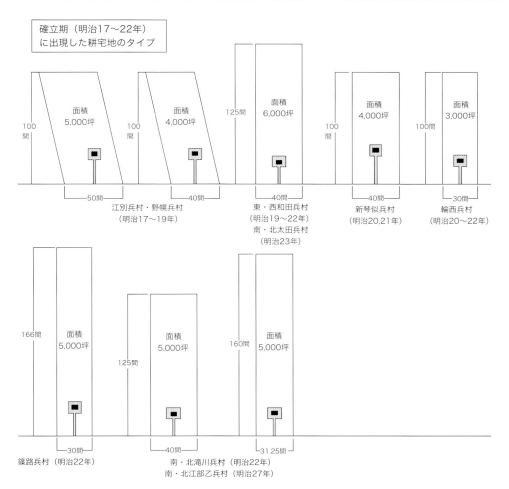

図 3-2　耕宅地の形状パターン 1
（出典：北海道教育委員会『北海道文化財シリーズ　第 10 集　屯田兵村』（北海道教育委員会 1968 年），各兵村の立地した市町村史、兵村史などの資料をもとに CAD 図面化し作成）

第 3 章　屯田兵村のルーラルデザイン　91

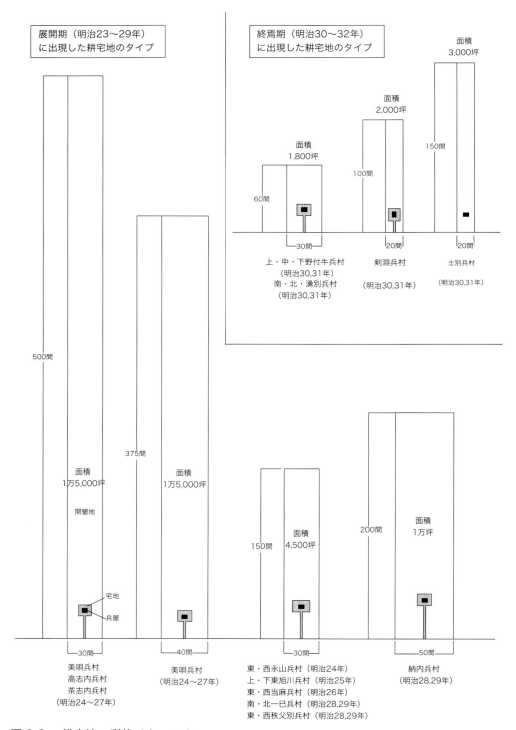

図 3-3　耕宅地の形状パターン 2
　　　（出典：北海道教育委員会『北海道文化財シリーズ　第 10 集　屯田兵村』（北海道教育委員会 1968 年），各兵村の立地した市町村史、兵村史などの資料をもとに CAD 図面化し作成）

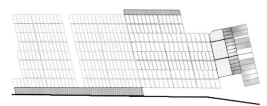

図 3-4 江別兵村，野幌兵村での平行四辺形の耕宅地
（出典：佐藤良也編『野幌兵村史』（野幌屯田兵村開村記念祭典委員会 1984 年）などの資料をもとに CAD 図面化し作成）

筆するのは江別，野幌兵村での平行四辺形の耕宅地である。この兵村に平行四辺形のパターンが生まれた理由は，江別兵村の形成過程にある。江別兵村は当初，明治 11 年（1878）に 1 万坪で実験的に 10 戸入植した後，6 年ほど中断し，明治 17 年（1884）に再開した後，入植が終わるのに明治 19 年（1886）まで入植がかかったように，異例の長期間にわたる事業であった。その間に明治 15 年（1882），江別兵村では幌内炭鉱から札幌，小樽まで通じる鉄道が通った。もともと兵村の区画を決める基軸としたのは，江別兵村の横を流れる石狩川の岸辺とそれに直交する軸であった。しかし鉄道線路の位置は石狩川に対して直交ではなく，斜めに角度のあるルートになった。兵村が明治 17 年（1884）に再開したとき，当初の石狩川の岸辺のラインと，新たな鉄道の線路のルート[4]が区画配置の基軸となったため，こういう斜めの平行四辺形の区画が生まれたのである。

展開期に入り，4 つのパターンが現れているが，この時期に耕宅地の基本形といえる標準タイプの型が出現する。30 間 ×150 間，4,500 坪の区画である。上川，雨竜原野の 10 兵村はすべてこのタイプである。これ以外，美唄の 3 兵村の奥行きの長いタイプや納内兵村の規模の大きいタイプの理由については，前章で述べた通りである。それぞれの特殊事情により，区画の形状が異なったわけで，基本形は標準タイプに収斂した時期であったといえる。美唄の 3 兵村も間口は標準タイプと共通である。

終焉期は，分散型とか，市街地型のような農村開拓としては，制約の多いタイプで，明治 30 年代に入り，開拓適地が不足してきた状況とも関係する耕宅地の形状になっているといえる。

耕宅地を規模，形状で分類すると表 3-1 のようになる。間口では 30 間幅が 21 地区と最も多く，次の 40 間幅と合わせると，75％を占める。奥行の寸法で多いのは 150 間と 100 間で，両者を合わせてほぼ 50％である。しかし比較的ばらつきがあり，500 間のように極端に深いケースや，60 間[5]の

[4] 未開の原野のなかでは，既設の鉄道や幹線道路の位置は，区画を決める重要な手がかりや軸となる。

[5] 最初の琴似兵村は奥行 15 間と 20 間だが，農地をもたない市街地的な区画である。農地と宅地がセットになった事例では 60 間の奥行きがもっとも浅い。

表 3-1　耕宅地の間口・奥行・面積

間口（間）	10	15	20	30	31	40	50	60					計
兵村数	2	3	1	21	2	11	3	1					44

奥行（間）	15	20	60	83	100	125	150	160	166	200	333	500	計
兵村数	1	1	5	1	10	6	11	2	2		1	3	44

面積坪	150	200	1,500	1,650	1,800	2,250	3,000	4,000	4,500	5,000	1万	1万5,000	計
兵村数	1	1	2	1	5	1	1	5	10	11	3	3	44

(出典：北海道編『新北海道史第四巻　通説三』（北海道　1973 年），北海道教育委員会『北海道文化財シリーズ　第 10 集　屯田兵村』（北海道教育委員会　1968 年），兵村の立地した各市町村史、兵村史などを参照し作成した)

ように浅いケースも見られる。面積も同様にばらつきがあり，5,000 坪と 4,500 坪が多く両者を合わせてほぼ 50％で，次に 4,000 坪，1,800 坪の順になるが，1 万坪，1 万 5,000 坪のケースも見られる。間口の幅には大きな違いはないため，面積は奥行の深さが影響している。

　耕宅地の形状で最も事例の多い間口 30 間，奥行 150 間のパターンが現れるのは，屯田兵村の設置が軍備よりも開墾重視となり，毎年 500 戸規模で入植が始まる明治 24 年 (1891) 以降であった。その時代は一般入植地の土地区画である殖民区画制度がスタートした時期でもあった。間口 30 間 × 奥行 150 間の耕宅地を 20 戸集合させた 300 間モジュールが屯田兵村でも見られるが，殖民区画の 300 間グリッドが影響していることが読みとれる。

　耕宅地の利用形態として，規模の小さい琴似，山鼻，野付牛などを除き，耕宅地のなかに建つ兵屋の位置は道路から 15 〜 25 間 (27 〜 45m) ほど離れ，かなり奥まった場所に配置されていることに屯田兵村の特色がある。この兵屋の位置が前面道路からかなり離れた位置に建てられた配置計画の理由について，それを明らかにする史料は発見されていないが，兵村の資料や現地調査などから，兵屋と道路までの前庭的なスペースが井戸や風呂の共同利用空間，蔬菜や庭木など宅地的なスペースとして活用される部分であったことが伺える。滝川兵村や東旭川兵村での資料に，前面道路と兵屋までのスペースについて，入口の門柱，道際や宅地内の樹木地，前面道路から兵屋までの入口道路，両隣の兵屋に通じる隣道[6]，排水用の溝の設置など，宅地周りのしつらえが細かく指示されている事例を見ることができる。

6) 滝川兵村などで耕宅地と敷地内の道に次のような名前がつけられている。入口道路：兵屋から前の主要道路に至る道，作道（耕作道あるいは裏道）：兵屋から裏の耕地に至る小路，隣道（隣家道あるいは横道）：兵屋から左右の隣家に通じる小路。（出典：滝川市史編さん委員会／編『滝川市史　上巻』（滝川市役所 1981 年）

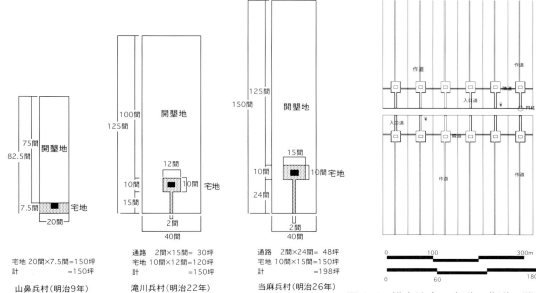

図 3-5　耕宅地での宅地と兵屋の位置
（出典：滝川市史編さん委員会編『滝川市史　上巻』（滝川市役所　1981年）などの資料をもとにCAD図面化し作成）

図 3-6　耕宅地内の表道，作道，隣道
（出典：滝川市史編さん委員会編『滝川市史　上巻』（滝川市役所　1981年）などの資料をもとにCAD図面化し作成）

2-4．生活領域のまとまりに対応した空間計画

　屯田兵村は1中隊200〜240戸の規模であるが，これは一団のものではなく段階的にまとまりの単位があった。基礎となったのが井戸組（風呂組ともいわれた）で4〜6戸[7]で井戸，風呂を共有，利用した生活の共同の単位である（図3-7）。井戸組は道路を挟んで向こう三軒両隣のまとまりであり，神代などの集落調査[8]でのコミュニティの基礎単位となっている事例と共通する。全国から集まった出身地の異なる入植者が未開地で暮らすなかで，井戸組は文字通り裸のつき合いとして，親戚以上の濃密な関係を育んだといわれ，屯田兵村での共同体意識形成の基礎になった。井戸組は軍隊の単位としては一伍と呼ばれた。

　屯田兵村は開拓集落と軍隊の二面性をもち，組織上は兵士だけでなく，その家族も上意下達の命令に服し，行動しなければならない生活であった。組織としての屯田兵村で，20〜30戸ほどのまとまりが生活上は給養班（略して班ともいう）といわれ，軍隊の単位としては分隊と呼んだ。給養班には班長が2名（階級的には軍曹）いて，入植時の食料の配給から，農具，器具の配付，暮らしについての注意，開墾事業の方法，播種の方法など，生活上

7) 井戸組（風呂組）の単位は多くは4〜6戸であるが，8戸程の場合もあった。

8) 明治大学工学部建築学科・神代研究室編『日本のコミュニティーその1ー』（鹿島出版会　1977年）

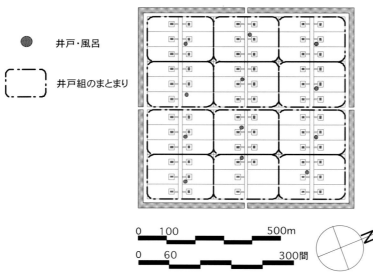

図 3-7 上湧別兵村での共同の井戸・風呂の位置と井戸組のまとまり
（出典：上湧別町史編纂委員会編『上湧別町史』（上湧別町　1968年）などの資料をもとに CAD 図面化し作成）

のあらゆる事柄をこの単位で指導，教授した。2名の班長のうち，1名は屯田兵として移住してきたもののなかから選び，もう1名は中隊長以下の将校とともに屯田兵受入準備のため先に着任していた専従者を当て，給養班のなかに居住させた。班長は班長宅にある班木という板を叩く朝の起床から始まり，班内の構成員の日常の生活をこと細かく指導した。開墾の進捗について，班長は叱咤激励し，遅れている者には，班内の互助により手弁当で加勢させ，落伍者を助けさせた。屯田兵は入植時に給与された耕宅地を3年以内に開墾しなければならなかったが，それを「開墾競争」として競わせたのが，給養班の単位であった。耕宅地の成墾順に選ぶことができた追給地の位置も，班ごとに固まっていたといわれるように，この単位の共同意識は強く，兵村解散後，一般農村に移行していったときに，このまとまりは集落名にもなった。また給養班は道路を介したまとまりであり，図3-8,9のように全体の道路区画など配置上の計画要素となった単位でもあった。軸型の事例では，軸に沿って給養班のまとまりが配置されているのが明瞭に読みとれ，配置上のでっぱりもこの単位で構成されているのがわかる。

給養班の上位の単位が，事業場[9]（共同農業作業場）を共同利用した2，3の給養班からなる45〜55戸程度のまとまりである。初中期の兵村では，営農方針として養蚕と麻製造が重視されていたため，特に養蚕などの共同作業を行う事業場は重視された。滝川兵村には事業場通という名が残っている

9）事業場は各中隊に，農事指導用の建物として，農産事業場四ヶ所を設置することとされていた。上原の『北海道屯田兵制度』に「事業場ハ各中隊ノ家族相集マリテ或ハ養蚕製糸製麻機織等ニ用ヒル場所ニシテ其地方適合事業ヲ此処ニ於テナサシメ…」とある。実際は，農業の共同作業の他，軍事教育の場所としても利用したようである。

表 3-2　距離と空間スケール

町とマイル		長さ（間）	長さ（m）	手がかりになる寸法	歩行時間
		1 間	1.818	身長	
		1 丈	3.030	10尺、条坊制	
		2 間	3.636	小路の幅	
		5 間	9.090		
		6 間	10.908	歩道付きの車道	
		8 間	14.544		
		10 間	18.180	昔の国道	
		15 間	27.270	宅地の切れ目	
		20 間	36.360	六割り小街区のサイズ、広幅員道路	
		30 間	54.540	四割り小街区のサイズ	
		36 間	65.448		1分
		50 間	90.900		
1町		60 間	109.080	歩行者が目で一区切りの見当をつける距離 第一次街区の大きさ	1.5分
		100 間	181.800		
2町		120 間	218.160	子どもや老人の施設利用圏	3分
3町		180 間	327.240		
4町		240 間	436.320	日常生活圏の一区切りの歩行距離	6分
5町		300 間	545.400	第二次街区の大きさ、殖民区画の中区画	7.5分
6町		360 間	654.480		
8町		480 間	872.640	賑わいの通りの最大	12分
		500 間	909.000		
10町		600 間	1,090.800		15分
12町		720 間	1,308.960	1マイルの起こり（1,479m）	
1マイル			1,609.000		
15町		900 間	1,636.200	殖民区画の大区画	
18町		1,080 間	1,963.440	日本の集落間の距離	30分
25町		1,500 間	2,727.000	ラッパの届く距離	
30町		1,800 間	3,272.400		
36町	1里	2,160 間	3,926.880	歩行系最大都市の半径	1時間
72町	2里	4,320 間	7,853.760	1服する距離	2時間
6マイル			9,654.000	タウンシップ	
108町	3里	6,480 間	11,780.640	1服する距離	3時間
	5里	10,800 間	19,634.400		
	8里	17,280 間	31,415.040	女子の一日の歩行距離	1日
	10里	21,600 間	39,268.800	男子の一日の歩行距離	1日

（出典：戸沼幸市『人間尺度論』（彰国社　1978年）などの資料をもとに作成）

ように，事業場をネットワークする道路が計画された（図3-10）。この単位は軍隊的には1小隊を構成した。この単位が4つほど集まり，1屯田兵村（1中隊）となる。

　それぞれの生活領域のまとまりをスケールから見ると，井戸組は耕宅地の間口30〜40間で，全長90間（164m）〜120間(218m)になる。このスケールは戸沼の人間尺度論[10]によれば，子どもや老人の施設利用圏といわれる120間（218m）の範囲である。ちなみに両端から井戸までの距離は45間（82m）〜60間（109m）となり，徒歩1分強ほどの距離である。また給養班のスケールは間口30間の場合，300〜450間(545〜818m)ほどとなる。この距離は日常生活圏の一区切りの歩行距離のスケールに近いものである。事業場を共有するまとまりのスケールはおおよそ，450〜900間(818〜1,636m)となる。兵村（中隊）のスケールは，1里がその大きさ

10) 戸沼幸市『人間尺度論』（彰国社　1978年）

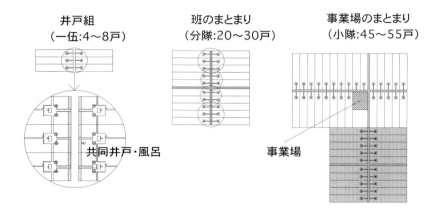

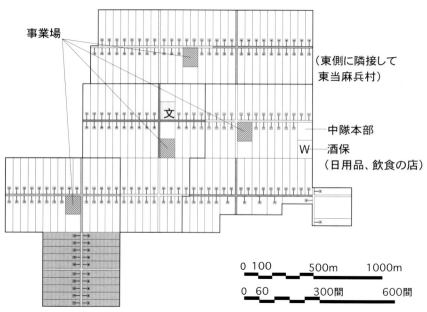

図 3-8　生活領域のまとまりの単位
（出典：当麻町史編纂委員会『当麻町史』（当麻町　1975 年）などの資料をもとに CAD 図面化し作成）

の限界となる。このように屯田兵村には社会集団および共同生活行為と空間スケールの対応関係が読みとれ，その生活領域は，段階的なまとまりの単位によって構成されている。しかもその単位はそれぞれ，段階的な歩行スケールの生活圏で構成されたことに特色がある。これは殖民区画での散居の状況とは大いに異なる。

区画型の事例・組み合わせ区画型
一已兵村（明治28～29年）

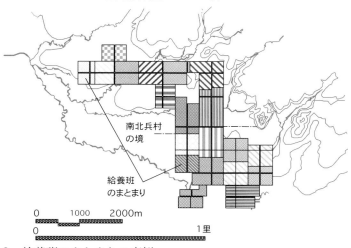

図 3-9　給養班のまとまりの事例
　　　（出典：一已屯田会『一已一〇〇年記念誌　一已屯田開拓史』（一已屯田会　1994年）
　　　などの資料をもとに CAD 図面化し作成）

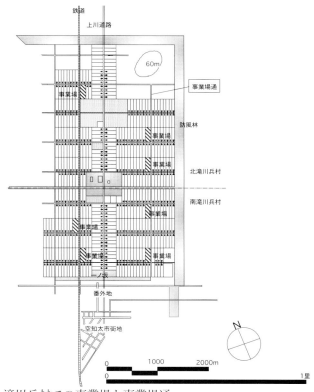

図 3-10　滝川兵村での事業場と事業場通
　　　　（出典：「石狩国空知郡滝川村南滝川兵村屯田歩兵第2大隊第3,4中隊給与地配置図」
　　　　（北海道立図書館蔵），滝川市史編さん委員会編『滝川市史　上巻』（滝川市役所
　　　　1981年）などの資料をもとに CAD 図面化し作成）

第 3 章　屯田兵村のルーラルデザイン　99

2-5. 中心ゾーンの計画と空間形態

　兵村の管理施設として，中隊本部や練兵場，将校官舎，医務所，小学校などが計画的に中心ゾーンに配置された。琴似，山鼻は札幌本府に近いため計画されなかったが，内陸原野の兵村では番外地と称し商工業者の立地する市街地も当初から計画的に配置されている。地理学の山田誠はこの番外地の配置を「小規模ながら都市計画」[11]といえるもので，それが明治10年代から設けられたことは村落計画としては北海道開拓において最初のものであろうと指摘している。このように屯田兵村は医者（医務室），小学校，番外地商店のような地区センターを計画的に初めからもつ集落であることにより，生命，教育，経済の面で安定性を植え付け，兵村以外の開拓移住者も引きつけたといわれる。屯田兵村の組織的，空間的な核として設けられた中心ゾーンには中隊本部や練兵場などの管理施設の他，小学校，医療施設，神社や寺，商業地である番外地などが置かれた。開拓のフロンティアである屯田兵村では，集落の建設とともに未開原野での生活を支えるため市街地的な空間の形成が必要とされた。最初の内陸部開拓となった江別兵村に，明治17年(1884)初めて番外地が設けられ，明治22年(1888)入植の滝川兵村では空知太市街地と一体的な都市計画として番外地が配置された。

　明治24年(1891)の上川原野への最初の入植地である永山兵村には，東

11) 山田誠「屯田兵村の番外地に関する一考察」（『織田武雄先生退官記念人文地理学論叢』1971年）

写真3-4　当麻の歴史公園と郷土資料館（旧町役場庁舎）

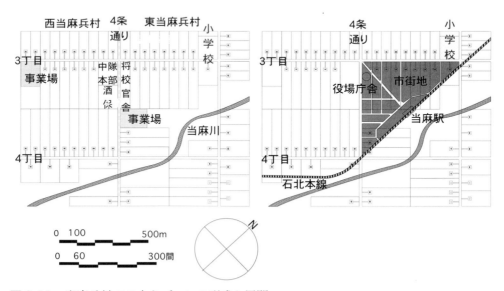

図3-11　当麻兵村での中心ゾーンの形成と展開
（出典：当麻町史編纂委員会『当麻町史』（当麻町　1975年）などの資料と現地調査をもとにCAD図面化し作成）

写真3-5 歴史公園から当麻駅に向かう斜めの道（大正期にできる）

写真3-6 4番通りと歴史公園

西兵村の境に規模の大きい番外地が設置された。一方隣接する当麻兵村では中央の4条通り沿いに，中隊本部に接して酒保（軍隊の営内にある日用品・飲食の売店）が設けられた。当麻兵村では明治33年(1900)に屯田兵の現役終了後，士官官舎用地に戸長役場が開庁され，一般農村に移行していったが，大正11年(1912)の鉄道開通に合わせ，役場のある交差点と駅をつなぐ斜めの通りが新たな都市軸として建設された（図3-11）。兵村時代の中心ゾーンの骨格を活かし大正期に新たな軸を設定した市街地空間が整備されたケースだが，こういう事例は他にも多い。

屯田兵村の中心ゾーンは地形的に特徴のある場所や結節点に置かれ，当初より中心性が計画的に意図されたものだが，滝川や永山，当麻の例のように十分な構想と都市計画的な対応があったため，近代期においてさらに現代の都市化の過程においても地域中心として展開し，発展する条件を備えていた。

2-6．樹林地と防風林の計画とデザイン

12) 明治11年10月開拓使本庁布達「森林監護仮條例」第2条「山林原野調査仮條例」第3条など。
　一等林とは森林資源としてすぐれ，搬送も可能なもの。二等林とは森林資源としてすぐれるが，面積が小さいか，運送に問題のあるもの。三等林は薪炭林及びその他の雑林をいう。
　林野庁監修『北海道の防風，防霧林』（水利科学研究所 1971年）による。

明治11年(1887)10月，開拓使本庁布達「森林監護仮條例」[12]第2条に「伐採を禁じ三等林外に置く者左の如し，水源涵養，土砂止，並頽雪止，土地の風致を装飾する者，風除，国郡町村の境界をする者，川岸の両岸，魚付場，船舶の目標となる者，道路並木の代用をなす者」とあるように，開拓初期においても，開拓使のような行政は樹林地について木材資源としてだけでなく，環境調整や風致など樹木による様々な機能を捉えていたことが伺える。樹林地の取り扱いを含め開拓地における環境形成のモデルとして考えられたのが屯田兵村であった。

13) 滝川市史編さん委員会編『滝川市史　上巻』（滝川市　1981年）

兵村内の耕宅地内の樹林地について，その取り扱いを詳細に規定しているケースを見ることができる。例えば江部乙兵村での移住民の兵村到着後の開墾に関する指示[13]のなかに樹木の扱いに関し以下のような記述が見られる。「宅地風致を維持する樹木を伐採しないこと」，「給与地内白楊および桑樹は貴重な植物につき伐採しないこと」，「宅地両隅に10間宛の樹木を残し，背後の兵屋と共同し風防の備えをなすこと」。また滝川兵村でも以下のような口達[14]が残されている。「道路縁及境界ヨリ各3間ハ風防ノ為メ伐採ヲ禁ス

14) 滝川市史編さん委員会編『滝川市史　上巻』（滝川市　1981年）

但シ大 ハ道路下水ヨリ6間ハ道路敷地ニ付キ禁伐余ハ伐採苦シカラス」，「供与地内桜・紅葉及ビ水松・桑類伐採セザル様厳重ニ相達ス可シ」「給与地内ニアル樹木中エンジュハ就中良材ニ付キ例エ伐採スルモ決シテ薪炭ト為ス事ヲ厳禁ス」（図3-12）など，樹木の多様な機能の活用や，環境的配慮など

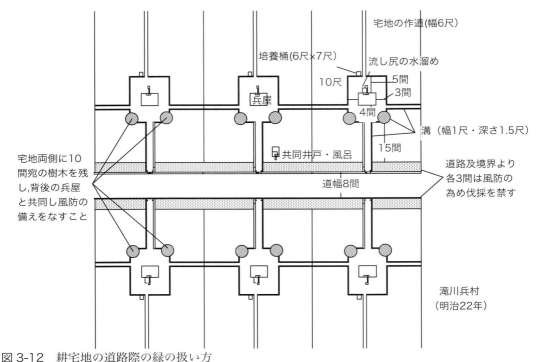

図 3-12 耕宅地の道路際の緑の扱い方
（出典：滝川市史編さん委員会編『滝川市史　上巻』（滝川市役所　1981 年）中の屯田兵村での開拓営農に関する資料をもとに CAD 図面化し作成）

　の意識もあったことが読みとれる。これは屯田兵村の現地調査においても，一般の宅地には見かけない大樹や道際の松など，屯田兵村時代の特色が現在まで受け継がれていると思える風景を至るところで確認できる。

　また本部や練兵場など集まりの場には，大樹の存在を手がかりにしたり，シンボルとして保存したり，守り育てたことがそれぞれの兵村の記録に残されている。

　兵村レベルでの環境調整機能の典型例が防風林であり，入植地での計画的に導入された最初の事例は琴似屯田兵村であったといわれている。防風林が見られる兵村は 22 ヶ所であるが，屯田兵村の防風林は追給地や共有地を含めた屯田兵村全体を対象にしたものは少ない。屯田兵村での防風林は，後に殖民区画で計画的に導入された基幹防風林に見られるような広域をカバーし，防風林帯の幅 60 ～ 100 間の規模の大きいものとは異なり，兵屋のある耕宅地の範囲を対象にした比較的小規模なものが多いのである。立地した地域の環境的特性に基づき，兵屋とその周辺の集落域を強い風から守ることや地形的手がかりのない場所での領域性をつくり出すことを計画の意図としているように思われる。

写真 3-7　出征した兵士の家族の家に植えられた「望郷の松」の名残りか

写真 3-8　納内兵村での増毛道路と南北の通りの角に残る緑の小スペース

写真 3-9 東旭川兵村での練兵場に残されたハルニレの巨木

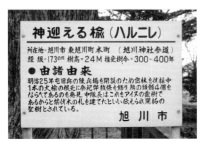

写真 3-10 東旭川兵村のハルニレ巨木由来解説

写真 3-11 兵村の面影が残る住宅の周りの緑（納内兵村）

　防風林のパターンにはⅠ型，Ⅱ型，Ⅲ型，L型，コ型，ㄣ型，＃型，ㅋ型，ロ型などのタイプが見られる（図3-13）。永山兵村のように基軸に直交し一定間隔で繰り返すパターン，東旭川兵村のように東西の兵村を区切るパターン，秩父別兵村のように外周を囲むパターンなどがあり，防風林の幅も15間，30間，50間，60間と様々である。地形や地域の環境条件，大隊の地域方針などに対応したデザインになっていたのである。

　また，鬱蒼とした樹林地を開墾した結果，木の伐採による風害の発生や河川の増水・洪水発生，土地の乾燥などの環境改変の影響を体験して樹林地の存在の重要性を認識した例を見ることができる。東旭川兵村での開拓の記録

には，「春期融雪に依り屋内の浸水甚だし。樹林皆伐による流水被害なり。」[15] との記述がある。開拓前の森林の時は，融雪のときも太陽が樹林にさえぎられて一度に増水することは少なかったが，屯田兵村六百町歩を二ヶ年の間にほとんど伐採して畑地としたものであるから，春の融雪，夏の雨には直ちに洪水になったと。明治 29 年（1896）4 月の水害により，牛朱別川左岸に沿った坂下一帯は，屯田兵屋を移転したいと陳情したが，大隊から却下された。次いで明治 31 年（1898）4 月および 9 月の水害については，その実状を詳細に報告し，再び屯田兵屋の移転について陳情した経過が記録されている。

15) 高垣仙藏『旭川屯田開拓』（総北海　1987 年）のなかの東旭川兵村での「牛朱別川風水害日誌」などに見られる。

表 3-3　防風林のパターン分類

パターン		屯田兵村名	入村年	戸数	耕宅地			防風林	
					間口	奥行	面積（坪）	有無	形状
軸型	一列軸型	美唄	明 24～27 年	160	30	500	15,000	×	
		高志内	明 24～27 年	120	30	500	15,000	○	ㄣ 型
		茶志内	明 24～27 年	120	30	500	15,000	×	
	二列軸型	山鼻	明 9 年	240	20	82.5	1,650	×	
		東永山	明 24 年	200	30	150	4,500	○	Ⅲ 型
		西永山	明 24 年	200	30	150	4,500	○	Ⅲ 型
		納内	明 28,29 年	200	50	200	10,000	○	Ⅱ 型
		南剣淵	明 32 年	337	15	100	1,500	×	
		北剣淵			15	100	1,500	×	
	三列軸型	南江部乙	明 27 年	400	40	125	5,000	○	コ 型
		北江部乙			31	160	5,000	○	
	組み合わせ軸型	南滝川	明 22 年	440	40	125	5,000	○	⊐ 型
		北滝川			31	160	5,000	○	
		上東旭川	明 25 年	200	30	150	4,500	○	ㄣ 型
		下東旭川	明 25 年	200	30	150	4,500	○	
		士別	明 32 年	99	15	150	2,250	×	
区画型	平行区画型	江別	明 11～19 年	160	60	167	10,000	○	Ｉ 型
		野幌	明 18,19 年	225	40	100	4,000	○	Ｉ 型
		新琴似	明 20,21 年	220	40	100	4,000	○	Ｉ 型
		篠路	明 22 年	220	30	166	4,980	○	Ｉ 型
		東和田	明 19～22 年	220	40	125	5,000	×	
		西和田	明 19～22 年	220	40	125	5,000	×	
		南太田	明 23 年	220	40	125	5,000	○	井 型
		北太田	明 23 年	220	40	125	5,000	○	井 型
	組み合わせ区画型	篠津（江別）	明 14～19 年	60	40	100	4,000	×	
		輪西	明 20,22 年	220	30	100	3,000	×	
		東当麻	明 26 年	200	30	150	4,500	×	
		西当麻	明 26 年	200	30	150	4,500	×	
		南一已	明 28,29 年	200	30	150	4,500	○	Ｉ 型
		北一已	明 28,29 年	200	30	150	4,500	×	
		東秩父別	明 28,29 年	200	30	150	4,500	○	□ 型
		西秩父別	明 28,29 年	200	30	150	4,500	○	□ 型
	市街区画型	琴似	明 8 年	208	10	15	150	○	型不明
		発寒	明 9 年	32	10	20	200	○	型不明
	分散区画型	上野付牛	明 30,31 年	198	30	60	1,800	○	□ 型
		中野付牛	明 30,31 年	198	30	60	1,800	○	□ 型
		下野付牛	明 30,31 年	200	30	60	1,800	○	□ 型
		南湧別	明 30,31 年	399	30	60	1,800	○	□ 型
		北湧別	明 30,31 年		30	60	1,800	○	□ 型

(出典：北海道編『新北海道史第四巻　通説三』(北海道　1973 年)，北海道教育委員会『北海道文化財シリーズ第 10 集　屯田兵村』(北海道教育委員会　1968 年)，兵村の立地した各市町村史、兵村史などを参照し作成した)

軸型での防風林の配置パターン

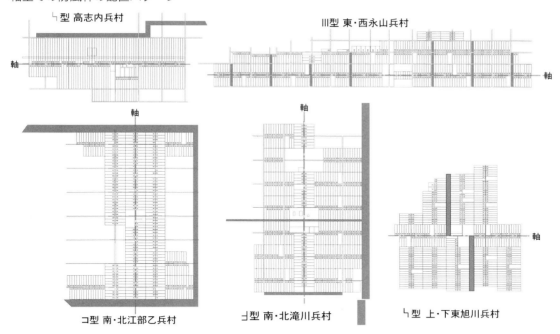

区画型での防風林の配置パターン

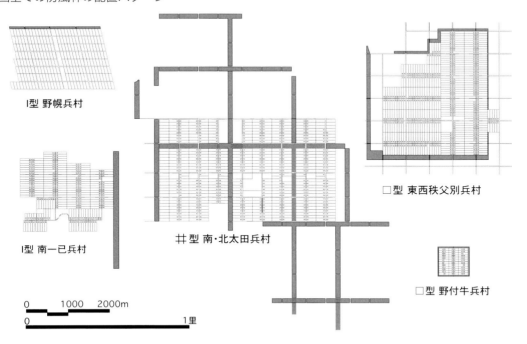

図3-13　防風林の配置パターン
　（出典：北海道教育委員会『北海道文化財シリーズ　第10集　屯田兵村』（北海道教育委員会　1968年），兵村の立地した各市町村史，兵村史などの資料をもとにCAD図面化し作成）

第3章　屯田兵村のルーラルデザイン　105

写真 3-12　野幌兵村地区に残る防風林

「暴風吹き荒れ道路側及び耕地内の立木倒れたものが多く，屯田兵屋も三戸破損せり。これが開拓以前は密林に蔽はれ周囲に屏風を立て廻した如くなれば，如何なる強風も此のなかに入らざりしが，今この被害を見るときに，如何に一ヶ年にしてこの屯田兵の樹林が伐採せられたことによる影響を知るべきである。」暴風が吹き荒れ，道路脇および耕地内の多くの立木が倒れ，屯田兵屋も三戸破損した。もともとこの地は樹林に覆われ，周りに屏風を立てたように守られていた。しかしこの被害を見るとき，一年で樹林を一斉に伐採した影響であることを知ると。

このように開拓初期より，樹林地の環境形成機能は認識されていたが，入植者にとっては，まず開墾のために樹林を伐採することが最も大変な仕事であった。兵村の入植者に樹林地の保全と活用の重要性が理解される状況はなかったのかもしれない。

写真 3-13　美唄の高志内兵村地区に残る防風林

写真 3-14　野幌兵村の防風林の保護地区規定

2-7．精神的よりどころの配置

幹線道路は主要交通路であるだけでなく，兵村空間の基軸となり，教練や開拓，暮らしなどの様々な面でいわば地域の社会・経済軸を形成した。屯田兵村にはもうひとつの空間を構成する軸となるものがあった。未開の原野での兵村生活において，神社が精神的よりどころとして大きい意味をもった。入植当初より，地域のランドマークとなる小丘陵に神木や小祠が建立され，兵村の精神的な中心になった。

写真 3-15　元当麻神社の丘 東から見る

16)『日本のコミュニティーその1ー』(前掲書)のなかで信仰軸とは山宮(奥宮),里宮(神社),田宮(御旅所)をつなぐ道の軸であり,もうひとつの主要な道(社会・経済軸)とともにコミュニティ空間を支える基盤であることが述べられている。

　もうひとつの空間を構成すると軸は坂の上,丘の頂部,山の中腹,要路の交差する場所,防風林などを結び,心のよりどころとして設えられた神社や寺,墓地をつなぐ精神的な空間軸,信仰軸[16]である。

　当麻兵村の平坦な土地のなかに,高さ数m,面積1ha弱,樹林と草地で覆われた小丘がある。明治26年(1893)永山村字トウマに入植した屯田兵たちは望郷の思いを抱きながら開墾と兵事に従事していたが,心のよりどころとして神社の建立を望んでいた。明治27年(1892)5月兵村の西方にあるこの丘陵地に当麻神社と命名した1尺角の標木を建てた。この場所は永山兵村,忠別市街地(旭川)に行く要路の交点に位置し,カシワ,ナラなどの古木が鬱蒼と茂り,周囲には沼地があるなど神域にふさわしいところであった。

　また江部乙兵村の12丁目通りは,中央ゾーンで上川道路に直交し,西は鉄道駅設置後は商店が連なり,東は小学校,寺,神社が並び,東裏通りより墓地に向かう坂道は特に見送坂と称された。この坂道からは見通しがきき,遠望の山並みも正面に捉えることができ,通りは地域の精神的な信仰軸として,兵村内で幹線道路とは別の空間軸を形成した。

写真3-16　元当麻神社の丘 西から見る

写真3-17　当麻兵村のシンボルとなった当麻山

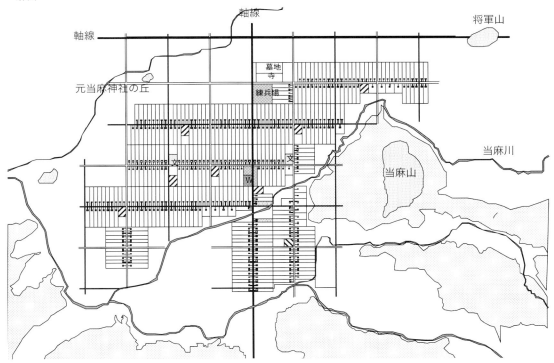

図3-14　当麻兵村の立地と周辺の地形
(出典:当麻町史編纂委員会『当麻町史』(当麻町　1975年)などの資料と現地調査をもとにCAD図面化し作成)

兵村の整備が進むとともにに，中心ゾーンの一画に神社が再配置される
ケースも出てくるが，兵村全体が見通せるような丘陵を神社の場所として選
んだところでは，桜の木などが植えられ，そのエリアが兵村の遊山場ともなっ
た。

2-8．共有地の配置

　明治23年（1890）8月，屯田兵条例の改正により屯田兵土地給与規則が
定められて，従来の給与地1万坪から1万5,000坪（班長などの下士官は
2万坪）に増加した他，給与地の全体と同面積を共有地として兵村全体に給
与することになった。兵村に給与されることになった共有地は，「屯田兵土
地給与規則第二条」[17]に「公共ノ諸費ニ充ツル為メ共有財産トシテ屯田兵
村ニ三百万坪以内ノ土地ヲ給ス」と規定された。入会地としてではなく土地
で得た資源を使用するか，土地を売却して資金を得て，兵村全体の維持や個々
の成員のための共同事業（道路や灌漑用水造成）を行うもので，防風林，建
築用材林および薪炭林，牧場に区画された。水害にあったときの給与地の代
替用地など災害時の安全装置としても機能し，また広大な共有地によって村
に余裕が生まれたため，後に小作移民を招来するなど村落の発展のための好
条件となった。

　共有地を管理する自治組織として兵村会や兵村諸問会の仕組みがつくられ
た。兵村会の制度が設けられるようになったのは，明治21年（1888），永
山屯田兵司令官が欧米視察中，特にロシアのコザックの兵村組織についての
調査のなかで，共有地とその管理運営を行う制度があり，それが地域形成の
核になっていることに注目し，その制度を応用したものといわれる。自治組
織でもある兵村会などの社会組織の存在は，屯田兵村の共同体的形成を進め
たといわれる。

　図3-15は野幌屯田兵村での共有地の分布を示したものである。その面積
は1,133町歩であった。

　野幌兵村会は自治機関として，10戸に1名の割合で会員を選挙し，会長
は会員から3人を互選で選び，中隊長がそのなかから任命した。

　兵村会の中の公有財産取扱委員会では自治的なことが処理されたが，その
なかでも共有地などの公有財産について表3-4のような内容について協議し
た。兵村会はこれらの議題を討議決定して実行に移す，という屯田兵村独自
の自治組織であった。

17)「屯田兵土地給与規則」
は明治23年(1890)の屯田
兵条例改正に合わせ制定さ
れた。

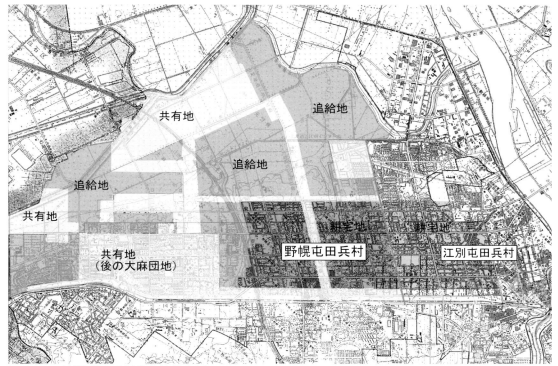

図 3-15 野幌屯田兵村共有地分布図
(出典：佐藤良也編『野幌兵村史』(野幌屯田兵村開村記念祭典委員会 1984年)の中の「野幌屯田兵村給与公有地分布図」をもとに「江別市都市計画白図」に兵村，耕宅地，防風林，追給地，共有地の位置を示す)

表 3-4　野幌兵村会の役割

1．教育および学校を維持すること
2．兵村内における土木工事や水利施設
3．備荒貯蓄問題などは，別に上司からの命令ではなく，兵村会自体の運営で定める
4．農事奨励と改良などに関すること
5．兵村内における家族の相互扶助をはじめ災害対策など
6．衛生に関する施設および対策
7．公有財産の維持管理全
8．兵村全体に要する費用の予算および決算

写真 3-18　野幌地区の環境資源となっている防風林

　公有（共有）財産地として給与された薪炭用林地は，当初より開墾区域から除外され，薪炭林用，建築用林として指定され，野幌第2小学校の建築用材も初期の頃はここから伐採された。また昭和39年から公有財産地であった元野幌の一部を含む大麻地区約215haに，7,200戸，2万7,000人の計画で道営大麻団地が計画された。団地内には，公有財産地当時の谷の地形や

第3章　屯田兵村のルーラルデザイン　109

樹林が団地の緑地地区として，継承されている。

　また野幌兵村北側の暴風林は天然林を残し，大樹があったといわれる。しかし，盗伐や濫伐に加え開墾火入れなどによる山火もたびたび起こり，村長管理下に置かれた頃にはまったく荒廃していた。公有財産区会で，毎年ドイツ唐松や日本松などの苗木の植林を行って整備した。昭和41年（1966）に，防風林地は江別市へ寄付された。

3．ルーラルデザインとしての計画原理

　ルーラルデザインとしての屯田兵村の配置計画とは，土地を区画し，施設を配置するだけでなく，生活単位を基礎とするコミュニティ形成を空間化する計画を柱としたものであった。その生活単位は，道を媒介にした「向こう三軒両隣り」のまとまりを基礎とした。それは神代などが描く日本の伝統的集落の空間構成と共通するものである。共通するといえば，1屯田兵村の200戸，約1,000人も軍隊での中隊の規模によるものとはいえ，神代などの集落調査によるコミュニティの規模と一致する。またその200戸が集まって住むコミュニティの生態圏[18]の広さ（集落域や農地，里山も含む範囲）について神代は，1人1,000坪（人口密度＝3人/ha）の数字を出しているが，この値も屯田兵村の兵村域内での空間の密度[19]に近い数字である。

　屯田兵村が計画単位や規模において，集落の空間構成と共通するデザインとなった背景には北海道の開拓初期，「入植者の定着」が最大の課題となっていたことが考えられる。厳しい気候，冷害や洪水など頻発した災害，慣れない環境や社会的孤立感など，定着を阻む条件は数多くあり，北海道開拓期の入植はいわば挫折の連続であった。入植者の定着を高める方策として，土地に対する愛着や共同の精神を醸成するため，土地の計画的区画と施設配置に加え，共同体意識を育てることや地域社会の組織化[20]が必要と考えられた。入植地のモデルであった屯田兵村において，そのための具体的な手法としてコミュニティ意識の形成，共同営農のための組織化，入植者の精神的なよりどころとしての神社仏閣の設置，部落共有財産の形成とその自治的維持組織づくりが計画化された。明治42年(1909)，北海道農会[21]は道庁からの諮問「農家の土着心を養成し部落団結を強固ならしむ方法如何」に対しての答申のなかで，上記の点に加えて，部落道路・橋梁の修繕は一同出動することなど，集落団結のための共同作業の必要性に加え各戸居宅周囲に果木，桑木その他樹木の植え付けなど，樹木による集落の環境形成の重要性をあげ

18）神代は前掲書のなかで人間が生産圏（農地など）を含め，健康に暮らしうる環境の面積を生態圏とし，瀬戸内海などの小島のコミュニティの事例から，規模を算出している。

19）耕宅地の面積の大きい美唄の3兵村，納内と面積の小さい琴似，山鼻，野付牛，湧別の兵村を除くと，兵村域の密度は一人当たり800〜1,400坪の範囲にあり，神代などの1,000坪に近い。特に江別，野幌，篠路，和田，永山，東旭川，当麻，江部乙，一已，秩父別の兵村群では943〜1,056坪で，ほとんど一致する。

20）北海道編『新北海道史第四巻　通説三』（北海道1973年）

21）北海道農会は明治33年農会法に基づき設立された。道庁職員や地主層が多く役員を占め，政府の行う農政の代行機関的役割を果たしていたといわれる。

110

ている。

　兵村の土地は，比較的平坦な地形を選んだとはいえ，そのなかに川や沢地，斜面地もあり，基本パターンを当てはめるだけでは不十分であった。配置計画の基礎単位である耕宅地（抽選で場所が決められた）は条件が恵まれない場合も基本的には変更不可であった。そのため，配置計画は土地条件を詳細に調査し現場の土地に対応しながら慎重に行う必要があった。このような屯田兵村における山野地形への計画的対応のデザインに３つの手法を見ることができる。ひとつ目は土地条件に対応した道路区画のモジュールの調整であり，ふたつ目が配置上のでっぱり，ひっこみ，３つ目が等高線に沿って配置の軸方向を回転させるなどの調整があげられる。こういう手法によって実際の地形に即し，条件の悪い場所はさけ，生活や営農の基礎となる耕宅地を単位にしながら，井戸組や給養班の生活領域に対応した段階的なまとまりを構成した。さらに土地の条件により防風林の配置など緑地のデザインを行い，中心ゾーン施設の配置や規模を決め，基軸を骨格として全体の道路配置のパターンを決めていったのである。

　このような兵村における対応と調整の計画手法に対し，殖民区画では徹底した基準となる原理がある。殖民区画でも区画の軸を決めた基線は，その地域の河川や既存の道路，ランドマークへの見通し線などで決められ，地域ごとに様々な方向を向いている。しかし一定地域内では，未開の原野を300間四方の中区画モジュールで，規則正しく区画している。屯田兵村と殖民区画がエリアを接して同時期に展開した雨竜（一已，納内，秩父別の兵村）や上川（永山，東旭川，当麻の兵村）地域では，両者の計画原理の違いが現れている。この地域の屯田兵村は殖民区画の影響もあり，耕宅地を間口30間，奥行150間，20戸集合させ，基本モジュール300間四方の道路区画で構成している場合が多い。そのなかでも部分的に見ると地形などの条件に合わせて，まとまりの戸数が20戸以上となったり逆に16戸と少ないケースや，間に防風林を挟んだパターンなど，道路区画のモジュールが微妙に変化している。また開拓適地の地形的な拡がりに対応し，でっぱり，ひっこみで配置を行っている場合もある。その結果この時代の屯田兵村と殖民区画は基本モジュールを共通としながらも，道路区画のグリッドに微妙なずれを生じながら接している。このずれのなかに屯田兵村の配置計画の原理のひとつが読みとれるのである。

　このように屯田兵村での配置計画は生活のまとまりを単位とし，実際の地形への対応と調整を行いながら，その積みあげによって全体を構成する配置

になったことに特徴がある。つまり屯田兵村での配置計画の手法とは，全体の規準と規則的な区画が先にあり，わり算を行い，部分を生み出したものではない。さらに屯田兵村の場合，規模も中隊として限定された200戸ほどを対象とした計画であったため，現場の環境に対応しながら，より詳細に配置計画を行うことが必要であり，可能であった。そこに個別多様性が生まれる理由があったのである。

4. 屯田兵村の空間構成モデル

屯田兵村はそれぞれ場所の立地性や地形条件，時代の制約のなかでそれぞれ事例ごとにつくられたものであるが，よく分析すると風水的な場所の読み方による選地，地形や肥沃地などに対する土地の見方，開墾競争のインセンティブを含んだ土地給与のシステム，営農・教練・コミュニティ形成の機能を総合的に捉えた給与地の配置計画，空間の背骨となる基軸の設定，環境保護や領域性を規定する防風林，ビレッジセンターとしての中心ゾーン，精神的な場としての神社空間の設定，村落維持のためのセーフガードとしての共有地など，共通するある種の理想型のモデルに帰着するともいえる。それを

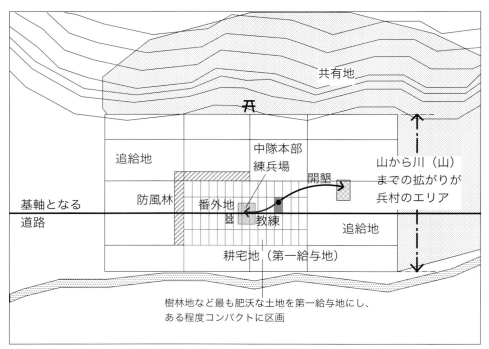

図3-16 屯田兵村の空間構成のモデル図

空間構成図として示すと図 3-16 のようになる。屯田兵村とはこういう空間構成のモデルと要素を含めた集落地域全体のことをさすものである。

　この空間モデルを時代区分に即して見ると，創設期の琴似は集居形態は特殊だが，場所の読みとりによる立地，空間の軸などでモデル性が萌芽し，次の山鼻で空間構成の要素と軸の設定，耕宅地の組み立ての基本的考え方が生まれる。その後確立期で空間のモデルが確立し，展開期ではそのモデルが継承され，成熟する。終焉期には土地条件や給与方式の見直しなどから集落形成の分散型も派生し，モデル性がやや崩れてくる。

第4章

屯田兵村での地域空間の
形成と成熟

屯田兵村は北海道開拓の先駆として時代ごとに意図があったが，その配置は幹線道路の開削や鉄道の交通路の開削と一体に進められ，決して孤立した原野に立地したわけではなかった。それゆえ，その立地は道内の主要な地域，都市をほとんどカバーし地域の開発拠点を形成した。例外は，道南地域と十勝原野である。

　その形成した地域空間を見ると，土地利用の継承と成熟・変容として現状の土地利用から見ると，大きく農村地域，農村と市街地が混じる地域，都市市街地に３分類できる。そのうち農村と市街地が混じる地域は地域中心市街地のあるエリアと幹線道路沿いでの農村的土地利用のエリアに分けられる。また都市市街地も兵村の一部が DID 地区に含まれるエリアと兵村全体が DID 地区に含まれるエリアに分かれる。それぞれのケースを３つずつの事例から分析し，現状の土地利用の状況を詳しく見ている。兵村時代の区画，道路パターンは東・西和田兵村を除き，すべての地区で継承され，地域空間を規定する骨格となっている。

　次に空間構成について，兵村の主要な空間要素である領域性とまとまり，軸と中心性，区画，中心ゾーンから，その継承と変容・成熟について分析している。そのなかで市街地のなかでも防風林での領域性，中心性など他とは異なるある種の場所性を感じさせる手がかりを今も保持していることを明らかにしている。区画の継承については江別での土地区画整理地域において，当初の特徴的な区画が変容している地域も見られたが，大きな骨格は継承されており，地域全体として見ると，屯田兵村の計画が地域空間を形成する明確な基層になっているのを明らかにしている。中心ゾーンについては，兵村時代の計画がその後，地域空間形成のガイドラインとして，中心性を成熟させていくケースを永山兵村，納内兵村で示している。

　これらのことから，屯田兵村地域が，内陸開拓のフロンティアとして始まり，地域の拠点形成の役割を果たしてきただけでなく，１世紀を超える時間のなかでの兵村時代の計画意図により，地域空間形成の過程をリードしてきたといえる視点を導き出している。

1．屯田兵村での地域空間形成の意味

　地域空間を訪れたとき，すぐには気づかないのだが，地域を歩き注意して見ることによって，一般とは異なる計画原理をもって形成された地域の空間的特異性を発見することがある。北海道の場合，そういう地域の空間的特異性のなかに，明治開拓期の最初の計画が1世紀以上にわたって地域空間を骨格で規定し，現在の開発による変容や漸進的な変化を，ある種方向づけている例を見ることができる。そういう第1次レイアーとしての計画がその後の地域空間の形成と変容を規定する大きな力となっているものを「基層」の規定力と呼ぶことができよう。明治初中期の北海道開拓のフロンティアを担った屯田兵村はそういう計画の規定力の最も代表的な例としてあげることができる。屯田兵村は軍と開拓という特殊な目的のため，地域空間の計画と集落形成を行ったものである。屯田兵村そのものは明治後期に当初の役割を終えるが，その後も入植した地域は開拓の農村集落として，あるいは地域の拠点市街地へと変容し，地域空間を形成してきている（表4-1）。

2．地域の開拓拠点の形成

　屯田兵村の立地は交通や地域開拓の戦略性が綿密に調査され，決定されている。展開期の屯田兵村は，札幌から旭川をつなぐ上川道路や，旭川からオホーツク海岸にぬける北見道路などの内陸原野の幹線（中央道路）に沿って立地し，開削されたばかりの幹線道路[1]を確保し，利用する役割を有していた。そういう意味で道路交通的には，入植時から地域の幹線網のなかに位置した。結果として，図4-1のように屯田兵村は，道内の主要な開拓拠点地域に立地したことがわかる。例外は，道南地域と十勝原野である。幕末期に地域形成が始まった道南地域では，明治初期にすでに大規模な開拓適地はなく，三県一局時代の木古内への士族移住が一例あるのみである。一方十勝原野は中央道路のルートからはずれ，また最初の内陸部への幹線道路の開通も，空知集治監十勝分監の設置後の明治20年代後半と遅く，軍隊でもある兵村が立地する環境は整っていなかった。

　兵村地域は主要幹線道沿いに位置したが，鉄道についても，兵村内あるいは近傍に鉄道駅が明治中期から大正にかけて，他地域に比べ早い時期から立地し，交通中心を形成していく。明治30年代の最後の兵村である天塩川沿いの剣淵，士別の兵村は，兵村開設と鉄道の開通が一体の開発であった。

1）幹線道路の開削には，各地域に建設された集治監（図4-1参照）の囚人労働が大きな働きをしたといわれる。

表 4-1　屯田兵村の大隊別による分類と地域状況

大隊	中隊	摘要	屯田兵村	年代	戸数	パターン	耕宅地 間口	奥行	面積(坪)	面積(㎡)	番外地	現状	エリアの鉄道・道路
第一大隊	一	明治18年第一大隊本部札幌に設置	琴似	明治 8 年	208	区画型	10	15	150	496	なし	琴似(地域)中心市街地	函館本線・国道5号線
			発寒	明治 9 年	32	区画型	10	20	200	661	なし	地域商店街	函館本線・国道5号線
	二		山鼻	明治 9 年	240	軸型	20	83	1,650	5,453	なし	住宅地と商店街	国道273号線
	三		新琴似	明治 20,21 年	220	区画型	40	100	4,000	13,220	不明	住宅地と商店街	学園都市線
	四		篠路	明治 22 年	220	区画型	30	166	4,980	16,460	不明	住宅地	学園都市線
	五		輪西	明治 20,22 年	220	軸型	30	100	3,000	9,915	不明	東室蘭駅+輪西駅周辺	室蘭本線・国道36号線
第一大隊	一	明治28年第一大隊本部札幌から一已へ	西秩父別	明治 28,29 年	200	区画型	30	150	4,500	14,873	番外地	秩父別町の市街地・農村	留萌本線・国道233号線
	二		東秩父別	明治 28,29 年	200	区画型	30	150	4,500	14,873		秩父別中心市街地	留萌本線・国道233号線
	三		北一已	明治 28,29 年	200	区画型	30	150	4,500	14,873	なし	深川市の団地+農村	函館本線・国道233号線
	四		南一已	明治 28,29 年	200	区画型	30	150	4,500	14,873	なし	深川市街地の東部+農村	函館本線・国道233号線
	五		納内	明治 28,29 年	200	軸型	50	200	10,000	33,051	酒保	深川市納内の市街地+農村	函館本線
第二大隊	一	明治20年第二大隊本部江別に設置	江別	明治 11~19 年	220	区画型	60	167	10,008	33,078	番外地	商店街	函館本線・国道12号線
	二		野幌	明治 18,19 年	225	区画型	40	100	4,000	13,220	番外地	地域中心市街地	函館本線・国道12号線
	三	明治24年第二大隊本部江別から滝川へ	南滝川	明治 22 年	440	軸型	40	125	5,000	16,526	番外地	滝川市街地の一部+農村	函館本線・国道12号線
	四		北滝川			軸型	31.3	160	5,000	16,526		滝川市街地の一部+農村	函館本線・国道12号線
			南江部乙	明治 27 年	400	軸型	40	125	5,000	16,526	なし	江部乙市街地+農村	函館本線・国道12号線
			北江部乙			軸型	31.3	160	5,000	16,526	なし	江部乙市街地+農村	函館本線・国道12号線
騎兵隊		明治24年特科隊本部美唄に設置	美唄	明治 24,25,26,27 年	160	軸型	30	500	15,000	49,577	番外地	美唄中心市街地	函館本線・国道12号線
砲兵隊			高志内	明治 24,25,26,27 年	120	軸型	30	500	15,000	49,577	番外地	水田を主とする農村	函館本線・国道12号線
						軸型	30	333	9,990	33,018			
工兵隊			茶志内	明治 24,25,26,27 年	120	軸型	30	500	15,000	49,577	番外地	水田を主とする農村	函館本線・国道12号線
第三大隊	一	明治24年第三大隊本部永山に設置	永山西	明治 24 年	200	軸型	30	150	4,500	14,873	番外地	郊外幹線道路沿い市街地	宗谷本線・国道39号線
	二		永山東	明治 24 年	200	軸型	30	150	4,500	14,873		郊外幹線道路沿い市街地	宗谷本線・国道39号線
	三		旭川上	明治 25 年	200	軸型	30	150	4,500	14,873	番外地	旭川神社と東旭川市街地	石北本線
	四		旭川下	明治 25 年	200	軸型	30	150	4,500	14,873		旭川神社と東旭川市街地	石北本線
	一		当麻西	明治 26 年	200	区画型	30	150	4,500	14,873	酒保	当麻町中心市街地+農村	石北本線
	二		当麻東	明治 26 年	200	区画型	30	150	4,500	14,873		当麻町中心市街地+農村	石北本線
	三	明治32年第三大隊本部永山から剣淵へ	剣淵南	明治 32 年	337	軸型	15	100	1,500	4,958	番外地	剣淵市街地+農村	宗谷本線・国道40号線
	四		剣淵北	明治 32 年		軸型	15	100	1,500	4,958		剣淵市街地+農村	宗谷本線・国道40号線
	五		士別	明治 32 年	99	軸型	15	150	2,250	7,437	番外地	士別市街地の北部	宗谷本線・国道40号線
第四大隊	一	明治19年第四大隊本部和田に設置	東和田	明治 19,21,22 年	220	区画型	40	125	5,000	16,526	番外地	根室市郊外の酪農村	根室本線
	二		西和田	明治 19,21,22 年	220	区画型	40	125	5,000	16,526		根室市郊外の酪農村	根室本線
	三		南太田	明治 23 年	220	区画型	40	125	5,000	16,526	番外地	厚岸町郊外の酪農村	
	四		北太田	明治 23 年	220	区画型	40	125	5,000	16,526		厚岸町郊外の酪農村	
	一	明治30年第四大隊本部和田から野付牛へ	上野付牛	明治 30,31 年	198	区画型	30	60	1,800	5,949		北見市街地の一部	石北本線・国道39号線
	二		中野付牛	明治 30,31 年	198	区画型	30	60	1,800	5,949		北見郊外農村+集落	石北本線・国道39号線
	三		下野付牛	明治 30,31 年	200	区画型	30	60	1,800	5,949		農村+集落市街地	石北本線・国道39号線
	四		南上湧別	明治 30,31 年	399	区画型	30	60	1,800	5,949	番外地共有	上湧別町の農村+集落	国道242号線
	五		北上湧別	明治 30,31 年		区画型	30	60	1,800	5,949	番外地共有	上湧別町の農村+集落	国道242号線

(出典：北海道編『新北海道史第四巻　通説三』（北海道　1973年），北海道教育委員会『北海道文化財シリーズ第10集　屯田兵村』（北海道教育委員会　1968年），兵村の立地した各市町村史、兵村史などを参照し作成した)

図 4-1 屯田兵村の分布図
（出典：北海道編『新北海道史第四巻　通説三』（北海道　1973 年），北海道教育委員会『北海道文化財シリーズ　第 10 集　屯田兵村』（北海道教育委員会　1968 年），兵村の立地した各市町村史，兵村史などのデータをもとに北海道地図に分布を示した）

3．土地利用の継承と成熟・変容

　屯田兵村の目的は軍隊組織を兼ねた開拓村である。任期明け以降，軍隊としての目的は失われるが，開拓村の機能は残った。その後の地域形成と変容を地域の土地利用や市街化の状況から，37 兵村[2]を分類したものが表 4-2 である。

　現状の土地利用から見ると，大きく農村地域，農村と市街地が混じる地域，都市市街地に 3 分類できる。そのうち農村と市街地が混じる地域は地域中心市街地のある地域と幹線道路沿いでの農村的土地利用の地域に分けられる。また都市市街地も兵村の一部が DID 地区[3]に含まれる地域と兵村全体が DID 地区に含まれる地域に分かれる。

2) 表 4-1 では 39 ヶ所あるが，篠津兵村，発寒兵村は規模が小さく，それぞれ江別兵村，琴似兵村に含まれるので全体では 37 兵村となる。

3) DID 地区は，国勢調査データを使用した。（総務庁統計局編『国勢調査平成 7 年人口集中地区の人口』総務庁統計局　1997 年）

表 4-2 屯田兵村地域の現状の土地利用による分類

地域の現状		屯田兵村名	入村年	戸数	現在の都市名
農村	農村的土地利用	篠津	明 14～19 年	60	江別市
		東和田	明 19～22 年	220	根室市
		西和田	明 19～22 年	220	根室市
		南太田	明 23 年	220	厚岸町
		北太田	明 23 年	220	厚岸町
農村と市街地	地域の中心市街地形成と農的土地利用	上東旭川	明 25 年	200	旭川市
		下東旭川	明 25 年	200	旭川市
		東当麻	明 26 年	200	当麻町
		西当麻	明 26 年	200	当麻町
		南江部乙	明 27 年	200	滝川市
		北江部乙	明 27 年	200	滝川市
		北一巳	明 28,29 年	200	深川市
		納内	明 28,29 年	200	深川市
		東秩父別	明 28,29 年	200	秩父別町
		西秩父別	明 28,29 年	200	秩父別町
		下野付牛	明 30,31 年	200	端野町
		南湧別	明 30,31 年	399	上湧別町
		北湧別	明 30,31 年		上湧別町
		南剣淵	明 32 年	337	剣淵町
		北剣淵	明 32 年		剣淵町
	幹線道路沿いの農的土地利用	北滝川	明 22 年	220	滝川市
		高志内	明 24～27 年	120	美唄市
		茶志内	明 24～27 年	120	美唄市
		上野付牛	明 30,31 年	198	北見市
都市市街地	兵村の全体がDID地区に含まれる	琴似	明 8 年	240	札幌市
		発寒	明 9 年		札幌市
		山鼻	明 9 年	240	札幌市
		江別	明 11～19 年	160	江別市
		野幌	明 18,19 年	225	江別市
		新琴似	明 20,21 年	220	札幌市
		篠路	明 22 年	220	札幌市
		輪西	明 20,22 年	220	室蘭市
		西永山	明 24 年	200	旭川市
		中野付牛	明 30,31 年	198	北見市
	兵村の一部がDID地区に含まれる	南滝川	明 22 年	220	滝川市
		美唄	明 24～27 年	160	美唄市
		東永山	明 24 年	200	旭川市
		南一巳	明 28,29 年	200	深川市
		士別	明 32 年	99	士別市

(出典：北海道編『新北海道史第四巻　通説三』（北海道　1973年），兵村の立地した各市町村史，兵村史などの資料と現地調査をもとに作成した)

3-1．農村的土地利用の事例

　現状で農村的土地利用の事例は5ヶ所ある。うち篠津兵村は規模が小さく，江別兵村に属する分村的な兵村であった。残りの4ヶ所のうち，根室の東西和田兵村は現在，酪農地帯となっているが，かつて入植した屯田兵村の区画はほとんど残っておらず，当初のインフラがその後の地域形成に貢献しなかった唯一の例といえよう。厚岸の東西太田兵村地区は現在，酪農地帯となっているが，区画はそのまま継承されている。グリッド状の防風林も保持され，兵村時代の中心ゾーンが集落中心施設地区として継承されていることに加え，神社の存在もあり，土地利用は散村的構成に変わっているが，その空間構成は継承されている。根室と厚岸の兵村は立地において，重要港湾

120

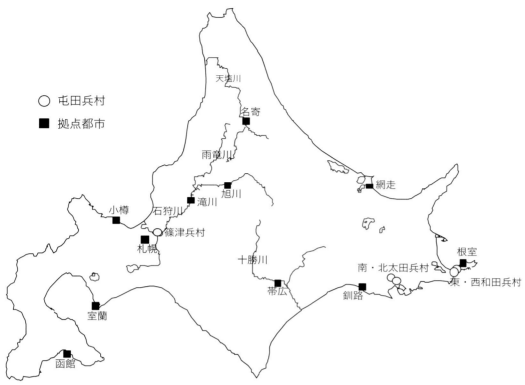

図 4-2 農村的土地利用の屯田兵村地域の分布図
(出典：北海道編『新北海道史第四巻 通説三』(北海道 1973 年)、兵村の立地した各市町村史、兵村史などの資料と現地調査をもとに北海道地図に分布を示した)

表 4-3 農村的土地利用の屯田兵村地域 (表 4-2 からの抜粋)

地域の現状		屯田兵村名	入村年	戸数	現在の都市名
農村	農村的土地利用	篠津	明 14〜19 年	60	江別市
		東和田	明 19〜22 年	220	根室市
		西和田	明 19〜22 年	220	根室市
		南太田	明 23 年	220	厚岸町
		北太田	明 23 年	220	厚岸町

の防御という軍事面が開墾営農よりも優先された兵村であった。地域の気候も霧の発生など夏の気温が低く、また地理的にも高台にあって交通の便も悪く、兵村時代から開拓に困難がともなったケースであった。

屯田兵村の形成の時期区分から見ると、現状で農村的土地利用のエリアはすべて確立期の兵村に属する。確立期は明治 19 年 (1886) の北海道庁の開庁より、北海道開拓がようやく軌道にのり始め、屯田兵事業も屯田兵条例の制定や給与地規準など事業制度が確立していった時代だが、実際の入植地の

選定や計画手法では，まだ試行錯誤の続いた時期であった。篠津は天然の桑の木の自生する場所として注目され，当時の屯田兵村での養蚕の振興から選地された場所であったが，入植後水害の来襲により本格的な兵村の立地としては不適と判断され，小規模の実験的な兵村のまま終わった。また道東の和田，太田は気候面や交通アクセスなどで問題を抱え，兵村としては失敗事例といわれた。しかし，地域形成という観点からは，単純に失敗といえるのだろうか。

1）篠津兵村

篠津兵村の土地は札幌本府から北東に約4里，石狩川右岸にある。篠津川が石狩川に合流する場である篠津太は，野桑が多く自生していた場所であった。北海道開拓での営農の柱に養蚕を考えていた開拓使は，篠津の土地を開拓のモデル地区として事業を行うことになる。明治9年(1876)～10年(1877)に桑置場，温室，養蚕室を建て，琴似，山鼻兵村の屯田兵に養蚕を実習させた。明治14年(1881)春には，養蚕得志者屯田兵19名を入村させ，篠津兵村[4]を開いた。

しかし篠津太はたびたび洪水に襲われる場所であり，結局60戸しか入植させることができず，江別兵村の分村で終わった。そのためか，現在も行政区域的には石狩川右岸地域にあるにもかかわらず，江別市に属している。

現在篠津地域は石狩川右岸の農村エリアとなっている。篠津兵村の周辺には北に初期の士族移住村である当別と明治27年(1894)から入植が始まる篠津原野での殖民区画エリアが拡がる。ひとつの地域で士族移住村，屯田兵村，殖民区画という3つの開拓モデルの分布が見られるのはめずらしい（図4-4）。各エリアで区画の軸，パターンが違うのが見てとれる。篠津の兵村地域は，現在も当時の道路パターンを継承し，路村型の集落形態で農家が分布している。有名な町村牧場[5]の現在地は，この篠津屯田兵村地区内にある。

写真4-1 集落内を通るバス停の名は「旧兵村」である

4）篠津兵村での養蚕事業型の開拓モデルは，開拓使も力を入れたところで，明治15年(1882)には西郷従道，山縣有朋，翌16年(1883)には伊藤博文などの視察があり，明治政府も期待していたことが伺われる。

5）町村牧場初代の町村金弥は札幌農学校で新渡戸稲造らと同期，雨竜の華族牧場の支配人などを経て，真駒内で酪農に従事。二代目の町村敬貴が江別屯田兵村地区に牧場を開き，現在は篠津地区に移っている。

写真4-2 兵村内にある町村牧場

写真4-3 現状の路村的な景観1

当別士族移住村（明治4年）
土地区画　間口40間・奥行100間（4,000坪）

当別第2期移住村（明治12年）
土地区画　間口50間・奥行250間（1万2,500坪）

基幹防風林

基幹防風林

篠津兵村

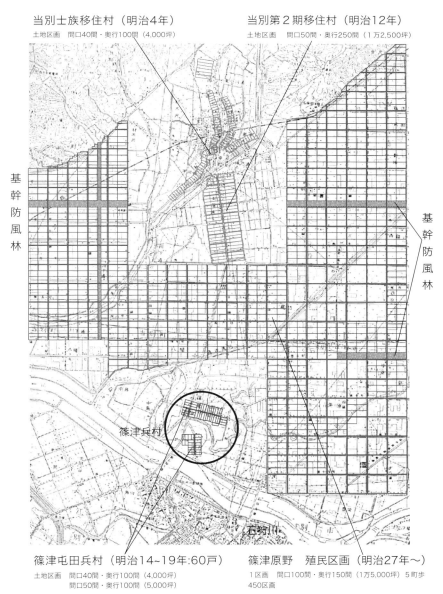

篠津屯田兵村（明治14~19年：60戸）
土地区画　間口40間・奥行100間（4,000坪）
　　　　　間口50間・奥行100間（5,000坪）

篠津原野　殖民区画（明治27年～）
1区画　間口100間・奥行150間（1万5,000坪）5町歩
450区画

図 4-3　篠津兵村の位置と周辺の開拓状況図
（出典：江別市篠津自治会編『篠津屯田兵村史』（図書刊行会　1982年），新篠津村史編纂委員会編『新篠津村百年史　資料編』（新篠津村　1996年）などの資料をもとに国土地理院2万5,000分の1地図に篠路屯田兵村，当別の士族移住村，篠津原野の殖民区画の位置と文字を示す）

写真 4-4　現状の路村的な景観2

写真 4-5　道路際の松の木，兵村時代の名残りか

第4章　屯田兵村での地域空間の形成と成熟　123

2）南・北太田兵村

　厚岸は江戸期から場所請負制のひとつとして栄え，良港をもち，市街地には蝦夷三官寺[6]のひとつである国泰寺が文化元年（1804）に建立されている。太平洋岸東部の港として，厚岸は明治初期には釧路以上に重要な防衛拠点であった。

　南・北太田兵村[7]は厚岸市街から北に1里半の距離にあり，海抜80数mの台地上の平坦面に位置する。兵村と周辺市街地との関係で，この高低差は兵村中，最大である。

　明治21年(1888)4月標茶集治監の囚人たちの労力による標茶厚岸間の道路工事が着工し，幅2間，延長9里26町の道路が，同年11月竣工する。この釧路－根室間の道路が兵村内を通る。地元の熱心な要望もあり，また道東の要地として国防上重要な地であったので，屯田兵村の設置が決まったといわれる[8]。アイヌの酋長太田敏介が厚岸周辺を踏査し，この地が最適なこ

[6] 幕府は八王子千人同心団らの蝦夷地移住の試みの中で死亡した武士らを弔う寺院が必要となり，蝦夷三官寺（厚岸，様似，有珠）の建立を決定し，文化元年（1804）厚岸に国泰寺が完成した。

[7] 南太田兵村が第三中隊。耕宅地の配置は，一番道路60戸，二番道路62戸，三番道路42戸，四番道路45戸。
北太田兵村は第四中隊で，五番道路44戸，六番道路62戸，七番道路61戸，八番道路53戸の配置であった。

[8] 厚岸町史編纂委員会編『厚岸町史 上巻』（厚岸町 1975年）他を参照。

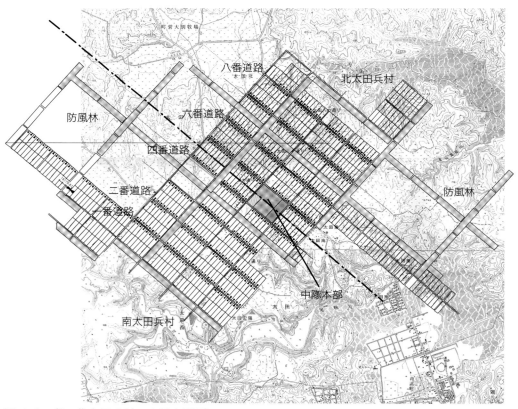

図4-4　南・北太田兵村の立地と区画
　（出典：釧路国厚岸郡太田村南太田兵村屯田歩兵第4大隊第1,2中隊給与地配置図（北海道立図書館蔵）などの資料をもとにCAD図面化し，国土地理院2万5,000分の1地図に重ね合わせ屯田兵村の区画，中隊本部，防風林の位置を表示）

とを屯田兵本部に進言し，兵村名にその名がつく。明治22年(1889)1月，屯田兵屋492棟の建設に着工し，明治23年(1890)5月完成，6月440戸入植する。入植とき，土地は鬱蒼たる原始林に覆われていたといわれる。太平洋岸東部のこの地域は，夏期に海霧が頻繁に出現し，温度が上がらず，農耕には適した土地ではなかった。農作物の収穫が伸びず，任務終了後の兵村からは離村者があいついだといわれるが，大正期に入り馬産が成功し，ようやく定着できる基盤が確立された。

現在，酪農地帯として牧野が拡がる地域になっているが，土地区画の骨格は継承されている。耕宅地が接道した「一～八番道路」の名も「一～八の通り」として継承され，グリッド状の防風林も保持されている。兵村時代の中心管理ゾーンも現在の集落の中心ゾーン（地区会館，学校，兵村記念館[9]，公園）の場となっている。土地利用や集落は散居的構成に変わっているが，その空間構成は継承されている事例といえよう。

9) 厚岸町太田屯田開拓記念館。太田兵村関係の資料は，厚岸町郷土館にも収蔵されている。

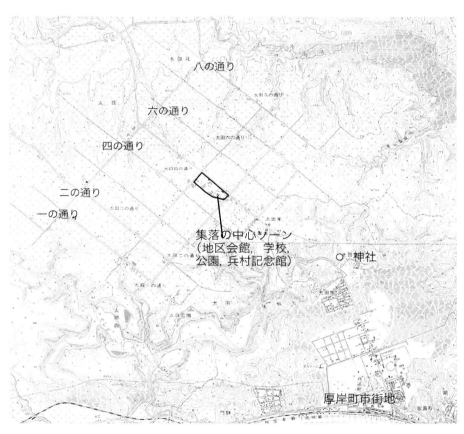

図4-5　南・北太田兵村地域の現状
　　　（出典：国土地理院2万5,000分の1地図に集落の中心ゾーン位置と，通りの文字を表示）

3）東・西和田兵村

　東・西和田兵村[10]は根室市街から南西4km，根室半島の付け根の位置にある。地形は海抜40mほどで，幾筋かの谷地を除きほぼ平坦な丘陵地である。兵村名はこの地域の屯田兵の大隊長である和田正苗の名からとられている。

　東和田兵村（第一中隊）と西和田兵村（第二中隊）の中間に本部，練兵場などの中心ゾーンがあった。この兵村の特色は兵村内に公園予定地をもったことで，将来の公園地とするために予定地の樹林を残した。このアイディアは和田大隊長の集落設計によるといわれる。もうひとつの特色は番外地を中心とした市街地が両兵村の中間部にあり，戸長役場，郵便局，駐在所，旅館，

10）渡辺茂編『根室市史上巻』（根室市　1968年）他を参照。

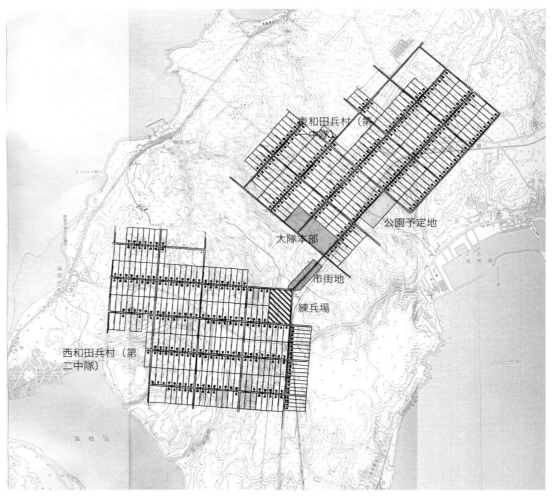

図4-6　東・西和田兵村地域の立地と区画
　　（出典：根室国根室郡和田村東和田兵村・西和田兵村屯田歩兵第4大隊第1,2中隊給与地配置図（北海道立図書館蔵）などの資料をもとにCAD図面化し，国土地理院2万5,000分の1地図に重ね合わせ屯田兵村の区画，中隊本部，防風林の位置を表示）

雑貨屋，工場などが並び整備されていた。

　夏期の海霧の発生などによる寒冷な気候に加え，地理的にも孤立した半島部にあり，農業開拓としては最も不利で，兵村入植地として失敗だったといわれる。兵村終了後も定着するものがほとんどなく，地域が酪農地として再開拓されたのは戦後のことである。地域は現在，兵村時代の土地区画はあまり残っていない。そのなかで，兵村時代の練兵場，市街地，大隊本部，公園予定地をつなぐ幹線道路の存在や直交する何本かの道が継承されているのを読みとることができる。大隊本部跡にはシコタンマツの大木があり，当時の様子を伝えるものになっている。

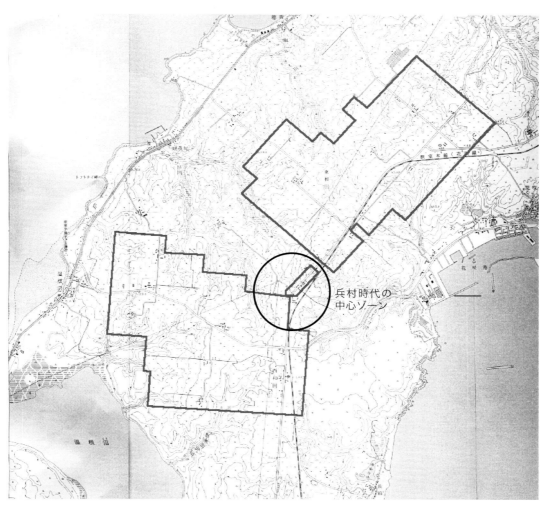

図4-7　東・西和田兵村地域の現状
　　（出典：国土地理院2万5,000分の1の地図にかつて屯田兵村の耕宅地の範囲，中心ゾーンの位置，文字を表示）

第4章　屯田兵村での地域空間の形成と成熟　127

3-2. 農村と市街地的土地利用の事例

　現状で農村と市街地の複合機能をもつ地域が19ヶ所あり，現在の土地利用のタイプとしては最も多い。屯田兵村は兵屋が列状に並ぶ耕宅地と農地，中央の管理ゾーンと商業ゾーン（番外地と呼ばれた）からなる構成をもっていた。構成では，農村と市街地からなるタイプが，当初の開拓村のイメージを現在も受け継いでいるといえる。

　農村と市街地からなるタイプは，時期区分から見ると確立期では1ヶ所のみであるが，展開期では12ヶ所，終焉期では6ヶ所ある。展開期に入り，それまでの試行錯誤を脱し，周到に準備された選地や入植地のデザインや運営計画など，開拓村として屯田兵村の殖民事業が軌道に乗っていくことになるが，その展開期の兵村群（空知，雨竜，上川という石狩川流域に立地にした）は，現在も当初の意図が地域に受け継がれている事例といえる。明治30年代に入り，屯田兵村が入植しうる開発適地が道内に少なくなり，終焉期の兵村は天塩川流域やオホーツク海エリアに立地することになる。剣淵兵村などは，泥炭地などの地質の問題により開拓村としては苦しんだ面もあるが，天

表 4-4　農村と市街地の土地利用が混在する屯田兵村地域

地域の現状		屯田兵村名	入村年		戸数	現在の都市名
農村と市街地	地域の中心市街地形成と農的土地利用	上東旭川	明	25 年	200	旭川市
		下東旭川	明	25 年	200	旭川市
		東当麻	明	26 年	200	当麻町
		西当麻	明	26 年	200	当麻町
		南江部乙	明	27 年	200	滝川市
		北江部乙	明	27 年	200	滝川市
		北一已	明	28,29 年	200	深川市
		納内	明	28,29 年	200	深川市
		東秩父別	明	28,29 年	200	秩父別町
		西秩父別	明	28,29 年	200	秩父別町
		下野付牛	明	30,31 年	200	端野町
		南湧別	明	30,31 年	399	上湧別町
		北湧別	明	30,31 年		上湧別町
		南剣淵	明	32 年	337	剣淵町
		北剣淵	明	32 年		剣淵町
	幹線道路沿いの農的土地利用	北滝川	明	22 年	220	滝川市
		高志内	明	24〜27 年	120	美唄市
		茶志内	明	24〜27 年	120	美唄市
		上野付牛	明	30,31 年	198	北見市

（表 4-2 からの抜粋）

128

塩川流域開拓のフロンティアとして，その後地域が開かれていく拠点となった。確立期の1ヶ所は北滝川兵村であるが，その立地は展開期の石狩川流域の内陸開発の出発点となるものであった。

このタイプの市街地を見ると，地域中心市街地となっている事例と幹線道路沿いのサブ市街地となっているエリアに分けられる。ほとんどのエリアで地域中心市街地となっているが，美唄の高志内では，その地域にある他の兵村（この場合，美唄）が地域中心市街地を形成しているため，かつての中央管理ゾーン・商業ゾーンは幹線道路沿いのサブ市街地となっている。このサブ市街地となっているケースは4ヶ所である。

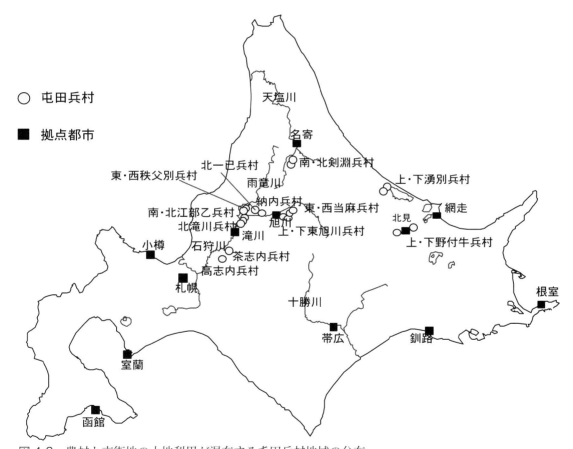

図4-8　農村と市街地の土地利用が混在する屯田兵村地域の分布
（出典：北海道編『新北海道史第四巻　通説三』（北海道　1973年），兵村の立地した各市町村史，兵村史などの資料と現地調査をもとに北海道地図に分布を示した）

1）上・下東旭川兵村

　上・下東旭川兵村のエリアは旭川市域のなかにある。しかし地域は東旭川エリアとして地域のまとまりをもち，その市街地は地域中心のイメージが強い。図4-9は上・下東旭川兵村の兵村の範囲と耕宅地の配置を現状の地図に重ね合わせたものである。1戸分間口30間×奥行150間=4,500坪の耕宅地が200戸ずつ配置された2兵村（上・下東旭川兵村）が隣接して区画された。屯田兵村の耕宅地のサイトプランが図の上部に位置する。外側の実線は，兵村の全体の範囲（追給地，共有地を含む）を示している。この兵村は旭川（当時は忠別市街地）の東約2里の距離にあり，南西は忠別川，北は牛朱別川，東側は北半分が倉沼川と旭山などの丘陵部で区切られ，南半分が東川につながる平野となっている。南東から北西に向かう緩勾配の扇状地地形であり，入植当時は全村鬱蒼たる森林地帯であった。

　耕宅地南側の兵村の追給地，共有地エリアは，上川盆地の主要な水田地帯を形成している。このエリアの空間も兵村の区画を踏襲し南北の通りのみが平行するパターンとなっており，この場合も300間四方の殖民区画のグリッドとは異なる。

　図4-10は上・下東旭川兵村の中心部の現在の土地利用を示したものである。東西に通る軸線に沿って，兵村時代の番外地エリアを踏襲する形で商店街が形成されている。その背後には住宅地が形成されており，住宅地は鉄道

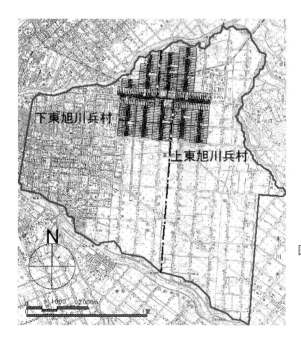

図4-9　上・下東旭川兵村の耕宅地と全体の範囲
（出典：東旭川町編『東旭川町史』（東旭川町　1962年），金巻鎮雄『地図と写真でみる旭川歴史探訪』（総北海　1982年）などの資料をもとにCAD図面化し，国土地理院2万5,000分の1地図に上・下東旭川兵村の耕宅地，全体範囲，文字を表示）

写真4-6 軸線上に形成されている東旭川の商店街

写真4-7 兵村のシンボル旭川神社

駅の開設により，中央の軸から北側にも延びている。図4-9,10の西側の住宅市街地は旭川市街地がスプロールしてきている連担部分である。しかし，スプロールに飲み込まれるのではなく，川を境に明確にスプロール市街地とは一線を画し，東旭川というエリアのまとまり，独立性を保持している。

その他の耕宅地のエリアは兵村時代の区画をそのまま維持し，水田の拡がる農村的土地利用となっている。兵村の耕宅地の配置は，間口の狭い短冊型の土地が連なる列状村の形態に特徴がある。現在は兵村時代の家屋密度の2分の1〜3分の1ほどにはなっているものの，やはり路村的な特徴を保持し，北海道の多くの農村で見られる300間四方の殖民区画による散居的な農村とは異なる景観となっている（図4-12）。

中心ゾーンでは，旭山に向かう軸線となる通りの南側のかつての練兵場，防風林の敷地が，旭川神社，屯田公園，旭川中学などの地域のシンボル的な施設が立地する場所となっている。商店街は軸線となる通りに沿って形成されているが，その場所は兵村時代の番外地とも重なる。

中心ゾーンの周辺には住宅地が形成されているが，かつての30間×150間の耕宅地が道路で区切られ，街区として形成されたものである。

このように，東旭川兵村地域では，現代まで兵村時代の骨格が継承され，その構造に沿って地域空間の形成がなされてきているといえよう。

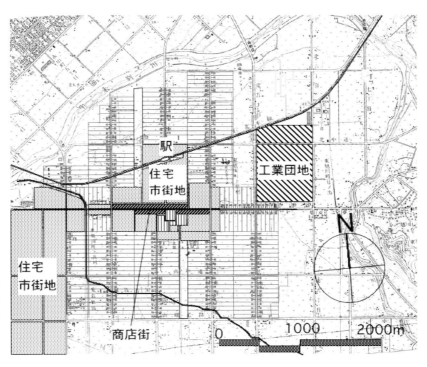

図4-10 上・下東旭川兵村の中心ゾーンの現状の土地利用
（出典：東旭川町編『東旭川町史』（東旭川町1962年）などの資料をもとにCAD図面化し，国土地理院2万5,000分の1地図に東旭川兵村の中心ゾーンの現状，鉄道，駅，商店街，住宅市街地，工業団地，文字を表示）

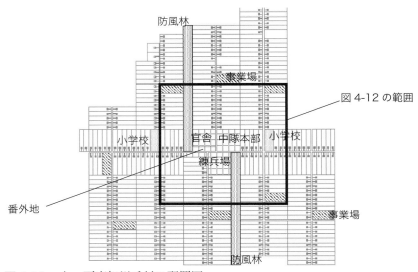

図 4-11　上・下東旭川兵村の配置図
　　（出典：東旭川町編『東旭川町史』（東旭川町　1962 年）などの資料をもとに東旭川兵村の中心ゾーンと周辺を CAD 図面化し作成）

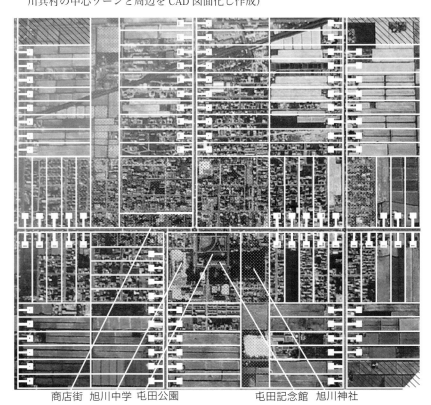

図 4-12　上・下東旭川兵村の中心ゾーンの現状の街区構成と土地利用
　　（出典：（出典：東旭川町編『東旭川町史』（東旭川町　1962 年）などの資料をもとに東旭川兵村の中心ゾーンを CAD 図面化し，空中写真『北海道航空写真図旭川圏』（地勢堂　1984 年）に兵村時代の区画の重ね合わせて図化）

11）剣淵町編『剣淵町史』（剣淵町　1979年），剣淵町史編さん委員会編『百年のあゆみ　剣淵町史　続史一』（剣淵町　1999年）を参照。

2）南・北剣淵兵村

　南・北剣淵兵村[11]は，終焉期の明治32年(1899)，天塩川支流の剣淵川流域の盆地に入植した。士別までの鉄道の開通と駅の開設は翌明治33年(1900)であったが，兵村の入植と同時に鉄道の建設工事が始まり，鉄道駅予定地周辺には商店ができ，市街地が形成されていった。地域の区画としては兵村域と鉄道を核にした市街地が同時に形成されたタイプで，これは最後の士別兵村も同タイプである。兵村の配置パターンは二列軸型である。現在も二列軸型の兵村の耕宅地エリアは，2本の通りに沿って，かつての密居的配置から見れば，間引かれ，低密度にはなっているが，農家が並ぶ。市街地は現在も鉄道駅周辺に拡がる。

　剣淵神社の小丘が平坦な地形のなかで，軸とランドマークを形成している。また屯田兵村と同時期の殖民区画による防風林や鉄道防風林が地域景観のなかでの領域性をつくる要素となっている。

写真4-8　軸型で耕宅地が並んだ兵村時代の通り

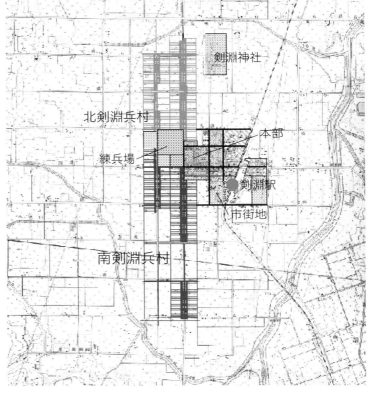

写真4-9　樹齢600年を超す大木。兵村時代の集合場所のシンボルであったといわれる

図4-13　南・北剣淵兵村地域の立地と区画
（出典：剣淵町編『剣淵町史』（剣淵町　1979年）などの資料をもとにCAD図面化し，国土地理院2万5,000分の1地図に南・北剣淵兵村の耕宅地囲，練兵場，中隊本部などと文字を表示）

写真 4-10　平坦な土地のなかの小丘陵に位置する剣淵神社

写真 4-11　剣淵神社の遠景

写真 4-12　剣淵神社から兵村の耕宅地, 市街地方向の眺め

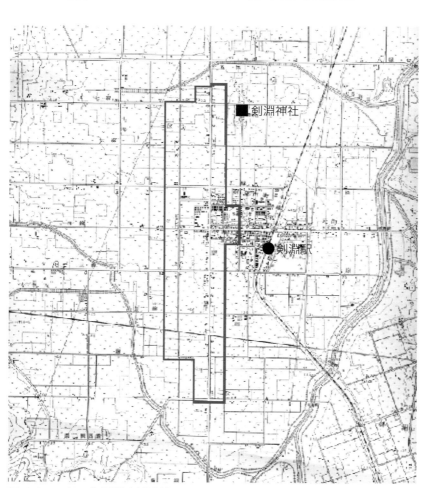

図 4-14　南・北剣淵兵村地域の現状
　　（出典：国土地理院 2 万 5,000 分の 1 地図に現地調査のもと, 兵村時代の耕宅地の範囲, 神社, 鉄道駅を表示）

3）高志内兵村

　地形としては南東から延びる夕張山地が丘陵地の緩い斜面と平坦地になった場所に位置し，北西部は湿地や泥炭地の低地に続く。明治22年(1889)札幌から上川に通じる幹線，上川道路が完成するが，その道路沿いに配置された兵村のひとつで，砲兵から構成されていた。明治24年(1891)～27年(1894)の4年間で毎年30戸ずつ，120戸入植した。

　30間×500間の耕宅地が（間口が比較的狭く，家屋間の距離が短く，街村に近い集落形態）上川道路に面して向かい合っていた。上川道路は現国道12号線である。現在も国道に沿って農村的土地利用のエリアは，高木の屋敷林並ぶ町並みが続く。この景観は幹線国道沿いでは，目立って特徴的である。北西側の農地に沿って，兵村時代からの長い防風林が残る。

　美唄地域には高志内，美唄の茶志内の3兵村が上川道路沿いに連続して立地したが，高志内兵村の中心ゾーンは現在，神社，小学校，寺などのコミュニティゾーンとなっている（美唄兵村地域が美唄市の中心市街地を形成）。コミュニティゾーンには土手，あぜ道，小丘陵に大木など，微地形を活かしたデザインが見られる。道立林業試験場などが山麓に立地している。

写真4-13　国道沿いに農地の高木の並ぶ町並み

写真4-14　コミュニティゾーン周囲の土手，あぜ道，小丘陵など微地形を活かしたデザイン

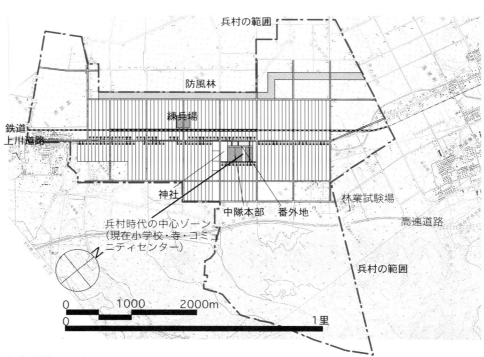

図4-15　高志内兵村の立地と現状
　（出典：美唄市史編さん委員会編『美唄市史』（美唄市　1970年），美唄市百年史編さん委員会編『美唄市百年史資料編』（美唄市　1991年）などの資料をもとにCAD図面化し，国土地理院2万5,000分の1地図に屯田兵村の範囲，耕宅地と中隊本部，防風林，現在の国道，コミュニティゾーン，主要施設などを表示）

3-3. 市街地的土地利用の事例

　現状で都市市街地として商業ゾーンや住宅地を形成しているのが15ヶ所，うち大都市や中核都市のDID市街地に全域が含まれているのが10ヶ所で，一部DIDに含まれるのが6ヶ所である。札幌のDID地区内に位置している琴似，新琴似，篠路の各兵村は札幌本府の周辺の守りと開拓を進めるべく入植したものだが，札幌の大都市化にともない，連担する市街地に組み込まれたものである。

　屯田兵村は開拓村を開く立地意図から，現在も地理的に都心のような中心市街地を形成するものは少ないが，そのなかでも次のケースは中心市街地形成につながっている事例である。江別と北見は，人口10万人前後の地域中心都市の市街地が商業業務ゾーンも含めほぼ全域がかつての兵村エリアで形成されている例である。また山鼻と士別の兵村は当初より，その立地が他とは少し異なる計画意図をもっていた事例である。山鼻兵村の立地は札幌本府から2kmほどの距離にあり，士別兵村も同時期に開設された士別駅周辺の市街予定地に隣接するなどの立地性をもっていた。それぞれの配置プランで，山鼻と士別は間口の狭い小規模な区画を単位にした配置計画に特徴をもつ。当初より本格的な農村の開拓地というよりも，市街地に隣接するエリアとしての計画という側面をもっていたケースのように思われる。現在，山鼻兵村は札幌都心部南の市街地，士別兵村は士別の中心市街地を形成している。

表4-5　市街地的土地利用の屯田兵村地域

地域の現状		屯田兵村名	入村年		戸数	現在の都市名
都市市街地	兵村の全体がDID地区に含まれる	琴似	明	8 年	240	札幌市
		発寒	明	9 年		札幌市
		山鼻	明	9 年	240	札幌市
		江別	明	11〜19 年	160	江別市
		野幌	明	18,19 年	225	江別市
		新琴似	明	20,21 年	220	札幌市
		篠路	明	22 年	220	札幌市
		輪西	明	20,22 年	220	室蘭市
		西永山	明	24 年	200	旭川市
		中野付牛	明	30,31 年	198	北見市
	兵村の一部がDID地区に含まれる	南滝川	明	22 年	220	滝川市
		美唄	明	24〜27 年	160	美唄市
		東永山	明	24 年	200	旭川市
		南一已	明	28,29 年	200	深川市
		士別	明	32 年	99	士別市

（表4-2からの抜粋）

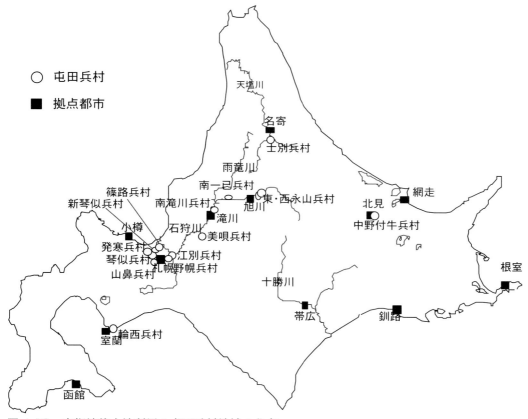

図 4-16　市街地的土地利用の屯田兵村地域の分布
（出典：北海道編『新北海道史第四巻　通説三』（北海道　1973 年），兵村の立地した各市町村史、兵村史などの資料と現地調査をもとに北海道地図に分布を示した）

1）江別・野幌兵村

　現在の江別市街地は，石狩川が大きく流れを北西に向かって変える対雁と呼ばれてきた土地の丘陵部に拡がる。その市街地の大半は，江別兵村と野幌兵村の時代の区画にまたがって拡がっている。

　江別兵村の特色として，石狩川対岸の篠津兵村とともに屯田兵村の営農モデルの実験地であった。明治 11(1878) 年の入植では，米国式住宅が 10 戸建てられた。牧草や麦類を栽培し，牛・羊・豚の飼育を考え，耕宅地の大きさも 1 万坪と大きくとられた。対岸の篠津太は，野生の桑の木の多く自生する場所で，養蚕型の屯田兵村の試みとして，明治 14 年 (1881) に 19 戸，兵屋も丸太積みというロシア式実験タイプで建てられた。江別兵村では，明治 11 年 (1878)〜明治 19 年 (1886) までの 8 年間かかって屯田兵村での入植が行われた。

　途中，明治 15 年 (1882) は，幌内鉱山から小樽に通じる鉄道が江別を通り，

駅が開設されていた。そのため,最初の明治 11 年 (1878) と明治 17 年 (1884) 以降の入植地の土地区画を比べると，区画の軸の方向が変わる。明治 11 年 (1878) の土地区画は石狩川沿いの場所から川に沿った方向を基軸にし，それに直角にとった区画を行っている。明治 17 年 (1884) 以降は，川に沿った方向を基軸にするのは変わらないが，もう一方の軸を丘陵地の南を通った鉄道線に平行に引いている。その結果，土地区画は平行四辺形を単位とする区画デザインで行われることになった。形態的にも江別の兵村は特異なケースとなった。

明治 17 年 (1884) の江別兵村の入植地において，初めて屯田兵村に番外地が設けられることになった。兵村の生活に必要なものが得られる商店の立地する区画として番外地は設けられた。それ以降，兵村と地域の既存市街地との距離など，入植地としての日用品購入の便不便に応じて設定された。

野幌兵村は明治 18 年 (1885), 19 年 (1886) と江別兵村の後半の入植と同時期に実施された。野幌兵村の区画も江別兵村の区画を受け継ぎ，平行四辺形になっている。平行四辺形の区画は，市街化の過程で，土地区画整理事業が行われた地区もあり，そのエリアでは平行四辺形街区は解消されている。しかし骨格となる主要道路は，平行四辺形のグリッドをそのまま継承している。

野幌兵村での番外地は，耕宅地の中央に長く帯状に東・中央・西の 3 ヶ所設けられた。中央番外地は共同販売所が設けられた他，中隊本部があった。

図 4-17　江別・野幌屯田兵村の立地と現状
　（出典：江別市役所・新館長次『江別兵村史』(国書刊行会　1964 年)，佐藤良也編『野幌兵村史』(野幌屯田兵村開村記念祭典委員会　1984 年) などの資料をもとに CAD 図面化し，江別市都市計画白図に屯田兵村の耕宅地と番外地，追給地，鉄道，などの位置と文字を表示）

写真 4-15 記念館として残る野幌兵村中隊本部

写真 4-16 中隊本部跡と西番外地跡，湯川公園をつなぐグリーンモール

市街地としての番外地は東番外地であった。東番外地は，それに隣接して野幌駅が明治 22 年(1889)に設置され，さらに翌年には鉄道を挟んで兵村の反対側に北越殖民社による団体移住があり，次第に発展していった。この帯状の番外地は現在，東に野幌商店街，中央が中隊本部の保存建物や神社，学校とグリーンモール，西が湯川公園となり，市街地のなかに成熟したパブリックゾーンを形成している。

野幌兵村では，60 間幅の防風林が 4 番通りの西に設けられた。当初は天然林を残し，大樹があった。しかし，盗伐や濫伐に加え開墾火入れなどにより荒廃したので，公有財産区会でドイツ唐松，日本松の苗木の植林を行い，防風林として整備された。また桑園地とされた場所は現在鉄道防風林地となっている。

昭和 39 年(1964)から元野幌の一部を含む大麻地区約 215ha に，7,200 戸，2 万 7,000 人の計画で道営大麻団地が計画された。その土地は明治 34 年(1901)に野幌兵村に公有財産地として給与された薪炭用林地である。当初より開墾区域から除外され，小学校の建築用材も初期はここから伐採されたといわれる。野幌兵村での耕宅地の南と追給地・公有地の間を，現在高速道路が通っている。しかしその部分はもともとの谷筋で切り通しの形状で高速道路が通っているため，住宅地域の景観的な分断要素にはなっていない。

写真 4-17 野幌地区の住宅地の環境資源として残る防風林

2）士別兵村

　士別兵村[12]は，最後の屯田兵村である。天塩川と剣淵川の合流する土地に明治32年（1899）屯田兵村入植とほぼ同時に鉄道も開通し，駅周辺に大きな番外地（図4-18の黒の網色），市街地（図4-18の薄い網色）が計画されている。農村開拓というよりも，市街地としての地域中心形成が意図として伝わってくる計画である。耕宅地は番外地の北側にあり，1戸の単位は15間×150間と小さく，密居的な配置となっている。またその全体の範囲も450間×600間ほどで，非常にコンパクトである。耕宅地と番外地・市

12) 士別市史編纂室編『新士別市史』（士別市　1989年）

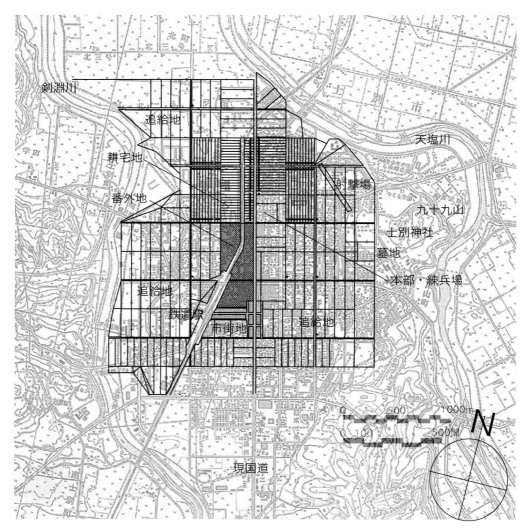

図4-18　士別兵村の立地と現状
　　（出典：士別市史編纂室編『新士別市史』（士別市　1989年）などの資料をもとにCAD図面化し，国土地理院2万5,000分の1地図に屯田兵村の耕宅地と追給地，番外地，主要施設，現在の国道などの位置と文字を表示）

街地を取り巻くように追給地が配置されている。

　昭和27年（1952）の地図を見ると，中心市街地が兵村時代の番外地と市街地の区画の範囲にあることがわかる。兵村という地名も耕宅地のあった場所に確認することができる。九十九山という小丘陵には士別神社があり，兵村時代の本部のあった場所から延びる通りが参道の軸になっている。町役場は鉄道に近い兵村時代の番外地に位置し，街路区画も東の九十九山山麓までは達していない。市街区画が九十九山山麓まで拡がり，市役所などの公共施設も移転していったのは昭和30代から40年代にかけてである。

　現在の士別市街地は，国道を軸に南に市街地が拡大しつつあるが，ほぼ士別兵村の区画の上にのって拡がっているといえる。九十九山周辺には北側につくも水郷公園などがあり，市街地の環境ゾーンとなっているが，兵村時代はこの九十九山に向かつて射撃場（斜めの線）と墓地が計画されていた。射撃場の斜めの線は，現在市街地で高校敷地横の斜めの道路で確認できる。墓地の計画地は現在の市役所の立地するあたりである。

写真4-18　市街地内に公園として残る練兵場跡

写真4-19　練兵場跡の兵村時代からの大樹

3）篠路兵村

　篠路兵村の位置は道庁から北に約2里，前年の入植した新琴似兵村に隣接する平坦地である。明治22年（1899）に入植した。

　篠路兵村は新琴似兵村との間に防風林を設定し，それを境に隣接しているが区画の基軸方向は25度ほどずれている。これは新設の創成川沿いの茨戸街道をもとに測設したためであろう。創成川右岸のこの道路から区画道路を，ほぼ333間の間隔に1～5番通りを設け，これと直交するよう横線と呼ぶ道路を360間おきに設け，土地を区切った。横線を当初中通りとか横道路と呼んだ。湿地や泥炭地などの地質で，村づくりの基礎となる道路と排水工事に多くの労力をそそぎ，特に排水溝築造には莫大な労力が払われた。

　戦後，札幌の市街拡大とともに農地から住宅市街地に変わる。昭和30年代に，区域の南側が住宅団地として区画整理される。屯田団地の誕生である。札幌のなかの4兵村のうち，地域名として屯田兵村に関連する名をもつのはこの屯田地区が唯一である。他には山鼻兵村のなかの基軸となった二本の通りがそれぞれ，西屯田通り，東屯田通りとして商店街になっているケースがある。防風林のうち，北側の防風林は消滅したが，新琴似兵村との間の防風林はいまも残る。約3kmの長さがあり，地域の住民や行政により樹木の補植や遊歩道整備が行われ，ポプラ通風致地区として住宅地のなかのシンボル的な場所となっている。

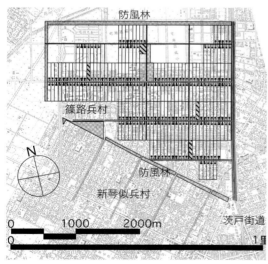

図4-19　篠路兵村地域の立地と区画
（出典：札幌市教育委員会『札幌歴史地図〈明治編〉』（札幌市教育委員会　1978年）などの資料をもとにCAD図面化し，国土地理院2万5,000分の1地図に耕宅地，防風林，現在の国道の位置と文字を表示）

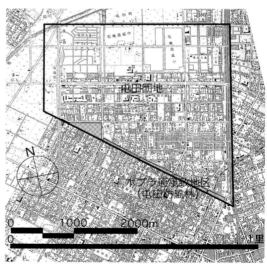

図4-20　篠路兵村地域の範囲現状
（現地調査をもとに国土地理院2万5,000分の1地図に兵村時の範囲，現在の団地，防風林を表示）

4．空間構成の継承と変容・成熟

　兵村の空間デザインとは地域の地形条件を読んで，空間的な明解さを基本にしながら，ゾーニングと軸を設定し，柔軟な場所ごとの区画を設定し，耕宅地と中央管理ゾーン（本部，練兵場，小学校，医療所，事業場，番外地）の配置を構成した。さらに，精神的よりどころとして地域の守り神である神社などを宗教空間として位置づけ，眺望のよい場所や地域のシンボル的な場所に配した。それらの空間が中心性や軸性をもった明確な空間秩序や，共同での入植開墾を進めるためのまとまりの領域性も意図された地域として形成された。屯田兵村の空間構成の変容を，空間の領域性とまとまり，軸性やシンボル性などを通した空間秩序から見てみたい。

4-1．領域性とまとまりの継承と変容

　兵村の領域性を見るために国道，鉄道，バイパス，高速道路，河川の付け替えなどの主要交通路，土木施設が現在，兵村のどこを通っているかを分析した。国道のような幹線道路は当初より兵村の配置計画の軸となったが，これは現在も踏襲され，地域の基軸となっている。一方，近年の国道バイパスや高速道路が兵村エリアを通過する場合，江別，野幌，美唄，滝川，江部乙，

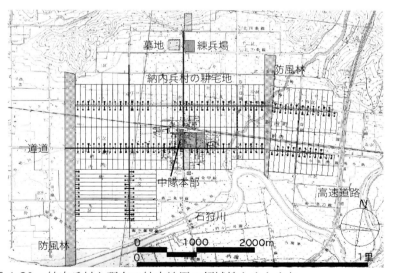

図 4-21　納内兵村と現在の納内地区の領域性とまとまり
（出典：納内町開拓八十周年記念誌編纂委員会『納内屯田兵村史』（納内町開拓八十周年記念誌編纂委員会　1977年）などの資料をもとにCAD図面化し，国土地理院2万5,000分の1地図に耕宅地，中隊本部，練兵場，墓地，防風林などの施設と，現在の道道，高速道路の位置を表示）

納内などを見ると，兵村当時の耕宅地のエッジや縁辺部分に配置されていて，兵村空間のまとまりを分断する要素にはなっていない。図 4-21 の納内兵村では，高速道路の位置は兵村の耕宅地の区画の外側で山が迫った地点を通っており，地域での分断要素とはなっていない。

また河川の付け替えでも，兵村域の分断的な位置を通過しているようなケースはほとんどない。耕宅地のまとまりは兵村の領域性を示すものだったが，このまとまりは，現在も多くの兵村地域で保持されている。札幌のような大都市の市街地に兵村の範囲が組み込まれたケースでも，篠路兵村での防風林や山鼻兵村での市電のルートのような空間装置を介し，兵村域の空間的まとまりが保持されていることが確認できる。

4-2．道路パターンと軸性の継承と成熟・変容

屯田兵村の特色として，場所が台地や微勾配の土地に立地した例を多く見ることができ，緩やかな傾斜地にグリッドでの規則的な道路パターンが配されている。台地や微勾配の土地形状の特徴がグリッドにより，かえって強調され，道路が景観的な軸性を高めている例を江部乙兵村や一已の丘陵地に立地した兵村に見ることができる（図 4-22）。また江部乙兵村地区では，丘陵

写真 4-20　一已兵村の軸の景観

写真 4-21　江部乙兵村の軸の景観

写真 4-22　江部乙兵村の丘陵地形のなかの林檎園景観

写真 4-23　江部乙兵村の丘陵地形のなかの緑の並木が続く景観

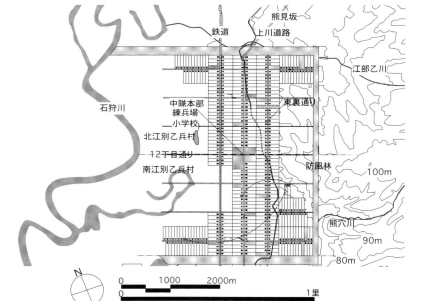

図 4-22　江部乙兵村の立地と軸性
　　（出典：「石狩国空知郡滝川村南滝川兵村屯田歩兵第 2 大隊第 3，4 中隊給与地配置図」（北海道立図書館蔵）などの資料をもとに CAD 図面化し作成）

写真 4-24　江部乙兵村の丘陵地形のなかの林檎園農家

144

地の軸沿いの緑の豊かな景観が形成され，新たな田園居住者も近年増加しつつある。

４－３．区画の継承と成熟・変容

農村的土地利用が継承されている地域では，耕宅地の形状，土地利用はほぼそのまま保持されている。農家の戸数密度は兵村時代よりは間引かれ，2分の1～3分の1になっているが，殖民区画と比較し明らかに集村的な密度で，屯田兵村の列状村的形態を継承している。

市街化が進んでいるエリアでは，兵村時代の道路区画が街区に継承され，耕宅地の四周に道路を配した街区の中間で背割りし，宅地としている。市街化している場合も，耕宅地の配置が街区に転化され，空間構造が継承される例が多い。

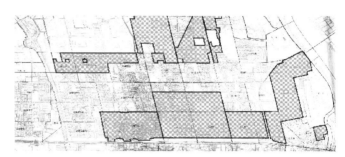

図4-23　江別・野幌屯田兵村地域での土地区画整理エリア
（出典：江別市の都市計画関連資料をもとに都市計画白図に土地区画整理エリア網掛けで表示）

図4-24　江別・野幌屯田兵村地域での街区形状の現況
（江別市都市計画白図に枠線で区画整理範囲を表示）

札幌や江別にかぎられるが，区画整理が行われたエリアでは，街区構成は耕宅地の土地割りとは異なるものに変容して，兵村空間の構造が見えにくくなっているケースがある。江別，野幌兵村の場合，区画整理されたエリアは，この兵村の特色である平行四辺形の街区が，直角の街区に変わっている（図 4-23,24）。しかしこの場合も，主要道路の骨格は継承され，防風林などによる領域性，神社や公共施設などによる中心性，記念碑などの存在により，兵村の空間構成を現在でも認識することが可能である。

4-4．中心ゾーンの継承と成熟・変容

写真 4-25　永山神社へ向かう参道

13) 旭川市永山町史編集委員会編『永山町史』（永山町　1962 年 ［復刻版］図書刊行会　1981 年）

　屯田兵村の中心ゾーンが地域のタウンセンターやビレッジセンターをどのように形成し，また変容したか，上川の東・西永山兵村と深川の納内兵村のケースで見てみたい。

1）東・西永山兵村のケース

　明治 24 年（1891）入植の上川の東・西永山兵村[13]の中心ゾーンは現在主要幹線の交通結節点に位置している。高速道路の旭川北インターチェンジか

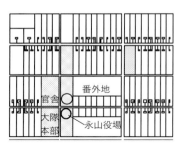

A　兵村入植期

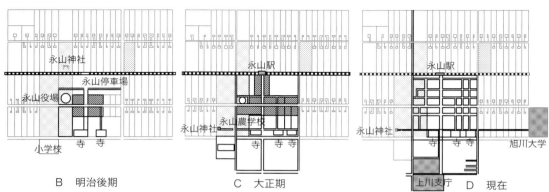

B　明治後期　　　C　大正期　　　D　現在

図 4-25　東・西永山兵村の中心ゾーンの形成と成熟
　（出典：旭川市永山町史編集委員会編『永山町史』（永山町　1962 年 ［復刻版］図書刊行会　1981 年）などの資料と現地調査をもとに CAD 図面化し作成）

写真 4-26　永山屯田兵村公園

14) 旭川市総務部市史編集課『旭川市史第二巻　通史二』(旭川市　2002 年)

らまっすぐ南，石狩川を渡り 4km ほど走ると，国道 39 号線（兵村時代の北見道路）と交差し，かつての永山兵村の中心エリアに出る。

①兵村入植期

　北見道路に沿って東兵村，西兵村が線状に長く延び，両兵村の接する位置に中央の管理ゾーン（中隊本部など），番外地を設けていた（図 4-25- A）。番外地の 1 戸分は 5 間 ×27 間の区画であった。明治 24 年 (1891) の入植と同時に永山村外二村の戸長役場が置かれ，明治 25 年 (1892) は郵便局も開設され，その他病院，寺（天寧寺），商店，旅人宿なども，引き続いて立地し，番外地は 70 〜 80 戸ほど連担して，市街地を形成し，日用品に不便はなかったといわれる[14]。隣接する東旭川兵村，当麻兵村からも買い物に来たといわれ，地域の行政，商業の拠点を形成した。

②明治後期

　明治 31 年 (1898) に永山の屯田兵は後備役編入となり，現役満期をむかえた。その頃から，明治 31 年 (1898) の鉄道駅開設を契機に，永山兵村地域の中心エリアは地域核としての本格的なビレッジセンターを形成し始める。まず兵村の空間構成の基軸であった北見道路に直交した駅と商業ゾーンの番外地を結ぶ軸が生まれ，T 字型の市街地形成が進む（図 4-25-B）。また北見道路から駅とは反対側に，明治 32 年 (1899) に小樽の有力商人である板谷宮吉から土地の寄付を受け，移転や新設された寺院群（天寧寺，大道寺，妙善寺）へのアプローチになる 2 本の通りが誕生する。この時点で永山神社[15]は兵村時代の防風林敷地の一画に設置され鉄道より北でビレッジセンター形成からははずれている。

15) 永山神社は明治 25 年 (1892) に小祠が建てられ，31 年 (1898) に正式に神社として許可される。

③大正期

　永山神社は，鉄道線路が参道を横切るなど位置が不適ということから，明治 45 年 (1912) 鉄道の南側へ社地移転が出願され，大正 9 年 (1920) の開村 30 周年を記念して，兵村時代の大隊本部敷地に新社殿の建設が着工された（図 4-25-C）。社殿は正面を東に向け，神社参道が北見道路に平行にまっすぐ東に延び，明治 32 年 (1899) に立地した寺群に接続され，神社と寺による宗教空間が通りの明解な軸性を形成することになる。旧番外地の商業ゾーンと寺群の間の駅から南に直進する通りに，大正 12 年 (1923) 空知農学校が開校したことで，従来からあった小学校と合わせ，地域の教育文化の核が形成される。

写真 4-27　元農業高校前の松並木

写真 4-28　元農業高校の校舎

④現在

　永山町は昭和 36 年 (1961) 旭川市に合併され，戦後道立旭川農業高校と

なった永山農学校も移転し，様々な変貌をとげる。また交通の中心が鉄道から車に変わることで，市街地の郊外化の波も受け，地域の商店街が変化する。しかし，そういうのなかでもその後立地した旭川大学キャンパス，上川支庁合同庁舎などの大型の施設が，十字に交差する永山タウンセンターのシンボル軸上に立地したことで，軸性が保持されている（図4-25-D）。現在，永山神社の北隣には屯田記念公園があり，また農学校敷地は地域のコミュニティセンター（永山市民交流センター）となっているなど，地域空間としての中心性も保持されている。

永山兵村の事例に見るように，多くの兵村で明治中後期や大正期に鉄道駅が，兵村の中心ゾーンの近傍（歩行距離内）に開設されて，鉄道駅と中隊本部や番外地を結ぶ通りを形成し，地域の行政，商業，宗教空間が包含されたビレッジセンター，タウンセンターが形成される核となった。その空間のパターンは，地形条件や施設の配置パターンにより形態は異なるが，軸性や中心性を有するセンターゾーンを形成している例を，多くの兵村地域に見ることができる。

2）納内兵村のケース

鉄道は明治31年（1898）に開通するが，納内兵村の入植は明治28年（1895），29年（1896）であるので，当初から鉄道もある程度配置計画の要素に入っていたと考えられる。線路のルートは，区画に対しやや角度をもつが，ほぼ耕宅地の境界の位置を通っている。駅の位置は中隊本部，小学校，酒保の立地する中心ゾーンの交差点から北側に耕宅地の長さ（200間），離れた位置に立地している。兵村時代が終わった後，中心ゾーンの交差点から駅までの200間の間が商店街として形成された。管理施設の集まる中心ゾーンに対し，やや離れた位置に駅を設け，その間をつなぐ道沿いに商店街を形成するシンプルだが明快な構成原理が，仕組まれたと考えられよう。

これらの要素に加え，神社空間も中心性を高める要素として参加してくる。屯田兵の心のよりどころとなる神社施設は，明治31年（1898）に尚武山中腹に小神殿が建立されたが，明治35年（1902）になり，小学校の敷地であった中心ゾーンの交差点角の位置に奉還され，納内神社として地域の精神的なよりどころになる。

納内兵村の中心ゾーンは兵村時代に管理施設，学校，商業施設（酒保），神社という機能の集積に加え，その後やや離れた位置に駅を設け，駅までの間に商店街を形成するというアーバンデザイン的な仕掛けを行い，明快なタ

写真4-29 風格ある一画をつくる納内神社

写真4-30 タウンセンター角地の開拓記念公園

写真4-31 開拓記念公園にある中隊本部で使われた鐘

写真4-32 タウンセンターからJR納内駅の間の商店街通りに残る煉瓦造の建物

写真4-33 開拓記念公園の対角線にある納内神社

ウンセンター形成を進めた。

現在の道道旭川深川線（旧増毛道路）とJR納内駅からの通りの交差点がかつての納内兵村の中心ゾーンであった一画である。

小さな市街地ではあるが，交差点付近は現在も地区のタウンセンターとなっているのを確認できる。郵便局，神社，街角広場，学校，商店，寺などがあり，人通りが多い。タウンセンターからJR納内駅間での駅前通りは，鉄道中心の時代に賑わった商店街である。車社会の進展などにより，地域商

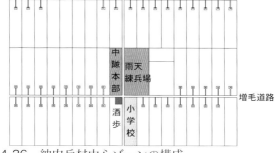

（出典：納内町開拓八十周年記念誌編纂委員会『納内屯田兵村史』（納内町開拓八十周年記念誌編纂委員会 1977年）などの資料をもとにCAD図面化し作成）

図4-26 納内兵村中心ゾーンの構成

（出典：深川市の都市計画関連資料と現状調査により作成）

図4-27 鉄道開通後の納内兵村中心部での商店街形成とタウンセンター化

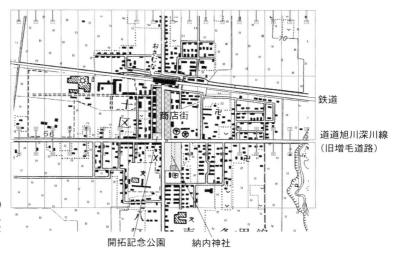

図4-28 納内兵村中心ゾーンの構成と現状
（出典：国土地理院2万5,000分の1地図に屯田兵村の区画，商店街，納内神社，開拓記念公園の位置，文字を表示）

第4章 屯田兵村での地域空間の形成と成熟　149

店街としては活力を失っているが，通りにある煉瓦造の建物などが当時の名残りを伝える。

タウンセンターの角地が小公園（開拓記念公園）で，センターのたまり場的スペースになっている。そこには兵村の由来の記された解説板と，記念碑として屯田の鐘（中隊本部建物につるされて，朝夕の合図，集合の号令に使われるなど，生活に欠かせなかった）が歴史を伝えるモニュメントとして置かれている。

小公園の対角線の位置に鳥居が建つのが納内神社である。ランドスケープとしても美しく，地域空間形成のよりしろ（精神的なよりどころ）としてタウンセンターの場所性をつくる大きな要素となり続けている。

4-5．屯田兵村における地域空間形成の基層としての計画原理

兵村時代の区画や耕宅地の構成は，地域でほとんどそのまま現在の地図に重ね合わせ，読みとることができるように，屯田兵村時代の空間パターン，構成はそれぞれに地域でよく保持されている。現状の地域の土地利用は，農村的土地利用をそのまま残す地域，市街地となっている地域と様々なパターンをもつが，基本骨格をいずれも保持していることを読みとることができる。そこではそれぞれの地域で，地形状況などの要因によりパターンは異なるにせよある種の空間的な明解さをもつことを確認することができる。

札幌のような大都市の市街地に組み込まれた兵村地域でも，防風林での領域性，神社や地域センター，学校で構成される中心性，他とは異なるある種の場所性を感じさせる手がかりを今も保持している。そこには，地域の土地利用や空間形態を規定する現行の諸制度でのデザインの基底に屯田兵村時代の空間デザインの骨格が，今も地域形成のガイドラインのような形で作用している。つまりは屯田兵村時代の区画デザインが地域形成の「基層」となっているを確認することができるのである。

屯田兵村地域は，地形や眺望，立地のよさなどの環境的要素や米や果樹栽培など，特徴的な営農の取り組みや魅力に引かれ，時代を超えて新規の移住誘因力をもち続けてきた側面もある。内陸開拓のフロンティアとして始まり，その後目的は変わりながらも，当初の空間形成の意図が地域の底に流れ，屯田兵村の空間は地域の拠点形成の役割を果たしてきた。これは地域の変容というだけでなく，1世紀を超える時間のなかでの兵村時代の計画意図による地域空間形成の過程であったともいえるかもしれない。

第５章

殖民区画制度の誕生

殖民区画制度とは，開拓地におけるシステム的な土地処分の制度であり，明治23年（1890），石狩川中流のトック原野で初めて実施された。

　北海道開拓にともなう道内への流入人口は明治20年代半ば頃から急カーブを描いて増加する。本格化した北海道開拓における農耕地への入植を支えたものが，土地区画の貸下げ制度，殖民区画である。殖民区画とは入植に先立って未開地，原野を調査・測量し，農耕予定地を計画的に区画処分する制度で，明治19年(1886)に道内未開原野の土地調査（殖民地選定調査）が始まった。4年間の土地調査実施後，明治23年(1890)に土地区画事業と入植が開始される。

　こういう開拓地の土地区画制度は明治初期から課題となっていたが，行政機構も体制が整った明治中期に入りようやく施行されることになった。土地が規格に合わせ区画されているので，その面積や境界線がよくわかり，所有地の境界争いをすることが少ないことなどの利点があり，大量の移住民の土地需要をさばくことのできる制度化されたシステムであったのである。また土地の区画が直線で区切られ整然としていることは営農上牛馬を使役し，機械力を利用する上でも便宜であった。

　十津川村からの集団移住入植地において，1万5,000坪（5町歩）という1戸あたりの土地の基本単位，100間×150間の土地を6戸集め300間四方をモジュールとする区画，軸となる基線の設定など，その後の殖民区画での基本となるデザインが生まれた。それは明治29年(1896)の殖民地撰定区画施設規定で，規準となり制度化する。

　殖民区画制度の唯一の弱点といえるものが集落形成の面で難しい問題を抱えていることであった。殖民区画の実施段階で集落計画が必要との認識が行政や研究者に生じたが，実行するには様々な課題を抱えていた。そのなかで十津川移住の経緯や，札幌農学校教授であり道庁顧問でもあった新渡戸稲造の殖民区画に対する言及を詳細に分析することで，代替案ともいえる計画の可能性があったことを初めて明らかにしている。

1．殖民区画制度誕生期の北海道と取り巻く状況

　北海道開拓にともなう道内への流入人口は道庁時代に入り，明治 20 年代半ば頃から急カーブを描いて増加する。北海道開拓が本格化するのである。この時期に本格的展開をむかえる要因となったのは，府県農村での松方デフレなどの影響で中小自作農層の解体という送り出す側の事情と，北海道庁開庁による受け入れ体制の整備という双方の条件が整い始めたことによる。本格化した北海道開拓における農耕地への入植を支えたものが，土地区画の貸下げ制度，殖民区画である。明治 23 年 (1890) 奈良県十津川村村民の洪水被害による北海道への集団移民に際し，初めて実施された。

　明治初期から開拓地の土地区画制度は課題であったが，米国やカナダの開拓でのタウンシップ制度などの研究を踏まえ，北海道庁の設置など行政機構も体制が整った明治中期に入り施行されることになった。現在道内の農村地域をめぐるとき，300 間四方のグリッドに沿って，格子状に道路や耕地，防風林が整然と展開する景観はこの殖民区画によるものである。

　殖民区画制度が誕生する時期の状況や北海道開拓の組織や方針を浮かびあがらせるために，『新撰北海道史』，『新北海道史』などを参照し時代状況と開拓政策の流れを地域空間形成と関連づけて整理した。さらにその背景として北海道への移住民を多く送り出した北陸地方の事例として『富山県史』[1]，明治期の土地制度について，古島敏雄の『日本地主制研究史』[2]などに着目し，地租改正の実施とその影響について検討する。

1) 富山県編『富山県史通史編　Ⅴ 近代上』（富山県　1981 年）

2) 古島敏雄『日本地主制研究史』（岩波書店　1958 年）

1−1．北海道への移住拡大の時代背景

　北海道開拓にともなう道内への流入人口の移動量のデータを見ると，明治 22 年 (1889) から急激に増加しはじめ，北海道開拓が本格化する。また移住者増に対応する未開地の土地処分の実施状況もその頃から急増しているのがわかる（図 5-1）。

　明治維新後の新政府にとって，官僚群と徴兵常備軍は政府を支える二大支柱であったが，これに対する費用は莫大なものがあった。政府財政の経常面で基礎になったのは，旧来からの農民の貢祖（地租）であった。明治初年の政府財政の 70 〜 80% が貢祖であった。この貢祖をどのように確保し，領主的土地所有を地主的土地所有へと変化させるかが，新政府にとって死活の問題であった。その国家財政を支える新たな仕組みが地租改正であった。

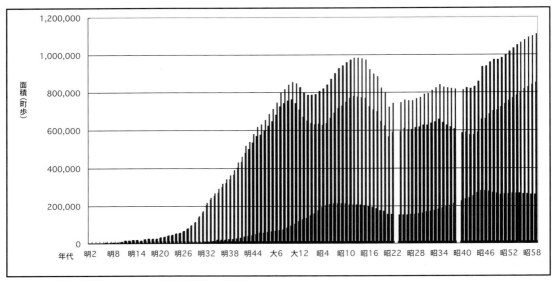

図 5-1 北海道開拓における耕地面積の推移
(出典:北海道編『新北海道史第九巻 史料三』(北海道 1980年) のなかの土地統計資料などをもとに作成)

　明治6年 (1873) から7年間かけて実施された地租改正により，日本で初めて土地に対する私的所有権を認め，その土地所有者に対し地価の100分の3を税として金納させる課税制度を誕生させた。地租改正により，個々の農民は地元の米商人などに直接米を売り換金したため，全国市場で米が売却されるようになり，農村が貨幣経済に取り込まれる契機になった。農村では明治11年 (1878) 頃から大隈重信の膨張財政政策によって米価が高騰し，地租の金納負担が軽減し，好景気をもたらした。貨幣経済の洗礼を受けた農村は，従来の自然的肥料中心の農耕から金肥の使用を増大した農耕へ転換し，地主側も小作米販売の収益を資本としたため，各地に地方銀行が相次いで設立された。
　しかし明治14年 (1881) 頃から大蔵卿松方正義のとった緊縮財政政策により，農産物の価格が暴落して大不況となる。米価は一石10円29銭が明治17年 (1884) には5円29銭と，約半値に暴落した。また地価は下落の一途をたどった。明治13年 (1880) の売買価格は明治17年 (1884) には10分の1以下に下落した。買い手がなかなかつかず，田畑の売買は困難になった。
　農家経済は深刻な苦境に追い込まれ，地租負担が小地主・自作農層に重くのしかかった。地租の滞納者はその土地を公売に付され，小作農に転落せざるをえなくなる。明治6年 (1873) の全国の小作率は27.4% (推定) であっ

た。明治17年(1884)頃には35.9%, 20年(1887)のには39.5%, 25年(1892)には40.6%と増大する。自作農の所有する土地が地元の豪農，あるいは都市の資産家・富商などの手に落ちていった。

　農村の土地併合が進行し，超大地主が出現するなど寄生地主制[3]が拡大する。またそれはいわゆる「原始的蓄積」[4]の進行でもあり，資本主義経済の確立のための安価な労働力の創出の過程でもあった。農民が小作人となって農村にとどまるには限度があり，多数の離村者を出した。東京や大阪などの大都市に出て労働者になる方途や，外国への移民も選択肢としてあったが，明治20年後半から大正初期にかけては，北海道への移住が進んだ。北陸地方のように北前船交易時代からのネットワークをいかし，またすでに移住しているものの縁やつてを活用し，積極的に北海道移住の情報が入手された。北海道庁開庁後，急速に進んだ交通網の整備（内陸幹線道路の開削，鉄道路線の進展）も，大量の移民受け入れる基盤となった。

1-2．移住拡大を担った北海道庁の誕生

1）三県一局時代から北海道庁へ

　次に受け入れ側の体制づくりの状況がどうであったか，整理した。北海道開拓が停滞していた三県一局時代[5]の明治18年(1885)，明治政府の肝入りで伊藤博文参議，金子堅太郎書記官が派遣され，実状をつぶさに視察し，提案がまとめられた。　金子堅太郎『北海道三県巡視復命書』[6]である。金子の復命書は，これまでの開拓使の事業の進め方を批判した。

　「明治二年以来，政府ハ北海道ノ開拓ニ従事スルコト，已ニ十有餘年ナリ。而シテ其成功ノ未ダ顯著ナラザルモノハ，年數ノ短少ナルニ原因スト雖モ，或ハ又，着手ノ方法其當ヲ得ザルニ因ルモノアラン。今又，殖民局ヲ新設シ，北海道ノ政務ヲ改革セントスル時ニ方テハ，宜シク先ヅ廣ク海外殖民ノ論策ヲ參照シ，開拓使事業ノ得失ヲ審究シ，其繼續スベキモノハ之ヲ繼續シ，其廢止スベキモノハ之ヲ廢止シ，將來，北海ノ大計ヲ誤ルコトナキヲ要スベシ。故ニ當とき，宇内ニ於テ尤モ殖民策ニ長ジタル，英国ノ殖民論ヲ英人「コント」及ビ「ベイン」二氏ノ著書ニ就テ案ズルニ曰ク，殖民地ヲ開クニハ，第一其地全面ノ概略ヲ測量シ，市街，村落，耕地，秣場，森林等ノ位置ヲ豫定スルコト，第二港湾ノ深淺，良否ヲ測量シ，波止場及ビ燈臺ヲ建設シテ，船舶ノ來往ヲ容易ナラシムルコト，第三道路ヲ開鑿シ，橋梁ヲ架設シテ，行旅及ビ運輸ノ便ヲ開クコト，其事業畢リ，内地ノ政務粗々ハルニ至テ，監獄，墓地，

---

3) 寄生地主制とは，地主小作という関係が成立している場合一般をさすのではない。土地所有が主に他人に貸与して小作料を取るためのもので，その小作料も自家消費よりは，換金して生活を豊かにする他，富の拡大再生産に用いるような土地所有者のことを寄生地主という。元禄頃より形成され始め，幕末を経て，明治期には日本の農村を規定する地主－小作関係となった。

4) マルクスによれば，原始的蓄積とは資本主義的生産様式の発生期に，資本と賃労働がつくり出される歴史的過程であり，大土地所有や商人による資本蓄積と，土地から切り離された農民などの無産者階級の形成が行われることである。

5) 北海道の行政制度で，明治15年(1882)～18年(1885)の間，函館・札幌・根室の三県に分けた地方行政と，炭鉱・鉄道と諸工場などを管轄する農商務省北海道事業管理局で構成され，この時期を三県一局時代という。

6) 金子堅太郎「北海道三県巡視復命書」(北海道庁編『新撰北海道史　第六巻　史料二』(北海道庁1936年　[復刻版] 清文堂出版　1991年))

病院等公共必要ノモノヲ建設スルモノナリ。此等ノ事業完備シテ後チ，學校ノ建築ニ着手スルモノナリ」

　明治2年 (1869) 以来，政府は北海道開拓に取り組んできて，すでに十数年になるが，いまだその成果はあがっていない。その要因には，年数が短い面もあるが，方策そのものに問題がある。今殖民局（北海道庁）を新設し，開拓政策を改革するに当たって，広く海外諸国の殖民政策に照らして，開拓使事業の成果を総括し，その継続すべきものは継続し，廃止すべきものは廃止し，今後の北海道の開拓の大計を誤らないようにしなければならない。世界のなかで植民論に最も精通したイギリス人，コントおよびペインの著作による開発手法に学ぶべきである。その殖民の開拓方針とはまず第一に，植民地全体の測量を行い地図を作成し，市街・村落・耕地・秣場・森林などの位置を決め，港湾の深浅・良否を測量し，波止場や灯台を建設し船舶の航行を安全にさせる。次に道路を開削し，橋を架け旅行や運輸の利便を図る。これらの事業が終了し，行政組織が整った段階で監獄・墓地・病院などの公共施設を整備する。そして，すべてが終了してから学校の建設に着手するものである。

　「殖民地ノ全面ノ測量，海岸ノ測量，及ビ道路開鑿ノ三件ハ，歐米各国政府ノ，最モ先ンヅル所ノ事業ナルニ，開拓使ハ其全力ヲ此ニ盡サズ，却テ歐米人ガ，後ニスルモノニ着手セシガ如シ。即チ彼ノ札幌ノ豊平館，農學校，師範學校，葡萄酒製造，養蚕場，其他各種ノ工場等ヲ建設シタル如キハ，最モ，殖民地ノ急務ヲ，鑑ミザルモノト云フベキナリ。」

　開拓使の時代の開拓政策は，土地や海岸の測量や道路の開削という最初に基礎事業として行わなければならないことに力を注がずに，欧米人が後にするものを先に着手していたといわざるをえない。札幌の豊平館や農学校，葡萄酒製造所や養蚕所などは，北海道の開拓地での急務を鑑みることなく建設したまさにその例であると。

　というものであったが，黒田次官の最初の10年計画の方針も，北海道開拓において，道路や船などの交通網の整備，地質や物産の調査，測量などの基礎事業の重要性をうたっていたのであった。しかし実際はそれら基礎事業ほとんど着手されることなく方針を転換し，結果，十数年後の金子の批判になったわけである。

　開拓地のインフラともいえる基礎事業への認識はあったが，実際は実施できなかった。予算面や体制，技術者の確保，政争など実現する条件がそろっていなかった面もあったが，指導層に基礎事業を完遂するという強い意志が

なかった面もあげられるように思う。基盤事業を実現する具体的手立てが現実的に考えられる状況は，ようやく明治10年代の終わりになり整い始めたといえる。

開拓政策への批判が北海道庁設置，積極的な道路などの社会資本建設，殖民地選定調査事業開始へと展開されていくことになる。

２）北海道庁の誕生

明治19年 (1886) 1月，三県一局の行政制度は廃止され，北海道庁が設置される。北海道庁は，府県と同じ地方行政を担当する官庁であったが，そのトップは知事でなく長官と呼ばれ，他の地方行政機関の長より格が上であった。北海道内の地方行政に加えて，開拓行政に関するすべての権限をもち，さらに屯田兵と集治監に関する業務を所管する官庁であった。初代長官には草創期の開拓使判官であり，札幌本府建設を指揮した岩村通俊が再び北海道に戻ってきた。

初代北海道長官の岩村通俊は明治20年 (1887) 5月に施設方針[7]を明らかにした。その内容は，北海道は創開の地であるから，必ずしも内地と同一の制度の必要はない。様々な制度をできるだけ「簡易便捷ナル方法」で「殖民地適当ノ政治」を行うなかで，開拓の成果をすみやかに実現する，というものであった。そして開拓政策上の重要な政策として，殖民地の調査と選定，道路の開削，鉄道の敷設，港湾の修築などの方針を打ち出した。そのなかでも道路と殖民地の選定を最重要施策にあげた。

道路については，「本道内部ハ言フヲ待タズ，沿海ノ地ト雖モ，殆ンド人造ノ道路ナク，沙汀ヲ履ミ，渓流ヲ渉リ，陵谷ヲ上下シ，棒奔荊棘ノ中ヲ経過。山道ノ險悪ナルニ至テハ，行旅ノ困難名状ス可ラズ。復タ何ゾ物貨運輸ノ便否ヲ論ズルニ暇アラン。因テ，是ヨリ漸ク，沿海嶮峻ナル山道ヲ平夷シ全道ヲ一周スルノ路ヲ通ゼント欲ス。是レ，最要務ニ属セリ。全道前途ノ大經略ニ於テハ，内部ノ中央ニ道路ヲ貫穿シ，四方ノ支道ニ連絡シテ，各地ノ交通ヲ開カザルベカラズ。因テ，第一札幌ニ起リ，空知，上川ヨリ東釧路ヲ經テ，根室ニ達スルノ道，第二樺戸ヨリ北増毛ニ出ルノ道，第三釧路ヨリ北網走ニ通スルノ道ヲ開カントノ計畫ニテ，第一ニ屬スル空知，上川間ハ，已ニ人馬ヲ通ズルノ假道ヲ開キ，其上川以東も漸ク測地ニ着手シ，第二，第三ノ工事ハ，来年度以後ニ於テ着手セントス。」

本道の道路状況は，内陸部はいうまでもなく，入植が進んでいる沿海部でもほとんど道路はないに等しい現状である。山道の行程の困難さは言葉では

7) 岩村通俊「行政施設方針演説書」（北海道庁編『新撰北海道史第六巻 史料二』北海道庁 1936年［復刻版］）清文堂出版 1991年））

いいがたいほどであり，道内は運輸の利便を語る以前の状況にある。それゆえ，今後の方針として沿岸，山道の起伏をならし全道を一周する道路建設を計画する。これは最重要の施策である。具合的な計画としては，第1に内陸部の中央を貫通する道路を通し，それから地方に連絡する道を設ける。中央道路はまず札幌から空知，上川を通り，東釧路から根室に達する道である。第2が樺戸より北に増毛まで通じる道であり，第3は釧路より北網走に通じる道である。第1のルートはすでに上川までは仮道路を開いており，上川以東は測量に着手している。第2，3は来年度以降着手する予定である。

岩村長官の方針では，幹線の道路開削を最重要の課題として認識し，その具体的な計画内容も示したものであった。

また移民政策については，開拓使時代の直接保護政策を廃止し，自由移民招来のための，制度や基盤の整備につとめる方針を打ち出した。具体的方針としては，未開原野の地質や面積，農耕適地かどうかの判定と土地測量からなる全道を対象にした殖民地選定調査の実施である。

「精細ニ検定調査シ，之ガ圖誌ヲ製シ，以テ移民ノ来テ農，桑，牧畜，其他ノ業就ニカントスルモノノ需メヲ待タントス。」選定調査の内容を図面として表し，耕作，養蚕，酪農などの開拓営農の移民の土地処分需要に備えると。

岩村の移民政策の基本方針を表現する以下の有名な言葉が残されている。「移住民ヲ奨励保護スルノ道多シト雖モ，渡航費ヲ給与シテ，内地無頼ノ徒ヲ召募シ，北海道ヲ以テ貧民ノ淵藪ト為ス如キハ，策ノ宜シキ者ニ非ズ。‥‥‥自今以往ハ，貧民ヲ植エズシテ富民ヲ植エン。是ヲ極言スレバ，人民ノ移住ヲ求メズシテ，資本ノ移住ヲ是レ求メント欲ス」

移住民を奨励，保護する方策は多くあるが，渡航費まで給与して，内地の無頼の徒を招募し，北海道を貧民の巣窟とするような策（直接保護政策）は，誤った方針であった。今後の北海道の開拓方針は，このような貧民を入植させるのではなく，富民を入植させることにある。換言すれば，人民の移住を求めるのではなく，資本の移住を求めるものであると。

岩村の施設方針演説に示された開拓施策の方向は，北海道庁の基本方針として，その後の政策の骨格となった。北海道庁の設置以降，北海道の本格的開拓が始まる。本格的とは大規模，十分な事前準備，組織的，面的，スピードアップを意味していた。

明治24年（1891）発行の『北海道移住問答』[8]のなかで，「徴兵令は函館，福山，江差地方を除きいまだ他に施行せられざること」とあり，北海道で徴兵令が施行されていないことも，北海道移住へのインセンティブとなった。

8) 北海道第二部殖民課編『北海道移住問答』（北海道庁　1891年）

北海道への移住が高い数字で続いたのは，明治25年(1892)から大正10年(1921)までの30年間であり，大正8年(1919)に9万1,000人でピークをむかえる。その後は急速に減っていく。この頃，北海道の入植可能な未開の原野はもうほとんどなくなっていた。

移住の増大と面的開拓を進展させるため，受け入れ側の北海道庁が準備した仕組みが，殖民地選定調査と殖民地区画測設事業（殖民区画）であった。殖民地選定調査事業は入植に先立って原野を調査，測量することであり，殖民区画は農耕予定地を区画し，処分する制度で，明治19年(1886)から道内未開原野の土地調査（殖民地選定調査）が始まった。殖民区画は明治23年(1890)奈良県十津川村村民の洪水被害による北海道への集団移民に際し，トック原野で初めて実施された。明治初期からこのような土地処分制度は課題であったが，米国やカナダでのタウンシップ制度などの研究を踏まえ，行政機構も体制が整った明治中期に入り，実施されることになったのである。

2．開拓地の土地処分の方法

殖民開拓の事業を行う目的で，北海道開拓のように大規模な国有未開地の土地処分を行う方法には，3つの考え方がある。
①土地の処分を行うたびごとに，処分する土地の面積を測定して，これを希望者に交付すること。
②机上において，おおよその面積を計算して，まず処分をしておき，後に開墾が成功してから，初めて実地について面積を測定し，所有権を交付すること。
③政府があらかじめ処分すべき土地を一定の規準に基づいて調査測量後，区画図面を作成し，これによって土地処分を行うこと。

開拓使時代においては，殖民事業の準備が十分整わず，主に②の方法がとられていた。しかし，道庁時代に入り，明治19年(1888)から，全道の未開原野の選定調査が4ヶ年かけて行われ，それに基づいた土地区画制度による殖民事業を行うことが可能になる。

未開原野の大規模な土地処分における区画制度のモデルは米国の中西部開拓に用いられたタウンシップ制度である。この制度は1785年に制度化され，米国やカナダにおけるフロンティアの土地開拓において，好成績をあげていた。開拓使の顧問となったケプロンによっても最初に紹介され，北海道開拓における未開地の土地処分のモデルとして推奨されていたものであっ

その計画原理はタウンシップ[9]と呼ばれ，方形測量（Rectangular System）により行われる。未開の原野のなかの測量基点には目立つ丘の頂上が選ばれ，この地点を通る南北の線を主要経線とし，それに直角に東西の線を基線とする。この線に平行に図5-2のように6マイル四方を1目とするグリッドで区切る。その1目をタウンシップ（township）といい，それぞれを座標に基づく記号で読んだ。例えば右下のタウンシップはR4EL3Sとなる。次にそれぞれのタウンシップを1マイルごとに36に分け，そのひとつをセクション（section）とし，順次番号をふった。このセクションを4分割し，4分の1セクション（quarter section），さらに4分割して16分の1セクション（quarter-quarter section）とし，これを土地払下げの最低単位とした。16分の1セクションとは約402m四方の大きさであり，面積は40エーカー（約16町歩）となる。

　農民は最低単位をもとに，4つ分（4分の1セクション）とか8つ分（2分の1セクション）などの土地を購入した。土地にはタウンシップの境界ごとに番号をふった測量標が立てられていた。移住民はワシントンの土地局にて，地図上で自分の移住地を確認し，あとはコンパスひとつで，自分の目的地にたどり着くことができた。

　大陸横断鉄道の開削では，鉄道沿いに両側10マイルの間において，奇数のセクションを鉄道会社に与え，偶数のセクションは官有地として保留する制度があった。鉄道会社は運送上沿線開発を急ぐため，所有するセクションの土地を安く売ったので，鉄道沿線に移民が誘因された。その結果内陸の開発が進み，政府の所有する偶数のセクションの土地も，開発利益を得ることができたといわれる[10]。

　開拓使はこの土地区画の制度を採用することはなかった。その理由に，明治初期においては，北海道への移住希望者の数が少なく，逆に保護移民の制度が求められるほどで，差し迫った土地区画制度の必要性がなかったことと，誕生したばかりの開拓使には未開原野の測量や土地調査を全道にわたって行う財政力も，技術者も備えていなかったことがあげられる。道路や鉄道もいまだ開通しておらず，基盤のほとんど整ってない状況では，やりたくともできない事業であった。

　タウンシップのような土地区画制度の特徴は，移住者が入植地に来住する以前に，あらかじめ土地の調査，測量，区画ができており，その位置および面積が明瞭になっていることである。そのため多数の移住者が一時に押し寄

9）タウンシップ（township）とは，もともと中世イングランドでの村落制度や最小行政単位をさす言葉であった。この言葉は，イギリス移民とともに新大陸にもたらされたが，18世紀末から始まる米国の中西部開拓において，新たな制度による入植地の土地区画の単位となる。

写真5-1　タウンシップ制度でつくられた農村風景（ミネソタ州）

10）マリオン・クローソン他　小沢健二訳『アメリカの土地制度』（農政調査委員会　1981年）

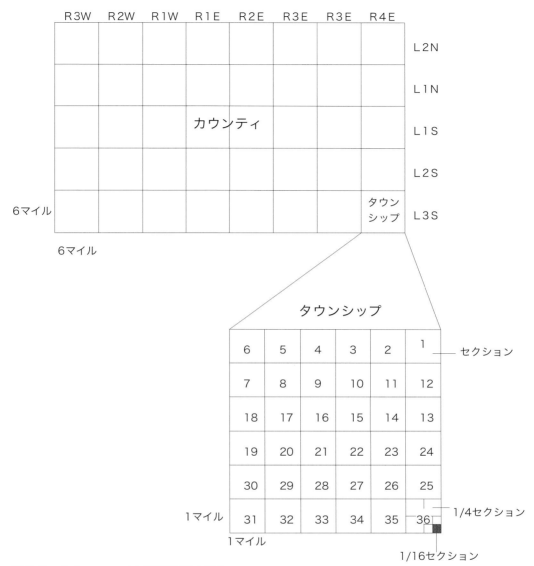

図 5-2　タウンシップの空間計画モデル
（出典：マリオン・クローソンほか　小沢健二訳『アメリカの土地制度』（農政調査委員会　1981 年）などの資料をもとに CAD 図面化し作成）

せても，迅速に土地を処分できる。また土地が規格的に区画されているので，その面積や境界線がよくわかり，所有地の境界争いをすることが少ないことや土地の区画が直線で区切られ整然としているから農業経営において牛馬を使役し，あるいは機械力を利用する上で便宜であることなどの利点，つまり大量の移住民の土地需要をさばくことのできる，制度化されたシステムであったのである。

3. 殖民地選定調査

　殖民区画の実施に当たって，基礎となる現地調査，測量を行ったのが，殖民地選定調査事業である。

　北海道長官岩村通俊はその施政方針演説[11]のなかで殖民地の選定調査について一項を設け趣旨を説明している。「全道殖民ニ適スベキ土地ヲ選定シ，其原野山沢ノ幅員，土性地質ノ大略，樹木ノ積量，草木ノ種類，河川ノ深浅，魚類ノ有無，飲用水ノ良否，山河ノ向背寒温ノ常変，水陸運輸ノ便否等ニ至ル迄詳細ニ検定調査シ，之ガ図誌ヲ製シ，以テ移民ノ来テ農桑牧畜其他ノ業ニ就カントスルモノノ需メヲ待タン」

　北海道庁設置後，開拓行政を一元化するとともに，未開の内陸開拓を進める上で改めて地理的調査と各原野の位置，概積，山川の位置，土質，樹木繁茂の景況，飲用水の良否，運輸の便否，道路開削の難易などの調査の必要性が痛感され，当局は地形測量と殖民適地調査を行うことになったのであり，その事業概要は表5-1のようであった。

　11) 岩村通俊「行政施設方針演説書」（北海道庁編『新撰北海道史 第六巻 史料二』北海道庁 1936年［復刻版］清文堂出版 1991年））

　表5-1　殖民地選定調査事業の内容

1. 全道未測の山川脈をさぐり，国郡村市の境界を定めること
2. 測量は急務であるから開拓使の用いた三角術（法）をやめ簡単な地形測量法によること
3. 技手は22名，予算は15万3000余円
4. 期限は5ヶ年

　殖民地選定事業は明治19年(1886)8月より，石狩国空知・夕張，胆振国千歳・勇払の原野の調査から始まり，明治20年(1887)には上川，明治21年(1888)天塩・十勝，明治22年(1889)には釧路・根室・北見・後志と，全道の主要な原野の調査を終え，農耕・牧畜に適する土地，約100万町歩を選定した。

　この殖民地選定の未開地調査は，辛苦を極めたものであったといわれる。当時の北海道内陸部が石狩国など一部分を除いてまったく無人の境にあり，たどるべき道路もなく，いたるところ草木は繁茂し，蚊や虻の襲来に加え熊や狼も出没するという状況であった。実際に困難な事業をスタッフとして担ったのは，明治13年(1880)1期生として札幌農学校を卒業し，開拓使に奉職した内田瀞，柳本通義らであった。内田瀞は明治14年(1881)，開拓

162

使御用掛を命じられ，十勝から網走までの原野を9月から11月にかけて，開拓の可能性や地形，地質を詳しく調査している。内田の復命書には遭難しかかった記録もあり，当時としては命がけの大旅行であったようだ。こういう予備調査をもとに，明治19年(1886)から4ヶ年かけ，内田らは全道の殖民地選定調査事業を実施したのであった。特に日高山脈を越えた北海道東部の内陸部は，調査を行うことだけでも困難であり，実際の開拓（可能性はあるにしても）は当時ほとんど不可能と見なされていたのであった。

　具体的な調査内容は，少し後の制度が整った明治29年(1896)の殖民地選定および区画施設規定によるが，表5-2のような項目からなっていた。

　以上のうち1〜15までは少なくとも300間ごとに調査し，植物や土性の調査には標準サンプルを採集すべきことを規定していた。調査終了後，殖民地選定原図（2万5,000分の1）と報文が作成された。報文は『北海道殖民地選定報文』[12]（明治24年），『北海道殖民地選定第二，第三報文』[13]（明

12）北海道庁殖民課『北海道殖民地選定報文　完』（北海道庁　1891年［復刻版］北海道出版企画センター 1986年）

13）北海道庁殖民課『北海道殖民地選定第二，第三報文』（北海道庁　1897年［復刻版］北海道出版企画センター　1986年）

表 5-2　殖民地選定および区画施設規定の内容

1）農牧に適する土地	積）
2）地積５０万坪以上の土地（地形によってはこのかぎりではない）	4．山川湖沼の位置および形状
	5．樹林草原の状況
3）傾斜２０度以下の土地	6．景勝地の位置および形状
4）海上２００ｍ以下の土地（特に農牧に適する土地はこのかぎりではない）	7．河川の水量並びに河岸および河底の地質
	8．雨雪出水の量および水害の有無
以上を殖民地として選定すべき土地の標準とした。これは，まずもって農耕および牧畜の適地を調査しようとしたのである。また，調査の便宜上，大面積を対象にしたものと思われる。このような基準でまず殖民地の候補地を選び，実際の選定に当っては，原野について基点を定めて概測する他，次の諸項を調査した。	9．土性
	10．動植物
	11．気候
	12．耕牧適否の区別
	13．交通の便否
	14．道路排水施設の要否
	15．旧土人部落の位置および状況
1．原野名	16．区画施設の適否
2．原野なかの小字	17．比隣の遠近および状況
3．原野の位置および広狭（地	18．最近町村の里程
	19．最近町村農商の実況および物価諸雇賃銭

治30年）の3冊が刊行された。その内容は土地の位置，地質，植生など自然の概況が主であった。未開の土地であって，地域の社会環境についてはほとんど記述するものがなかった。

　最初の4年間（明治19〜23年）は集中的に道内の主要原野の選定調査を行い，明治23年(1887)以降は，小規模な原野および千島の殖民地選定を行った。その後，第1・2期拓殖計画にも引き継がれ，昭和21年(1946)まで実施された。次第に開発適地が少なくなり選定基準も下げられていったが，明治19年(1886)以降，実に403万5,200町歩の土地が選定された。それは北海道の全面積約779万町歩の52%に及ぶものであった。

4．殖民区画制度の成立

4-1．トック原野への十津川移民の入植

　入植地に殖民区画制度を適用したのは，明治23年(1890)樺戸郡トック原野へ施行したのがその最初である。明治22年(1889)8月に発生した大洪水により，奈良県十津川村は村全体が崩壊するほどの被害を被った。生き残った人びとは村ごとの集団移住を検討し，海外移住なども検討して探したなかで，北海道へ移住し北方防備の任に当たることは，十津川郷士先祖代々の忠君愛国の精神[14]にかなうものであるとする意見が出て，北海道への移住が決まる。移住候補地は，内陸開拓が始まりつつあった石狩川中流部の原野であった（図5-3）。

　明治19年(1886)に内陸開拓のため，初めての広域幹線道路である札幌から上川まで通じる上川道路が仮道で開かれ，明治20年（1887）からは樺戸集治監の囚人労働により道路の整備・改良工事が着手され，明治22年(1889)9月に完成していた。その沿線には，道路維持管理の役割も兼ねた屯田兵村が配置計画されていくのだが，中間地点の石狩川と空知川の合流する空知太（現滝川市）は開拓の拠点と目され，大規模な市街地計画が構想されていた。その空知太の対岸が十津川村からの600戸の集団移住が入植する土地が樺戸郡トック原野であった（図5-3）。

　十津川村からの集団移住の場所となったトック原野などの石狩川右岸の中流域は明治20年(1887)に，道庁技師柳本通義らによって殖民地選定調査が行われていた[15]。その地形は西側のピンネシリ岳に連なる丘陵部と東側の石狩川に挟まれた南北に細長い平坦地である。殖民地選定調査によると移

14）十津川村は壬申の乱で天武天皇を村をあげて味方して以来，代々天皇家に直接仕えているという伝承をもつ。幕末にも十津川郷士として勤王で知られた。明治維新後，新政府はその功を称えて，一村あげて全員が「士族」に指定されたという歴史をもつ。

15）神埜努『柳本通義の生涯』(共同文化社　1995年)

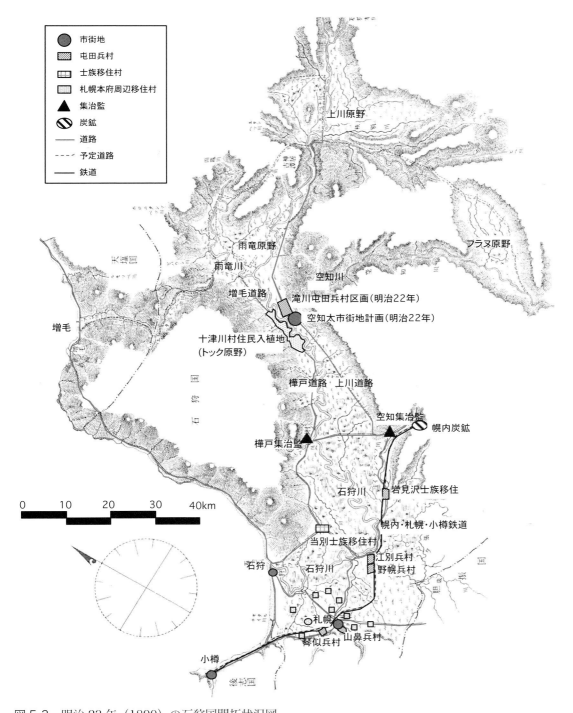

図 5-3 明治 23 年（1890）の石狩国開拓状況図
（出典：北海道庁編『新撰北海道史第四巻 通説三』（北海道庁 1937 年［復刻版］清文堂出版 1990 年）収録の図版「石狩原野殖民地撰定図」をもとに市街地，屯田兵村，集治監，十津川村住民移住地，道路などを示した）

第 5 章 殖民区画制度の誕生 165

住地となったエリアは3つの地域に分かれ，北から「オシラリカ原野」，真んなかが「トック原野」，南が「トレップタウシナイ原野」である。しかし3つの地域は北端のオシラリカ川から南端のカバト川までは連続しており，ひとまとまりの範囲といえる場所であった。それぞれの地域の農耕適地の面積は殖民地選定報文から417万5,000坪，192万125坪，300万坪の数字が拾え，合わせると909万5,125坪の面積である。十津川村からの移住入植戸数は600戸であり，600戸×1万5,000坪＝900万坪であるから，地域の拡がりは面積的にぴったりの大きさであった。

また土地の状況について，『北海道殖民地選定報文　完』[16]には次のようにある。「オシラリカ原野」については樹林地325万2,562坪，草原92万2,438坪，「慨シテ肥沃農業ニ適セサル所ナシ然レドモ其中九拾四萬七千五拾坪ハ湿地ナルヲ以テ排水スルニアラサレハ良圃トナスヘカラス」とある。

「トック原野」は，「長三千余間幅六七間ニシテ地質・地理・農業ニ適ヘル屈強ノ地ト云フベシ」とあり，「トレップタウシナイ原野」も，「地勢山麓ヨリ東南ニ面シ石狩川ニ達シテ平坦ナリ原野中樹林地アリ草原アリ沼沢亦少シトセサルトモ農業ニ適スル良好ノ地ナリ」とある。いずれも殖民地選定調査の行われた地域のなかで，恵まれた農耕適地の場所であったといえよう。交通面でも増毛道路が入植地を南北に開削されており，対岸には空知太市街計画地も設定され，鉄道も敷設予定である。石狩川の水運も利用可能であり地理的にも好適の地といえ，いわば条件のそろった場所であった。

明治22年(1889)10月の時点で，十津川移住民の入植の可能性のある場所は，以下の条件を備えていたところであった。

- ●殖民地選定調査が完了していた土地
- ●肥沃な開墾適地が，900万坪（1万5,000坪×600戸）程度まとまって確保できる土地
- ●すぐに開墾可能な場所で，風水害のおそれのない土地
- ●飲用水の確保できる土地
- ●交通条件として，道路が開削されており，近傍まで鉄道や水運により到達しうる土地
- ●市街地あるいは市街予定地が近傍に存在する土地

この条件で選定調査から候補地を探すと可能性のある場所はそう多くはない。十勝，天塩，釧路，北見，根室国は当時ほとんど未開の状況で，まず候補とならない。したがって石狩，後志，渡島，胆振国の殖民調査地が候補と

16) 北海道庁殖民課編『北海道殖民地選定報文　完』（北海道庁　1891年　［復刻版］北海道出版企画センター　1986年)

166

表 5-3　殖民地選定報文調査による原野の状況

国	郡	原野	樹林地	草原	高丘	湿地	泥炭地	直二開墾シ得可キ地	排水後耕耘ニ適スル地	牧畜適地	大改良ヲ要スル地	計
石狩	札幌	ハチヤム	15,710,998			2,833,400	2,750,000	74	13	0	13	21,294,398
		コトニ				10,938,000	830,000	0	93	0	7	11,768,000
		トヨヒラ	26,340,000				19,480,000	57	0	0	43	45,820,000
		ノッポロ	3,000,000				2,000,000	60	0	0	40	5,000,000
	石狩	上トウベツ	16,317,650				32,050,950	34	0	0	66	48,368,600
		下トウベツ	8,396,650				8,788,700	49	0	0	51	17,185,350
		オヤフル	6,143,000				4,390,750	58	0	0	42	10,533,750
	樺戸	ヲシラリカ	2,305,512	922,438		947,050		77	23	0	0	4,175,000
		トック	1,920,125			444,000		81	0	0	19	2,364,125
		トレップタウシナイ	3,000,000			649,000		82	0	0	18	3,649,000
		ピラ	4,158,600			1,165,000		78	0	0	22	5,323,600
		ウラウシナイ	5,216,600			491,500		91	0	0	9	5,708,100
		トムシ	2,718,000			279,500		91	0	0	9	2,997,500
	空知	上フラヌ	3,293,000	7,546,000				100	0	0	0	10,839,000
		中フラヌ	6,426,250	3,120,000			5,851,250	62	0	0	38	15,397,500
		下フラヌ	3,614,250	1,955,000		806,000		87	0	0	13	6,375,250
		ケナチヤウシ	709,750	781,000	1,214,000			100	0	0	0	2,704,750
		ソラチブトヲトエポッケ	14,740,000					100	0	0	0	14,740,000
		ソラチブト	1,547,500					100	0	0	0	1,547,500
		ヲトシナイ	4,131,500	200,000				100	0	0	0	4,331,500
		ナイ	5,245,000	649,000			615,000	91	0	0	9	6,509,000
		チャシナイ	2,092,000				930,000	69	0	0	31	3,022,000
		ト井ノタップ	3,126,250				17,200,300	15	0	0	85	20,326,550
		上ビバイ	5,320,500				9,396,600	36	0	0	64	14,717,100
		下ビバイ	11,724,400			4,307,750	34,826,250	23	8	0	68	50,858,400
		ポロムイ	6,500,000					100	0	0	0	6,500,000
		ベンケソウカ	1,700,000				25,000,000	6	0	0	94	26,700,000
	夕張	ユウバリ	9,560,000				55,881,875	15	0	0	85	65,441,875
胆振	千歳	島松	200,000		400,000			33	0	67	0	600,000
		イザリ		600,000				100	0	0	0	600,000
		ヲサツ	2,000,000					0	0	100	0	2,000,000
		千歳	1,400,000					100	0	0	0	1,400,000
	勇払	ユウプリ	200,000					0	0	100	0	200,000
		アビラ	210,000					100	0	0	0	210,000
		厚真	2,500,000					100	0	0	0	2,500,000
		鵡川	550,000	843,000				100	0	0	0	1,393,000
	虻田	上ヌッキベツ	1,400,000	860,000				100	0	0	0	2,260,000
		下ヌッキベツ		1,328,000				100	0	0	0	1,328,000
		メナ	3,410,000	4,970,000				41	0	59	0	8,380,000
		クッチャン	7,260,000		1,338,500			84	0	16	0	8,598,500
後志	磯谷	メクシナイ	3,740,000				250,000	94	6	0	0	3,990,000
	瀬棚	上トシベツ	1,529,260					100	0	0	0	1,529,260
		中トシベツ	3,776,030	750,000	1,941,173		2,852,950	69	31	0	0	9,320,153
		下トシベツ	2,801,800		1,374,140	1,050,000		54	20	26	0	5,225,940

（出典：『北海道殖民地撰定報文完』（北海道庁　1991年　［復刻版］　北海道出版企画センター　1986年）の「殖民地撰定原野国別表」をもとに作成）

なるが，石狩国のなかでも上川盆地や富良野盆地は，道路も開通していない手つかずの状況のため除外される。上川の手前，石狩川と雨竜川の交わる雨竜原野は候補となるが，同じ明治22年(1889)10月に三条，蜂須賀らの組合華族農場による，国有未開地1億5,000万坪の貸下出願が道庁長官宛に出されていた。従ってここも状況的には除外せざるをえない。以上の条件から候補地となる原野をリスト化したものが表5-3である。

　この表で，土地条件として肥沃な開発適地ということから泥炭地などを除外し，土地の大改良が必要でない条件の場所が原野のうち70％以上を占める場所をまず選ぶ。次に十津川移住民600戸を一地域に入れるという条件から地積的に1,000万坪以上の拡がりが確保できる場所を選ぶ。両方の条件を満足できる場所は，ハチヤム，オシラリカ・トック・トレップタウシナイ，ピラ・ウラウシナイ，ソラチプト・オトエポッケ，ヲトシナイ・ナイの5つの地域となる。その候補地のうち，ハチヤムとソラチプト・オトエポッケは屯田兵村が入植する予定の土地であった。残った候補地はオシラリカ・トック・トレップタウシナイ，ピラ・ウラウシナイ，ヲトシナイ・ナイの3ヶ所にしぼられるが，いずれも石狩川中流域に位置し，それぞれ隣接するエリアである。ピラ・ウラウシナイは十津川移住民の入ったトック原野エリアの南であり，ヲトシナイ・ナイはちょうど向かいの石狩川左岸である。十津川移住民の入植地はこのエリア以外なかった。土地候補地としては担当の柳本も，この場所しかないと考えていたようだ。

4-2. トック原野での土地区画のデザイン

　この十津川村からの集団移住入植地において，1万5,000坪（5町歩）という1戸当たりの土地の基本単位，その100間×150間の土地を6戸集め300間四方をモジュールとする地域の区画，地域デザインの軸となる基線の設定など，その後の殖民区画の基本デザインが生まれた。この空間計画の基本要素の成立について見てみたい。

1）土地区画の基礎単位
　十津川村からの集団移住入植地において区画の基礎となる1戸当たりの土地の大きさはどのような経緯で決まってきたものであろうか。

　開拓初期，明治8年(1875)の屯田兵村の創設時は1戸当たり給与される土地の大きさは5,000坪であった。H・ケプロンが当時東京近辺で農家が

図 5-4　トック原野周辺の入植図　空知原野殖民聚落図
(出典：北海道庁編『新撰北海道史第四巻　通説三』(北海道庁　1937年［復刻版］清文堂出版　1990年) 収録の図に地名，場所などを書き加える)

明治30年(1897)製版の5万分の1の地形図である。石狩川右岸トック原野に入植した新十津川村の300間四方の区画のなかに6戸ずつ整然と並んだ殖民区画が配置されている。左岸には滝川と江部乙の屯田兵村が，やや集居的な密度で配置されている。その南は市街地として予定された人口10万人規模の空知太市街地区画である。空知川の両岸にまたがって計画された区画には鉄道の駅も見られる。1枚の地図のなかに北海道開拓における3つの主要な計画が示される例として貴重な計画図面である。

図 5-5　土地区画の規模の変遷
(出典：川端義平編『仁木町史』(仁木町　1968年)，渡辺茂編『江別市史 上巻』(江別市役所　1970年) などの資料をもとにCAD図面化し作成)

第 5 章　殖民区画制度の誕生　　169

自立できる最小規模といわれていた5,000坪（約1.6町歩）を適当とし，設定したといわれている。しかし屯田兵村の入植後，寒冷な気候風土の北海道での開拓に必要な農耕地面積の見直しが必要となり，明治11年(1878)になり1万坪(約3.3町歩)に増加された。開拓使が区画を行った最初の民間入植地とされる明治12年(1879)の仁木村[17]の場合は，4間幅の道路をもって囲まれる長さ250間幅160間，すなわち4万坪の碁盤目がつくられ，その1画に4戸を入れた各戸1万坪の区画地であった。

　1万5,000坪（5町歩）の規模が北海道の入植地の土地区画に登場するのは，明治17年(1884)頃である。三県一局時代の明治17年(1884)に行われた根室県による釧路地方への鳥取士族の移住では，根室県地域の寒冷な気候を考慮し，1戸当たりの土地規模を大きくし，1万5,000坪の土地の区画が行われた。また明治19年(1886)野幌に民間の団体移住である北越殖民社が入植したが，その区画割は開庁したばかりの北海道庁の協力を得て行われ，間口60間×奥行250間，面積1万5,000坪の区画であった。この頃は初期の開拓事業の実験的な試みが総括され，行政制度としても開拓使の廃止後，北海道庁が明治19年(1886)に設置され，本格的な開拓行政が始まる出発点に立っていた時期であった。この時期に入植地での1戸の土地規模として，1万5,000坪（5町歩）が北海道庁の拓殖政策上の標準となったと考えられる。

　明治22年(1889)9月28日付けの十津川村民の内閣総理大臣黒田清隆宛の移住保護願に，入植地の土地について，以下のような要望を提出しているのを読むことができる。

17) 第1章3-2. 初期移住村参照。

耕地　耕地ハ一戸ニ付平均一万五千坪宛ノ割合ヲ以テ御下渡シ相成度候事。
山林　薪炭及ビ用材用トシテ移住民ニ相当スル山林無代価ニテ御下渡相成度候事。
牧場　牧場モ前項同様ノ儀ニテ御下渡相成度候事。

　耕地は一戸につき平均1万5,000坪の割合で下げ渡ししていただきたいこと。さらに山林も薪炭，建築用材として移住民に必要な面積の山を，また牧場用地も同様に無償で下げ渡しいただきたいことを願い出たのである。結果として，耕地は要望通り一戸につき1万5,000坪が給与された。しかし，山林，牧場用地は給与されなかった。この耕地のみを払い下げる仕組みが，その後殖民区画の標準となるのであった。

18) 新渡戸稲造「植民政策
講義及論文集」(『新渡戸稲
造全集第四巻』(教文館
1969 年))

新渡戸稲造は「植民政策講義及論文集」[18] のなかで，「五町歩は北海道に
ては中庸を得たる大きさ (optimum size) であり，この区画は甚だよかっ
た。」と述べているように，1 万 5,000 坪 (5 町歩) は北海道の入植地の土
地の規模として明治初期から始まった開拓の試行錯誤を経て，ようやく落ち
着くことのできた解 (optimum size) であったのであろう。

国有未開地処分法直前の明治 29 年 (1896)12 月，道庁長官は大中小農の
規模の標準その他の調査を北海道農会へ依頼し，札幌農学校助教授の高岡熊
雄が主査としてこれに応えている。そのなかで高岡は小農の規模を論じ，もっ
とも標準的な石狩地方において 4 町歩以上を適度とすると結論し，当時ばく
ぜんと 5 町歩の区画をもって農家 1 戸分に対する土地処分の基準としていた
道庁の方針に学問的裏付けを行った [19]。

19) 高岡熊雄著『北海道農
論』(裳華書房 1899 年)

２）300 間モジュールの地域計画

殖民区画では，基礎単位となる 100 間 ×150 間の土地を 6 戸集め，300
間四方の道路で囲まれる区画をつくり出した。現在の北海道の農村地域では，
1 戸当たりの農家の土地規模も拡大し，100 間 ×150 間の区画は必ずしも明
確ではない状況もあるが，道路区画や防風林は 300 間の格子状の区画にのっ
て，整然と展開している。300 間四方のモジュールこそが，殖民区画の地域
デザインの基本であり，最大の要素となっている。この 300 間モジュール
はどのように生まれたのであろうか。どうも当初から 300 間四方の区画の
発想が明確化していたわけではなさそうなのである。明治 22 年 (1879)10
月 28 日付けの十津川移民久保良蔵の復命書 [20] に，以下のようにある。

20) 新十津川町史編さん
委員会編『新十津川百年
史』(新戸津川町 1991
年)

「此地ハ稍西北ニ向ヒ広一里余長三里許ノ沃野ニシテ東北ニ字オシラリカ
川アリ。是日柳本技手ノ測量ヲ観且ツ其所説ヲ聞クニ曰ク長三百間広二百間
ヲ一区ト為シテ毎区四方ニ道路敷地 (樺戸道路ハ幅一五間里道ハ幅八間) ヲ
除キ反別一万五千坪ヲ一戸 (長百五十間広百間ニ四戸ヅツ一所ニ建築ノ予定
ナリト云) ト為スノ計画ナリト」入植地は西北に向かい，幅は約 1 里，奥行
3 里ほどの肥沃な土地で，北東にオシラリカ川が流れる。北海道庁の柳本技
師らによる測量の実際を見学し，その説明を聞く。土地区画は長さ 300 間
(545 m)，幅 200 間 (364m) を 1 区として，道路が設けられる。道路幅員は，
(基線である) 樺戸道路が 15 間 (27.3m)，区画道路は 8 間 (14.5m) 幅である。
1 戸の土地は (1 区を 4 分割した) 長さ 150 間，幅 100 間，面積 1 万 5,000
坪とし，住宅は 4 戸ごとのまとまりで建築する予定である。この道庁技師柳
本の説明を図化すると図 5-6 A になる。

しかし十津川住民が明治22年(1889)の冬を竣工したばかりの滝川屯田兵村内の兵屋で過ごし，翌春彼らが入植地に入ったとき，すでに完成していた土地区画は説明を受けた案ではなく，図5-7 Aのものであった。なぜ，当初の図5-6 Aの案から変更されたのか，その詳細は不明である。図5-6 Aと図5-7 Aは一見大きな相違はないように見えるが，実は根本的に異なる問題をはらんでいた。

　道路区画（中画）が図5-6 Aでは200間×300間で，図5-7 Aでは300間×300間で，区画形状が長方形と正方形で異なる。なにより問題だったのは土地区画内の住戸の配置であった。図5-6 Aでの住戸の配置は4戸を道路交点に集める計画である（図5-6 B）。5町歩の土地を基礎単位としながら，開拓地内に住戸を数戸ずつのまとまり[21]にして形成していくことを可能にするデザインであった。一方300間四方の中画案では住戸を集める配置を考えようとしても，うまくまとめることができない（図5-7 Bは筆者の想定した図である）。結果，住戸を集めて配置する計画は放棄され，それぞれの

21)集落地理学，例えば矢嶋仁吉『集落地理学』（古今書院　1956年）では「数戸の民家が集まって集落構成の単位となったもの」を「小村落」と定義している。

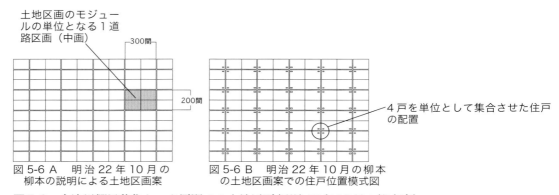

図5-6 A　明治22年10月の柳本の説明による土地区画案　　図5-6 B　明治22年10月の柳本の土地区画案での住戸位置模式図

図5-6　十津川郷民移住トック原野での土地区画（明治22年10月の柳本案）

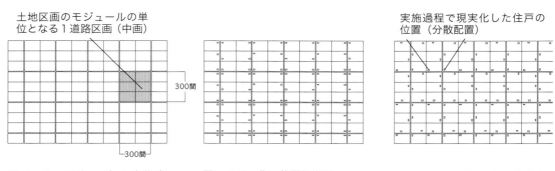

図5-7 A　明治23年の実施案による土地区画デザイン　　図5-7 B　住戸位置想定図　　図5-7 C　明治23年の実施案での住戸位置模式図

図5-7　十津川郷民移住トック原野での土地区画（明治23年の実施案）

土地区画のなかに個別に住戸を建てる状況が生まれた（図5-7 C）。

ここに有名な殖民区画の区画デザインが誕生したのである。同時に入植地での疎居の問題と集落形成の課題が生じた。この問題は，北海道開拓での入植地における農村社会形成にとって大きな課題となり，その後長く議論されることとなる。

とまれ，この区画デザインが殖民区画の標準となり，その後の全道の未開の原野地域で実施されていくことになった。

3）基線の設定

全体の配置では，まずすでに地域に通っていた樺戸集治監から増毛に通じる道路を利用して，トック川で南北に分かれる上トック，下トック地域のそれぞれの基線を設定した（図5-8）。基線とは地域の土地区画の方位の基準とした道路のことである。この基線（ほぼ南北方向）に平行に，300間ごとに区画道路を設け，基線より西側の道路を山1線，山2線と呼び，東側の道路を川1線，川2線とした。トック原野の場所は石狩川右岸に位置し，西はピンネシリ岳に連なる丘陵で，東には石狩川があった。基線に直角方向の道路は，上トック，下トック地域のそれぞれの中央部に1号と称する道路を設け，それに平行に300間ごとの区画道路を設けた。これを1号より北を上，南を下とし，それぞれ上1号，上2号，下1号と呼んだ。道路幅は基線が15間(27m)幅，その他の道路は8間(15m)幅であった。

新十津川での区画割りに際し，アイヌの居住区画を定めて，散らばっていたアイヌ系住民を集合させたともいわれている（図5-8）。

4）1村の規模と生活領域のまとまり

十津川村の入植戸数は600戸であった。新十津川の地域は，北のオシラリカ川から南のカバト川までの範囲で，トック川で3つのエリアに分かれる。区画は731戸あり，600戸入植するのに適当な面積であった。

200〜240戸を1村とした屯田兵村と比較すると1村の規模としては大きいが，屯田兵村も多くは1地域に2村が接して入植しているので，実際は400戸ほどで，ひとつのまとまりがあった地域も多い。

明治29年(1896)の殖民区画の規定では1村の規模を300〜500戸としている。また村境は，山川の自然地形あるいは，既存道路によるとしている。新十津川のケースが活かされているようだ。

1村，300〜500戸の根拠は何だろうか。300〜500戸は1戸5町歩と

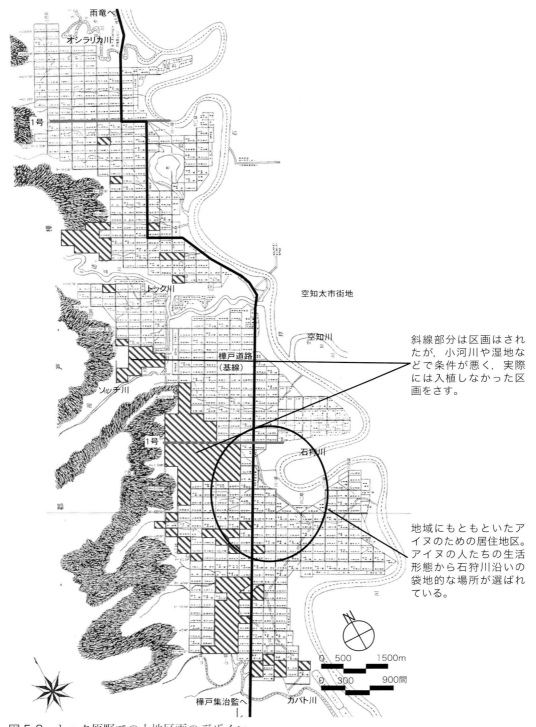

図5-8 トック原野での土地区画のデザイン
（出典：新十津川町編『新十津川町史』（新十津川町 1966年）のなかの図に道路や実際には入植されなかった区画の位置などを記入）

すると1,500〜2,500町歩の面積であり、屯田兵村の2,000町歩に近い。数km四方の範囲である。現状の空知地域の自治体の大きさに対応するであろうか。

入植に際して土地の場所は抽選で決めたが、まず出身地の大字単位での抽選を行い、その大字ごとのメンバーでさらに抽選を行った。この大字ごとのメンバーは一本の道路に沿って、その入植地が配置され、道路を介し生活共同のまとまりが形成されたという。このまとまり単位は後の入植地で「道路組」という単位につながっていく。

5）市街地と中心ゾーン

入植地の村落は、大部分が未開の原野のなかに孤立して存在し社会経済や生活上極めて不便なものであった。その欠陥を補うため構想されたのが入植地に小市街地を設定することであった。村落の自然成長の結果、市街地が生成されるのを期待するのではなく、開拓の当初から都市的機能をもつ市街地を設定したのは北海道開拓での特徴であった。新十津川では当初からの市街地の計画ではなかったようだが、トック川と石狩川の合流点に役場、学校などの中心施設を配置している。

4−3．トック原野に続く土地区画のデザイン

新十津川トック原野に続いて石狩国の各原野を手はじめに道内各地でぞくぞく区画測設が行われていくことになる。

明治23年(1890)に、第二番目に土地区画が測設された奈江原野の場合を見てみよう（図5-9）。図は明治26年(1893)に初版が刷られたもので、最初のときのものではないが、こういう土地区画図が一般に市販され、入植希望者用に供されていた。

奈江原野の殖民地選定調査は、明治20年(1887)に行われ、土地区画割は明治23年(1890)7月に着手され、10月に完成した。翌24年(1891)4月に区画地の貸下げが北海道庁殖民部地理課により実施される。貸下げ抽選地の範囲は、まずヲトシナイ原野および砂川・奈井江両市街地であり、奈江川以南のナイ原野は含まれていなかった。最初ナイ原野の貸下げを行わなかったのは、団体移住用として必要になった場合のことを考慮したのと、貸下げ事業の成果を見た上で今後の方針を決めようとするものであったといわれる。この奈江原野の土地区画地の貸下げ事業は、単独移住者に対する最初

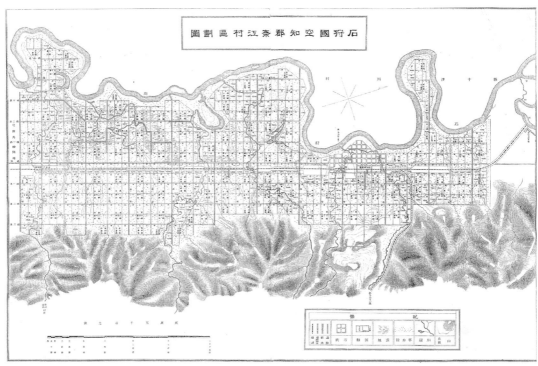

図 5-9　石狩国空知郡奈江村殖民区画図（北海道立文書館蔵）

の区画地貸下げであり，現地にテントを張って担当官が事務を取り扱ったのもこのときから始まったといわれる。

　区画の範囲は西は石狩川を挟んで十津川村の集団移住地に面し，東は山裾まで，北は空知太市街地に面し，南は奈井江川までであり，明治 24 年 (1891) から入植が始まる茶志内屯田兵村に接していた。

　区画の基線は明治 22 年 (1889) 9 月に開通した上川道路としている。図では上川道路に接するように鉄道線が引かれているが，この鉄道の砂川までの開通は明治 24 年 (1891) 7 月，空知太 (空知川左岸) までの開通は明治 25 年 (1892) 2 月で，区画計画時には未完で，鉄道予定線となっていたと思われる。上川道路に平行して 300 間間隔に区画道路を設け，基線以東の道路を東一線，東二線，以西を西一線，西二線とした。もうひとつの方向は，上川道路とオタウシナイ川の交点付近で基線に直交させて引き，これを一号とし，その南北にそれぞれ南二号・三号，北二・三号と道路を設定した。区画道路の幅は，基線は 10 間，その他は 8 間であった。図では区画道路沿いに道路排水が設けられているが，その設置位置を見ると，東西方向で一本おきに設けられている。

この区画図には，十津川移住地と比較し，ふたつの相違点が見られる。まず，空知太市街地と接する部分には幅50間の防風林帯が見られるが，これが殖民区画に設けられた最初のものであるといわれる。

また農地区画とともに，市街地区画も同時に配置されている。砂川停車場の西側，石狩川との間や奈井江停車場西側に，市街区画地（1戸160坪以内）が配置されている。十津川村移住地のケースでは，役場や商店，学校などが立地する市街地は入植後形成される。入植時には，そこまでのデザインを考える余裕がなかったのである。

地形的には西側は小河川や沼が多く，東側は丘陵地でかなり起伏があるが，小地形は基本的に無視し，区画がなされている。ただし，石狩川沿いやある程度の河川沿いでは，区画の形状もアジャストされている。そこでは三角形や，細長い区画の土地も見られる。この土地の地形状況に対応した区画設計は十津川村移住地でも見られる。

殖民区画の制度は当初，具体的な規定は成文化されていなかった。明治29年(1896)にその制度が成文化され，格子状の土地区画の拡がりのなかに，集落市街地，官公庁・病院・学校・公園の計画，防風林の配置などを計画的に定めることになった。農村地域計画の内容が制度的にも確立したのである。

4-4．殖民区画の制度的規定

1）明治29年の殖民地選定区画施設規定

明治29年(1896) 5月，殖民地選定と並んで殖民地区画についても初めて成文規定ができあがった。「殖民地選定及区画施設規定」（本庁決議）の内容は，表5-4のようであった。

2）大正7年の殖民地選定および区画測設規定改正

大正7年(1918) の改正での主な点は，防風林の設置計画の改正に加え，密居宅地の規定，共同放牧地，共同秣地，薪炭用林地などの共用地の規定が新しく設けられた。

防風林の改正とは1,800間（約3,272 m）ごととしていた防風林（基幹防風林）の間隔を1,200間（約2,200 m）ごとへ密度をあげたことである。防風林の効果を高めるため，間隔を狭くしたわけである。

密居宅地制の規定では20町(約2km) 以内ごとに，水利の便ある土地を選び，その周辺に収容しうる農家戸数を見込み，一戸につき間口8間×奥

表 5-4　殖民地選定及区画施設規定

１．地勢および諸般の関係を観察しまず交通道路を予定すること。

２．一部落もしくは一村をもって一区域とすること。

３．原野の区域はなるべく既設村界によること。

４．一村の境界は自然の山川によること。ただし自然の山川なき所は予定
　　道路線によること。

５．300 戸ないし 500 戸に対する耕宅地ならびにこれに要する諸般の予
　　定地をもって一村と仮定すること。

６．大中小農区および牧場の位置を定ること。

７．区画の基線は既成道路もしくは予定道路によること。

８．区画法は直角法によること。

　　小画（間口 100 間, 奥行 150 間, 1 万 5,000 坪）をその単位とし, 小
　　画 6 個を中画（縦横各 300 間, 地積 90,000 坪）とし, 中画 9 個を合
　　わしたものを大画（縦横各 900 間, 地積 810,000 坪）とした。

９．地勢により直角法による能はわざるとき又は直角法によらざるを便
　　とするときは大中小区画の地積は必ずしも 1 万 5,000 坪, 90,000 坪,
　　810,000 坪に限らざること。

　　既成道路又は予定道路に面しなるべく多数の区画を施設する時といえ
　　ども一戸の間口 60 間以下たることを得ず（1 戸 1 万 5,000 坪を標準
　　とす）。

　　以上のうち５．にいう予定地として①道路または排水渠敷地, ②保有林,
　③市街地, ④官衙公署および共有地, ⑤学校病院敷地, ⑥神社寺院敷地,
　⑦公園遊園敷地, ⑧墓地火葬場, ⑨町村共有地, ⑩薪炭林および草苅場,
　⑪旧土人開墾場があげられている。

　　本規定はこのほか, 道路幅員, 区画の呼称などについても記されている。

行 34 間（272 坪）以内の面積を標準とし, 住宅用の土地区画を設定するこ
とを規定した。この密居宅地の計画は, 明治 27 年 (1895) から実際, 当別
や上美唄, 天塩川流域で行われていたが, それを規定として明記したもので
ある。

　また防霧林, 薪炭用林地, 共同放牧地および共同秣地, 墓地などの共用地
の規定が新たに付け加えられた。特に薪炭用林地, 共同放牧地および共同秣
地の規定は重要である。それまでの殖民区画の規定では, 共有の草地, 茅場

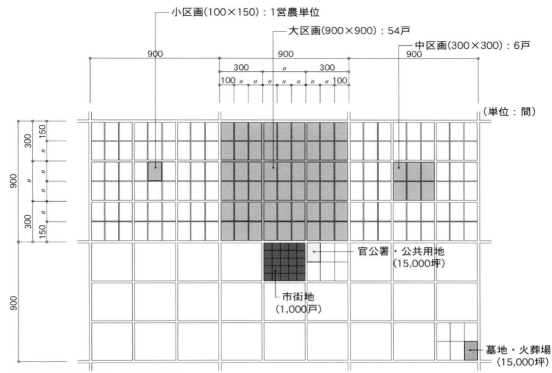

図 5-10　殖民区画モデル計画図
(出典：北海道庁編『新撰北海道史第四巻　通説三』(北海道庁 1937 年　［復刻版］清文堂出版　1990 年)
などの資料をもとに CAD 図面化し作成)

がなかったことで，耕地への肥料の手当がなく，入植後は，無施肥料で，栽培が行われた。当初は肥沃であったため，問題は生じなかったが，十数年を経るに従い，地力の衰えが深刻になり，化学肥料の施肥が急速に行われる背景になったといわれる。

共同秣地，薪炭用林地，共同放牧などの共有地の問題は，疎居の問題と並んで，殖民区画において大きな問題点であったといわれており，それが大正7 年 (1918) の規定で改正されたのである。しかし，その当時殖民区画による入植は，すでに大半の地域では完了していたのであった。

5．殖民区画での疎居・密居問題と代替案の可能性

5-1．疎居・密居問題

北海道開拓期の入植は，未開の原野にゼロから村落をつくりあげねばならない。しかし出身地による差違，入植形態による差違が顕著に表れ，開拓と

いう困難な事業に立ち向かうべき住民の共同体はなかなか確立しなかった。明治初中期の開拓で模範とされたのは営農や生活共同体としての団体規則を確立し，地域開拓に取り組んだ士族移住村や屯田兵村であった。そこでは集落形成も主要な通り沿いに入植者の住居が並ぶ路村や街村のような密居型の計画が行われた。一方入植者がそれぞれの自分の開墾地のなかの適当な場所に小屋を建て，農地のなかに住居が散在するパターンは疎居の形態となった。殖民区画の実施において空間計画的に問題となったのは，農村コミュニティの基盤となる集落形成での密居・疎居の問題であった。表5-5は「北海道拓殖史」[22] などから集落形成における密居制と疎居制の利点，欠点を整理したものである。

22) 高倉新一郎「北海道拓殖史」(『高倉新一郎著作集第三巻移民と拓殖 [一]』北海道出版企画センター 1996 年)

表 5-5　入植地での密居制と疎居制の利点と欠点

	密居制	疎居制
利点	・互いに助け合い，共同でものごとに対処する精神が育まれ，住民の定着，地域への愛着の観念の養成が可能となる。	・土地が一団地としてまとまり，営農上のメリットが大きい。
欠点	・耕地と居宅が離れているので，営農上の不便となる場合がある。	・農家が孤立し，近隣と共同性が確立するのが遅れる。 ・共同性が確立されないため，地域への定着率が高まらない。 ・農家が隣家，センターと著しく離れ，社会的に孤立する傾向が強く，冬期特にその傾向が強い。

5-2．殖民区画の実施体制

　北海道庁は殖民区画制度を実施するに当たり，関係者を米国開拓でのタウンシップの土地制度研究に赴かせるなど念入りに調査し，事業を実施に移している。札幌農学校1期生の佐藤昌介は卒業後ジョンズ・ホプキンス大学に留学し，米国での土地制度の研究において学位を取得した。その後明治20年（1887）帰国し，札幌農学校の教授にむかえられる。道庁での殖民事業の責任者である担当課長の小野兼基は佐藤と札幌農学校同窓であるが，佐藤の帰国と入れ替わるように明治20年（1887）米国に赴き，半年間の現地調査，視察を行っている。殖民区画事業の現場での実務を担当した北海道庁技師がやはり彼らと札幌農学校同窓の柳本通義と内田瀞である。

柳本と内田は殖民区画の実施に先立ち，明治 19 年（1886）から 4 年間かけて，道内原野をくまなくめぐり，殖民地選定調査を実施したスタッフであった。柳本，内田は現場の情報を圧倒的にもっていた。佐藤や小野の米国の開拓制度の情報と柳本や内田の北海道内の現場情報が合体し殖民区画事業は創出されたといえるが，具体的な実施デザインは実務を取り仕切り，現地の情報に精通していた柳本，内田に任された。その柳本，内田が疎居制を主張したといわれるのである[23]。

疎居制の社会集団構成における大きな問題点よりも，開拓地での営農上の利点を重視し，殖民区画における区画デザインが実施されていったのだが，その過程は，従来いわれているような単純なものではなかった。その経緯を以下に描き出したい。

5-3．新渡戸稲造の殖民区画への代替案

その主役として，道庁の顧問でもありもうひとりの札幌農学校教授であった新渡戸稲造に登場してもらおう。札幌農学校卒業後ドイツに留学した新渡戸は，母校に戻り農学・殖民学を担当したが，北海道庁の顧問も務め，開拓政策に提言を行った。その彼が北海道開拓の農村形成において，密居制の重要性を唱えていた。新渡戸は南部藩の士族の出で，彼の祖父新渡戸傳と父は，三本木の原野開拓に生涯をかけた人でもあった。原野開拓にかけた新渡戸家三代の精神ともいえるものが，彼の北海道開拓への提言のなかに息づいているようにも思われる。

新渡戸稲造は『農業本論』[24]のなかで，「但疎密孰れの制を選ぶべきかは，殊に新開国に在りて直接に利害得失を及ぼすものなれば，其初めに当りて，宜しく講究すべき問題たること言を俟たず。」とし，「今我邦府県の密居村落に住ぜし農民を北海道に移住せしめ，俄に習慣を一変して疎居的村落の農民たらしめんとするは，蓋し容易の業にあらざるなり。故に屯田兵その他を移住者として，集合したる一村落を立てしむるは，農業上幾分か不便を感じることなきあらずと雖，因襲の久しき，密集群居に慣れたる農民をして，強ひてその慣習を抛却せしめ，為めに植民上の蹉跌を来すに比すれば，優ること万々なりと謂ふべし」と述べて密居的村落の設定を主張した。営農上の利便よりも慣れ親しんだ社会生活上の習慣，利便の立場から密居論を主張したのである。

またその具体的な計画デザインについては「凡そ植民をなすに，疎居と密

---

23) 北海道庁編『新撰北海道史第四巻　通説三』（北海道庁　1937 年［復刻版］清文堂出版　1990 年）「第二節土地政策の変遷　第一項　殖民地選定事業と其成績」

24) 新渡戸稲造『農業本論』（裳華書房　1898 年［再録］『新渡戸稲造全集第二巻』（教文館　1969 年））

居と塾れの制を選ぶべきかは最も至難なる問題にして，唯理想的に推究すべきにあらず，須らく他国の例を参し，自国の前例に照し，以て後来の利害を推測するより外なるべし。」のように，外国のモデルを単純に導入するような考え方ではなかった。

新渡戸は「植民政策講義及論文集」[25]のなかで奇妙な計画デザインを描いている。そこには，「明治二十年頃米国の方法に類せる土地区画を行った。即ち土地を測量して大画中画小画に分ち，大画（一二〇町）を四分して中画とし，中画（三〇町）を六分して小画とし，小画（五町）を一戸宛の払下単積とした」とある。

新渡戸の思い違いであろうか。区画規定では大区画は図5-11のように中画を3×3の9個集めたものである。しかし考えてみれば実際の区画図で，大区画（900間四方）が明確に表現されているという計画図はほとんど見ない。第6章で描く鷹栖原野での入植では大区画が日常生活のための小市街地（番外市街地）立地の単位になっているのを見ることができるが，これはほとんど例外的なケースである。

一方，新十津川に続いて2番目の殖民区画実施例である奈江村区画図（図5-12）では，新渡戸のいう大画（600間四方：4中画）での構成が例えば，道路排水の区画などにが見られるが，この事例もまれなケースである。

中区画（300間四方）は，入植時に明らかに1戸の基礎単位であり，現在も北海道の農村がグリッドで原野が区画され，道路が通るという意味で最も明快で基本単位となっているものである。またこの区画で，耕作地の種類が明快に分かれているのを空中写真などで，多く確認することができる。

[25) 新渡戸稲造「植民政策講義及論文集」（『新渡戸稲造全集第四巻』（教文館 1969年））

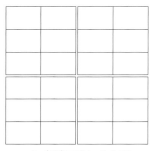

A　新渡戸のいう大画

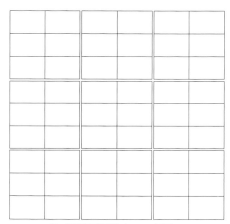

B　殖民区画規定での大画

図5-11　新渡戸の大区画と区画規定での大区画の相違

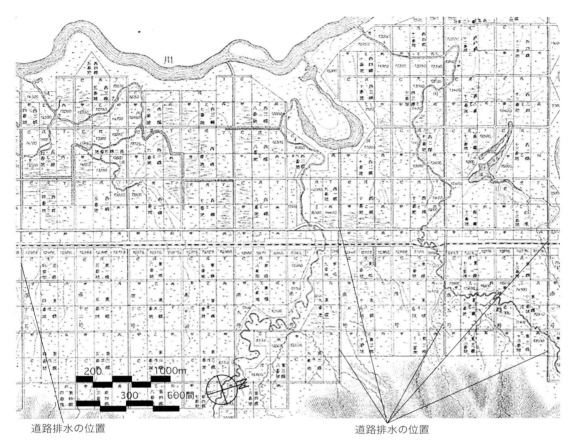

図 5-12　石狩国空知郡奈江村殖民区画図（出典：北海道立文書館蔵・部分に道路排水位置を示したもの）

　　　区画の機能，スケールという意味から，大区画の役割とはなんであろうか。新渡戸の言を続けてみよう。「後米国式の田制を真似たるとき，五町歩の小画の一戸ずつ建てることをせず，大画の中心に密居して二十四戸が住むことにした。之は支那の井田を想い起させる。」の表現である。ここでも大画の規模として24戸が出てくる。4中画×6戸＝24戸で，前述の表現と一致するが，そのまとまりが大きい意味をもっていることがわかる。ここで決定的なことは，小画（5町歩の土地）のなかに1戸ずつ住宅を建てるのではなく，大画の中央部に24戸集めて（密居にして），建てたとあることである。殖民区画での農家の配置，すなわち各戸，自土地内に住宅を建て疎居配置となったという，通念と異なっているのである。この内容を図化したものが図5-13である。

　　　この新渡戸の提案について具体的なデザインは不明なので，以下のように設定した。密居宅地を中央に集めること，土地は密居宅地と開墾地に分

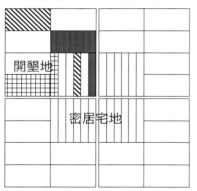
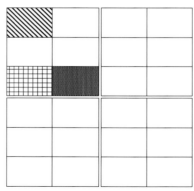

図 5-13 新渡戸の考えた 24 戸をまとまりとする密居配置案

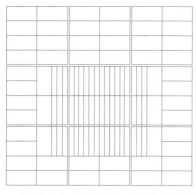
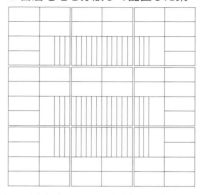

図 5-14 新渡戸の考えた密居宅地案を 9 中区画のなかに配置した案

け，中区画をそれぞれ 6 分割する．この設定で，区画のモジュールのなかで割り切りやすい寸法を考え，密居宅地の大きさを間口 25 間×奥行 150 間，開墾地の大きさは間口 75 間×奥行 150 間[26)]と設定する．1 戸当たりの大きさは密居宅地と開墾地を合わせて，100 間×奥行 150 間（5 町歩）となる．図なかの網色の部分はそれぞれの 1 戸の土地の範囲を示す．この配置デザインではまとまりの単位を 4 中画としていることが重要である．戸数の 24 戸は，屯田兵村でも生活のまとまりの基礎単位となった給養班の大きさに一致する．密居宅地と開墾地の配置もそれぞれ中区画内にあり，隣接するか離れているケースでもその距離は 200 間ほど（斜めの網色）である．一方 9 中区画を単位とすると，その配置は図 5-14 A のようになり，密居宅地の数が 81 戸と，まとまりの単位としては大きくなりすぎるし，密居宅地と開墾地がかなり離れるケースも生まれてくる．その問題を解消しようとすれば，図

26) 密居宅地の規模は，屯田兵村で最も多く見られた耕宅地の大きさ，30 間×150 間と近い形状である．

5-14 Bのように，密居宅地を分散して配置することになり，大区画としてのまとまりの単位性が失われる。いずれも 4 中区画の大きさが重要な意味をもっていることが確認できるのである。

新渡戸の配置デザインの提案を面的な拡がりのなかに配置すると，図 5-15 のようになる。約 600 間を単位として，密居集落が開墾農地のなかに配置される案が可能となる。殖民区画で行われた実施案と比べると，新渡戸の案には集落計画の意図と配置原則が明らかに違うのが見てとれる。

実施で集落計画につながるような新渡戸の案の計画デザインが行われたということは，今のところ確認されていない。どこかの場所で，モデル的に実施されたことはなかったか。それを確認しうる資料は発見されていない。

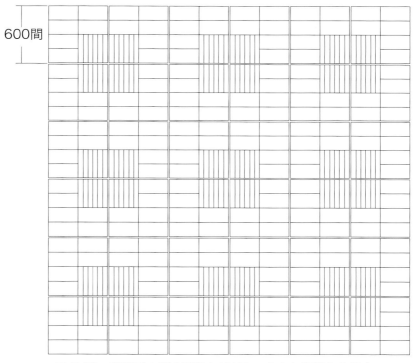

図 5-15　新渡戸の案を面的な拡がりのなかに配置した場合

第 5 章　殖民区画制度の誕生　185

6．殖民区画による密居制の実施

　殖民区画において各住居は，基本的には入植した5町歩の土地区画内の適当な位置に建てられた。それにより構成した集落の形態も散居形態となったが，ある条件のもとでは住居を建てる宅地を集合化した区画を殖民区画内に計画したケースもあった。

　明治27年(1894)の当別原野，上美唄原野をはじめ，明治31年(1898)の天塩川沿岸の原野などでは飲料水の確保，洪水の可能性や湿地などの地形条件の悪さ，防風などの要因から，土地条件のよい場所に住居用の区画を計画している。

　この住宅区画の計画は，明治41年(1908)以降も，北見・十勝・胆振の各地方に見られ，大正7年(1918)の殖民区画規定の改正では，20町ごとに密居集落を配置することが示されている。しかしこの住居区画の計画は実際は，うまく成功した事例は少なかった。移住当初は密居していたとしても後になんらかの理由で分散していくのが通例であった。

　殖民区画で試みられた密居制の住宅区画の事例を取り上げ，その計画上の特徴と問題を明らかにしたい。

表5-6　殖民区画での密居制の住宅区画実施事例

場所	地域	年代	設置理由	設置場所	宅地規模	単位	ヶ所・戸数	公共用地
当別原野	石狩国	明治27年	泥炭地	山裾	30間×30間 900坪	4戸	7ヶ所 261区画	
上美唄原野	石狩国	明治27年	泥炭地・洪水危険性	河畔・高燥地	13.5間×42間 567坪	20戸	3ヶ所 82区画	
オブナイ原野	天塩国	明治30年	泥炭地・低湿地	河畔・高燥地	16間×45間 720坪		4ヶ所 271区画	
天塩川口原野	天塩国	明治30年	泥炭地・低湿地				3ヶ所 82区画	
ウブシ原野	天塩国	明治30年	泥炭地・低湿地	河畔・高燥地	16間×45間 720坪	6戸	1ヶ所 78区画	有り
上サロベツ原野	天塩国	明治30年	泥炭地・低湿地				3ヶ所 82区画	
真狩原野	胆振国	明治41年	防風・飲料水確保	河畔				
サラベツ原野	十勝国	大正6年	防風・飲料水確保	河畔				有り(学校用地)
大正7年の殖民区画規定改正				水利の便ある土地	8間×34間 272坪		付近の収容すべき戸数を見込み，20町(2km)毎に設ける	
拓殖実習場拓北集落	十勝国	昭和9年	計画的密居集落		25間×100間 2500坪	20戸	1ヶ所 20区画	有り(集会所・共同作業所)

(出典：北海道庁編『新撰北海道史第四巻　通説三』(1937年　［復刻版］　清文堂出版　1990年)などの資料をもとに作成)

6−1. 殖民区画による密居制の実施事例

1) 当別・篠津原野

写真 5-2 山裾のエリアの現状

　明治27年(1894)に殖民区画が実施された当別，篠津原野において金沢，中小屋の山裾の間に，密居宅地を設定している。篠津原野の区画地は泥炭地が多く，居住地として不適（飲み水の確保や建築地盤として）なため，宅地を当別の山裾の条件のよい場所に，集合化して設けた（図5-16）。1戸の敷地規模は30間四方，面積900坪で，4戸ごとに周囲に道路を設けた配置となっている。1ヶ所当たり6戸から48戸の宅地を，全部で261区画計画した[27]。密居宅地の計画がそのまま集落形成したかどうかは不明だが，現在地域には「宅地の沢」の地名が残っているなど，山裾のエリアは集落の居住域を形成している。

27) 北海道庁編『新撰北海道史第四巻　通説三』(1937年［復刻版］清文堂出版　1990年)

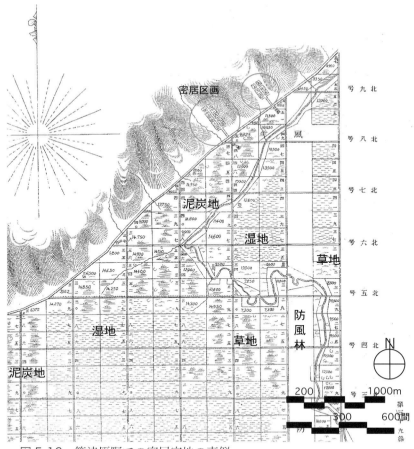

図 5-16　篠津原野での密居宅地の事例
（出典：「殖民区画図」（北海道立文書館蔵）に密居区画の位置と文字を表示）

２）上美唄原野

　同じく明治27年(1894)，上美唄原野において殖民区画が実施された。上美唄原野も低湿地帯が多く，融雪期に河川沼が氾濫して農耕地内に住居を建設するのは不適であるとして，開発，小川，大曲の3ヶ所に間口13間5分(約24.5m)，奥行42間(約76.4m)，面積567坪(1,874㎡)を1戸分として密居宅地が設定された。

　開発宅地には川沿いに40戸分が区画された。当初は宅地内に住居を建てたものもあったが，その後農作業の不便さなどから耕地内に住居を移したといわれる。現在，この開発宅地であった場所を訪れると，かつての宅地区画や住戸らしいものは残っていない。しかし開発神社と地域の会館があり，集落のセンター的場所になっていることを確認することができる。

写真5-3　開発密居宅地エリアに建つ開発神社

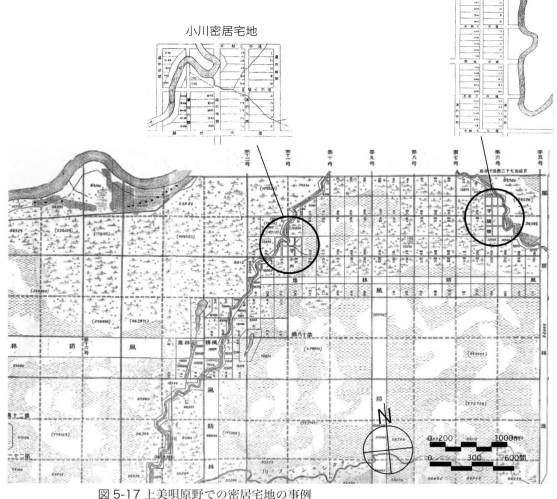

図5-17 上美唄原野での密居宅地の事例
　　（出典：「殖民区画図」（北海道立文書館蔵）に密居区画の位置を表示）

3）天塩原野

　明治31年(1898)天塩郡各原野の区画に際して，山形道庁殖民部長は，地勢上密居が不向きの場所を除き，各原野とも宅地の区画に密居制を採用したといわれる。天塩川本支流の各川沿岸は湿地，泥炭地の地質で，洪水の被害を受ける可能性の場所が多かったため，高燥の場所を選び密居の宅地区画を計画したのである。それぞれの宅地面積は700坪〜900坪とした。

　密居区画を各原野に分散して設け，例えばオヌプナイ原野においては4ヶ所に，48戸，44戸，68戸，111戸の区画を設けた。1戸の区画は間口16間，奥行45間，面積720坪とした。6戸ごとに6間幅の道路を通して区画した。

　720坪は馬鈴薯，米などの耕作の収穫によって一家の越年の食料がまかなえる土地の広さと判断し，面積を決定したといわれる。

　しかし，実際は集村村落の成立は見られなかった。宅地周辺の農耕区画地の処分に当たって，宅地と耕地を関連させて処分し，また住戸は密居区画の宅地内に建てることを義務づける，そういう規定がなかった。そのため，農耕地と宅地が分離し，営農上不便のため，成立しなかった。密居宅地の計画地も，宅地として未処分となるところが多かったといわれる。

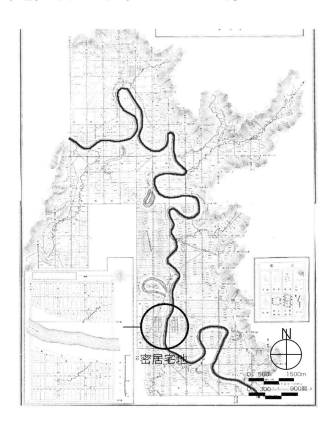

図5-18 天塩川流域での密居宅地の事例
　（出典：「殖民区画図」（北海道立文書館蔵）
　　に密居区画の位置を表示）

第5章　殖民区画制度の誕生　189

4）羊蹄山麓地域

　その後，密居区画の宅地計画は行われなかったが，明治41年(1908)～43年(1910)頃に設定された殖民区画地において，再び密居区画の計画が胆振，北見，十勝地方で行われる。防風，飲料水の確保を主要因に，疎居の問題点が加わったといわれる。

　胆振の羊蹄山麓地域での密居宅地計画を見てみたい。『新撰北海道史　第四巻』[28]には「防風の関係，飲料水の問題が主に，散居制の生活上の不便に対し，10数戸～50戸の密集集落をつくり，隣保互助の精神を発達させようとした。…当初，一時的に成立しても，開墾上の不便より多くは，各自の農耕地中適宜の地を求めて散居して，実際は計画的密集集落の発達はしなかった。」とある。現状を見ると，地形は隣接してスキー場があるような山地である。残念ながら農地開拓そのものがほとんど実現していない。

28）北海道庁編『新撰北海道史第四巻　通説三』（北海道庁　1937年　［復刻版］清文堂出版　1990年）

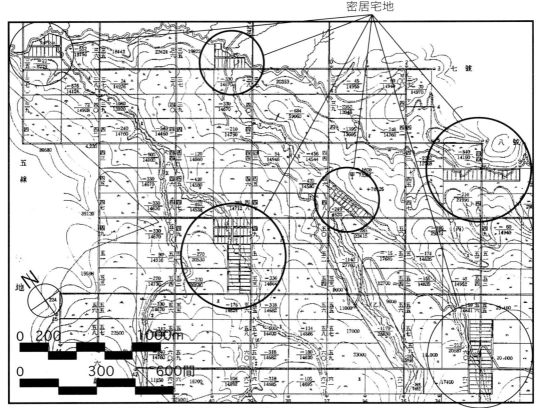

図5-19　羊蹄山麓地域での密居宅地の事例
　　（出典：北海道庁編『新撰北海道史第四巻　通説三』（北海道庁　1937年　［復刻版］清文堂出版　1990年）
　　収録の「胆振国殖民地における密居区画」の図に密居宅地位置を示す）

写真 5-4 元更別の大国神社（かつての更別出雲神社か？）

写真 5-5 元更別の密居宅地地区（出典：北海道庁編『新撰北海道史第四巻 通説三』北海道庁 1937年［復刻版］ 清文堂出版 1990年）

写真 5-6 元更別の密居宅地地区の現況

5）更別原野

　大正6年(1917)，島根団体25戸が十勝平野の更別原野に入植した。このとき，密居区画に入地している。更別原野で密居区画が採用されたのは，大正5年(1916)の区画測設のとき，付近で測量の技師たちが井戸の試掘を行った際，30尺（9m）掘っても水が出なかったことが最大の要因といわれる。元更別の密居区画はサラベツ川の橋から上札内寄りに区画され，学校用地など公共用地も用意され30戸分の区画がつくられた。島根団体25戸のうち，2戸は分散したが，他は密集宅地から通い作を行った。この密居区画に住宅の建つ風景の写真が，『新撰北海道史第四巻』にのせられている。

　更別原野での農耕予定地は，1戸に10町ずつの付与であったから，まとまった続き地として所有すると宅地からの距離の関係で不公平になるとして，1戸分（5町歩）ずつ2ヶ所分割して配置した。入植後間もない大正9年(1910)には密居区画の裏山に更別出雲神社の社殿を建てている。神社の祭典は盛大で，出身地の石見神楽が催され，近隣集落の評判ともなったといわれる。

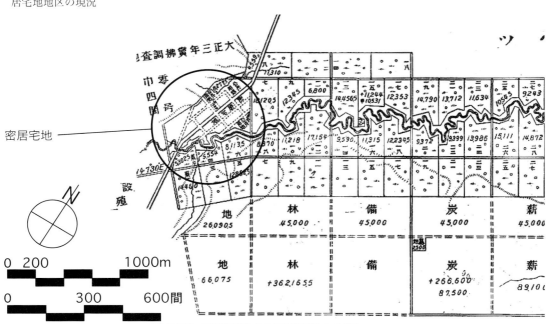

図 5-20 更別原野での密居宅地の事例
（出典：「殖民区画図」（北海道立文書館蔵）に密居区画の位置を表示）

6）十勝湧洞沼原野

　十勝のなかで，太平洋に近い湧洞沼の原野に密居宅地が設けられた例である。地形的に山地であり，区画も中区画以上の大きな区画が計画されているように牧野として計画された場所であろう。現状を見ると，山地のなかで，区画の線は残っておらず，牧野としての農地開拓自体も実現していない。

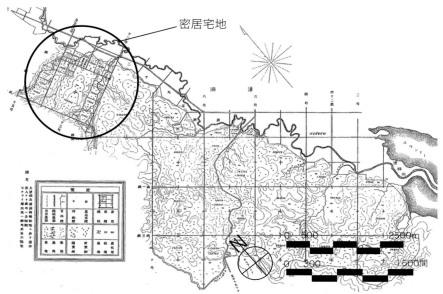

図 5-21　十勝湧洞沼地域での密居宅地の事例（出典：「殖民区画図」（北海道立文書館蔵））

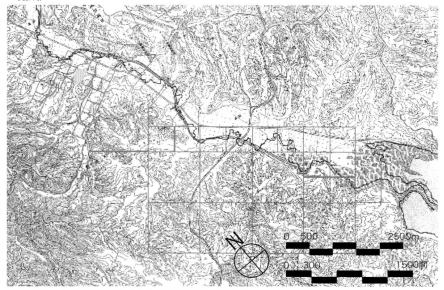

図 5-22　十勝湧洞沼地域での密居宅地の現状
　（出典：国土地理院 2 万 5,000 分の 1 地図に密居区画の位置と文字を表示）

29) 木内信蔵・藤岡謙二郎・矢嶋仁吉編『集落地理講座 第3巻』（朝倉書店 1958年）

写真5-7 拓北集落の公共用地に建つコミュニティ施設

30) 金田弘夫「農村に於ける集落設営形態に関する研究」（北海道大学教育学部 1962年）

7）拓殖実習場・拓北集落

拓殖実習場・拓北集落は大樹村字拓北に位置し，昭和9年(1934)入地した。上当縁原野の開拓でできた新村である。地理学者の村松繁樹や，渡辺操は『集落地理講座第3巻』[29]のⅡ章「北海道の集落」のなかで，図版入りで示している。注目すべき試みだったらしい。殖民区画の地域区画のなか，柏の林の段丘上の約240町歩の平坦な土地，この団地の中央に6間幅の道路を通し，両側に間口25間，奥行100間（2,500坪，約8反歩）の宅地区画を20戸分設けた。宅地区画には中央の十字路に接して公共用地を設け，集会所および共同作業場を設けた。各戸の農地は10町歩ずつの土地が割り当てられた。8反歩の宅地を除き耕地は5町歩と4町2反歩の2区とし，原則として各戸の宅地から300間以内に1区，600間以内に1区を配置した。その配置は地形，立木の多寡や経営上の条件を均等になるように計画された。拓北集落の配置計画の特徴は，殖民区画における密居区画の事例に比して，宅地面積をやや大きくしたことと，耕地を二分して農業経営上距離による便否の差をできるだけ少なくしようとしたものである。この点，屯田兵村での配置計画に類似するところがある。

根室・古多糠にも同様の拓殖実習場事例で，50間×300間の拓殖実習場の集落計画の入植があった。釧路弟子屈にも集落計画の入植があった。

この拓北の集落計画は，実際は定着しなかった。うまくいかなかった理由に家畜の飼育には耕宅地に十分の広さがなかったことがあったといわれる。「疎居式集落の場合，家畜を比較的多数飼育することができるのが長所の一つであり，集村の場合における如く，牧野に家畜を往復させる手間が省けるには何と云っても強みである。」との金田の指摘[30]がある。

この拓殖実習場は現在，財団法人北海道農業開発公社の十勝育成牧場になっている。

写真5-8 拓北集落の公共用地に建つ入植記念碑

写真5-9 拓北集落の公共用地に建つ拓北神社

写真 5-10　拓北集落の密居宅地に建つ農家

写真 5-11　拓北集落の農地の現況

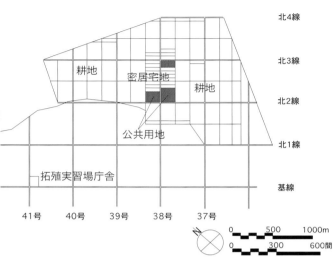

図 5-23　拓殖実習場・拓北集落での密居宅地の事例
(出典：木内信蔵・藤岡謙二郎・矢嶋仁吉編『集落地理講座第3巻』
(朝倉書店　1958年)のなかの資料をもとにCAD図面化し作成)

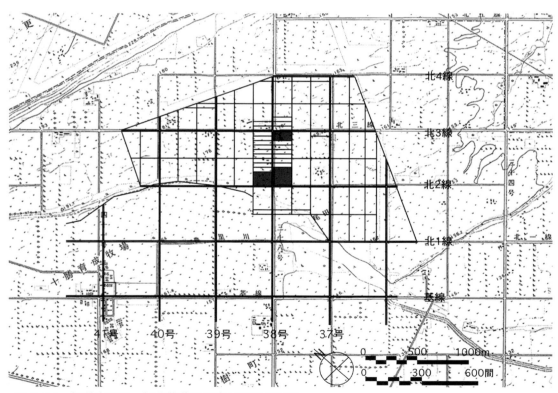

図 5-24　拓殖実習場・拓北集落での密居宅地の現状
(出典：図5-23の図を国土地理院2万5,000分の1地図に重ね合わせ作成)

6-2．密居論の展開

　新渡戸の密居論以外にも，北海道開拓時での集落計画における密居論の必要性やそのためのデザイン提案が展開された。その代表的なものを整理しておきたい。

1）農商務省農事試験場長古在由直の複命書

　明治42年(1909)，本道に主張した農商務省農事試験場長古在由直の複命書[31]には，「移住民をなるべく密集せしむること」の一項があって，そこには次のように記されている。

　「北海道に於て，現時の農村中屯田組織に依り成立したるものは農事概して密集すと雖も，他は悉く疎居制を採り，農家は自己耕地内（一戸分多くは五町歩なり）に居住せり。単に耕作上により見れば疎居制の便なるは言を俟たずと雖も，農事の改良，農村の発達上より考ふれば密居制優れりとすべし。何となれば，疎居制にありては農家は孤立して隣保相親むの機会尠く，殊に出生地異なる農家の移住せる村落にありては，風俗習慣相異るのみならず，農耕の法亦区々たるものあり。従て此などの村落にありては，共同一致の力を要する農事改良と農村の発達とは，蓋し之を期すること難ければなり。」

　古在では，密居によって共同一致の気風の養成ができ，それが農事の改良や農村の発達にとって重要であると説かれており，新渡戸と比べた場合，農業上の問題にやや重点が置かれているように見える。

2）殖民区画四戸団の設定　小農住宅の位置の提案

　明治42年(1909)北海タイムス[32]に密居デザインの新たな提案が掲載された。その内容は以下のようであった。

　「本道小農貸付地は従来1戸5町歩標準の処将来本道農業経営は5町歩にては面積小に失し適当なる経営出来さるものとし河島長官は1戸分貸付面積を十町歩宛と改むべきは既報せし処なるが是に関し同長官は特に農家大学南博士の意見を徴したるに同博士の説は既往の実績に徴し北海道及樺太の農経営は1戸5町歩は適度にあらず更に拡張を認め過年樺太土地処分規則制定に際し1戸分7町5反歩を標準とせしは同博士などの意見に基づきたるものの由にて本道小農所有地積を10町歩となすは至当なり然れども面積の拡張と共に起業方法を改むる必要あり且亦拓殖は土地を開放し其地方国力増進を計るにありて国力の基礎たる下級団体の基礎を強固ならしめんに外ならず然るに

31）古在由直「北海道農業に関する意見」（『殖民公報第五十一号』（北海道庁　1909年［復刻版］『殖民公報 第6巻第四十三号～第五十一号』（北海道出版企画センター　1986年））

32）明治42年(1909)7月18日付「北海タイムス」の記事だが，もとは南鷹次郎札幌農学校教授の説（北海道庁編『新撰北海道史第四巻 通説三』（北海道庁　1937年［復刻版］清文堂出版　1990年）である。

本道は各地移住者相集まり村落を形成するにあれば隣保相親和の情に乏し然るに其所有地が5町歩なると従来はなる可く所有地の中央を選み住宅を構ふることとなる為め四隣は悉く約三百間を離るを以て益々隣家との交際密ならざるに至る故に町村生産発達上最も欠く可からざる産業組合などを設置するも組合員の意見は何時も衝突し遂に其事蹟さへ挙くるに至らす其他平常の交際疎なるが為め反て隣家の不幸を喜ひ此機を利用し私利を得んとする如き奈可にも薄情極まる処置さへ行むものなしとせさるの実況なれば其交際を密ならしめ産業組合其他産業発達上の諸施設を行ふ上最便利なる方法を採らしめ町村部落の基礎を強固ならしむるには成るべく住家を接近せる位置に設けしめ常に隣保相往来するの習慣を付けしむるは刻下の急なるべしとのことにて長官亦其必要を認むれは爾来十町歩宛の地積を貸与するに方りては住家は必す位置を指定し各其所有地の一隅に割拠せしめ四戸を一団となし土地貸付を行ふことなさんとて目下調査なかに属せりと。」

　殖民区画地の規模が10町歩にも拡大する可能性があるなか，ますます疎居の状況が進行するおそれがあるので，区画地のなかの一画に4戸を集合化させ，集落のまとまりを高めるべきとの提案である。トック原野での当初の4戸を中区画の単位とし集める提案に近いものといえよう。

　渡辺操は『寒地農村の実態』[33]のなかで，集村をつくるとしても，拓北集落のような30戸以下の単位でないと難しい。村落単位を北海道において20戸内外にすべきと述べている。

　大正7年(1918)の殖民区画規定の改正では，20町ごとに密居集落を配置することが示されている。20町は戸沼の『人間尺度論』の日本の集落間の平均距離に近いスケールである。

　疎居制は農業経営には有利であっても，近隣との接触が密でなく，冬期の降雪時にはまったく孤立し，社会的結合にかけることや，共同施設に多くの無駄が生じるということなどが密居論主張の背景となっていたのである。

33) 渡辺操『寒地農村の実態－北海道の開拓地域を中心として』(柏葉書院 1948年)

7. 殖民区画制度での集落計画の欠如とその理由

　論述してきたように殖民区画における集落計画の問題について，従来疎居論の中心人物であるといわれてきたふたりの道庁技師，柳本通義と内田瀞のかかわった事業のなかに，殖民区画の計画とは異なる案の存在を確認することができた。柳本通義によるトック原野での200間×300間の中画の考え方と4戸をまとまりとする農家配置の構想案であり，第6章で詳述する内

田瀞が退職後に携わった松平農場での殖民区画の土地割りのなかに屯田兵村に類似する集落デザインを実施した例などである。

また密居論者といわれてきた新渡戸稲造についても，極めて具体的な殖民区画への代替計画といえる構想について，そのデザインの考え方をモデル案として示すことができた。さらに明治42年(1909)の4戸の農家をまとめて配置する提言の新聞記事，昭和9年(1934)の拓殖実習場・拓北集落での20戸をまとまりとする集落計画の実施事業など，殖民区画による開拓事業が進んでいた明治後期から昭和初期にかけても，代替案が投げかけられていたことを明らかにした。

これらのことは何を意味しているのであろうか。殖民区画の計画において集落デザインが実施されなかったことには，従来いわれてきた開墾重視の視点からの疎居論では十分に説明がつかない問題があるように思う。

『新北海道史』などでの殖民区画と疎居制の評価についても，「道庁側を代表した形の高岡熊雄・角田啓司らは，新渡戸稲造らの密居制論に対して『五町歩ノ区画制ヲ確立シタル後チ，多少其計画ニ対シ議論ヲ挟マントスルモノナキニアラザリシモ，厳然トシテ今日ニ至ル迄継承セラレ，敢テ其制ヲ変ゼザルハ他ニ良方案ナカリニシニ由ルナラン』と疎居制を擁護したのである。しかしながら，なおかつ開拓期の疎居制がはらむ種々の問題点は，行政当局の解決すべき課題として残ったのである。」[34]とあるように，よく読み返すと疎居制を積極的な利点から擁護したものではない。「他ニ良方案」がないため，「敢テ其制ヲ変ゼザル」ものなのであって，「開拓期の疎居制がはらむ種々の問題点は，行政当局の解決すべき課題として残った」と認識されていたのである。

疎居制の利点とは宅地と農地が一体で土地としてまとまり，農作業や家畜を活用するにも便利で農地経営上のメリットが大きいというものである。開拓が進み生産基盤が安定してくれば疎居制の利点も活きてくる面があるが，未開の原野に入植したばかりの状況では，利点よりも欠点の方が著しく大きかったのではないだろうか。気候も厳しく不慣れな入植地の環境で，気軽に行き来しうるはずの近隣が遠く離れていることは，孤立感をもたらし不安なことであったであろう。子どもたちの学校への通学も特に冬期は大きな問題となった。

このように疎居制に問題があることは認識されつつも，殖民区画での実施過程で集落計画のデザインは例外的な事例を除き，行われることはなかった。殖民区画の計画とは農耕地の区画と道路，地域計画としての市街地の設定や

34) 北海道庁編『新撰北海道史第四巻　通説三』北海道庁　1937年［復刻版］清文堂出版　1990年）第六章　第一節「集落の形成と都市の発展」

小学校や神社などの施設配置，地域の環境調整機能としての防風林の配置など全体としては詳細に地域空間がデザインされている。しかし入植者がどこに住居を建て，どういうふうに各戸がまとまり，共同の農作業や生活を営なむかという最も基本となるコミュニティの集落計画のデザインがいわばすっぽり抜け落ちたものであった。なぜであろうか。ここからは推論になるがその理由を考えたい。

殖民区画のような原野開拓での土地区画計画のなかに集落計画を考える場合，その方法はふたつに分類できる。ひとつは区画地を農地と宅地ゾーンに分け，集落を宅地ゾーンに配置する方法である。もうひとつが区画地のなかの道路の交点などに住戸を集め配置する方法である。

前者のケースには屯田兵村や新渡戸の提案が当たる。屯田兵村のように入植戸数も決まっており，場所も綿密に調査されて実施計画が行われた場合，この方法は成立する。しかし屯田兵村は特殊なケースである。一般の条件では新渡戸のような考え方が必要となるが，北海道開拓でのその適応には問題も抱えていた。図5-25，26は新渡戸の計画想定案が殖民区画の実施の現場でどうなるか，分析するための図である。図5-25は富良野原野での殖民区画図で，分析用の元図となるものである。図5-26はそれに新渡戸の計画想定案を重ね合わせた図である。重ね合わせた図を分析すると，集落計画地がいくつかの場所で川や湿地など土地条件の悪いところ，鉄道，道路，防風林などの計画予定地と重なる，集落計画地として問題を抱える場所が生じるのである。

殖民地選定の調査報文[35]を読むと，富良野原野は肥沃ではあるが泥炭地や湿地が多く，開墾困難な場所であると記されているが，石狩川流域の図5-9のような土地でも泥炭地や湿地など土地条件の悪いところがあり，そう大きな違いはないと考えられる。このように集落予定地が居住地として不適な場所に計画された場合，現地の状況を再調査し，別な場所に集落予定地を配置し直す必要が生じる。集落配置の計画を基準化しても，実際の現場では計画のやり直しなどのフィードバックを繰り返す必要性が生じるのである。

殖民区画では団体入植や個人入植など様々なタイプの入植形態があり，そのまとまりも多様であった。集落計画は現場ごとの入植状況，社会構成に対応させる必要もあった。しかし明治中後期から大正にかけての殖民区画が実施された時期は年平均の施行面積が4万ha[36]（おおよそ10km×40kmの範囲）を超える大量の土地処分の実施が要求された時代であった。現場でフィードバックを行い，地域ごとの詳細な計画デザインを可能にする時間もスタッ

35) 北海道庁殖民課編『北海道殖民地選定報文　完』（北海道庁　1891年［復刻版］北海道出版企画センター　1986年）

36) 殖民区画の実施は明治24年(1891)から大正元年(1912)までの約20年間，年平均の土地処分の施工面積は4万ha（8,000戸分）を超えた。4万haとは20km×20kmの範囲である。

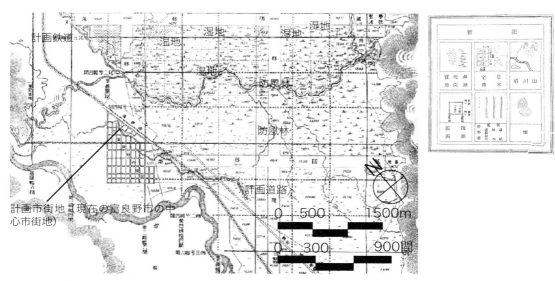

図 5-25　富良野原野殖民区画図 部分（出典：北海道立文書館蔵）

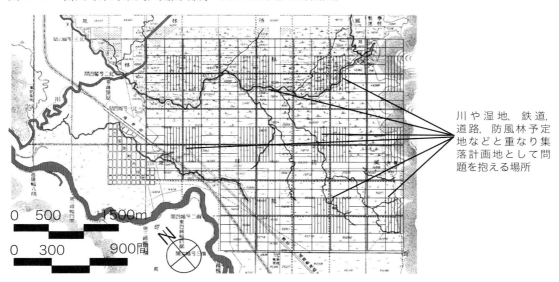

図 5-26　富良野原野殖民区画図に新渡戸の密居計画案を重ね合わせた図
（出典：北海道立文書館蔵の富良野原野殖民区画図に新渡戸の密居計画案を重ね合わせ作成）

フも決定的に不足していたといえる。

　もうひとつの方法はトック原野での柳本の当初の案や北海タイムス紙の提案である。殖民区画のモデルになったといわれる米国やカナダの中原野開拓でもタウンシップのデザインに住戸を道路の交点に集め配置するという計画の考え方が見られる。大規模かつシステマティックに開拓地の土地区画を実施するとき，道路の交点に住戸を集め「小村落」を計画する方法は有効なも

第 5 章　殖民区画制度の誕生　199

のであった。

　タウンシップとは，一言でいえば碁盤目状に入植地の土地を区画した方法である。原野を経度，緯度の方位で6マイル四方を1目とするグリッドで区切り，その1目をタウンシップとする。次にそれぞれのタウンシップを1マイルごとに36に分け，そのひとつをセクション（section）とし，さらにセクションを4分割し，4分の1セクション（quarter section），さらに4分割して16分の1セクション（quarter- quarter section）とし，土地払下げの基礎単位とした。

　タウンシップと殖民区画を図形的に比較すると（図5-2，図5-7 A）どちらも方形のグリッドで道路が区画されている。しかし道路区画のなかの土地払下げの基礎単位がタウンシップでは4分割を繰り返して区画されているのに対し殖民区画には6分割の操作が入っている違いがある。

　北海道庁での殖民区画事業がスタートする頃，1戸の土地払下げの規模は明治初期の5,000坪から拡大し，5町歩(1万5,000坪)が標準となりつつあった。明治19年(1886)野幌に入植した北越殖民社での区画割りは北海道庁の協力を得て行われた事業といわれるが，土地形状は間口60間×奥行250間の5町歩（1万5,000坪）であった。トック原野での入植以前に100間×150間（5町歩）の土地区画の事例はなかった。殖民区画はわかりやすい寸法での5町歩の土地区画と300間四方の道路区画（中画）による碁盤目状の区画デザインという，明快な空間秩序をもつ計画を初めて生み出したものであった。しかしひとつだけ問題があった。道路の交点に住戸を集める「小村落」の計画を考えるとき，うまくいかないのである（図5-7 B）。

　前述したように殖民区画が最初に実施されたトック原野で，住戸を道路交点に配置する4戸を中画とする計画が検討された経緯があった。ではなぜ殖民区画の実施過程で，この方法は採用されなかったのだろうか。その理由のひとつは開拓地での区画道路の密度の問題と考える。北海道開拓での農村の区画道路として屯田兵村でも300間程度のモジュールを想定したように300間×200間では区画道路の密度としては高すぎたのではないだろうか。区画道路が多ければ，測量や道路整備の仕事量が増えるとともに農地面積そのものも少なくなるからである。もうひとつの理由は碁盤目状のグリッドで拡がる区画構成こそが，殖民区画に欠かせないものであったことである。モデルとされたタウンシップを解説する文献には常に，Rectangular System（直角法）[37] により行われたとある。Rectangular System で碁盤目状に入植地の土地を区画することがタウンシップとその手法を受け継いだ殖民区画

37) 北海道庁編『新撰北海道史第四巻　通説三』（北海道庁　1937年 ［復刻版］　清文堂出版　1990年）などのタウンシップの解説には Rectangular System（直角法，方形測量）で実施されたとある。

のあり方だった。碁盤目状に土地区画の拡がるわかりやすいデザインこそが
殖民区画のアイデンティティであり，そこは計画原理としてゆずれない部分
であったのではないだろうか。

　明解な計画原理のもと詳細にデザインされた農村計画であったにもかかわ
らず殖民区画には欠点というよりもなにかもどかしいような問題が横たわっ
ていた。開拓使以来，入植者の互助や団結などの共同性の基礎となる集落計
画の必要性は北海道開拓における根本問題であった。それにもかかわらず殖
民区画において集落計画は実施されなかった。しかしそれは計画されなかっ
たというよりも集落計画の必要性は十分に認識されつつも実際は様々な状況
が重なり，実施したくともできない，そういう条件下にあったものといえる
のではないだろうか。殖民区画における計画デザインの原理が地域での基軸
の設定に基づく土地・道路区画の原則と防風林や市街地[38]，学校などの施
設配置については詳細な計画を描きつつも集落計画として具体的なデザイン
は行わず，住居の位置は入植者にその判断を委ねるものとなった理由がそこ
にあると推察するのである。

38) 村落が未開の原野のな
かに孤立して存在し，地域
での暮らしが社会的経済
的に不便なものとなったた
め，その欠陥を補うものと
して殖民区画制度のなかで
計画的に位置づけられたの
が小市街地であるといわれ
る。確かに地域での殖民区
画の実施とともに，鉄道駅
や幹線道路交点などに市街
地が形成されていく場合も
あるが，市街地の発生経緯
は，殖民区画の計画として
デザインされたもの以外に
多様なケースがあったこと
を上田の論文 (上田陽三『北
海道農村地域における生活
圏域の形成・構造・変動
に関する研究』(北海道大
学学位請求論文　私家版
1991 年)) は明らかにして
いる。

第6章

殖民区画制度による地域空間
の形成と成熟

「殖民区画制度による地域空間の形成と成熟」について，北海道庁の設置とともに施行された北海道土地払下規則の経緯を明らかにしている。これは殖民区画制度の基盤となる土地制度であり，殖民区画の施行の進展による土地処分の進行にともない，北海道開拓における大土地所有を促進することになった。明治30年代に制定された北海道国有未開地処分法はその流れをさらに加速した。大土地所有による農場は明治20年代前半までは，欧米式の大農場経営を目指したが，交通や流通の基盤がなく，労働力の確保が十分でないなか，次第に小作農場経営が主流になっていった。北海道開拓における小作農場経営の嚆矢には，野幌原野に入植した北越殖民社の小作経営の仕組みがあげられる。明治30年代以降，小作農場経営は各入植地で開拓の主流となっていくが，様々な問題も抱えることになり，昭和期に入り多数の小作争議を勃発させることになった。小作農場経営の問題に対処するため，経営上のルールとして北海道小作条例草按が新渡戸稲造ら研究者により提案されたが，成立しなかった。そういうなかでも地域開拓の優れたモデルとなった小作農場もあった。

　殖民区画による地域空間形成の事例として鷹栖原野，当別・篠津原野，更別原野の例を取りあげ，殖民区画の計画デザインが，どのように地域の環境形成を進める基盤となっていったかを分析している。鷹栖原野では泥炭地と丘陵地形が環境形成で主要な要因となったこと，まれなケースではあるが松平農場では屯田兵村のデザインに近い計画的な密居配置による集落計画が実施されたこと，当別・篠津原野では石狩川と泥炭地を軸と主要要因にして地域空間の形成が長い時間をかけて進められたこと，更別原野では丘陵地の柏林が防風林や共有地の計画の基盤となり，さらに鉄道の開通により農村市街地の形成などの開発，入植が進んだことを明らかにしている。

　最後に地域空間形成における殖民区画の計画的な意味として，広域的な秩序の形成，空間形成の時間空間の集積と計画の持続力，計画デザインのマニュアル化と現場性，疎居的な集落形成，地域環境の制御と共有地，農村市街地の形成の6つの特徴があげられることを示し，その具体的な内容を明らかにしている。

殖民区画とは開拓期の北海道での大規模な原野への入植事業を推進した土地区画，処分制度である。石狩川沿いの泥炭地など土地条件の悪い場所の開拓では，その特徴である300間モジュールの規則的な区画が1世紀を経て戦後の農地造成事業により完成するケースがあった。殖民区画とは明治につくられた基本計画が長い時間，空間形成の規定力をもつものであった。このような長い時間に耐えうる計画の持続力，インフラの規定力をもった地域農村計画が，殖民区画制度であった。

　一方，土地制度から見ると，殖民区画制度による開拓の進行は，北海道における小作制大土地所有の進行の過程でもあった。本章は，殖民区画の計画による地域空間形成の過程と特徴を明らかにし，その計画が現代の地域空間に及ぼしている影響と地域空間の成熟の条件を描く。殖民区画制度による開拓の展開は，北海道における国有未開地の大規模な土地処分の過程であった。急速な土地処分の進展による大土地所有の流れなどを浮かびあがらせるため，『新撰北海道史』，『新北海道史』などを参照し，時代状況と土地処分制度の過程を整理したい。

1．土地制度

1-1．北海道土地払下規則

　北海道庁は，国有未開地の処分を本格的に進めるにあり，殖民地選定調査を開始するとともに，もうひとつの柱として明治19年(1886)6月の「北海道土地売買規則」を廃止し，「北海道土地払下規則」を制定した。明治5年(1872)制定の「北海道土地売買規則」は北海道の開拓方針が定まらない時代の産物であり，土地の払下げを受け開墾事業に着手しない場合は，返地する規則について規準が明確でなく，一部の開墾に手をつけただけで土地全体を所有し，土地の投機を行うことが多く問題になっていた。

　「北海道土地払下規則」の主な内容は次のようであった。土地払下げの希望者は地名，坪数，事業目的，着手の順序，成功の程度を記入した出願書を道庁に提出する。貸下げを受けた土地は，その坪数を年数に応じ配分し，成功期限を詳記し，入植後は毎年成功検査を受けることが義務づけられた。成功検査で事業が未完成の場合は，成功した土地以外はすべて返納しなければならなかった。

　貸下げ期間は最長10年であった。表6-1は事業目的と土地の広さごとの

表 6-1　北海道土地払下規則での事業目的と土地の広さの貸下げ期間

耕地１０万坪以下（33 町）	→１０年以内
耕地６万坪以下（20 町）	→８年以内
耕地３万坪以下（10 町）	→６年以内
耕地６千坪以下（2 町）	→４年以内
宅地・海産干場	→３年以内
牧場	→１０年以内

（出典：北海道庁編『新撰北海道史 第四巻 通説三』（北海道庁 1937 年［復刻版］清文堂出版 1990 年）などの資料を参照し作成）

貸下げ期間である。

　貸下げ地の返地規則は厳しく，返地する場合，伐採した樹林の対価を徴収された。開墾に成功すると，1,000 坪当たり１円で払い下げられた。

　「北海道土地払下規則」では，土地払下げの面積は１件当たり 10 万坪を上限としていたが，但し書きで「盛大ノ事業ニシテ此制限外ノ土地ヲ要シソノ目的確実ナリト認ムルモノアルトキハ特ニ其払下ヲ為スコトアルベシ」とし，10 万坪を超える払下げを認める規定を設けた。資力のある有力者や団体移住者には，例外が認められたのである。

　これ以前の明治 10 年代にも旧藩主や開拓結社などに対する大規模な土地払下げの事例は多い。「北海道土地払下規則」の例外規定はそれまでの政策を制度化したものであった。例外規定は有力者や官庁につてのある人が，よい土地を広く占有することを可能にし，当時の富裕層の土地規模拡大の要望に応えたのである。

　一方，貸下げ地の土地規模を拡大したことにより，独立農家として生計を立てようとする移住者にとって，条件のよい土地を得ることが難しくなったといわれる。

1-2．北海道国有未開地処分法

　日本の経済が日清戦争を経て本格的に上昇期するなかで，北海道に対する投資の要求が強まった。華族をはじめ府県の富裕な地主・商人なども，競って北海道の開拓地の土地所有を始めた。

　このような状況を背景に政府は明治 30 年 (1897) ２月「北海道国有未開地処分法」を貴族院に提出した。政府原案提出の理由は，「北海道土地払下規則」による土地処分の方法には 1,000 坪１円で払い下げるという制度し

206

かなく，現状の社会的需要にそぐわない。新たに売払いや貸付の方法を設けるとともに，小資本の移住者を奨励するため３万坪（10町歩）以下は無償付与とし，開墾を促進するというものであった。移住者の大半は農業者としての経験と労働力だけを頼りに移住してきた。彼らにとっては，後払いとはいえ土地代価は高いハードルであった。結果「北海道土地払下規則」での規定が，自作農の移住者を制限する要因となり，多くは小作農として移住せざるをえない状況になっていった。

しかし政府原案はさらに資本家と地主の要求に沿うよう修正しなければならなかった。北海道の大地主の団体である大農会や企業家・地主を中心とする北海道協会が，修正要求を提出した。貸付地３万坪（10町歩）を境に大農と小農に分けて，小農のみを保護するのは「本道拓殖ノ大儀」に合致しないものとし，３万坪以上の土地も無償付与とするよう要求したのである。

大地主・企業家側の主張がそのまま取り入れられ，新制度では「開墾牧畜若クワ植樹等ニ供セントスル土地ハ無償ニテ貸付シ，全部成功ノ後無償ニテ付与スベシ」という，北海道開拓のための開墾・牧畜・植樹用地の無償付与という規定が制定されることになったのである。ひとり当たりの無償付与される土地の面積は表６-２のように定められた。

表6-2　北海道国有未開地処分法で無償付与される土地の面積規模

開墾に供する土地１５０万坪以下（５００町歩以下）
牧畜に供する土地２５０万坪以下（８３３町歩以下）
植樹に供する土地２００万坪以下（６６７町歩以下）

（出典：北海道庁編『新撰北海道史第四巻　通説三』（北海道庁　1937年　［復刻版］清文堂出版　1990年）などの資料を参照し作成）

会社または組合に対してはこの制限の２倍まで貸付けることとされた。貸付期間は，表６-３の通りであった。

表6-3　北海道国有未開地処分法での会社・組合への貸付期間

5,000 坪未満	3 年以内
1 万 5,000 坪未満	5 年以内
3 万坪未満	6 年以内
6 万坪未満	8 年以内
10 万坪未満	１０年以内
10 万坪以上	１０年以内
植樹または泥炭地は	２０年以内

（出典：北海道庁編『新撰北海道史第四巻　通説三』（北海道庁　1937年　［復刻版］清文堂出版　1990年）などの資料を参照し作成）

「北海道国有未開地処分法」を「北海道土地払下規則」と比較して，その特徴をあげると，まず土地処分の基本が「北海道土地払下規則」では，無償貸下げ・有償払下げであったのに対し，無償貸下げ・無償払下げになったことが最大の相違である。次に貸付面積が開墾に供する土地の場合，ひとり10万坪から150万坪（会社・組合の場合，300万坪）になり，つまり30倍まで拡大されたこと，牧畜に供する土地の場合は250万坪（会社・組合の場合，500万坪）まで拡大された。「北海道土地払下規則」のひとり10万坪を超える規模を認める例外規定はあくまで例外であった。「北海道国有未開地処分法」では大規模土地の貸下げが一般化し，結果常態化する筋道をつくりだしたのである。

２．土地処分の進行と大土地所有

２-１．土地処分の急進

明治19年(1886)の「北海道土地払下規則」，明治30年(1897)「北海道国有未開地処分法」の制定前後からの殖民地選定地，および区画地の年ごとの土地面積の推移は表6-4のようになる。

１）殖民地選定地の進展

殖民地選定では明治19年(1886)から始まり，明治22年(1889)までの4年間で，道内の主な原野，約100万町歩弱の土地選定が行われた。殖民地選定後，明治22年(1890)の冬，十津川移民の入植地で初めて試みられ，明治23年(1890)に本格的にスタートする殖民区画の土地区画は，移住者の増加，企業家の進出による土地需要の増大を背景に，明治20年代後半より施行面積が急増した。明治29年(1896)より毎年5万町を超える水準が続いた。

大量に土地処分を実施したことで，明治30年代に入ると土地処分のための未開地はたちまち欠乏した。土地処分の基礎になる殖民地選定は，明治23年(1890)以降の10年間は明治27年(1894)を除いて，実施状況の低い状態が続いた。

この頃北海道で山林制度が整いはじめ，官林と農牧用地との区域査定が行われる。明治32年(1899)「北海道官林種別調査規定」が定められ，民有農牧用地は「第4種官林」として扱われることになる。農耕適地は「第4種官

1) 表6-4の作成は以下の通り。明治19年〜大正2年は北海道庁編『新撰北海道史第七巻　史料三』（北海道庁　1937年［復刻版］清文堂出版　1993年）のデータ，大正3年〜昭和1年は，「北海道第一期拓殖計画事業報文」（北海道編『新北海道史第八巻　史料二』北海道　1972年）のデータを活用し作成。
　表の網掛けはそれぞれの最高値を示す。

表 6-4　殖民地選定地と殖民区画地の面積の推移[1]

(町歩)

	撰定地		区画地	
	殖民撰定地	累積殖民撰定地	殖民区画地	累積殖民区画地
明治 19 年（ 1886 ）	93,160	93,160		
明治 20 年（ 1887 ）	109,773	202,933		
明治 21 年（ 1888 ）	370,061	572,994		
明治 22 年（ 1889 ）	384,569	957,563	1,168	1,168
明治 23 年（ 1890 ）		957,563	6,262	7,430
明治 24 年（ 1891 ）	2,567	960,130	31,715	39,145
明治 25 年（ 1892 ）		960,130	32,307	71,452
明治 26 年（ 1893 ）	13,321	973,451	28,071	99,523
明治 27 年（ 1894 ）	92,293	1,065,744	30,087	129,610
明治 28 年（ 1895 ）	36,738	1,102,482	48,034	177,644
明治 29 年（ 1896 ）	8,852	1,111,334	76,609	254,253
明治 30 年（ 1897 ）	7,163	1,118,497	78,986	333,239
明治 31 年（ 1898 ）	6,764	1,125,261	55,548	388,787
明治 32 年（ 1899 ）	42,006	1,167,267	54,134	442,921
明治 33 年（ 1900 ）	146,852	1,314,119	108,395	551,316
明治 34 年（ 1901 ）	280,652	1,594,771	68,266	619,582
明治 35 年（ 1902 ）	87,093	1,681,864	42,938	662,520
明治 36 年（ 1903 ）	173,669	1,855,533	37,954	700,474
明治 37 年（ 1904 ）	84,129	1,939,662	15,654	716,128
明治 38 年（ 1905 ）	839	1,940,501	1,731	717,859
明治 39 年（ 1906 ）	51,772	1,992,273	3,704	721,563
明治 40 年（ 1907 ）	216,919	2,209,192	23,284	744,847
明治 41 年（ 1908 ）	84,387	2,293,579	61,333	806,180
明治 42 年（ 1909 ）	163,412	2,456,991	33,850	840,030
明治 43 年（ 1910 ）	124,681	2,581,672	52,741	892,771
明治 44 年（ 1911 ）	85,824	2,667,496	38,880	931,651
大正 1 年（ 1912 ）	57,900	2,725,396	41,015	972,666
大正 2 年（ 1913 ）	17,079	2,742,475	13,562	986,228
大正 3 年（ 1914 ）	5,306	2,747,781	6,286	992,514
大正 4 年（ 1915 ）	17,802	2,765,583	7,573	1,000,087
大正 5 年（ 1916 ）	17,515	2,783,098	15,317	1,015,404
大正 6 年（ 1917 ）	63,739	2,846,837	9,832	1,025,236
大正 7 年（ 1918 ）	47,222	2,894,059	11,433	1,036,669
大正 8 年（ 1919 ）	80,067	2,974,126	11,877	1,048,546
大正 9 年（ 1920 ）	93,278	3,067,404	9,854	1,058,400
大正 10 年（ 1921 ）	84,877	3,152,281	23,812	1,082,212
大正 11 年（ 1922 ）	61,551	3,213,832	15,492	1,097,704
大正 12 年（ 1923 ）	48,813	3,262,645	10,610	1,108,314
大正 13 年（ 1924 ）	44,248	3,306,893	8,499	1,116,813
大正 14 年（ 1925 ）	54,799	3,361,692		1,116,813
昭和 1 年（ 1926 ）	45,325	3,407,017	3,353	1,120,166

林」以外の官林にも多いため，明治34年(1901)に保安林を除く，官林全体に対しても殖民地選定を施行することになった。選定の条件は「第4種官林」に連続する将来の農耕適地および1ヶ所20万坪以上の地積の範囲とした。

その結果は表6-4のように，明治33年(1900)から再び殖民選定地の土地面積が増大した。

明治42年(1909)に成立した「北海道第一期拓殖計画」[2]では，計画予定の毎年の選定面積を2万5千町歩とした。しかし実際の選定状況では土地処分への要望が高く，計画目標の5,6倍という規模の年もあった。そのため調査内容の精度が低下し，粗雑な調査になったといわれ，大正6年(1917)の計画改訂で調査経費を増額し，精度をあげることになった。

この時期に殖民地として選定された土地[3]は，農耕適地としては，すでに条件のよい土地は減少しており，選定基準は低下していった。選定された場所は平地ではなく，山地がかなり含まれることになり，開拓条件の厳しい場所が増えた。

２）殖民区画地の土地処分の進展

明治23年(1890)以降，実施の試行期を経て，明治20年代後半から北海道庁は組織的に殖民地選定，土地測量，区画設計による開拓地の土地処分事業を開始する。

明治26年(1893)3月「北海道土地払下規則施行手続」が改正され，貸下げ地は道庁により，毎年の土地貸下げ地が公告され，希望者が募集される制度が確立する。当時，北海道の原野開拓の土地に対する需要は非常に高く，土地貸下げ願書の滞留が3万件余にも達していたといわれる。

明治24年(1891)から大正元年(1912)までの約20年間，年平均の土地処分の施行面積は4万町歩を超えた。明治33年(1900)のピーク時には10万町歩を超え，大面積の土地処分が実施される時代が続いたのである。北海道開拓期における国有未開地の土地処分にとって，この期間は「北海道における未開地獲得をめぐる疾風怒濤の時代」[4]であったといわれる。明治37年(1904)〜40年(1907)の間は施行面積が落ち込んでいるが，日露戦争の影響である。

大正2年(1913)から昭和元年(1926)の間の平均は1.1万町歩/年となる。最盛期の4分の1程度となり，ようやく土地処分の進展も落ち着きを見せる。

この時期の年間の土地区画の施行面積を屯田兵村の計画と比べると，桁が

2)「北海道第一期拓殖計画」は明治43年(1910)から昭和元年(1926)までの間実施された。昭和2年(1927)から実施された計画は「北海道第二期拓殖計画」と称される。

3)「北海道第一期拓殖計画事業報文」(北海道編『新北海道史第八巻　史料二』(北海道　1972年))

4)「北海道第一期拓殖計画事業報文」(北海道編『新北海道史第八巻　史料二』(北海道　1972年))

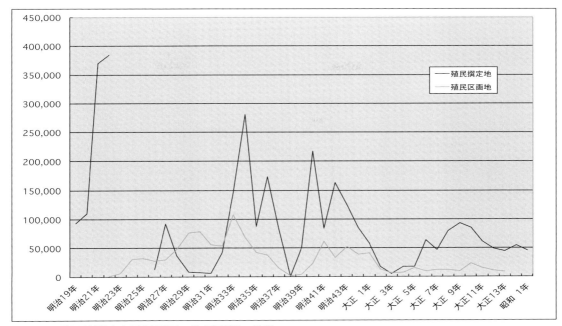

図6-1 殖民地選定と殖民区画の施行面積の推移
（出典：北海道庁編『新撰北海道史第七巻 史料三』（北海道庁 1937年〔復刻版〕清文堂出版 1993年），北海道編『新北海道史第八巻 史料二』北海道 1972年）のなかの「北海道第一期拓殖計画事業報文」などのデータを活用し作成）

違うといえる。屯田兵村の場合，1ヶ所2,000町歩，最盛の展開期で2.5ヶ所/年の5,000町歩である。殖民区画の土地処分最盛期の平均年4万町歩は，8倍になる。明治29年(1896)，30年(1897)の約8万町歩で16倍，明治33年(1900)の10万町歩では20倍になる。10万町歩とは，約20km×50kmほどの土地の範囲になる。1年で実施する計画の規模としては，空前の広さといえよう。これだけの規模の土地区画の実施を可能にしたシステムが殖民区画であったといえる。

「北海道第一期拓殖計画」の当初計画では，毎年の予定土地区画の実施規模を1万5,000区画（面積7万5,000町歩）とし，15ヶ年で112万5,000町歩を測設する計画であった。明治43年(1910)からの実施で，最初の3年間は4万町歩程度の施行が確保できたが，大正2年(1913)からは1万町歩台以下になる。すでに地形や地質条件など，条件のよい土地の確保は難しくなっていた。大正6年(1917)以降は方針を改め，「区画は専ら自作農家を収容す可き特定の地区に対し之を行ふこととし」[5]となる。北海道開拓の未開地の土地処分における疾風怒濤の時代もようやく終わりに近づいていた。

5)「北海道第一期拓殖計画事業報文」（北海道編『新北海道史第八巻 史料二』（北海道 1972年））

2-2. 土地処分の進行における大規模処分地の増大

1）大規模土地処分地の進展

　明治19年（1886）からの「北海道土地払下規則」，「北海道国有未開地処
分法」という土地制度と，殖民地選定と殖民区画の実施の過程は，開拓入植
における土地処分を進展させた。それは大面積，大規模の土地処分を推進す
るものとなった。土地処分は一個人に対しては処分面積を制限したが，資本
入植の必要性を理由に，面積制限を漸次緩和し，明治30年（1897）「北海道
国有未開地処分法」後はほとんど制限がないに等しいまで処分面積を拡大し
た。

　土地処分による制限外の貸付面積は，すでに明治20年代後半から30％
を超え，明治30年（1897）「北海道国有未開地処分法」後は，明治37年（1904）
には50％を超える。

　表6-5でわかるように，土地処分が最も進んだ明治30年（1897）〜42年
（1909）のデータによると，30万坪（100町歩）以上の大規模な払下げ地が，
筆数では1％強であるにもかかわらず，面積では約50％を占める。つまり，
明治30年（1897）以降の殖民区画の実施，未開地処分地の半分以上が，100
町歩以上の大規模土地所有地で占められることになった。

　結果，府県農村ではかつて見なかった大土地所有が発生した。

表6-5　明治32〜42年の払下げ地の状況[6]

規模 ＼ 筆数・面積	明治30年（1897）		〜明治42年（1909）	
	筆数		面積（町歩）	
〜　10町歩以内	209,887	93.9%	557,988	30.9%
10町歩以上〜　30町歩以内	8,468	3.8%	236,558	13.1%
30町歩以上〜　50町歩以内	1,179	0.5%	43,513	2.4%
50町歩以上〜　100町歩以内	1,195	0.5%	96,748	5.4%
100町歩以上〜　300町歩以内	1,762	0.8%	344,666	19.1%
300町歩以上〜　500町歩以内	783	0.4%	282,441	15.6%
500町歩以上〜	248	0.1%	246,140	13.6%
合計	223,522	100.0%	1,807,054	100.0%

6）表6-5は北海道庁編『新撰北海道史第四巻 通説三』（北海道庁 1937年［復刻版］清文堂出版 1990年）の中のデータなどを活用し作成した。

2）大農式経営農場と小作農場

　北海道開拓における大面積の土地処分の事例として，まずあげられるのは，
殖民区画制度が初めて実施された明治23年（1890）のトック原野北の雨竜
原野での，華族組合農場の1億5,000万坪（5万町歩）の国有未開地の払下

212

7) 自作・小作は問わないが,その規模は 50 町歩前後がひとつの区切りとなる。

げであろう。北海道開拓における農場という呼称は,ほぼ一団地をなす比較的大規模な農地[7]をもつ経営をさし,明治 20 年代に定着したと考えられる。そのさきがけが雨竜の農場である。

華族組合農場は旧公家・藩主出身の三条実美・菊亭脩季・蜂須賀茂韶が華族階級の経済基盤の強化を意図し申請したもので,北海道の国有未開地に着目し,欧米式の大農場の開設を意図したものであった。5 万町歩という面積は,当時の一年間の処分地の面積を上回る空前の規模のものである。その計画では,10 年間に 300 万円弱の資金を投入し,8,250 町歩の土地(825 町歩 / 年)を開墾し,馬耕や蒸気プラウの利用,農産物の加工による製粉・製糖・製乳事業,農産物輸送のための石狩川を使う蒸気船利用など,遠大な構想をもっていた。事業に着手したが,翌 24 年 (1891) 中心であった三条が急死し,結局華族組合農場は解散した。

明治 26 年 (1893),出資した華族はその割合に応じて土地の配分を受け,個別農場として再スタートするが,そのうち蜂須賀茂韶は約 6,000 町歩(山林 3,000 町歩を含む)の規模で石狩川右岸(現雨竜町)に,菊亭脩季は石狩川と雨竜川の交わる一体の原野(現在の妹背牛町と深川市の一部)に農場を開設した。札幌農学校の卒業生である町村金弥などを農場管理人に雇い,大農式の農場をめざしたが,労働力の不足や農業技術の未熟,農産物の輸送や市場の問題で行きづまり,成功しなかった。

8) 橋口文蔵はマサチューセッツ農科大学に学び,道庁理事官,札幌農学校長,紋鼈製糖会社工場長を経て,道内に 150 万坪 (100 町歩)の貸下げを受け,農場を開いた。
「新殖民地タル本道ニ於テ利益ヲ願ミズ模範的農場ヲ開キ,以テ農業ノ貴重ニシテ愉快ナルヲ公衆ニ示サン」(高倉新一郎「橋口文蔵遺事録」(『高倉新一郎著作集第3巻 移民と拓殖1』 北海道出版企画センター 1996年)とある。

他に明治 20 年代における資本家的大農経営をめざし土地の貸下げを受けたものには北越植民社,橋口文蔵[8],犬養毅,徳川義礼,前田利嗣,そして札幌農学校同窓会の農場などがあった。しかし,これらの大農式の直営をめざした農場は,札幌周辺を除いて交通と市場の未整備が原因となり,どこも成功しなかった。

明治 30 年代以降の土地処分の拡大期,大面積の土地所有の主流となるのは小作制大農場である。資本主義発達の「原始的蓄積」期において,本州府県の農村を離れるざるをえなくなった農民層は,都市労働者化するよりも,農業移住者としての来道することに展望を見い出すが,渡航費と初期費用を合わせた最低の百数十万円の費用すらもち合わせていないものが多かった。大農場はこれらの移住者を小作人としてむかえ,渡航費,家屋費,開墾費などの初期資金を貸与し,未開地を開墾し,その後農地からあがる小作料により,投資資金を回収する仕組みを生み出した。移住者は小作となって開墾農業の経験を積むなかで,生活を安定させ資金を得て,将来自作農になる展望をもった。農業移民に初期資金を貸与し,未開地を開拓する手法は,江戸期

表6-6　自作農地と小作農地の面積の推移[9]

名称　　年次	田100町歩中		畑100町歩中		耕地100町歩中	
	自作地	小作地	自作地	小作地	自作地	小作地
明治 19 年 (1886)	73.3	26.7	82.5	17.5	81.6	18.4
明治 24 年 (1891)	69.6	30.4	77.0	23.0	76.6	23.4
明治 29 年 (1896)	68.4	31.6	69.9	30.1	69.8	30.2
明治 33 年 (1900)	60.3	39.7	53.4	46.6	53.7	46.3
明治 39 年 (1906)	59.1	40.9	52.5	47.5	52.6	47.4
大正　5 年 (1916)	42.0	58.0	52.6	47.4	51.6	48.4
大正 10 年 (1917)	42.3	57.7	53.8	46.2	57.6	42.4
昭和　1 年 (1926)	40.6	59.4	50.4	49.6	48.6	51.4

9) 表6-6は北海道庁編『新撰北海道史第四巻 通説三』（北海道庁 1937 年 ［復刻版］清文堂出版 1990 年）のなかのデータなどを活用し作成した。

の各藩の新田開発ですでに行われていたものであるが，その方法が発展し企業的経営の仕組みをもって行われるようになったのである。

　表6-6のように明治30年代に入り，急速に小作農の割合が増え，その耕作する面積は，明治33年(1900)には畑で50％近くになり，田では大正5年(1916)には，小作地が約60％と自作地を上回る。大規模な小作農場が，自作農[10]の開拓入植と並ぶ開拓形態の主流となるのである。

10) 自作農には，個々の開拓入植とともに出身地ごとに組織された団体入植があった。

　大面積の土地処分の進展により，北海道は全国有数の小作地帯となったが，その大面積の所有地の傾向を見ると，旧領主・華族・豪農らの系譜は空知・上川・後志などの地域に分布し，1,000町歩以上を所有したものが多い。政商・産業資本家などによる大土地所有が見られるエリアは，十勝・北見・網走などの地域に多い。前者が，先に開けた石狩川流域に分布し，後発の政商・産業資本家などの所有地は，明治30年代以降に開拓が始まる十勝・北見・網走に分布したのである。

2-3．北越殖民社による小作農場のモデル

　明治19年(1886)に札幌郡野幌原野に入植した北越殖民社[11]は，企業的な小作農場経営の最初の試みといわれる。北越殖民社の開拓事業では，会社と移住者の間で「互換定約書」を定め，開墾小作という形態がとられた。渡航費，家屋，食料（1戸4人，20ヶ月分），農具，家具を初期費用として貸与し，その費用の半額を移住後5年目より10ヶ年で返済させる契約であった。成墾地（配当地1万5,000坪は3年以内に成墾予定）の半分は移住者に分与され，他の半分の会社所有地は鍬下[12]期間とし，4年目より反当1円内外の現物小作料（実際には金納）を徴収する規定であった。開拓地において小作人の土地への愛着は薄く，頻繁な移動があった。鍬下期間がすぎる

11) 北越殖民社に関連する資料は，渡辺茂編『江別市史　上巻』（江別市 1970 年），江別市総務部編『新江別市史』（江別市 2005 年）などを参照した。

12) 入地後3年間は，小作料免除の期間とした。

と逃亡する小作人もあったと言われる。そのため，農場主側は成功後の土地の分与などのインセンティブを工夫したり，移住小作人に対する統制・制裁規定などにも，様々な運営上の改善がなされた。

明治23年(1890)に，新たに独立移民制度を設け，その移住開墾にかかわる初期費用は移住者負担とするが，成墾地の10分の9が分与される仕組みがつくられた。明治24年(1891)以降は，移民は道内募集に切り替えられ，移住費用の貸与はなくなり，会社所有地の2分の1に対し開墾料（反当2円50銭）を給し，鍬下期間3年とする小作制とした。

統制・制裁規定では移住者は送籍証を携帯し永住すること，移住地の法令を遵奉することはもちろん，北越殖民社の指揮に服従し節約勉強すべきこと，以上の責任定款にそむくときは道内での苦役に従事し，負債の全部を償還せしむべきことなど，移住小作人に対する罰則規定などももりこまれていた。

移住者の保護，小作契約，小作人統制・制裁などの諸条項を備えた北越殖民社の「互換定約書」は，開墾小作慣行の原型となり，その後展開された小作農場の経営モデルになった。

2-4. 北海道小作条例草按

小作契約のあり方は地主側を利するもので，小作契約はほとんど農場主の一方的な意志によって解除されることもあった。小作料の改訂や減免の率についても小作人側の異議は認められなかった。

その一方で，地主側にとって当時頻繁にあった小作人の逃亡・退転は痛手で，それを防止する有効な手段がなかった。明治31年(1898)の石狩川大水害の翌年20数人の退転者を出した北越植民社は，北海道庁長官に対し，その防止策を嘆願している。退転者が引き起こす大量の誘発退転を恐れており，当時の農場経営基盤の脆さが露呈していた。

明治31年(1898)北海道庁は，札幌農学校教授新渡戸稲造の理論的指導を得て，広く内外の文献を参考とし，「北海道小作条例草按」を完成させる。この草案は議会提出の準備もされたが，結局日の目を見ずに終わる。この条例は，「必要悪」としての小作制度を可能なかぎり安全に移植・育成することをねらったものであった。

2-5. 大規模小作農場の功罪

大規模小作農場の増大は、様々な問題[13]を発生させたが、現実的には多くの農民の移住を可能にした経営手法となり、大面積の開拓地を短期間で開拓する仕組みとなった。数々の問題を抱えていたなかでも、松平農場など模範的な農場は農事事務所と有能な管理者を置き、土地改良を行い、試作圃などの多くの施設を整え、小作人の日常の相談から農業経営まで行い、地域の開拓のさきがけとなった。

13) 小作制度自体の必要悪としての問題をはじめ、頻発した小作争議などがある。

3. 殖民区画による地域空間の形成

3-1. 鷹栖原野

1) 殖民地選定調査と土地の概況

鷹栖は、旭川市街地に隣接する石狩川右岸の土地をさす。明治19年(1886)より殖民地選定調査が始まり、右岸地域はチカブニ原野(349万坪)、オサラッ

図6-2 鷹栖原野のエリア図
（出典：鷹栖町郷土誌編集委員会『オサラッペ慕情2 拓地のロマン』（鷹栖町 1982年）所収の図に地名を書き加える）

ペ草原（397万坪），ウッヘチ原野（400万坪），オサラッペ林野（483万坪）からなる計1,629万坪（5,430町歩）の土地であった。

　殖民地選定調査を担当した道庁技師福原鉄之輔は，鷹栖の土地の状況を以下のように描いている。チカブニ原野はチカブニの高台と石狩川に挟まれた帯状の土地で，タモなどが点在するがほとんどは草原地，石狩川沿いや西部は地質は肥沃で，将来大農場が起こる場所と期待できる。この原野の西には，明治30年代に第七師団の駐屯地が配置されることになる。チカブニ原野の高台と北側のオサラッペ草原については，以下のように書き記されている。「全形粗々人字形ヲナセリ「ヲサラベツ」河口ハ字頂ニ位シ其左足ハ「トツショ」山ニ向ヒ右足ハ北ニ趨ク長大約三里許幅五丁乃至二十五丁許面積三百九拾七万坪地味粘性壌土ニシテ少シク湿気アリ地味極メテ肥沃ナルニ非サルモ耕種ニ適スヘシ又其泥炭質地ハ土質劣等自今開拓ノ見込ナキモ多少ノ排水ヲ行フトキハ将来樹藝適当ノ地タルヤ敢テ疑ヲ容レス　」[14]地図にオサラッペ川を石狩川との合流点から人の字を画くとその長さは約3里，幅は5町から25町，その面積は397万坪になる。左は比布との界の突哨山に向かい，右は北に長く延びている。地域の地味は肥沃ではないが，農耕に適している。泥炭地は土質が悪く，今すぐの開拓には適さないが，多少とも排水を行うと将来農業を営むことのできるところであると。

　ウッヘチ原野は西はチカブニ原野，南は石狩川，東は突哨山で囲まれたウッヘチ川の流域の範囲で，ヤチダモ，ハンノキ，アカダモや雑木の生える平地林の土地である。オサラッペ林野はオサラッペ草原の北東部の起伏のある丘陵地で，地質は粘土層だが巨樹老木の茂る土地である。

14）鷹栖町郷土誌編集委員会編『オサラッペ慕情2 拓地のロマン』（鷹栖町 1982年）

2）殖民区画の実施と開村

　土地区画は，明治23年（1890）〜24年（1891）に区画測設が実施された。北海道庁第六五回勧業年俸に「23年ハ三百間平方方ノ周囲ニ幅八間ノ道路敷地ヲ設ケ九百間平方方ニハ幅十間ノ道路敷地ヲ設ケタル」[15]とある。まず，300間四方の中区画と，900間の大区画の計画を最初に行った。このことを表すように明治26年（1893）の年代表記のある殖民区画図面では，その区画が中区画の300間グリッドのままで，1万5,000坪の小画には区切られていない。道路と排水網が900間グリッドで配置されている。900間グリッドでの大区画での計画意図が明確である。この図面でタイトルは，「石狩国上川郡鷹栖村区画図第一・第二」（図6-3）と表記されている。

　次の明治33年（1900）の年代表記のある殖民区画図面では，1万5,000

15）『明治後期産業発達史資料第65巻　北海道庁勧業年報　第5・6回』（北海道庁　1892〜1893年［復製］竜渓書舎　1991年）

第6章　殖民区画制度による地域空間の形成と成熟　217

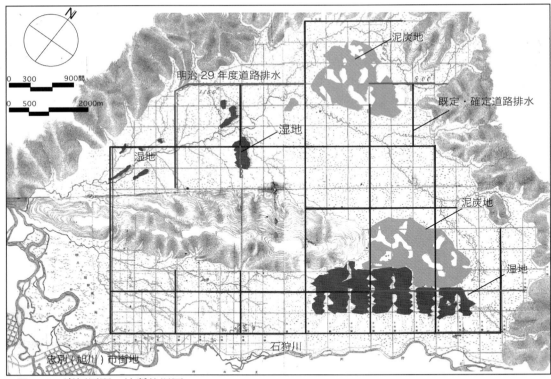

図6-3 鷹栖原野の地質状況図
(出典:殖民区画図「石狩国上川郡鷹栖村区画図第一・第二」(北海道立文書館蔵)に湿地,泥炭地,排水路などの地域の地質情報を明示)

坪の小画による計画が描かれており,そのタイトルは「石狩国上川郡近文原野区画図第一・第二」(図6-4)となっている。明治25年(1892)2月,まだ本格的な入植の始まる前であるが,石狩川右岸の全域を対象に鷹栖村が設置された。

3)入植の開始

　鷹栖原野への入植は,明治24年(1891)頃から始まり,移住形態は個人移住,団体移住,小作人をともなう農場移住の3タイプだった。まず明治24年(1891),埼玉県人数人の移住があり,明治25年(1891)には山梨県人の個人移住が続いた。

　団体移住では明治26年(1893)の南部衆と呼ばれた第一岩手県団体(4戸)の入植がその最初であり,明治27年(1894)続いて第二岩手県団体,山梨県団体,石川県団体の48戸の第一陣14戸,徳島県団体,広島県団体,香川県団体などが入植した。このうち南部衆は明治20年(1887)に,すでに札幌周辺の苗穂,白石に入植していたが,そこは土地が狭く,上川地域の有

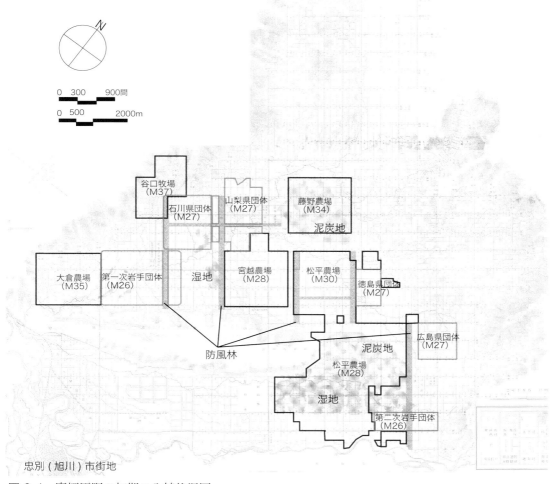

図 6-4　鷹栖原野の初期の入植状況図
（出典：「石狩国上川郡近文原野区画図第一・第二」（北海道立文書館蔵）に入植状況を CAD 上で書き加える）

望なことを聞き，移ってきたのであった。4戸でそれぞれ10町歩ずつの貸下げを受けた。場所はオサラッペ草原の西端で，忠別（旭川）市街地にも近文の高台を越えれば1.5里ほどのところであった。ヤチダモの大樹林を伐採することから開墾は始まり，粟やそば，いなきびなどの畑を開き，米の栽培も試作的に始めた。当時，道南を除いて米づくりは公には禁止されていたが，明治24年（1871）に神居雨粉の入植地で上川盆地での初めての米づくりが行われ，翌年永山屯田兵村でも試行されていた。開拓当初，道庁の上川での営農方針は米づくりは無理と判断し，養蚕を奨励していた。これは屯田兵村にも共通することであったが，入植者は，独自の判断で米づくりを実験的に

始めた．

　農場移住は明治27年(1894)に宮越農場，松平農場，明治28年(1895)田中農場と続き，大正期までに30～40ほどの農場が開かれた．

4）松平農場

　農場移住の事例のうち，最も規模が大きく，その取り組みにおいて，興味深い計画を行っている松平農場を見てみたい．松平農場は旧松江藩主松平伯爵の出資による農場である．松平伯爵は明治25年(1892)松江出身で札幌農学校卒業11期生として卒業をひかえていた小川二郎などの薦めで北海道での農場経営，開拓を志した．明治27年(1894)家扶安井泉が道内の農場候補地の視察に赴き，11月に道庁技師・内田瀞のアドバイスを受け，上川郡鷹栖村に面積530万坪(1,767町歩)の貸下げを受ける．明治28年(1895)1月，小川二郎が農学校卒業後開いた札幌の興農園内に農場事務所を置き，

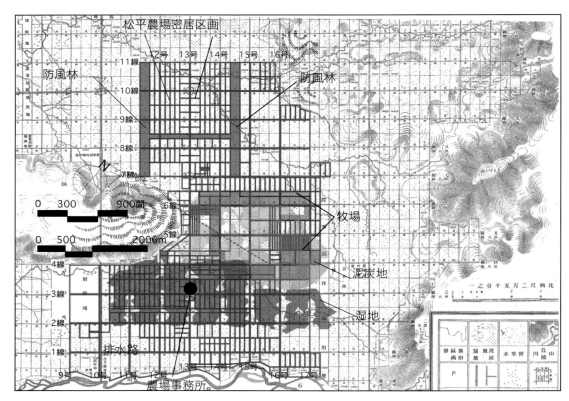

図6-5　松平農場入植状況
（出典：「石狩国上川郡近文原野区画図第一・第二」(北海道立文書館蔵)に松平農場の入植地の計画（濃い線）を示す）．地質の悪い泥炭地を牧場や樹林地に，湿地部分（濃色の網）には排水路を数多く設けている．明治30年の入植地（7線から11線までの範囲）にはH型の防風林を設けている．

小川二郎親子に農場の監督，管理を委託した。4月に香川県人13戸が入地し，事務所を農場内に移す。明治29年（1896）に札幌での起業に熱意をもつ小川二郎は農場管理人を退き，道庁技師を退職していた内田瀞が管理人に推薦される。内田はこの年の4月一旦道庁に復職するが，明治31年（1898）3月管理人になり，大正7年（1918）12月，退職し顧問になるまで20年間松平農場で開拓の現場を指揮した。内田は道庁における殖民地選定調査，殖民区画制度の創出と事業実施を取り仕切っていた技師であった。松平農場での取り組みは内田が，殖民区画での開拓を実地で行う機会となったものであり，いわば開拓モデルとなるものとなった。

　入地した松平農場の土地の状況は，「全道希有の密林にして加ふるに磊々たる砂礫に富み大なる泥炭地を抱容せる一面の大湿地にして」[16]であり，あまりの地質状況の悪さから明治29年（1896）3月，泥炭地155万2,700坪の変換を申し出て，農耕適地82万5,000坪との交換貸付を受け，面積は457万2,300坪（1,524町歩）と少し小さくなる。内田は道庁技師時代に松平農場の鷹栖の土地選定の相談にものった経緯から，管理人を引き受けることになったのだが，その内田にしても現地の地質条件などの即地的な情報までは把握しきれていなかったと思われる。「亭々たる老樹木を交へて昼尚ほ暗く，加ふるに沮洳たる一面の湿地なりしが故に先づ伐木を始むると共に，鋭意排水を行ふ，其水路總延長實に十萬五千間に達す。當時，人読んで排水農場と謂い，或いは伐木農場と謂へり」[17]，土地条件の悪いところを変換しても，農場内には泥炭地の部分が多く，改良のための排水工事に多額の資金を投入せざるをえなかった。また老樹の鬱蒼と繁る林は土地は肥沃だが，その伐木には大きな労力を必要とした。

　小作人の入地は富山県より明治29年（1896）[18]4月，97戸，明治30年（1897）89戸，明治32年（1899）80戸が移住し，松平農場の基礎ができる。

　松平農場での初期の小作契約は，永代小作で成墾期間を5年とし，この間小屋掛料，農具料，井戸掘料，種子代および開墾料を支給した。小作料は鍬下2年，3年目より反当たり50銭，4年目より反当たり80銭と定め，7年目以降は公課および物価と見合わせて改正することにした。開墾は困難を極め，小作人の動揺も激しく開墾の方策は何度も修正された。まず明治30年（1897）11月，起業方法を変更し，小作地のうち109万5,000坪，全体の約4分の1の土地を割き，成墾期間15年の自作地を設けた。小作地を減らして各年度事業配当面積の軽減を図ったのである。明治31年（1898）の道庁の成功検査においては，開墾が進んでいない土地については，一部返還

16）鷹栖町郷土誌編集委員会編『オサラッペ慕情　2　拓地のロマン』（鷹栖町1982年）

17）鷹栖町郷土誌編集委員会編『オサラッペ慕情　2　拓地のロマン』（鷹栖町1982年）

18）富山，石川県などの北陸一帯は明治29年（1896），30年（1897）と連続して大洪水に襲われた。

を行った。また土地条件の悪い場所については畑作開墾ではなく新たに牧畜場を設けた。さらに明治34年(1901)3月風防風致薪炭林用地を拡張し、小作人の開墾面積を低減した。

　明治35年（1902）になり、水田事業の見通しが立ってきたことから、4月に灌漑溝開削の許可を得て、石狩川河畔に導水門を設け、近文土功組合を組織した。明治37年（1904）水田豊穣の結果、ようやく農場の成功の見込みが立つ。当初は毎年赤字収支が続き、明治41年（1908）になって初めて、2,000余円の収益があがった。農場入植後10数年を経て、ようやく軌道にのったわけである。その間は、試行錯誤の連続であった。大正5年(1916)に事業投資金額を償却し、償還が終わる。この間の投資金額は、24万6,000円であったといわれる。

　松平農場では凶作が続いた入植期には小作人の開墾料を増やし、宅地の小作料を免除するなど、小作人支援策を実施したほか、小作人に組合をつくらせ、相互の扶助や備荒貯蓄のための仕組みをつくり、きめ細かな小作人対策を行った結果、道内に小作紛争が頻発した大正後期から昭和初期にあっても、小作紛争が生じなかったといわれる。また、農場事務所付近に3,000坪の土地を記念林として禁伐にし、神社（興国神社）を移し、部落の精神的な中心をつくり出すなど、地域の環境デザインを行っている。

　昭和10年(1935)には自作農創設の方針より農場解放を行い、40年を超える農場の歴史を閉じる。

写真6-1　松平農場跡の興国神社

5）松平農場での計画の特徴

　松平農場の計画の特徴に集落計画をもった密居制の配置デザインが行われたことにある。

　「小作地は一戸一万五千坪として、先ず一號地として七千五百坪を抽籤を以て貸与し残地七千五百坪は、之を二號地として存置したり。而して、二號地は一號地成功の順位に據り各自選の自由を許し、併せて小作農家の密居制を採用したり。是れ即ち開墾の速成を促し、土着心を涵養せしめんとするに在り」[19]

　1万5,000坪の貸与地を2分割し、まず半分の7,500坪の土地（一号地）はクジで決め、この開墾の成功順に、残りの7,500坪（二号地）の場所は自由に選択させた。一号地7,500坪は50間×150間の大きさであり、それが道の両側に接道して並び、密居的な配置になった。この方式は、開墾のスピードをあげ、土着心を養う意図があったといわれる。これは屯田兵村での

19) 鷹栖町郷土誌編集委員会編『オサラッペ慕情　2　拓地のロマン』（鷹栖町1982年）

計画に近いものである。松平農場の石狩川対岸には明治24年(1891)〜明治26年(1893)に入地した永山，東旭川，当麻の各兵村があった。そこでは30間×150間の耕宅地（松平農場での一号地に当たる）を基本とした，密居的な配置の兵村が拡がっていたのである。屯田兵村の計画を学び，参考にしたことが考えられる。

この密居型の配置計画の特徴は，農家同士が地縁的結びつきをなす単位が存在することが読みとれることである。図6-6は松平農場で入植地の配置計画が明確な，明治30年(1897)3月の第二次富山県移民の配置図を示す。土地の基本的な区画は50間×150間の大きさで東西方向の8〜10線道路に接道しているが，13号道路沿いは75間×100間の大きさで南北方向の道路に接道している。この土地区画割に各戸が移住小屋を建てたと仮定し，農家同士の結びつきを示す生活のまとまりの領域を描くと図6-7のように示すことができる。生活のまとまりのグルーピングは屯田兵村での給養班と同様のものであり，同じ大規模小作農場である雨竜の蜂須賀農場でも，道路沿いの

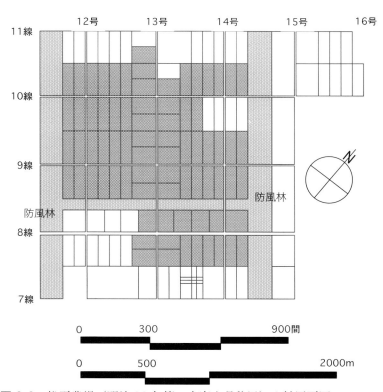

図6-6　松平農場（明治30年第二次富山県移民）入植区画図
　　　（出典：鷹栖町郷土誌編集委員会編『オサラッペ慕情　2拓地のロマン』（鷹栖町 1982年）などの資料をもとにCAD図面化し作成）。網掛けの部分は入植者の氏名がわかっている区画。

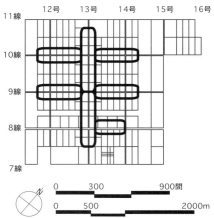

図 6-7 松平農場の入植区画での道路組と考えられるまとまり
（出典：鷹栖町郷土誌編集委員会編『オサラッペ慕情 2 拓地のロマン』（鷹栖町 1982 年）
などの資料をもとに CAD 図面化し作成）

写真 6-2 10 線 12 号の交差点から東を見る。10 線道路沿いに農家が連担して並ぶ。

写真 6-3 10 線 12 号の交差点から北を見る。12 号道路に接道する農家がない。

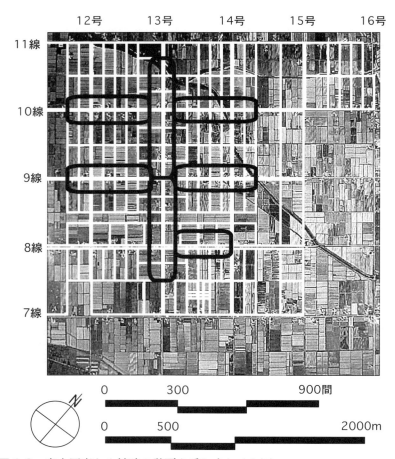

図 6-8 空中写真と入植時の計画を重ね合わせた図
（出典：空中写真『北海道航空真図−旭川圏』（地勢堂 1984 年）に松平農場の入植区画の重ね合わせ作図）

20）田端保『北海道の農村社会』(日本経済評論社 1986 年)

農家同士の結びつきの単位を道路組といい，住民組織として班を構成したことが報告[20]されている。

住宅・納屋などの建前における労力援助（家普請）や農作業の援助（出役）や地神講などが，この道路組の単位で行われた。生活を協同するまとまりの単位を形成する意図が，この配置計画から伺われるのである。図6-8は現在の航空写真と入植時の計画を重ね合わせた図であるが，明治30年(1897)の土地区画が現在も継承されているがわかる。農家の位置を見ると，入植当時の道路を介したまとまりの単位が配置に影響しているのを確認することができる。

6）大区画での計画の意味

鷹栖町の市街地の特徴は，他町のように1ヶ所または2ヶ所に市街地が形成されたのと異なり，集落ごとに小市街地が立地していることにある。各集落の十字路には，日用品や雑貨を売る商店や郵便局，地区会館などが今なお存在する。大正から昭和にかけて開墾が終わり，地域形成が進んだ頃の話で，各農家では買い物などの用足しに「13線番外へ行ってこい」[21]などといっていたという。番外地とは鷹栖では集落の十字路の日用品や雑貨を売る商店や学校などの集まる小市街地のことをさす。「番外地」という呼び方は，屯田兵村における市街地に由来するのはいうまでもなく，ここにも屯田兵村の影響が見られる。

21）鷹栖町郷土誌編集委員会編『オサラッペ慕情 2 拓地のロマン』(鷹栖町 1982 年)

入植した移住者は開墾が進むと，各々が農地のなかに住宅を構えた。結果，松平農場などの例外を除き，各農家が点在する疎居的な，集落配置となった。疎居的な集落形態のなかで仕事に忙しく，疲れた主婦が歩いて往復で20～30分以内の距離に日用品が手に入る小市街地の立地が，生活圏のスケールとして望まれたと考えられる。鷹栖では，小市街地が900間（約1.5km）グリッドの交点に立地しているのである。900間グリッドは殖民区画の大区画である。

殖民区画の大区画について計画的意味は従来明らかになっていなかったが，鷹栖の事例からは大区画の交点が小市街地の立地や学校などコミュニティの結節点として機能したことが伺える。鷹栖から旭川に買い物に行くのは年に一度くらいしかなく，生活の基盤は大区画の交点に位置する小市街地にあった。その存在は大きな意味をもち，現在でも小市街地の商店が機能しているを見ることができる。

写真6-4 大区画の交点に位置する商店

殖民区画における大区画の計画意図とは，地域計画での施設配置，生活圏

のスケールの手がかりにあったのだろうか。鷹栖のケースからはそういうことを考えさせる空間構造が読みとれるのである。

　土地に骨を埋める決心がつくと，こころのよりどころとして神社をつくった。神社の立地は見晴らしのいい丘陵地や川のほとりなどが選ばれ，秋祭りなど，地域や集落の貴重な楽しみの時を提供する空間になった。鷹栖の場合，神社は小市街地立地の大区画のグリッドにも重なるものであった。

7）開拓事業の展開と緑の景観

　鷹栖原野で1戸に付き1万5,000坪（5町歩）の土地を貸下げを受け入

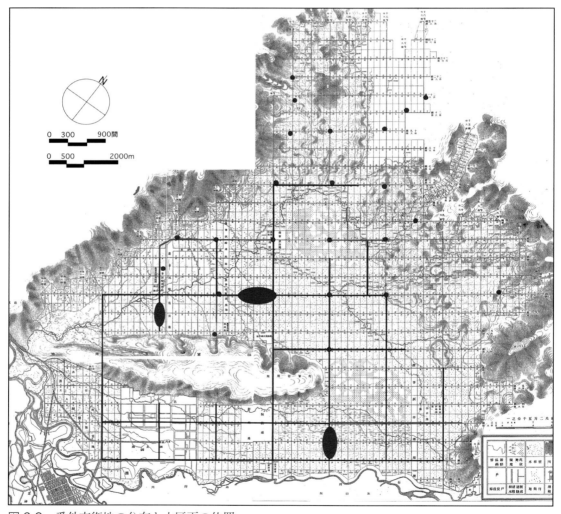

図 6-9　番外市街地の分布と大区画の位置
　（出典：「石狩国上川郡近文原野区画図第一・第二」（北海道立文書館蔵）に番外市街地と大区画の位置を示す）

写真6-5 柏台神社の秋祭りの様子

写真6-6 丘陵地形の景観

植した場合，その土地開墾のスケジュールは一般に次のようであった。1年目と2年目は2,000坪/年を開墾し，3～6年目は2,500坪/年，合わせて1万4,000坪を6年間で開くというものであった。残りの1,000坪は風除または薪炭用地として残す樹林地であった。計画として入植地の土地の基本単位に樹林地として1,000坪ほどの土地を残そうとしたことは，地域空間形成として環境づくりや，風致の面から重要な意味をもつ。松平農場でも農場全体で独自の防風林や風除または薪炭用地林や精神的シンボルとしての神社林の形成，土地条件の悪いところを農牧地とするなど，多様性をもった土地利用計画が実施された。

しかし実際の開墾事業では，一本の木も残さず切らなければ道庁の成功検

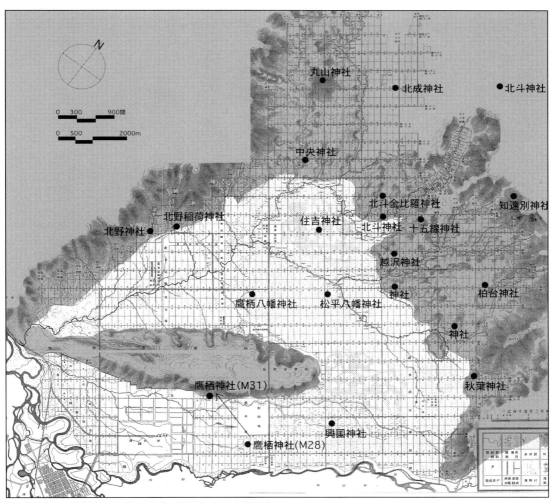

図6-10 丘陵地と神社の分布（網掛けは丘陵地）
（出典：「石狩国上川郡近文原野区画図第一・第二」（北海道立文書館蔵）に神社の位置を示す）

査に合格しなかったといわれる。そのため，入植地では風除または薪炭用の樹林地1,000坪は残されずに，入植地は樹林の皆伐から始められることになった。川沿いの低地や丘陵地のような地形的に農地開墾が困難な場所を除いて，樹林はすべて切り払われ，農地として開墾された。屋敷林や庭木などは一旦切り払われた後に，郷里から取り寄せた苗木や道庁から配付された木を植えた。入植地の敷地内で大きな木が残っているとすれば，役人に頼んで残させてもらったものである。

計画された基幹防風林も鷹栖原野では，農地として開墾され，現在残っていない。現在の鷹栖原野で景観的特徴といえる緑は，小河川の河畔林や丘陵地での小丘の頂きや沢地に残され自然地形に対応した樹林である。特に丘陵地では直線道路の存在によって地形の起伏が強調され緑が際立つ。また松平農場内の事務所跡や興国神社には大きな樹林地が平坦地のなかに緑の塊をつくり出している。

歴史に「もし」はないが，殖民区画の成功検査で5町歩ごとに1,000坪は樹林地として残す計画がもし認められていれば，道内の農村に今とは異なる景観が形成されていたであろう。

殖民区画の実施過程では，そういうきめの細かな施策を行う時間やスタッフの余裕はなかった。その結果，開墾＝皆伐というイメージが北海道の開拓や地域に強く形成されることになった。しかし殖民区画の計画理念には入植地に風除や薪炭用の樹林地を残す発想があったことを忘れてはならないといえよう。

写真6-7 松平農場跡に残る大樹

写真6-8 軸性が強調される丘陵地形

3-2．当別・篠津原野

1）植民地選定調査による当別・篠津原野の土地状況

当別・篠津原野は，表5-3において，上トウベツ（石狩郡上当別原野）の範囲に当たる。『殖民地選定報文』[22]から，この地域の土地の調査状況を拾うと以下のような記述がある。

「石狩川ノ右岸ニ位シ北南志別川ヲ以テ樺戸郡ト界シ西篠津，阿曽岩ノ山岳ヲ負ヒ原野ヤ西南ニ布延シテ当別街道ニ接ス高丘ニ登リ地勢ヲ眺望スレハ土地平坦ニシテ恰モ一大草原ノ如ク又河脉ニ沿フテ遡上スレハ河岸ハ巨大ノ樹木鬱蒼シ土質ノ美ナル沃野千里ニシテ富饒ノ農業地タルガ如シ然レトモ實地ニ就キテ調査スルトキハ石狩川ヲ離ルヽ百間乃至五百間ノ内部ハ渺茫タル泥炭地ニシテ所々沼澤ニ類似シ殆ント歩足ヲ入ルヽ能ハサル不用ノ地ナレハ農

22）北海道庁殖民課『北海道殖民地撰定報文　完』（北海道庁　1891年［復刻版］北海道出版企画センター　1986年）

業ニ適シ稍良好ノ地ハ全面積ノ四分一ニ過キサルカ如シ而シテ其地ハ石狩, 篠津両川ノ沿岸及篠津岳ノ山麓ニ位ス」

（当別・篠津原野は）石狩川の右岸に位置し，北側は南志別川で樺戸郡と接し，西篠津，阿曽岩の丘陵が連なる。原野は西南に延びて，当別街道に接している。北側の見晴らしのいい丘に登り，地勢を眺望すると，土地は平坦で大草原のようであり，川沿いには巨大な樹木が鬱蒼として茂り，全体に土質の豊かな沃野で，農業適地のように思われる。しかし，詳細に土地調査をすると，100間(180m)から500間(540m)ほど石狩川から離れた内部は，茫々たる泥炭地域で，沼沢も多く，ほとんど足を踏み入れることも難しいような状況にあり，農業に適する土地は全体の4分の1程度で，石狩川，篠津川沿いの部分と北側の丘陵部の山裾部分のみである。表5-3での上トウベツの地質調査分類では，「直ニ開墾シ得可キ地」は34％，「大改良ヲ要スル地」は66％の面積である。これらから整理すると，開墾適地は全体の約3割程度，

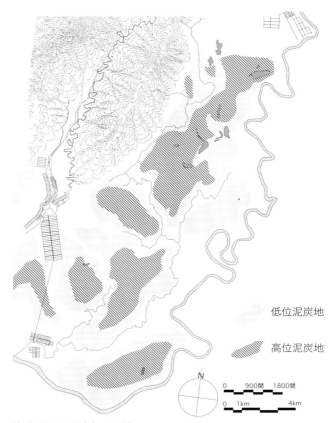

図6-11　当別・篠津原野の位置と地質
（出典：「石狩国石狩札幌郡当別篠津原野区画図」（北海道立文書館蔵），新篠津村史編纂委員会編『新篠津村百年史　資料編』（新篠津村　1996年）などの資料によりCAD図面化し作成）

他は泥炭地や沼沢地で，開墾を行うには灌漑，排水の大改良が必要とされる
土地であったといえよう。

　図6-11は当別・篠津原野の位置と地域の地質状況[23]の図だが，その位
置は，札幌から北東へ約7～8里（約30ｋｍ），石狩平野のなかの北より
の位置にある。地域の四方には北に樺戸集治監のある月形，西には明治初期
に入植した伊達士族移住の当別村，南西には篠津屯田兵村があり，その石狩
川の対岸は江別屯田兵村で，鉄道も通っている場所であった。このように周
辺はすでに開墾・入植が進み開けた場所で，地理的に恵まれた条件の場所で
あった。しかし大半の地質は泥炭地[24]からなり，そのままでは農耕には不
向きな土地であった。このことが地理的に恵まれた位置にありながら，明治
20年代後半まで開墾されなかった理由である。図からは石狩川や篠津川沿
いを除く大半のエリアが泥炭地であり，当別の伊達士族移住村や篠津屯田兵
村が，泥炭地を避けて，当別川や篠津川沿いの条件のよい土地に入植してい
るのがわかる。

２）当別・篠津原野での殖民区画による土地区画の特徴

　当別・篠津原野の区画割は，明治26年（1893）に完了した。殖民区画の
土地区画としては，比較的初期の計画である。区画割の測量は，石狩川右岸
の西の端である石狩町生振を基点にしている。そこから袋達布に達する東西
に線を引き基線とし，北に向かって北1号，2号とし，南に向かっては南1
号，2号とした。また南北方向は「線」とし，1線から東へ向かって順に番
号を増やした。ひとつの基点を単位とする土地区画の拡がりとしては東西が
かなり長く（約25km），広範囲の区画であり，対象とする当別・篠津原野は，
南14号から北20号，東西は24線から48線の間にある。

　区画の道路の予定幅は10間で，明治26年（1893）測量では，道路中央に
四角の杭で頭を赤く塗ったものを立て，そこから道路の予定幅を示すそれぞ
れ5間のところにも赤い杭を立てた。

　当別・篠津原野の区画割を「石狩国石狩札幌郡当別篠津原野区画図」[25]
などをもとに，わかりやすくするために周辺の地形も合わせ書き直したのが
図6-12 当別・篠津原野殖民区画図である。

　この殖民区画図の特徴としては，第一に地質条件を読み，区画デザインが
されたことである。図6-12で殖民区画図の中央，北17号47線あたりから，
折れ曲がりながら斜めに南西の方向に延びているのは，中央排水路（後の篠
津運河）の計画を示すものである。高位泥炭地や沼沢地のエリアを縫うよう

23）泥炭地の分布データ
は，新篠津村史編纂委員会
編『新篠津村百年史 資料
編』（新篠津村 1996年）
による。

24）石狩平野には石狩泥炭
地と呼ばれるわが国最大の
泥炭地が分布する。泥炭地
とは地層の枯れた植物が完
全に腐らず数万年を経て，
積み重なり形成されたもの
である。石狩泥炭地の約半
分はミズゴケやツルコケモ
モなどが生え，湿原の中央
が緩やかに盛り上がった高
位泥炭地からなる。高位泥炭
地とは本州では山岳地帯の
湿原にわずかに見られる程
度だが，石狩平野では冷涼
な気候と石狩川の流路が比
較的安定し周辺の泥炭地へ
の土砂供給が少なかったこ
とから，高位泥炭土が広い
面積に形成された。一方，
地下水位より低く泥炭が堆
積し，栄養が多くヨシなど
の背の高い植物が生えるの
が低位泥炭地である。

25）北海道立文書館蔵

230

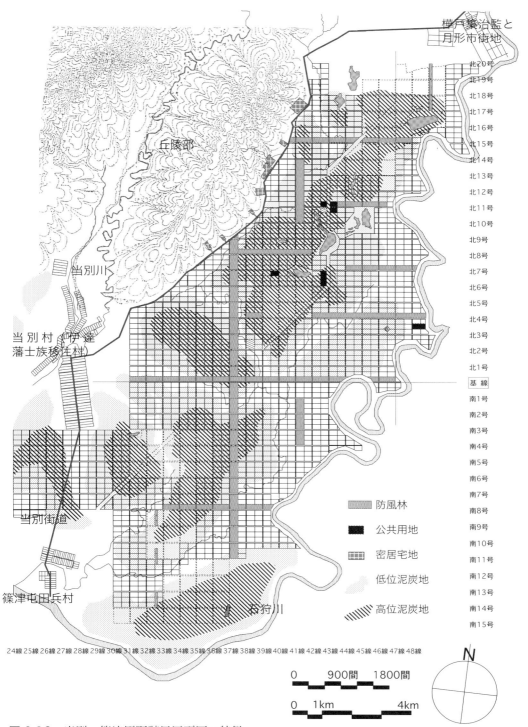

図 6-12　当別・篠津原野殖民区画図の特徴
　（出典：「石狩国石狩札幌郡当別篠津原野区画図」（北海道立文書館蔵），新篠津村史編纂委員会編『新篠津村百年史　資料編』（新篠津村　1996年）などの資料をもとにCAD図面化し作成）

計画されている。また排水路周辺の高位泥炭地は，特に地質条件の悪い場所であり，土地区画が中区画（300間四方）の位置を示すのみで，小区画の分割はなされていない。入植地としては，道庁も当面は移民募集の対象とならない条件の悪い土地としていたのである。

２番目の特徴は図6-13の帯状のライン，防風林が計画的に配置されたことである。明治29年（1896）の殖民区画規定により，防風林（基幹防風林）は必要な地域については1,800間（約3.3km）間隔で設けることが規定されたが，それ以前で組織的に計画された最初期のものといえよう。防風林の配置でも，地質条件に対応し，それぞれの泥炭地エリアをゾーニングしている。

３番目の特徴はこれも地質条件に対応したデザインといえるが，計画的な密居宅地[26]を配置したことである。泥炭地内は地盤が悪いだけでなく，飲み水の確保も難しかったため，地域の北の丘陵部山裾，当別村から月形をつなぐ樺戸街道に沿って，地質がよく湧き水も得られる場所に密居宅地を計画した。1ヶ所当たり6戸から48戸の宅地を，全部で8ヶ所，261区画計画した。1戸の敷地規模は30間四方，面積900坪で，4戸ごとに周囲に道路を設けた配置となっている。この地域には現在「宅地の沢」という地名が残っている。

４番目の特徴は，排水路周辺にいくつかの公共用地が設定されたことである。しかしこの場所がどういう機能を目的に設定されたかは不明である。

地域のデザインの基軸としては，東西方向は基線が役割を担い，南北方向は石狩川[27]を手がかりに，川に沿う位置にある47線が，その後開拓入植が展開する上での基軸となった。

３）出願人の殺到と入植

当別・篠津原野での殖民区画の土地区画に基づく地域空間形成の過程を，『新篠津村村史』[28]などの資料からから整理したい。

明治27年（1894）に，北海道庁による篠津原野の第1回の移民募集があった。当別・篠津原野で募集された区画数，450区画675万坪（2,250町）に対し，700戸の出願があった。

道庁による選考は，開拓者の資力に重点が置かれたといわれる。資力のある団体や個人には大地積を払い下げる方針をとった。小作人を入れてその生活を支えるだけの資力をもつ個人には3区画分（15町歩）まで許可した。団体を組織し，現実性のある事業計画をもつ出願者には大地積を許可した。道

26) 第5章6-1を参照。

27) 石狩川沿いは地質がよく入植地としても条件のよい場所であった他，道もないなかでは水運が最大の交通手段であり，当初の入植はこの石狩川を遡行して行われた。

28) 新篠津村史編纂委員会編『新篠津村百年史　上巻』（新篠津村　1996年）

庁が資力のある団体を優遇したため，条件のよい土地は大農場が占有し，個人入植者は交通の便が悪いところや地味の痩せた土地に追いやれる傾向があった。

　篠津原野での出願で，最も大きい地積を得たのは株式会社組織の宍栗農場で，100戸分500町歩に及んだ。また2区画以上の複数区画を許可された出願が20を超えたといわれる。武田農場や平安農場は，資力のある本州の商人が開墾事業に取り組んだものであり，沢田農場，阿部農場などは個人が小作人を雇い入れて開墾に当たったケースである。福井団体や伊予団体など本州から集団で移住してきた例もあった。図6-13に，大規模農場の入植地を示す。大規模農場の入植地は，石狩川沿いの最も土地条件のよいエリアに

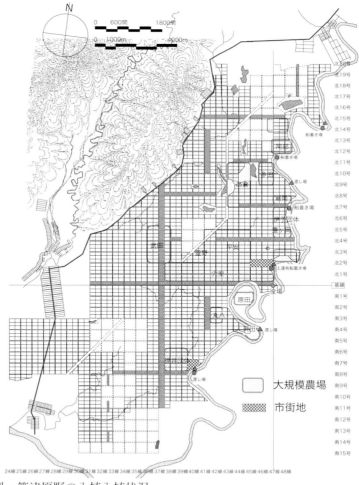

図6-13　当別・篠津原野の入植入植状況
　（出典：「石狩国石狩札幌郡当別篠津原野区画図」（北海道立文書館蔵），新篠津村史編纂委員会編『新篠津村百年史　資料編』（新篠津村　1996年）などの資料によりCAD図面化し作成）

第6章　殖民区画制度による地域空間の形成と成熟　233

分布しているのがわかる。

　個人入植の場合は1戸5町歩の貸下げを受けた。成績のよい個人入植者のなかには，自分の土地を開墾し終わった後，付近の個人入植者の土地を買い，小作人を入れて耕作させ次第に所有地を増加する人もでた。

4）成功検査と開墾

　貸下げられた土地は，開墾を一定の期間内に終わらせなければ，土地を返納しなければならない。鷹栖のケースで述べたように薪炭用地として一割の土地を残すことが許されていた以外は耕地として使える状態にしなければならなかった。開墾状況を調べるために，北海道庁は毎年「成功検査」を行った。

　入植初期の成功検査の成績を見ると，当別・篠津原野では返納区画数の割合が高い。約半数の区画が返納されているときもあった。この地域の泥炭地は難敵であり，土地条件のあまりの悪さに開墾を諦めた人も多かったのかもしれない。

　しかしそういうなかでも無人に近かった当別・篠津原野には続々と入植者が入り，明治29年(1896)には，386戸，人口は1,449人を数えるまでになる。わずか2～3年で当別・篠津原野に急ごしらえの農村が出現したのである。

5）入植地での暮らし–川を生活の基盤として

　初期の移住者は，まず土地が肥えていて，水を確保しやすい石狩川の河縁の土地に入植した。入植地は，アカダモ，楢，柳，クルミなどの見あげるような大木が鬱蒼と茂り，昼なお暗かったという。大木の周りには，人の背丈ほどの熊笹と雑草が密生していた。こういう記述は，当別・篠津原野開拓より20年ほど前の当別川沿いの土地への仙台伊達士族の移住時の記録にも読むことができる。土地の肥沃かどうかの判定に，アカダモ，楢，などの大木をが生えていることが条件となった。

　川に面した土地では，川の水を日常の生活，炊事，洗濯に利用した。川での水汲みは欠かせない日課だった。川縁の土地は沖積土であるため，井戸を掘ってもきれいな水を得ることができた。

　入植者が内陸の未踏の地に入るときは，原野のなかに静脈のように通る大小の川が利用された。道路が満足にない状況で，川が内陸の重要な交通路であり，川の屈曲が道案内の標ともなった。入植者はタモの大木を伐って丸木舟をつくり，川を行き来した。5，6戸で一艘の丸木舟があったという。丸木舟をつくる知恵はアイヌ人たちの技術の影響があるといえよう。

生活物資の購入，農産物の販売も，開拓が始まってしばらくの間は，石狩川の舟運が利用された。開拓が進み秋の収穫期になると，燕麦，小豆，大豆などが蒸気船に引かれる船に満載され，江別へ運ばれて仲買人の手に渡された。屯田兵村番外地から始まった市街地が石狩川上流の開拓が進むにつれて穀物の一大集散地として発展し，川筋には穀物商が軒を並べ，活気にあふれた江別は当別・篠津原野から目と鼻の先の距離にあった。

　開拓が始まった頃は川沿い以外に道路がなく，川から離れた内陸に入ることは難しかった。しかし，冬になると事情は一変する。通行を妨げていた熊笹や雑草が雪に埋もれてしまうため，目的地まで一直線で到達できるようになるのである。春から秋にかけて足が沈む泥炭地や湿原も冬になれば凍りつくため，安心して通行できた。夏よりも冬の方がずっと交通の条件がよかったのである。

　さらに冬になると，石狩川には厚い氷が張った。そうなると集落総出で氷橋をつくった。氷橋とは氷の道路のことをいう。氷の張った川面に柳の木や小柴を対岸まで敷き，その上に氷を重ねるとその部分が一段と補強された。これを何日か繰り返す作業をすると馬車でも通れる頑丈な氷の道路ができた。柳の木が氷のなかで鉄筋の役目をしたのである。正月用品，石炭，ワラ，生活物資の買い出しにこの氷橋を通り，石狩川対岸の江別や幌向に出かけた。

6）生活道路は川沿いの道から

　川沿いの土地に入った入植者は水害を食いとめるため，川縁に少しずつ土を盛った。このため川縁は堤防として次第に高くなり，生活道路として使えるようになった。しかしそれはまだ幅60cmほどの小径が堤防についているだけで，物が運べるような道ではなかった。

　このように開拓当初は川沿いに歩くしかなかったが，次第に川を起点として道路ができた。石狩川沿いに南北に通る47線道路は，当時の上達布波止場とつながっていたため，自然に主要道路として人びとが行き交うようになっていった。このように条件のよい石狩川沿いから，地域の生活軸となる南北方向の道が形成されていった。一方条件の悪い内陸に通じる道の開削は遅れた。

　当別・篠津原野での殖民区画の特徴として，計画的な密居宅地の配置をあげたが，開拓当初の入植が進んだ場所は，密居宅地とは反対側の石狩川沿いであった。密居宅地自体は条件のよい土地に計画されたが，しかしその場所と石狩川沿いを結ぶ道路や泥炭地のなかを通す道路の開削はほとんど目途が

立たなかった。せっかくの計画地も入植者が活用するには難しい条件を抱えていた。

7) 学校，神社，医療

　子どもたちの学校は入植者たちにとって重要な問題だった。当初，公の学校施設がなく，入植者が自ら学校をつくるしかなかった。

　当別・篠津原野では入植まもない明治28年(1895)5月に，下達布で入植者のひとり木村浄観が43線南6番地に仮設教所を開設し，布教のかたわら子どもたちに読み書きを教え始めた。寺子屋と呼ばれ，生徒数は13人だった。宍栗農場では黒田重太郎が自宅を開放して，寺子屋式で読み書きを教え始めた。明治30年(1897)には2階建ての校舎が完成し，後にここは新篠津小学校になった。

　明治33年(1900)に，第一～第四の簡易教育所が石狩川に沿って北から川上，上達布・宍倉（市街地エリア），袋達布・中篠津，下篠津の4つの地区に設けられ，その後第一～第四小学校が教育の場として，地域のまとまりの核となる。内陸ゾーンは開墾が遅れたため，武田地区に第三小学校の分校が設けられたのは，明治44年（1911）になってからである。その学校も，水害で武田地区の人口が減少すると一度廃校になる（戦後復校）。

　入植地での開墾に成功するかどうかも覚束ない状態で苦しい日々を送る開拓者にとって，神や仏に祈ることは心に平安をもたらすものだった。神社は入植後間もない頃から建立が始まり，明治27年（1894）に平安神社，明治28年（1895）に中央神社，三社神社，武田神社，明治29年（1896）には新篠津神社というように，各入植地で神社が建てられた。神社の立地位置を見ると，石狩川沿いや篠津川沿いなどの土地条件のよい場所が選ばれており，明治33年（1900）の簡易教育所の設置後は，図6-14のように各地区の小学校と対になり，地区の生活拠点として位置づけられていく。浄楽寺や順誓寺などの寺も神社と同時期に設置されている。

写真6-9 新篠津神社

写真6-10 浄楽寺

　点線は，5つの地区のまとまりの範囲である。そのまとまりの大きさはおよそ長径で4～6km（1～1.5里）ほどのスケールである。そのなかで入植地から小学校や地区の中心に通う距離としては，最大で3kmほどであろうか。

　入植者はそれぞれの地域の神社に集まり，春は豊作を祈り，秋は収穫を喜び合い，凶作のときは互いに励まし合った。

　開拓当初は，医療機関は近くになかった。道もなく病人を遠くまで運ぶの

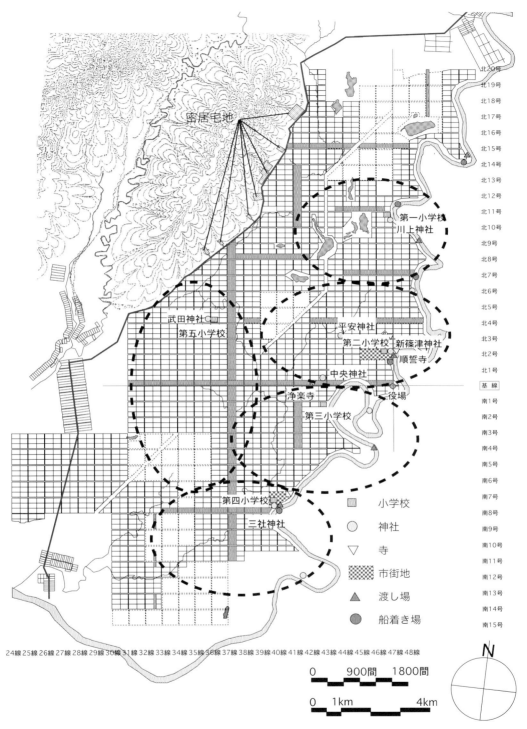

図 6-14　当別・篠津原野入植地の生活のまとまり（市街地・学校・神社・寺）
（出典：「石狩国石狩札幌郡当別篠津原野区画図」（北海道立文書館蔵），新篠津村史編纂委員会編『新篠津村百年史　資料編』（新篠津村　1996 年）などの資料をもとに CAD 図面化し作成）

第 6 章　殖民区画制度による地域空間の形成と成熟　237

は大変だったため，よほど重い病気でないかぎり，病院に行くことはなかった。当別・篠津原野に初めて病院ができるのは，明治39年(1906)のことである。

8）置村と村の公有財産

明治27年(1894)の北海道庁の移民募集により，当別・篠津原野に一挙に大勢の人が入植し，数百戸の開拓小屋が建ち，にわかづくりの村ができた。それぞれの農場単位ではまとまっていたとしても，入植者たちのほとんどは互いを知らぬ仲だった。様々な出身地から集まっており，言葉が通じにくいこともあった。村ができたとはいえ，そこに横の人のつながりはほとんどなかった。

個人で入植した人々は互いに行き来する暇もなく開墾作業に追われたが，大きな農場では早い時期から将来の村づくりが考えられていた。明治29年(1896)2月20日，当別・篠津原野に新篠津村が誕生する。本格的に移住が始まって2年たらずであった。

道庁は新村を設置するに当たって，地元の代表に村名，村の境界，役場敷地などについて意見を求めた。役場の位置は，地元の希望どおり47線と基線の交点（宍栗）となった。

①村財政基盤と市街地形成

開拓が始まって2～3年の村には，財源になるものがほとんどなかった。移住したばかりで，税金を払える余裕のある人は少なかった。できたばかりの村では，何かも一から始めなければならなかった。

戸長は村が発足した翌年の明治30年(1897) 3月2日，40線南7号と8号の間，41線南7号の一部（下篠津地区），2.4万坪（8町歩）の土地を市街予定地として，道庁に出願した。これは許可になったが，明治31年(1898)7月，次の戸長が「この土地は水害の恐れがある」との理由で，市街予定地を変更し，改めて47線北2号（現在の市街地）の土地1.8万坪（6町歩）を出願し，その認可を得た。

村は市街予定地として，2ヶ所の土地を村有地として確保したことになる。市街予定地の一部にはすでに入植者が入っていたから，一部は交換用の土地として確保しなければならなかったが，余った土地は自由に使うことができた。明治31年(1898)には，前者の市街予定地で12人の小作人と耕作契約を結んでいる。

市街予定地の土地処分は村が行うことができた。そのため市街予定地の二重取得は，村の財源をつくるための計画的な措置ともいえるものであった。こうでもしなければ，村の財源をつくるのは難しかったのである。

②村有林造成の出願

　村の公有財産をつくるために，総代人と戸長は市街地の二重取得の他に，もうひとつ手を打った。村有林を造成して，村の基本財産にしようとした。明治31年(1898)7月13日に，当別村に属する新篠津寄りの官有林350万坪（1,166ha）を無償で付与してもらう出願手続きを道庁の札幌支庁長へ申し出た。

　この村有林造成の計画は，当時の札幌支庁長が新篠津村を巡視したとき，石田戸長と沢田・生沢の両総代人に村有基本財産をつくることの必要性を説いたことが発端だったため，札幌支庁長からはすぐに手続きを進めることを許可する指令書が出た。しかし隣の当別村からも対抗する出願が出て，結局許可にはならなかった。

3-3．更別原野

１）十勝の開拓と殖民区画

　明治14年(1881)，北海道開拓使の技師となった内田瀞らによる十勝原野調査が行われる。調査記録である「日高十勝釧路北見根室巡回復命書」[29]に，「総ジテ十勝全国ハ林野草地・彼此相半バシ恰モ天造ノ大ナル牧場ノ如シ」とある。十勝は全域，林野と草地が混じり，あたかも天然の大牧場のようであると記されているのである。

29）内田瀞・田内捨六「日高十勝釧路北見根室巡回復命書」（北海道大学図書館北方資料室蔵）

　明治21年(1888)に北海道庁の十勝原野の殖民地調査が始まる。先に十勝の調査を行った内田瀞を主任官として着手され，約30万町歩の選定が行われる。この調査に基づき，明治24年(1891)に第一次の殖民区画の区画割（区画測設）が行われた。帯広市街地予定地では，石狩通りと大通り交差点を基点として，十勝川河口の大津から芽室までの範囲の区画割が施された。しかし，十勝原野への入植はすぐには始まらなかった。

30）集治監十勝分監は明治28年(1895)に開庁。

　明治25年(1892)に集治監十勝分監[30]の敷地が帯広市街予定地の南に決まり，この集治監十勝分監の囚人労働により，十勝川河口の大津から帯広を経て芽室に至る17里の最初の十勝原野の内陸縦貫道（大津道路）の工事が着手され，明治26年(1893)に開通する。

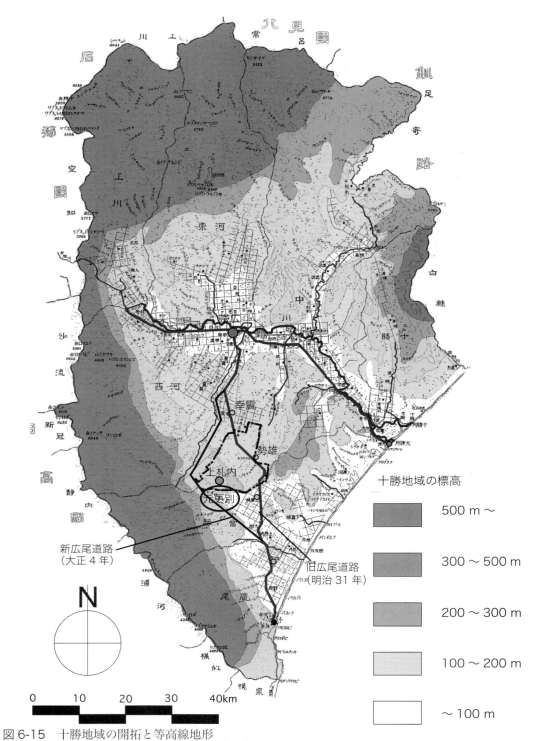

図 6-15　十勝地域の開拓と等高線地形
　(出典：明治 34 年（1901）の（北海道殖民部拓殖課編『北海道殖民状況報文　十勝国』(北海道殖民部拓殖課
　1899 年) のなかの十勝国の開拓状況を示す地図に, 等高線によるエリア分け, 道路, 更別周辺地名などを示す)

内陸縦貫道路の開通後，明治 27 年 (1894) になり，ようやく帯広市街予定地の貸付けが始まり，明治 29 年 (1896) に十勝原野の殖民区画が一斉開放し，本格的な入植が始まる。殖民区画の区画割が実施された後，5 年経過してようやく入植事業が開始されたことになる。その間，十勝を開くために，まず広域道路の開削が必要であったのである。幹線道路の開削や鉄道の整備が進みつつあった石狩川流域とは異なり，十勝にはそれまで開拓の基盤となるインフラがまったく備わっていなかった。道路すらないなか，明治 10 年代の十勝原野に入植した晩成社一行は，原野で孤立し，苦闘むなしく失敗した歴史があった。

　石川，富山，福井の北陸地方一帯は明治 28 年 (1895),29 年 (1896) と 2 年続けて大洪水に襲われる。この北陸地域から，加賀団体（石川），越前団体（福井），越中団体（富山）などの団体移住者たちが，明治 30 年 (1897)，十勝原野の本格的開墾に向け入植するのである。

31）更別村史編さん委員会
編『更別村史』（更別村
1972 年)

2）更別原野の入植[31]の準備

　明治 29 年 (1896) には，広尾–帯広間の道路（旧広尾道路）の建設に着手し，明治 31 年 (1898)12 月完成する。この旧広尾道路のルートは帯広南郊の幸震（大正町）と大樹間は柏の樹林地をさけて，平坦な地形の草原地帯を通り抜けるよう開設された。旧広尾道路に沿って，明治 31 年 (1898)4 月に，更別原野のイタラタラキ駅逓[32]が開設された。イタラタラキ駅逓は，猿別

32）それぞれの駅逓間は
約 4〜6 里ほどであった。

川とイタラタラキ川の合流地であり，柳，タモ，ニレなどの樹木が茂り，近くには冬期でも凍結しない沼(泉水沼)があり，地の利のある場所が選ばれた。

　更別原野の入植の端緒は幸震に近い勢雄地区から始まった。勢雄地区は，更別原野の小河川の集まる下流域である。セオ川流域の殖民区画測量は，すでに明治 30 年 (1897) に大正地区の一部として実施されていたが，あまりに僻地であったため，入植者はいなかった。明治 38 年 (1905)5 月セオ川と駒畠段丘に挟まれ，ヤチダモ，アカダモ，ハンノキ，ドロの木，ホソバヤナギなどの雑木に囲まれ，風弱く温暖，そして肥沃な沖積土の土地に最初の鍬が入れられた。

3）更別原野への入植のスタート

　大正 3 年 (1914) に上札内駅逓が新設され，大正 4 年 (1915) に札内地区と尾田地区を結ぶ道路である新広尾道路が開通する。旧広尾道路沿いは，小河川や湿地が多いため，通行が困難な場所が多く，別ルートの道路開削が

求められていた。新広尾道路は幸震から札内川に沿って遡り，標高で300m近いところまで上り峠を越え，歴舟川沿いに尾田に抜けるルートであった。新しく開削された新広尾道路とサラベツ川の交差点が，更別原野で最初に殖民区画された元更別地区である。

　このように更別地区の区画測設は大正に入ってからであり，十勝のなかでも開拓地としてはかなり後発の部類に入るといえる。更別原野の原野の開拓が遅れたのは，丘陵地とはいえ海抜200 m[33]を超す土地が地域の半分近くある場所であったことが要因として大きいと考えられる。十勝川に沿う標高で100m以下の地域にまず入植が進んだ十勝地域のなかでは，かなり奥地といえる場所であった。その「奥地」に札内川流域と歴舟川流域をつなぐ新たな道路，新広尾道路が開削されたのである。

[33] 明治29年の「調査殖民地撰定調査」では，海抜200 m以下の土地が選定規準となっており，一応の目安になっていた。しかし「とくに農耕に適する土地はこの限りではない」という但し書きがあった。

4）更別原野の入植の進展

　更別原野の区画測設の実施年度は，図 6-16 の通りである。更別原野での

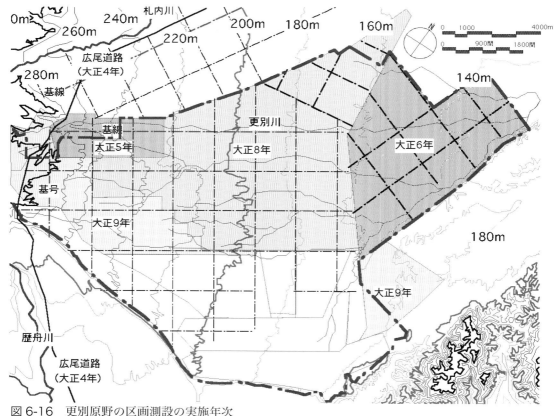

図 6-16　更別原野の区画測設の実施年次
（出典：更別村史編さん委員会編『更別村史』（更別村　1972年）などの資料をもとにCAD図面化し作成）

殖民区画は，大正5年 (1916) 新広尾道路とサラベツ川の交差点を基点とし，サラベツ川に平行に基線を通し，直交して零号とし，区画することから始まった。翌年，大正6年 (1917) には旧広尾道路沿いの勢雄地区が区画測設され，大正8年 (1919) には更別村の中心になる地域の区画が測設される。

大正6年 (1917)，島根団体25戸が元更別地区に入植した。元更別地区は第5章6-1で述べたように密居区画の計画地である。大正5年 (1916) の区画測設の際，測量の技師たちが井戸の試掘を行ったが，水が出なかったため，水の確保ができる場所に密居宅地を計画したといわれている。元更別地区の密居区画は，石狩川沿いの泥炭地地域での密居区画とは異なり，実際に集落が形成され，初期の入植拠点となった。島根団体25戸の開墾地は，1戸に10町ずつであったが，まとまった続き地として所有すると宅地からの距離の関係で不公平になるとして，5町歩ずつ2ヶ所分割して配置した。元更別地区に近い大樹村の尾田地区に，昭和9年 (1934) に入植した拓殖実習場・拓北集落でも密居宅地と農耕予定地を5町歩ずつ2ヶ所に分けた方式が実施されている。この元更別地区の計画と関連があるのかもしれない。

写真6-11 基点となった場所の現在

大正期に更別原野に団体移住した数多くの団体は，数年間で大部分が姿を消していったのに比べ，元更別地区に入植した島根団体は出雲石見国への郷土愛と固い団結に支えられた集落づくりを行った移住団として名高い。その後，昭和に入り，広尾線が元更別地区とは離れた旧広尾道路沿いに開通した後，「サラベツ」の名は新しく開設された更別駅周辺の地区に名付けられる。更別村での中心地も更別駅地区に移り，この地は「元更別」と呼ばれるようになった。しかし更別原野開拓の出発点としての名は，後世に伝えられることになる。

5) 更別原野での殖民区画の計画的特徴

更別原野で区画測設が実施されていた大正7年 (1918)，殖民区画の区画測設規定の改正で，密居区画の具体的な規定や薪炭用林，共同放牧地および共同秣地などの共用地の規定が新しく付け加えられた。この改正規定での区画測設の実施地区が更別原野の開拓であった。

更別原野はもともとの土地の状況は丘陵高台地帯での草原と柏林の樹林地であった。川沿いにはヤナギ，アカダモなどの雑木林もあった。更別原野の殖民区画で計画された防風林は100間幅の防風・防霧林が900間から1,200間間隔と，かなり密度高く配置されている。そのデザインは必ずしも整然としたグリッドにはなっていない。防風としての用に耐えうる柏の木などが多

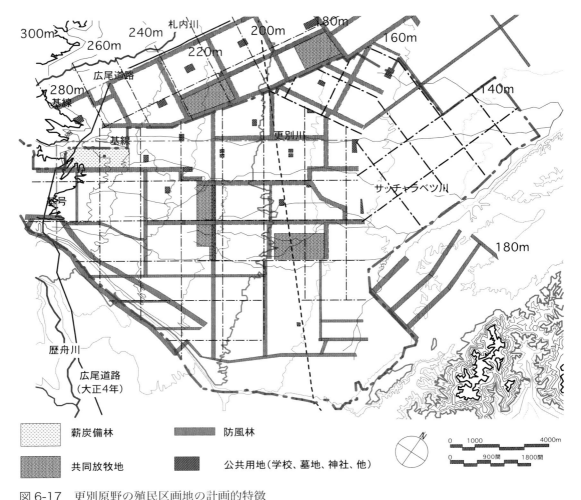

図 6-17 更別原野の殖民区画地の計画的特徴
（出典：更別村史編さん委員会編『更別村史』（更別村 1972 年）などの資料をもとに CAD 図面化し作成）

い樹林地を選び計画したため，斜めに設定されているのであろう。また，地域の樹林地や草地の植生を活かし，元更別地区の基線近くには薪炭備林や，4ヶ所の共同放牧地（1ヶ所当たり 20～30 町歩）が設けられている。柏のある土地は畑としては痩せ地[34]であったが，柏の木は皮なめしの材料になるため，その伐採は入植初期の貴重な収入源となったといわれる。

神社の位置は，元更別地区のように丘陵端部の眺望のよい土地に設けられている例もあるが，地形が平坦で手がかりのない場合には，公共用地として計画された場所に建てた。小学校，神社が集落の共同施設であり，コミュニティの核となった。その土地では地域の入植者の寄付によってまかなわれ建設されている例も多い。

34) 柏林は痩せ地であったため，防風林地として残されたともいえる。

十勝地域では，第一次世界大戦後の大正7年(1918)～大正9年(1920)ヨーロッパ向けの輸出などで豆の価格が高騰したのを受け，畑作の7割が豆作になった。大正後期，この地域の営農方針もそれまでの米国一辺倒の農業指導から，より北海道の実情に近いドイツ農法やデンマーク農法を積極的に取り入れるようになる。

6）広尾線の開通と市街地の建設
　昭和5年(1930)に広尾線が開通し，更別原野には，更別と上更別の2ヶ所に鉄道駅が開設される。鉄道の路線は旧広尾道路に平行に引かれ，鉄道工事の資材も旧広尾道路で運ばれた。鉄道建設を契機に，遅れていた更別の南部地域も昭和4年(1929)～昭和7年(1932)に区画測設が実施される。鉄道に沿った地区は区画の軸が鉄道と平行になっているが，他は大正期の区画の軸線が延長されている。

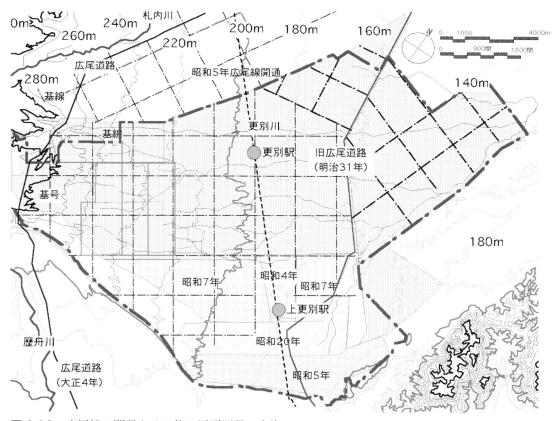

図6-18　広尾線の開設とその後の区画測設の実施
　（出典：更別村史編さん委員会編『更別村史』（更別村　1972年）などの資料をもとにCAD図面化し作成）

7) 更別原野での殖民区画と景観形成

　更別原野の現在の景観は，基幹防風林や農地単位の耕地防風林がグリッドの線上にあるだけでなく，地形の起伏や柏林の分布などに合わせ面的な樹林地が広く存在していることに特徴がある。標高200 m以上の場所では農地よりも樹林地の方が景観として相対的に大きなウェイトを占めている。殖民区画による整然とした農地区画と幾何学的な防風林で構成される景観が生まれている十勝地域のなかでは，少し特殊であり，ある意味いまだ開拓期が進行中であるようにも見える。

　現在更別は，道内でも1戸当たりの農地規模が最も大きい。農家の配置を見ると，樹林地のなか，主要な通りに沿ってまとまって立地しているように見える。鉄道駅の開設により形成された市街地は，広尾線は廃止された後も十文字型の軸性ある空間を継承し，公共施設を集積させ明解な中心性を保持している。

写真6-12　防風林というよりも森としての存在感のある樹林地

写真6-13　樹林内を通る区画の道

4．殖民区画での市街地形成

　殖民区画の計画は，明治29年(1896)の殖民地選定区画施設規定で示したように農地の区画だけでなく，道路，市街地，防風林の計画，学校病院，寺神社，墓地などの主要施設の配置までを規定した地域計画と呼べるものを目標としていたが，実際の事業過程では殖民区画図に市街地や主要施設などが未定の計画も多かった。

　殖民区画図作成の段階で市街地計画があったかどうかを指標に，殖民区画での市街地形成のタイプを分類すると以下の4つに分けることができる。

表6-7　殖民区画での市街地形成のタイプ

殖民区画図段階で計画された市街地	川や既存道路などを手がかりに計画したタイプ
	鉄道駅を核に計画したタイプ
入植の進展後に形成された市街地	川や既存道路などを手がかりに計画したタイプ
	鉄道駅を核に計画したタイプ

4-1. 殖民区画図段階で計画された市街地

1）川や既存道路などを手がかりに計画した市街地

　殖民区画での市街地立地として，用水確保や河川交通の利用などから川沿いの場所に市街地を計画する場合が多く見られる。その場合，水路の線形に影響され，市街区画の格子状の街路パターンに変化を生じることが多い。その事例として石狩平野の東に位置する長沼原野でのケースを取りあげたい。

　長沼原野での区画測設は明治25年(1892)から実施され，翌年完了し，富山・兵庫・徳島などからの団体入植が始まった。長沼原野の地質は当別・篠津原野などと同様に泥炭地が多く，排水工事の実施が不可欠の課題となっていた。殖民区画図にも当初計画で幹線排水路である馬追運河が，区画を北東から南西に横切るように配置された。

　市街地は長沼原野のほぼ中央，馬追運河と北三号，東一線の交差部分に区画されている。市街地の規模は農地の基礎単位である5町歩を4区画分集めた大きさである。5町歩の区画をそれぞれ街区割りし，市街地を構成して

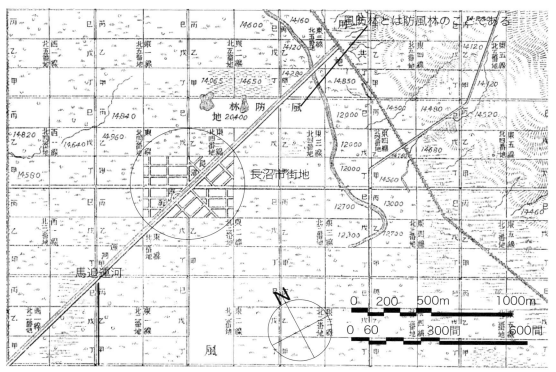

馬追運河：湿地の多い入植地の土壌改良のため排水路，灌漑用水の他，江別〜空知間の舟運路として計画された。

図6-19　殖民区画図の長沼市街地
（出典：「殖民区画図」（北海道立文書館蔵）に長沼市街地の位置などを示す）

いるが，殖民区画のグリッドと45度振れた運河の軸が組み合わさり，道路パターンは変化に富んだ構成となっている。

長沼のようなタイプは例外的なケースといえるかもしれないが，殖民区画図を作成する段階で市街地を計画する場合，川（運河），既存道路，地形の変化など市街地形成の要素を読み込み，それを手がかりに区画をデザインする手法があったといえよう。

2）鉄道駅を核に計画した市街地

鉄道駅を核に計画したケースを和寒市街地[35]で分析してみたい。旭川盆地から北に塩狩峠を越え剣淵・名寄盆地に入って最初の市街地が和寒である。明治31年(1898)に幹線道路（県道）が旭川から和寒，剣淵を通り士別まで開通，翌明治32年(1899)11月に鉄道が塩狩峠を越え和寒まで通じ，最後の屯田兵村である剣淵兵村，士別兵村が和寒の北隣の地に入植する。

和寒市街地の区画の基準となっているのは，旭川から士別に通じた県道である。この幹線道路は殖民区画のグリッドに対し，西に角度がわずかにずれている。市街地周辺には小河川が何本か流れている。地形上良好な場所を選んで道路がつくられたためずれたのかしれない。明治41年(1908)，44年(1911)の「天塩国上川郡和寒原野区画図」によると，鉄道駅西側に2列6行の和寒市街地が区画され，そこから西に向かう斜めの道路が描かれている。

現在の和寒市街地を見ると，当初の市街地区画が影響していることがわか

35）和寒町編『和寒町史』（和寒町 1975年）を参照している。

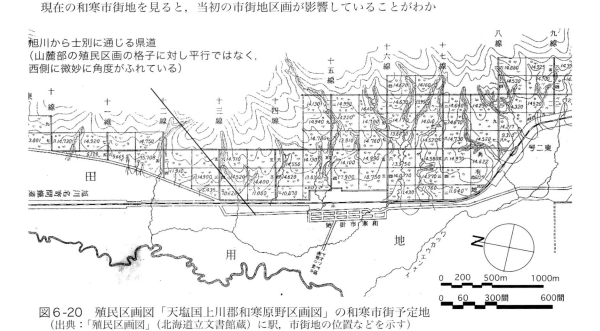

図6-20 殖民区画図「天塩国上川郡和寒原野区画図」の和寒市街予定地
（出典：「殖民区画図」（北海道立文書館蔵）に駅，市街地の位置などを示す）

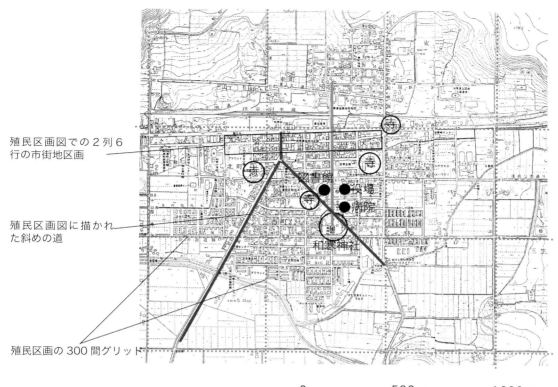

殖民区画図での2列6行の市街地区画

殖民区画図に描かれた斜めの道

殖民区画の300間グリッド

図6-21 和寒市街地の計画デザイン
（出典：国土地理院2万5,000分の1地図に市街地の主要施設などの位置と文字を表示）

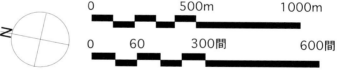

写真6-14 和寒神社

る。和寒駅の西側に拡がる格子状の街区と駅から西に延びる通りが二股に分かれY字型の道路となっているのが特徴である。Y字型の道路のひとつは当初の殖民区画図に描かれているものであり，一方は上川の鷹栖町に通じる主要地方道である。当初の2列6行の区画は現在商店街を形成するとともに，市街地内の南北の骨格道路の役目も果たしている。2列6行の区画は殖民区画のグリッドに対し少し西に振れていたが，和寒の市街地はその区画に沿って拡大した。結果，現在の市街地区画は周辺の殖民区画のグリッドに対しずれがあり，300間の格子とは一致していない。Y字型の道路の存在も市街地内の道路パターンに変化を与えている。

Y字型の道路のひとつに沿って和寒神社が位置する。神社から東に延びる参道に沿って役場，消防署，町立病院，図書館が立地し，神社林とともに市街地の東西方向の軸性を生み出す景観要素となっている。参道は市街地の区画道路としては唯一，鉄道を越え山麓部分に達している。さらに参道やY字

第6章　殖民区画制度による地域空間の形成と成熟　249

道路の周辺に4ヶ所の寺があり，境内の緑が景観ポイントとなっている。

　和寒のケースは地形条件や幹線道路の存在によって市街地の区画が，殖民区画の規則的グリッドに対しわずかにずれたり，軸性のある景観要素を生み出し，変化のあるパターンを形成した事例といえる。富良野や風連のように殖民区画のグリッドに対し鉄道の線路が45度振れて，市街地区画に変化のあるパターンを生み出しているケースもある。

　殖民区画で計画された市街地の特徴は，格子状のグリッドによる規則的で単調な空間が形成されたイメージが強いが，実際は鉄道駅を核とする市街地形成のデザインにおいて，地形や斜めの軸，角度のずれなどを活かした特徴ある市街地空間を形成したケースは少なくない。

4-2．入植の進展後に形成された市街地

　入植後開拓が軌道にのり出した段階における殖民区画と市街地の関係は，本章の前半で取りあげた篠津原野や更別原野でのケースがモデルになる。

1）川や既存道路などを手がかりに計画した市街地
　篠津原野では，入植者が増えるとともに，明治29年(1896)新篠津村を開村したが，その核となる市街地を交通の中心であった石狩川と基線の交点に近い，北2号47線の通り沿いに市街予定地を設定し，道庁にその土地の払下げを出願した。外部から商業者を誘致し，加えて町役場（当初は基線47線にあった），郵便局，警察などの公共施設も集積させ市街地形成を図っ

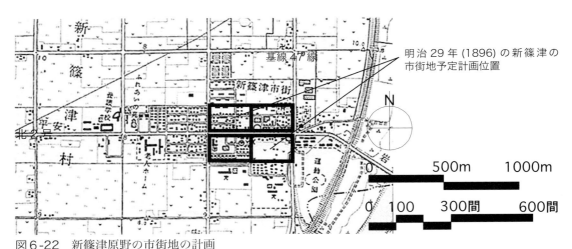

図6-22　新篠津原野の市街地の計画
　（出典：国土地理院5万分の1の地図に明治29年（1896）の市街予定地を示している）

たのである。市街予定地の土地処分は村として行うことができた。市街予定地に決まった土地にすでに入植していた人は換地して移り，有力者は土地を寄付した。戸長はこうしてできた市街地を区画割し，明治32年(1899)4月に総代会に諮った上で，「市街地売却契約方法規定」を設けて売り払った。市街予定地は5町歩の農地4区画分も大きさで，そのなかを街区割し，一戸分を間口6間，奥行20間(36m)，面積120坪で売り出した。位置により一等と二等などがあり，それぞれ一戸分の土地代は5円と3円で，第1回は17戸に売り渡された。建築の期限は一年とされていたから，翌年までには17軒の街並みができたことになる。これが今日の新篠津の市街の基礎となった。

写真6-15 更別神社

写真6-16 更別神社を通りのアイストップとする景観

2）鉄道駅を核に計画した市街地

更別原野では昭和5年(1930)の広尾線の開通と同時に，更別と上更別の駅を核にした計画的な市街地がデザインされた。更別の市街地では，更別駅と更別神社をアイストップとする十文字型のメインストリートによる市街地形成が進んだ。更別駅と市街地のための用地は，殖民区画の計画でデザインされた公共予定地ではなく，一般に貸下げられた開拓地を村が買い戻し，市街地の区画・分譲を行った。殖民区画の計画では，予定鉄道の構想がまだ決まっていなかったのであろう。

更別原野での鉄道のような未定の計画では，殖民区画図は，駅や市街地予定地の位置やデザインが，実施案と異なるケースはまれではない。一方，鉄

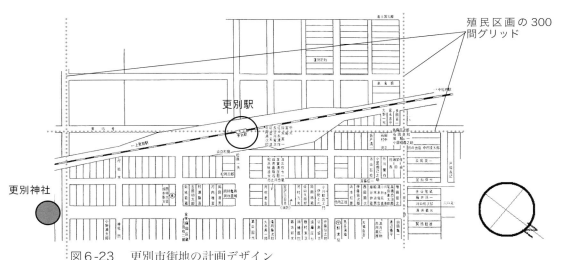

図6-23 更別市街地の計画デザイン
（出典：更別村史編さん委員会『更別村史』（更別村 1972年）所収の地図に地名，300間グリッドなどを書き加えている）

道や道路位置などの計画が確定しており，それに基づいて計画された殖民区画は詳細なデザイン計画といえる内容になっている。

5．殖民区画の計画の意味

5-1．広域秩序─「地」の形成

114万ha。この数字は現在の北海道の耕地面積の全体である。北海道は日本の食料基地といわれ，北海道の耕地面積は日本の全体の4分の1を占めている。この耕地面積の大半が殖民区画により計画さり，しかも帯広や富良野などの多くの市街地の計画も含むものである。

殖民区画が実施されたのは，明治20年代から大正初期までの約30年間である。114万haを30年で割ると，4万ha弱である。毎年，これだけの土地（4万ha=10km×40 k mの範囲）を区画し，処分し続けたのである。この30年間は「北海道における未開地獲得をめぐる疾風怒濤の時代」といわれ，この大量土地処分を支えた計画技術が殖民区画であった。300間グリッドに象徴される殖民区画における空間形成は地域の拠点や幹線や鉄道沿いを線的に開拓するのではく，面として平坦地だけでなく，丘陵地も含む隅々まで，グリッドの計画秩序を通した点に最大の特徴がある。殖民計画の誕生によって，北海道開拓において初めて面として広域の空間を形成することが可能になった。

5-2．空間形成の時間空間の集積と計画の持続力

殖民区画とは明治開拓期の土地区画と道路，施設配置の計画であり，入植地域の農村都市計画といえるが,事業の過程は一気に完成したものではなく，長い時間をかけ，計画的担保性をもつものとして地域空間は形成された側面を持つ。

例えば石狩川沿いの泥炭地域では，当初は川沿いの比較的土地条件のよい場所から開拓が進み，川沿いの道に沿った列状村の形態をとっていた地域がある。条件の悪い土地は区画も描かれずに，空白部分として残された。戦後になって排水溝の整備や大規模な土地改良の実施とともに，泥炭地域や湿原にも入植が進んだ。長い時間がかかって計画が実施され，広域的な秩序を形成する区画のグリッドが実現したのである。

十勝やオホーツク海沿いの丘陵地形の場所の開拓は地形条件に規定され，入地しやすい場所から進んでいった。その時の空間構造は，現在の広域の面的なグリッドの拡がりとは異なる。街道や川筋，鉄道沿線など，交通インフラがつくられたエリアから，線的な開拓空間が形成された。面的な殖民区画による空間形成は，開拓の進んだ戦後の姿である。防風林も殖民区画の計画をベースに，その後伐採や植林を行い，現在のような密度ある防風林網となっている。

　殖民区画に基づく地域空間形成は，広域の拡がりや面的な空間が一時期にできたわけではない。根釧原野や十勝平野の防風林網の形も，現在広大なグリッド状に拡がるものになっているが，それは明治の開拓期に創出されたわけではなく，1世紀以上に渡る時間のなかで形成されてきた。長い時間の集積による地域の空間形成を基層で担ったことに，殖民区画の計画の重要性がある。

　殖民区画による地域の空間秩序の規定力を考える時，北海道と他府県地域の5万分の1地図の比較は解りやすく理解する手がかりを与えてくれるように思う。府県の明治期などの地図を見ると，細やかに地形に対応した伝統的な集落の分布や道のパターンが実に美しい。北海道の場合は様々な方位をもつ300間グリッドが面的に地域を区画し，河川や丘陵地や山などの自然地形とグリッドの対比はコントラストを描いている。

　現代の府県の地図を見ると埋立地やバイパス道路，農地や丘陵を開発したスプロール市街地，高速道路などが伝統的な空間秩序やスケールとまったく異なる次元で大きく拡がり，細やかな地形に対応した集落などは断片化して，全体として空間秩序は著しく失われている。一方北海道では幹線道路や高速道路，市街地の拡大や大規模な施設などの計画も，殖民区画の規格的なグリッドにのって拡がっているため，大枠の空間秩序は保たれ，全体としての違和感は少ない。

　殖民区画のスケールや直行する幾何学的な形態は，ある意味で現代的な開発のパターンにも対応しうる空間秩序を有するものなのかもしれない。殖民区画は明治期に始まる北海道の地域空間の形成で農村や都市の空間形態の基層をつくり出したが，現代においても広域から地区レベルまで地域の空間秩序を形成し，支えうる可能性のある存在なのである。

5-3. マニュアル化された計画デザインと現場性

　大量土地処分の時代に，計画という視点から殖民区画の実施状況を判断すると，標準設計のような規格的な区画制度を確立することがまず求められたといえよう。それが，明治29年 (1896) 制定の「殖民地選定及区画施設規定」である。経験が十分でないスタッフでも，効率よく実施するためマニュアル化した計画が要求されたといえよう。

　実際の入植地では，団体入植や大規模な土地所有，一般の個人入植など様々な入植形態があり，幅のある要求に対応するには，汎用性の高い計画が求められた。汎用性の高い計画とは，言い換えると無色な，場所により限定されない計画である。いかなる利用，機能にも対応しうる計画ともいえる。その意味では入植地における生活上のまとまりを場所に即しデザインする集落計画は設定しようがなかったともいえる。生活レベルでの集落計画，地域空間のデザインは計画には含まれず，入植者の判断に委ねられたといえよう。そのなかでも鷹栖原野の松平農場の入植地では，屯田兵村に類似した，土地の分割給与や密居配置などが実施された。大規模農場などまとまった土地では，こういう集落計画の実施も可能となる仕組みであったと言えるのである。

　デザインとしての殖民区画図は，マニュアル化した計画に基づき，規則正しいグリッドが地域に刻み込まれた画一的なデザインと見えがちである。原則はその通りで丘陵や小河川の地形，泥炭地や湿地などの地質条件などに影響されることなく，規則的な格子状の区画が実施されている。

　しかし，細部には現地情報が盛り込まれ地域特性に対応したデザインが伺える。特に基線や防風林の設定などは，その印象が強い。十勝平野では，グリッドを規定する基線が川や丘陵で区切られる地形や区画測設の実施年次により異なり，様々な方向を向き，結果パッチパーク状のパターンになっている。防風林も更別原野の事例では，斜めのパターンや格子の食い違いが生じる計画となっている。更別はもともと柏の木が多いところであったが，基幹防風林の設定では，もともとあった樹林地の分布に対応して計画がつくられたのである。篠路原野では地域として大規模な泥炭地や湿地が存在したため，当初から幹線の排水路の位置が計画として示されたり，飲み水の得られる場所に計画的な密居集落が配置された。この事例も土地条件に対応した現場性の高いデザインといえよう。

　また樺太の殖民区画では，既存の集落や街村がそのまま活かされて殖民区画のなかに取り込まれ，不規則な形の街村と殖民区画のグリッドが併存する

パターンをつくり出している。

5－4．疎居的な集落形成

36）金田弘夫「農村における村落設営形態に関する研究」（北海道大学教育学部 1962 年）

金田弘夫は「農村に於ける集落設営形態に関する研究」[36]のなかで，疎居の問題点を様々に指摘し，かなり深刻な問題点があるとしている。一方，密居は農業経営上は不利な点を有するが，必ずしも決定的なものではなく，それ以上に利点が多いとしている。疎居の仕組みが政策的に選択されるのは，「国家の土地政策や開拓政策から，急速に農地の開発と殖民を行う必要性が生じたとき屡々とられる形態のもの。新開地に入植を取り急ぐ時は，集村を形成することは実際に不可能であり，そのための綿密なる集落設営計画や土地調査の設定ができないので，やむをえずとられる方策」と述べている。

殖民区画において，集落デザインがないまま土地区画事業が実施され，北海道の農村は農家が点在する疎居的な集落形成となった。集落デザインは団体入植者や大規模農場の管理者など現場での判断に委ねられ，鷹栖の松平農場ように，道路を介し連担する集落の形成がなされた例も生まれたが，大半は計画のないまま疎居になった。

しかし殖民区画制度の誕生の過程では，入植者の協同性の基盤となる集落計画ついて，初期の道庁実施担当者や専門家の間にその必要性の認識があったのではないかという点を第5章で指摘した。実施過程では，その実行が困難ないくつもの要因があった。集落予定地を適当な位置に配置するための詳細な現地調査や計画立案のための時間が不足していたことや，殖民区画地に個人入植からから団体入植，大規模な土地所有の農場など様々なレベルを想定せざるをえず，計画的なまとまりの単位をもつ集落計画を設定することが困難であった。さらに殖民区画が生まれた時代の開拓事業では何より大量の土地処分を確実にこなすことが求められていた。多くの農民を入植させるには，どうしても一般化した区画法による他はなかったのである。

5－5．地域環境の制御と共有地の存在

北海道の開拓の歴史のなかでも，最も大きな環境の変化は平地林がなくなったことといわれる。開拓前の石狩川沿いはほとんどが鬱蒼とした平地林で覆われて，開拓に入った人びとは，原始の森を切り開くことから始めた。楢やタモの巨木の林が切り開かれ，焼き畑的に耕地がつくられ，自給のため

第6章　殖民区画制度による地域空間の形成と成熟　255

の穀物が栽培され，生活が始められた。しかし林を開くことで，風害や気温低下，洪水などの発生を体験し，環境調整装置としての林や樹林地の必要性が認識された。結果，殖民区画における防風林や防霧林，水源涵養林などの樹林の環境調整機能が計画されるようになった。開拓のなかでは収奪型の開発も進んだが，環境保全，環境管理型の技術や計画も認識されていたのである。

　トック原野の入植において，十津川村移住民から薪炭林や秣場，牧場のような共有地が要望されたが，実際の事業では共有地は計画されず，全体の区画は個別に所有する土地のみで構成された。

　共有地の存在が殖民区画の規定で明記されるのは大正7年(1918)の改正以降まで待たなければならなかった。改正以降の計画である更別原野の事例では，既存樹木をうまく活用して防風林や共同放牧地，共同薪炭林が配置された。これは十勝の特色で空知などの事例には見られない。なぜ十勝に共同放牧地，共同薪炭林が配置されたのだろうか。大正の頃には空知地域にはすでに開拓地が残っていなかったことに加え，十勝での営農形態として牧畜がある程度想定されていたことがあげられるように思う。

　新篠津では置村後，村の財政基盤を高めるため近隣の山に共有林を確保しようとしたケースがあったが，うまくいかなった。山林地域を抱える隣りの当別村から，反対されたことが理由といわれる。

　共有地をもつことがなかったのは，疎居の問題と並んで，殖民区画の大きな欠点であったといわれる。特に共有の草地，茅場がなかったことで，耕地への肥料の手当がなく，開墾後無施肥料で栽培が行われた。開拓当初は，土地そのものが肥沃であったため問題は生じなかったが，十数年を経るにつれ地力の衰えが深刻になり，化学肥料の施肥が急速に行われる背景にもなったといわれる。

5-6. 農村市街地の形成

　殖民区画図に当初から市街予定地が示される例がある。このことは明治29年（1896）の規則に述べられており，これを市街地の配置まで含めた殖民区画図の地域農村計画として，その計画性の高さを評価できよう。しかし実際は事例でも明らかなように，必ずしも殖民区画図に市街地の位置が示されているわけではないし，その位置が明示されている場合でも，比布原野などの場合には実際の鉄道開通後の駅と市街地の位置と，殖民区画図での位置

は一致していない。殖民区画図に市街地の位置や鉄道の計画線が描かれ，それが実現している場合とは鉄道などの計画が実施段階にまで達していたケースである。

それゆえ，単純に殖民区画図＝地域農村と都市の計画図とは見なせない面もあるが，計画の詳細性やその後の地域空間の形成を誘導した計画の規定力の高さは大いに評価してよいものであろう。

一方殖民区画図に市街地計画がない場合，予定市街地は，当初は他地域（開発の古い地域）の市街地に依存していた。入植者が増えると，基軸となる通り沿いに市街予定地を設定し，道庁にその土地の払下げを出願し，その認可を得て，篠津原野などのように市街地形成を図るケースが見られる。市街予定地の区画割は一戸分が間口6間，奥行20間（36m），面積は120坪ほどで売り渡され，外部からの新規の商業者を誘致し，加えて町役場，郵便局，警察などの公共施設を集積し，中心ゾーンの形成を図っている。

また鉄道開通後，開設された駅を核にその周辺の土地を区画し，市街地形成を図る例も更別原野などに見られる。更別原野の例では，駅を核にして更別，上更別市街地が2ヶ所，それぞれ十文字型のメインストリートをもったパターンの市街地を形成した。このケースでは駅周辺の市街地には開拓農地を利用し，公共予定地ではなかった。その買収は入植者の土地から行われた。

鷹栖原野の例では，地域の中心となる市街地以外に，大区画による900間グリッドの交点に各集落の日用品を扱う商店や郵便局，集会所などの立地する小市街地が自然発生したケースが見られる。

第 7 章

都市と村落・基層構造の持続性

地域空間の形成のベースとして植え付けられ，その後の地域の展開，成熟の方向にも影響を及ぼしている計画を「基層」として捉え，屯田兵村，殖民区画，市街区画の3つの空間計画について，北海道開拓期における都市と村落空間形成から，その特徴を明らかにする作業を行っている。

　作業はまず，北海道開拓期の地域空間形成における都市と村落の基層構造を，明治期の開拓の進展の歴史的過程から明らかにしている。明治10年(1877)，明治20年(1887)，明治30年(1897)，明治40年(1907)の4つの時点での開拓前線の進展とその時代での基層の形成，計画原理の特徴，次の時代に継承された点を述べている。次に屯田兵村，殖民区画，市街区画の3つの計画原理について，その相互関係を分析している。

　北海道開拓期の地域空間形成における「基層」の計画原理として，「計画」と「デザイン」，自然地形との対応と親和，よりしろと場所，リザベーション，都市と農村の相関・相補性の5つをあげ，それぞれの計画原理を明らかにするとともに，その相補性と関係性についても分析している。

　最後に「基層」という1世紀を超える長い時間のなかでの地域空間形成の規定力について，地と図による広域性，空間形成の時間と集積と計画の持続力，基準と現場性，地域空間のスケールの視点から，北海道開拓での空間計画の特色と「基層」の計画的持続性について考察している。

北海道開拓期の地域空間形成は，時代状況や環境特性，計画意志，入植者の開拓努力が相互に関連したなかで展開されてきたものである。計画意志とは，時代に規定された志と構想力である。また計画意志はその時代への応答だけでなく，長い歳月を通して計画が担保，持続されて後，その描かれた像が姿を現す場合もある。計画意志が地域の社会，生活の基層構造として共有化され，長い時間に耐えうる構造を備えていた場合があるのである。

　屯田兵村と殖民区画は農村，村落の計画であると考えられがちだが，すでに明らかにしているように市街地デザインを含む，都市計画もその内容としてもっていた。特に屯田兵村では，開拓期の意図を超えて，その後地域全体が市街地に発展した場所も多い。一方札幌をはじめ，旭川や帯広など，開拓期に誕生した都市空間も，都市市街地のみで独自の形成・発展をしたというよりも，周辺の計画村落と一体に（札幌，旭川），あるいは周辺の計画村落のなかの一部として（帯広，名寄など）形成された都市‒市街地といえる。しかもその都市空間のデザインには，村落計画の空間デザインの影響も様々な形で読みとることができる。開拓期の地域空間形成は都市，村落を一体の計画として，市街地と屯田兵村と殖民区画と関連づけて捉える視点が重要となる。

1．開拓の進展に見る地域空間形成の基層構造

1-1．明治10年までの開拓の地域空間

1）札幌本府創成の計画原理

　石狩国の本格的な開拓は，北海道の首府たる札幌本府を石狩川下流の豊平川の扇状地に設けたことから始まる。札幌本府は政治中心として原野にほと

図7-1　明治2年の地方区分図
（明治2年の「北海道」の誕生時に11国86郡が決められた。11国には千島国が含まれる）

んどゼロから建設したものである。札幌本府創成の計画原理には，基軸としての河川，官と民のゾーニング，碁盤目状の区画，60間四方の市街区画，市街地の建設と周辺の移住村，の5つの要素を読みとることができる。

　札幌本府の計画は都市デザイン的要素だけでなく，周辺地域を含めた計画の考えたがあったことが伺える。ようやく建設が軌道にのり始める明治5年 (1872) の地域空間は本府を維持すべく，市街地の人口増加や産業振興策とともに，周辺に募集移民の村落を配置する計画が実施されていた。都市への食料供給や防衛面を考えた配置で，都市と農村を一体的に考える地域運営の発想が読みとれる。また札幌本府の北を流れる石狩川は河口の幕末期から漁場として栄えた石狩が本府外港の役割を担い，右岸の当別川沿いには伊達藩からの士族移住村が移住地のモデルの役割を担い始めていた。

2）札幌本府計画のその後への影響

　札幌本府建設とともに，周辺に移住村を配置することで，市街地を村落が支え，村落が市街地を支えるという，市街区画と周辺地域を一体としてとらえ計画する手法は屯田兵村や殖民区画などを通して，その後継承されていく計画原理となる。

　札幌本府の計画原理のひとつである特徴である官と民のゾーニングは，城下町のように封建制の時代の都市計画にこそ求められた原理であり，明治以降，近代化の過程では必要とされなくなっていた。その意味で，札幌本府の計画デザインは時代の転換期にあり，封建制の遺構を一部引き継いでいたものであった。しかし結果的には札幌の都市空間が以降の都市にはない中心性（大通公園）や軸性（本府後の北海道庁へ向かう通りの軸性など）を有する都市空間を形成することになったのである。

3）明治10年までの開拓前線[1] の進展

　明治10年 (1877) までの石狩国での開拓状況を見ると，石狩本府とその周辺以外は，明治5年 (1872) に入植が始まった当別の士族移住村が目立つ程度で，その入植地はかぎられていた（図7-2）。

　当時の交通は水運であり，この時期に開拓された場所は，船で川を遡ることによって入地が可能な地域であった。当別の入植地も石狩川の右岸の当別川沿いであった。気候的にも雪が少なく，比較的温暖な噴火湾沿いや日高の海岸線にも士族移住村などが入植した。また余市や岩内，根室や厚岸など漁場として江戸期より歴史のある地域も入植地となった。

1）開拓前線とはアメリカ開拓におけるフロンティア・ラインに近い概念で，北海道開拓の時間的進展を地図上に表したものである。
　井黒弥太郎が「開拓進行過程の図化について」（北海道総務部文書課『新しい道史　通巻17号』（北海道総務部文書課　1966年）のなかで，試みたものが最初と言われる。関秀志は井黒の試みを受け，北海道編『新北海道史第四巻　通説三』（北海道　1973年）のなかで，その精度を高めた図化を行っている。

そういうなかでこの時期では唯一の本格的な広域幹線道路であった札幌本道が明治6年(1883)，函館から札幌まで開通した。函館は天然の良港として早くから開け，幕末期には開港場ともなった貿易港であり，当時の最大の都市であった。函館と新しく首都が置かれた札幌を結ぶ幹線として効用が大いに期待された道路であった。しかし沿線は地質的に火山台地で開墾には不適な場所が多く，この期にスタートした屯田兵村も警備目的から札幌本府周辺地域に立地し札幌本道をほとんど利用することはなかった。これらの状況が重なり，貴重な財源をつぎ込み開削された幹線道路であったが，開発効果は小さく，沿線に開拓集落が形成されることにはつながらなかった。

　結果として，この道路に対する費用対効果の評価が開拓使の開拓政策の見直しに影響し，以後幹線道路の建設は10年以上ストップする。開拓前線の内陸への進展も停滞することになる。この期の開拓地域と開拓前線を示したものが図7-2である。

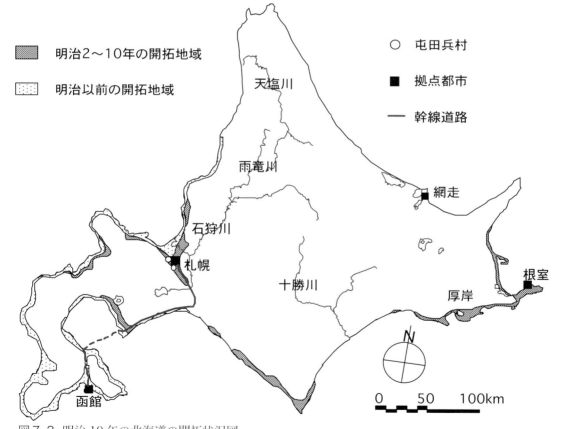

図7-2　明治10年の北海道の開拓状況図
　　（出典：北海道庁編『新撰北海道史第四巻　通説三』（北海道庁　1937年　[復刻版] 清文堂出版　1990年）
　　収録の関秀志作成の「北海道移住・開拓図」のデータをもとに作画した）

第7章　都市と村落・基層構造の持続性　263

1-2. 明治20年までの開拓の地域空間

1）明治20年までの石狩国の開拓

　明治10年代に入り，ようやく石狩国の開拓も本府の置かれた札幌周辺地域を越えて開拓の斧が入り始める。明治11年（1878）石狩川が南東向きに下ってきた流れを大きく北西に向かって変える対雁の丘陵地に江別兵村が配置された。屯田兵村の配置は開拓前線を押し進める役割を担ったが，この時代の開拓前線を道路などのインフラ開削において押し進める役割を果たしたのが，集治監の開設とその囚人労働力であった。明治14年（1881）当時の最前線である石狩川右岸の樺戸と，翌15年（1882）には左岸の市来知に集治監が開設された。空知集治監の奥には，最初の炭鉱である幌内炭鉱が開鉱した。その石炭を運び出すべく，北海道開拓での最初の鉄道が明治15年（1882）幌内から江別，札幌を通り，積み出し港である小樽の手宮まで開通

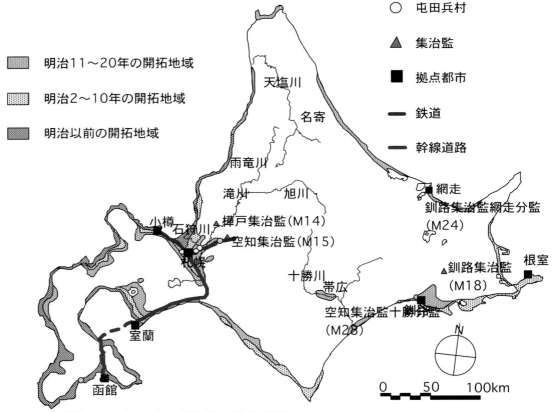

図7-3　明治20年（1877）の北海道の開拓状況図
　（出典：北海道庁編『新撰北海道史第四巻　通説三』（北海道庁　1937年　[復刻版]清文堂出版　1990年）
　収録の関秀志作成の「北海道移住・開拓図」のデータをもとに作画した）

した。鉄道沿いには三県一局時代の明治17年(1884)，岩見沢に屯田兵村の形式に近い官営士族移住村が入植する。この時代，ようやく内陸への開拓前線が石狩川を遡り始める。

点として孤立していた開発拠点も道路や鉄道，水運などの交通ネットワークによりつながり始める。

2）明治20年までの開拓前線の進展

この期の北海道の開拓のパターンは，主なものは前の期と大きくは変わらず，海岸沿いで船によるアクセスが可能で，漁業での基盤のある地域での入植が漸進的に進むものであった。地域的には明治10年までのエリアに加え，天塩国やオホーツク海沿いの北見国北部の海岸沿いにも前線が進んだ。

そのなかで，唯一ともいえる内陸の開拓前線の存在が十勝原野の帯広付近に入植した晩成社一行である。しかし，その経緯はすでに明らかにしたように，無人の原野で孤立し，十分な成果をあげることができなかった（図7-3）。

1-3．明治30年までの開拓の地域空間

1）明治30年までの石狩国の開拓

明治20年代に入り，ようやく上川盆地に札幌からの仮道路が囚人労働により達する。しかし上川までの仮道路が通じただけであり，本道路の開通と上川原野の開拓が本格化したのは，明治中期以降である。その間，石狩国の開拓前線を押し進める拠点となったのが石狩川中流の空知太エリアであった。空知太は，石狩川と空知川の合流地点で農耕適地も拡がる場所であった。その東部の山地には新たな炭鉱や少し上流には雨竜の広大な原野が拡がっていた。また空知川の上流は富良野原野に通じ，その先は十勝まで達する要となる土地であった。

明治22年(1890)この空知太を開発すべく，空知川の両岸にまたがる大市街地計画と，その北側に接する丘陵に滝川屯田兵村が計画される。さらに兵村の開設準備が進むなか，奈良県十津川郷民の大洪水被害による北海道移住問題が起こり，その移住地として空知太の対岸のトック原野が選ばれる。このトック原野で初めて殖民区画が実施された。当時の開拓地における都市と農村の地域空間形成の主要な3つの計画デザインが一地域で展開することになる。その開発計画をひとつの図面のなかに現したのが，有名な空知原野

第7章　都市と村落・基層構造の持続性　265

殖民聚落図[2)]である。この図面の特色は，3つの計画が展開したことに加え，地域空間形成の原理が，拠点を計画することから初めて面として地域全体をデザインするというレベルに達したことである。面として地域の開発適地全体をデザインする計画原理とは殖民区画の最大の特徴だが，この地域から始まったのである。

　明治20年代後半以降，開発が石狩川流域では上流の上川盆地に達する。上川盆地のなかでは，忠別市街地（旭川）の区画とともに，上川からオホーツク海側へ開かれた北見道路に沿って永山，東旭川，当麻の屯田兵村の入植，鷹栖，神居などの殖民区画入植が進む。また雨竜原野では，組合華族牧場を出発点とする蜂須賀や菊亭の大農場や5つの屯田兵村が開かれるなど，明治19年（1886）に始まった植民地選定調査により開発適地となった原野が面的，組織的に開拓される時代になる。空知太までしか開通していなかった鉄道も，明治31年（1898）には旭川まで達する。

2）図5-4　トック原野周辺の入植図　空知原野殖民聚落図（出典：北海道庁編『新撰北海道史　第四巻 通説三』（北海道庁　1937年［復刻版］清文堂出版 1990年）参照。

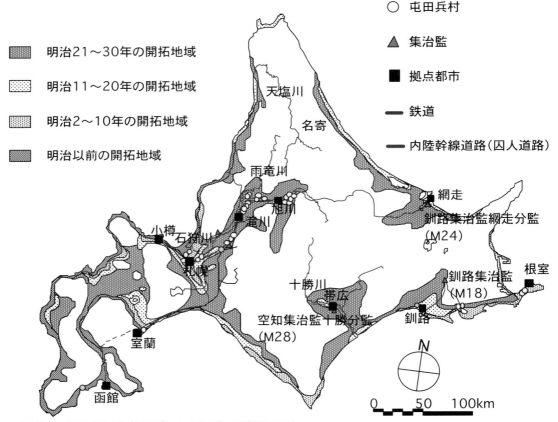

図7-4　明治30年（1897）の北海道の開拓状況図
　（出典：北海道庁編『新撰北海道史第四巻　通説三』（北海道庁　1937年　［復刻版］清文堂出版　1990年）収録の関秀志作成の「北海道移住・開拓図」のデータをもとに作画した）

２）明治30年までの開拓前線の進展

　この期に開拓前線は石狩国を超え，ようやく内陸部に進み始める。開拓前線を押し進める幹線道路などのインフラづくりに貢献したのが，やはり集治監とその囚人労働の力であった。釧路集治監に続き，明治24(1891)年には釧路集治監網走分監，明治28年(1895)空知集治監帯広分監が開庁し，北見道路や大津道路の開削に従事した。

　またこの期は，それまでの点的な開拓拠点による開拓前線の進展に対し，殖民区画による面的な地域の開拓が進み出した時期でもある。後志国，胆振国でも面的な開拓入植地域が拡がった（図7-4）。

１-４．明治４０年までの開拓の地域空間

１）明治40年までの石狩国の開拓

　この期に石狩国での開拓前線はほぼ，全地域を覆い尽くし，石狩国での開拓未開地はほぼ消える。

２）明治40年までの開拓前線の進展

　この期に鉄道は南は札幌から函館まで開通し，北は旭川を基点に名寄まで，東は十勝から釧路まで延び，全道の主要な拠点都市が鉄道で結ばれた。鉄道の開通に合わせ，殖民区画の実施はスピードをあげ，内陸の各原野に入植地が拡がった。この時代に，主要開拓前線は石狩国を離れ，天塩や十勝，北見，根室など内陸部に拡がった。これらの地域は従来ほとんど未開の辺境であったが，殖民区画の実施と鉄道開通に合わせ，開拓前線は奥まで進んでいくことになった。明治10～20年代の鉄道は石炭の積み出しを第一の目的に，開拓移住者の運送も担うものだったとするならば，この時期は，文字通り開拓地の産業や生活の足となるものとして開かれ，延びていった。開拓前線は鉄道の進展とともに拡がっていく時代となった（図7-5）。

３）その後の開拓前線の進展

　大正末までに鉄道は北は稚内，東は根室，南は函館まで，ほぼ道内全域をめぐる線路網がつくりあげられる。同時に開拓の前線が開拓可能地と見なされる原野の端まで行き着いた。大正の終わりには，北海道における開拓のフロンティアはほぼ消滅したともいえる。開墾された農耕地は，100万町歩に近づく。100万町歩の農耕地というのは，現在まで続くほぼ北海道における

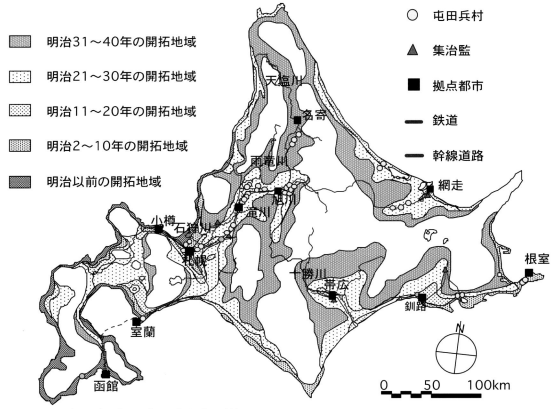

図 7-5　明治 40 年（1907）の北海道の開拓状況図
（出典：北海道庁編『新撰北海道史第四巻　通説三』（北海道庁　1937 年　［復刻版］清文堂出版　1990 年）
収録の関秀志作成の「北海道移住・開拓図」のデータをもとに作画した）

農地の全体面積の数字である。またそれは，地質条件や気候などから計算できる農耕開発適地の総面積でもある。大正末，その目標点に達したのである。明治の開拓のスタートから約半世紀，北海道開拓における農地形成は，この頃ほぼ到達点に達したのである。

1-5. 開拓期の地域空間形成における市街地と村落の基層構造

　明治 20 年頃までの北海道開拓における計画的入植地は，石狩国のなかで，石狩川を遡るように漸進していった。開拓の実践のなかで，様々な開拓の計画原理やデザインが試みられ，改良されていった。その後の展開に大きな影響を及ぼしたものをあげると，明治初期に北海道開拓の出発点となった周辺移住村計画を含む札幌本府の市街区画，開拓地のフロンティアを担った屯田兵村の計画デザインであるといえよう。

さらにその後明治20年代以降大正期までの間，全道のほとんどの原野まで開拓の前線が進む過程で，地域空間形成の主な計画原理となったのは，周到な準備調査を経てトック原野での十津川村移住民の開拓地の計画として一気に形をなした殖民区画の計画手法であった。

札幌本府での市街区画はその後，上川や十勝，天塩，根室などの各地域で，原野開拓の拠点となる都市形成において市街区画計画として継承された。屯田兵村は，農村と都市を一体に計画し，地域の開拓拠点をつくり出す点で，石狩川流域から北見，士別など地域の開拓のモデルとなったが，各々の地域が屯田兵村の役割を終えた後も，地域空間の基盤となり地域形成を方向付ける要因となった。殖民区画はいうまでもなく，北海道の道南や日高などの一部を除く，大半の地域の農村・都市空間を形成する規準となり，北海道の地域空間の「地」をつくり出した。このように，市街区画，屯田兵村，殖民区画の3つの計画原理が，北海道開拓期の地域空間形成における都市と村落の計画の基層構造をつくり出したといえるのである。

2．計画原理の相互関係

北海道開拓期において，地域空間形成の基盤となった屯田兵村，殖民区画，市街区画の3つの計画原理について，それぞれの相互関係を考えてみたい。

2-1．屯田兵村と市街地

屯田兵村と市街地の関係について計画のタイプから考察してみたい。札幌本府計画では市街地とともに本府を囲むように衛星型の移住村を配置したが，この市街地と移住村落が連携する開拓モデルは屯田兵村との関係においても継承された。明治8年(1875)と9年(1876)の琴似，山鼻兵村から，明治20年代の新琴似，篠路兵村においても札幌市街地を囲むように入植し，兵村は独自の役割を果たすだけでなく市街地の維持や防衛の役割も果たした。核になる都市と衛星型の村落のタイプは札幌型モデルと名付けられよう。

屯田兵村とは基本的に未開の原野の開拓最前線を切り開く，フロンティアの役割を担った入植形態である。内陸開拓地には，既存市街地が存在しなかったため，屯田兵村に市街地を形成する核を内包した計画タイプや，屯田兵村と市街地を鉄道駅と一体に計画するタイプの開発が進められた。屯田兵村のなかに市街地形成の核をもつ開発のタイプは札幌周辺から離れた最初の屯田

兵村である江別兵村で始まった。江別兵村では，番外地と呼ばれた商業地を兵村の中心ゾーンの一画に計画した。この市街地内包型のタイプを江別型モデルと呼べよう。

　石狩川中流の左岸に，空知川が石狩川に合流する地点で開けた開拓適地があった。その地は空知太と呼ばれたが，明治20年代のはじめにここを拠点に計画人口10万人規模の空知太市街地計画と滝川兵村が一体の拡がりのなかに計画された。空知川沿いの平坦地に市街地を，その北の丘陵地に兵村を計画したのである。ここでの番外地は，空知太市街地の一画に計画された。この市街地と兵村の併置型の計画タイプを滝川型モデルと呼べよう。

　市街地の周りに衛星型に兵村の立地する札幌型モデル，兵村内に番外地を置き市街地形成の核とする内包型の江別型モデル，市街地と兵村を一体に計画し併置する滝川型モデル，この3タイプが市街地と屯田兵村の関係に見られる基本形である。

　札幌型モデルは，札幌本府周辺以外では，重要港湾の防衛重視の計画で実施された輪西（室蘭），太田（厚岸），和田（根室）の3地区の兵村が当たる。江別型モデルは，内陸部開拓の基本モデルとなり，多くの兵村で実施されたタイプである。石狩川流域の各兵村や，オホーツク海側の野付牛，湧別などに見られる。滝川型モデルは鉄道駅の開設による市街地区画と兵村の入植計画が同時に一体の計画として実施された天塩川流域の剣淵や士別兵村に見られる。

　上川原野の開拓では，3地区の6兵村が計画された。その位置は上川の開拓の中心となるべく計画された忠別市街地（旭川）の東，南に衛星村落的に立地している。立地的には札幌型モデルとも見えるが，それぞれの兵村は地域の市街地形成の核となった番外地や酒歩を備えていた。また兵村の計画と忠別市街地の計画は同時期であり，形成の流れから見ても江別型モデルといえよう。

2-2. 殖民区画と市街地

　殖民区画の計画とは，明治29年(1896)の殖民地撰定区画施設規定[3]で示したように農地の区画だけでなく，道路，市街地，防風林の計画，学校病院，寺神社，墓地などの主要施設の配置までを規定した地域計画と呼べるものを目標としていたが，事業過程においては殖民区画図に市街地や主要施設などが未定の計画も多かった。

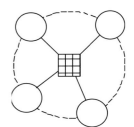

A．札幌型タイプ

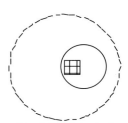

B．江別型タイプ

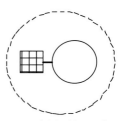

C．滝川型タイプ

図7-6 市街地と屯田兵村の関係モデル図

3) 第4章4-4. 殖民区画の制度的規定を参照。

殖民区画図作成の段階で市街地計画があったかどうか，また市街地が何を手がかりに形成されたかを指標に，殖民区画図作成の段階で市街地計画があったかどうか，また市街地が何を手がかり（川や丘陵，既存道路等）に形成されたかを指標に，殖民区画での市街地形成のタイプを第6章で4つに分類することができた。

殖民区画で計画された市街地の特徴は格子状のグリッドによる規則的で単調な印象の空間が形成されたイメージが強いが，実際は用水確保や河川交通の利用などから川沿いの場所や鉄道駅を核とする市街地形成などのデザインにおいて，地形や斜めの軸，角度のずれなどを活かし特徴をもった市街地空間を形成したケースは少なくない。殖民区画計画図の段階での市街地デザインの場合，川（運河），既存道路，地形の変化など市街地形成の要素を読み込み，それを手がかり（よりしろ）に区画をデザインする手法があったのである。また計画時には鉄道の構想が未定で，市街地形成は入植後進められた場合でも，駅や神社などをアイストップとする軸型のメインストリート形成を図ったよりしろを有するデザインは同様に進められたと言えよう。

2-3．屯田兵村と殖民区画

屯田兵村における計画原理を対応と調整の手法といういうことができる。殖民区画では基準を徹底する原理がある。殖民区画でも区画の軸を決めた基線は，その地域の河川や既存の道路，ランドマークへの見通し線などで決められ，地域ごとに様々な方向を向いてはいる。しかし一定地域内では，未開の原野を300間四方の中区画のモジュールで，規則正しく区画している。屯田兵村と殖民区画が同時期に，エリアを接して展開した雨竜（一已，納内，秩父別の兵村）や上川（永山，東旭川，当麻の兵村）地域では，両者の計画原理の違いの現れを見ることができる。この地域の屯田兵村は殖民区画の影響もあり，間口30間，奥行150間の耕宅地を20戸集合させ，300間四方の基本モジュールの道路区画で構成している場合が多い。そのなかでも部分を見ると地形などの条件に合わせて，給養班の戸数が20戸以上となったり逆に16戸と少ないケースや，間に防風林を挟んだパターンなどが生まれ，道路区画のモジュールが微妙に変化している。また開拓適地の地形的な拡がりに対応し，でっぱり，ひっこみで配置を行っている場合もある。

屯田兵村での配置計画は生活のまとまりを単位とし，実際の地形への対応と調整を行いながら，その積み上げによって全体を構成する「たし算」の手

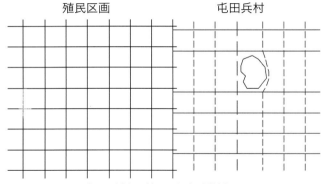

図7-7　屯田兵村と殖民区画の関係モデル図

法といえる。それに対し殖民区画での配置計画の手法とは，全体の規準と規則的な区画が先にあり，「わり算」を行い，部分を生み出したものといえる。屯田兵村の場合，規模も中隊として限定された200戸ほどを対象とした計画であったため，現場の環境に対応しながら，より詳細に配置計画を行うことが必要であり，また可能であった。事例ごとの個別多様性が生まれる理由があった。殖民区画は規模や入植者が不特定であり，将来の拡大・発展も考慮しなければならない計画であった。基本原則，一般性重視の計画を進めざるをえない理由があった。

　結果，屯田兵村と殖民区画は基本モジュールを共通とした場合も，区画グリッドに微妙なずれを生じながら接し，併置されることになった。

3．基層の計画原理

3-1．計画とデザイン

　「計画」とは，地域の空間形成における目的，事業方法から始まり，規模や要素の種類と数，ゾーニング，交通など，平面レベルでの位置関係，量を決めるものである。「デザイン」は，そういう平面レベルでの位置関係，量に基づき，具体的な場所に対応した要素の関係，配置，形を決定し，視覚的に3次元の景観として立ち現れてくるものを組み立てる手法といえる。

1）屯田兵村における「計画」と「デザイン」の特徴
　屯田兵村での「計画」とは開拓地の入植モデルを確立することを目的に，地形や肥沃地など土地条件を読むことを前提としながら，初期開拓の最大課

題であった定着の条件を重視し，計画化したものであったといえよう。計画基盤としての選地，適切なまとまりでの規模の設定，入植地での開墾効率をあげるための土地給与のシステム，コミュニティの共同体意識の形成を重視した空間計画，つまりは密居制の採用，骨格が明解な空間計画，村落維持のためのセーフガードとしての共有地などを計画原理として捉えることができるものであった。

　その「計画」モデルを具体的な空間として形にする屯田兵村での「デザイン」は，従来いわれてきた軍隊としての組織や規律による全体を優先したデザインというよりは，入植地でのコミュニティの共同体意識形成を重視し，生活単位を基礎とする下からの積み上げによるコミュニティデザインの側面の強いものであった。自然地形への対応によるサイトデザインをベースに，日常の生活単位の積み上げによる配置デザイン，歩行スケールに対応した生活領域のまとまりの形成，サイトプランの骨格デザインとしての基軸，領域性，中心性，精神的なよりどころの設定，樹木の環境形成要素としての積極的な活用などから構成される質の高いルーラルデザインであった。かぎられた戸数で拡大を前提としていなかったため場所や立地の地形，環境条件にきめ細かく対応することのできるデザインであった。またデザイン原理も画一的に適応されるものではなく，土地の条件などを十分に読み込んで，地域や場所ごとに適応した配置デザイン，つまりは個別多様性を生み出す原理も合わせてもっていた。その結果，配置デザインに豊かで多様なバリエーションを生み出した。

２）北海道開拓期におけるコミュニティデザイン重視の系譜

　北海道開拓期における地域空間形成の基層の計画原理には，こういうコミュニティデザインを重視した計画デザインの系譜がある。その系譜には，明治初期に入植した旧東北列藩同盟の武士たちによる士族移住村があげられる。封建制の遺構を引きずったなかで，新天地北海道に移住した武士たちは，故郷での慣れ親しんだ村落形態をめざし，路村構成の配置デザインを行った。また開拓，コミュニティ形成としては最大限の平等性と民主的な運営をめざし，共同体のルール「邑則」をつくり出した。背水の陣で北海道開拓に入植した彼らにとっては，脱落者を出さないことが最も重要な使命であり，そのための相互扶助のシステムを考え出したのである。彼らの取り組みは，開拓使の保護移民事業が失敗を繰り返すなか，着実に成果をあげる。北海道開拓における入植地での条件として，団体としての共同体性が重要な要因である

ことが強く印象づけられることになった。屯田兵村の「計画」が士族移住村をある種のモデルにしたことが推察されるのである。

3）殖民区画における「計画」と「デザイン」の特徴

コミュニティデザインを重視した計画デザインの系譜がある一方，計画事業の効率性や規模の拡大を重視し，体系化や規準，マニュアル化を優先した計画デザインの流れがある。いうまでもなく，殖民区画の計画原理とは後者の代表である。

殖民区画の計画原理の特徴として，まず第1に大移民時代の大量土地処分の実施を支えた計画技術が殖民区画であったことがあげられる。明治中期から昭和初期までの大量土地処分の時代に，かぎられたスタッフで効率よく事業を遂行するには，ある程度機械的に作業をこなせる計画が必要であった。また当時の移住には団体入植や大面積の土地払下げ，一般の個人入植など様々なレベルでの入植形態があり，汎用性が高く，いかなる条件，機能にも対応しうる計画手法であることも求められた。

標準設計のような規格的な「計画」規準が必要とされ，明治29年（1896）制定の「殖民地撰定及区画施設規定」がつくられる。原野の現場は，鬱蒼たる大木と熊笹が生い茂り，調査や測量を実施するのに困難な場所ばかりであった。経験が十分でないスタッフでも，効率よく実施が可能となるマニュアル化されたものであった。

殖民区画の計画は，農耕地の区画と道路，地域計画としての市街地の設定や様々な施設の配置，地域の環境調整機能としての防風林の配置など，全体としては質の高い地域空間のデザインをつくり出している。特に地域の核となる市街地に関しては，現地調査に基づく選地がなされ，地形条件をよく読み込んだ配置デザインが行われている事例が多い。

4）殖民区画における集落デザインの問題

しかし一方，殖民区画の計画において入植者がどこに住居を建て，どういうまとまりで集落を形成し，生活を営むかという集落デザインの計画が抜け落ちたものになっているという問題がある。殖民区画のデザインとして，他の要素の計画密度が高いだけに，この欠落はなぞである。

①殖民区画での疎居論の利点と欠点

これに対する説明としては，従来いわれている殖民区画で開墾重視の視点

からの疎居論だけでは十分説明がつかないように思う。疎居制の利点とは，一言でいえば住居と農地が一体にあり，土地としてまとまっており，家畜を活用するにも便利で，農地経営上メリットが大きいというものである。それに対し，疎居制の欠点は特に，開拓入植という，未開の土地を開く状況において，入植者にとって影響の甚大なるものが多いように思う。例えば，

・不慣れな入植地での困難な開墾に孤立して立ち向かわねばならない。

・開墾上，相談する身近な相手がなく，困難に立ち向かうより，放棄して脱落する者を輩出する可能性が高い。

・農家や隣家，センターと著しく離れてしまい，社会的に孤立する傾向が強い。

・重要な子どもたちの教育にとっても，通学が大きな問題となる，などである。

　殖民区画の実施のスタートと屯田兵村が展開期に入り，事業が軌道にのり実施されたのは同時期である。そのうち一方では，開拓入植の課題である入植者の定着の条件が重視され，きめの細かいコミュニティデザインが行われていた。同時に一方では，コミュニティデザインを重視するよりは，疎居のメリットが大きいと考えられ，そういうデザインが実施された。実施主体は屯田兵本部と北海道庁と組織は異なるが，トップは永山武四郎が兼ねており，現場では十津川村の移住事業などのように交流があった。

②殖民区画における集落デザインの欠如の要因

　殖民区画デザインの創出の段階で5町歩の土地規模を区画の基礎単位としながらも，その集合による配置計画において道庁技師の柳本通義らに4戸をまとまりとする密居的配置のアイディアや，道庁顧問であった新渡戸稲造の24戸をまとまりとする大区画の設定とその中央に密居集落ゾーンを設定するアイディアが，計画の実施部隊やその周辺から，試案あるいは提案として出されている痕跡を第5章で確認できた。しかし，それらの集落計画のデザインは規準として実施されることはなかった。

　殖民区画のデザインにおいて，選地のデザインが行われた市街地の立地の現地調査に関しては，その場所は広いエリアのなかでも数はかぎられている。一方，集落計画をデザインするとすれば，ほとんど全域を調査する必要がある。詳細な現地調査をもとに，土地条件のよい場所集落を配置する必要性があった。確かに植民地選定調査が4年間にわたって行われ，地質について樹林地，草地，湿地，泥炭地の区分と分布図がつくられている。しかし集落配置をデザインするとなると，悉皆の詳細な調査データが必要である。そこまでの土地調査の詳細な情報は決定的に不足していた。そういうなかで，集落

配置を基準化してデザインするとすれば，場所によっては，土地条件として不適な場所に集落が配置される可能性がある。その場合，現地の状況を再調査し，別な場所に設定する必要がある。デザイン上のフィードバックが繰り返されることになる。しかしそういうことが許容される時間もスタッフも決定的に不足していた。

　結果，集落計画の必要性は認識されていたが，実施したくともできなかった，そういう状況にあったというしかない。殖民区画において，大半が泥炭地のような極めて土地条件の悪い場所や，明治40年以降の山地に近い土地条件の悪い場所で，特例として行われた密居の集落デザイン以外に一般の条件の区画地においては，集落デザインは行われなかった。

　殖民区画の集落計画とは土地区画の骨格だけを示し，集落としては限定したデザインは行わずに，入植者に判断に委ねるものであったのである。

　そういうなかで，鷹栖原野の松平農場のように，十分な計画技術の経験を有したリーダーが存在した場合には，生活領域の組み立てまで考えた集落デザインが試みられたケースがあったのである。

3-2. 自然地形との対応と親和

　北海道開拓における地域空間形成の基層の計画とは，何よりもまず選地の「デザイン」が出発点となった。処女地での最初の計画として，場所と環境を，純粋なデザインから選択しうる自由があった。基層の計画が，その後地域空間形成を規定する力となりえたのは，場所と環境について選地の「デザイン」をなしえたことにある。基層の計画の最も重要な点はここにある。

　選地の「デザイン」での技術を具体的に展開し，空間計画を形として方向づけたのが，自然地形との対応と親和性というデザイン要素である。自然地形との対応と親和性の計画原理は，屯田兵村を好例としてその考え方を読みとることができる。

　立地を決めるというのは「計画」の重要な項目であるが，屯田兵村の立地を見ると，その具体的な場所の選地そのものが，まさに「デザイン」といえるものである。立地した場所の環境，スケール感，地形が魅力的なのである。地図上で確認すると，まさにここしかないといわれるような条件にかなった場所に選地している。選地についての土地や環境を読む，すぐれた「デザイン」能力が備えられていたように思う。場所の選地が，「計画」と「デザイン」の出発点であり，ここでのすぐれた「デザイン」が，その他のデザインを規

定しているともいえる。屯田兵村の計画とは，開発の最前線を担っていたものであり，その位置の決定は重要な戦略問題であったが，その具体的な場所の選地は，未開の原野の広大な拡がりのなかで，他の要素に制約されることなく，純粋に土地を読む技術として，選択し決定することができたのではないだろうか。それは現在，兵村としての入植後1世紀以上が経ち，地域と場所の環境条件のよさが引き出されるかたちで，成熟した空間が地域に形成されていることから確認できるように思うのである。

　殖民区画とは，地域全体を面として計画し尽くすものであり，こういうデザインとは異なるものだが，そのなかでも市街地の配置の考え方では，選地の「デザイン」を読みとることができる。また札幌や旭川，帯広などの市街区画の位置の決定のなかにも，同じ「デザイン」技術が読みとれる。

　北海道の開拓の歴史のなかでも，最大の環境変貌は平地林がなくなったことといわれる。明治以前の北海道の内陸部は原始の森が覆い，人間の暮らしは，河川を生活の基軸とする川–森，小規模農耕のエコシステムがアイヌの暮らしのなかに形成されていた。

　明治の入植期をむかえ内陸開拓が進み始めるが，その拠点となった石狩川沿いの地域も，そのほとんどが鬱蒼とした平地林で覆われていて，開拓に入った人びとは原始の森を切り倒すことからその一歩を始めた。ナラやタモの巨木の林が切り開かれ，焼き畑的に耕地がつくられ，自給のための穀物が栽培され，生活が始められていった。しかし林を開くことで風害や気温低下，洪水の発生などを体験し，環境調整装置としての森や樹林地の必要性が認識される。それが理由となり，森林の環境調整機能の獲得をめざして防風林や防霧林，水源涵養林などが屯田兵村の環境デザインに取り入れられ，殖民区画において基本計画として制度化された。開拓の流れのなかでは収奪型の開発も進んだが，環境保全，環境管理型の技術や計画も底流として認識され，実践されたのである。

１）屯田兵村に見る自然地形との対応と親和

　屯田兵村の立地とは背後を丘陵部に囲まれ，前面に川の流れを望む，いわゆる風水でいう山水の地形にかなっている場所が多い。また兵村の範囲も山から川までという地形的なまとまりに対応する拡がりになっている。

　屯田兵村の立地は川の近くではあるが，扇状地や段丘面という水害のおそれのない地形に位置し，全体として緩勾配の場所が多い。農耕適地の理想は1〜3度程度の傾斜地といわれるが，屯田兵村もそのような緩傾斜地にある。

第7章　都市と村落・基層構造の持続性　277

緩勾配の土地のため，一兵村域内で高低差が30mを超すようなところはない。起伏のある地形の場合でも，等高線に沿って耕宅地の接道する通りを配置し，活動の中心となる通りが坂道になることをさけている。

　樹林地植生による肥沃地の見分け方に基づき，兵村全体のゾーン配置を考え，なかで最も重要な耕宅地を初期の開拓は困難だが肥沃な樹林地に配置する計画があった。

　また配置の整合性にこだわることなく，地形に対応し，区画上のでっぱりやひっこみもあり，融通のきくデザインになっている。

　周辺の小山をランドマークにして軸を設定したり，坂，小丘陵などの小地形の変化を活用し，中心ゾーンや神社，墓地などを配置している。管理施設のある中心ゾーンや神社の敷地内では，微地形を活かしたデザインが行われている。滝川兵村での滝川神社は，もともと上川道路上の二の坂と呼ばれる大隊本部や練兵場がある中心ゾーンの坂の上にあったが，明治後期に発展してきた滝川（空知太）市街地との関係から，兵村南端部の一の坂に移転した。一の坂での神社へのアプローチは坂の途中から上川道路を抜け参道を上り神社境内に達する。上りきった境内からは南に眺望が開け，市街地が一望できる。当麻兵村や剣淵兵村などでは，平坦地のなかでの小丘陵に軸線を活かしたシンボルとしての神社が配置されている。こういう事例は江別兵村での萩ヶ岡に立地した江別神社，一已兵村の大国神社でも見られ，多くの兵村で地形的特徴を活かした場所の選定とその巧みなサイトデザインがあった。

２）殖民区画に見る自然地形との対応と親和

　殖民区画では明治19年(1886)から4年間で植民地選定調査が行われ，その結果に基づいて，土地区画が実施されている。土地の選定調査ではあるが，開発適地をいわば悉皆調査したものであり，土地条件から場所を選んだというものではない。また土地区画のデザインでも，小河川や地形の起伏，泥炭地や湿地のような条件の悪い場所も関係なく規格的なグリッドを配置している。

　しかし自然地形との対応と親和性が植民区画の計画デザインにまったくないかといわれれば，そうではない側面もある。細部を見ると現地情報が盛り込まれた地域特性に対応したデザインでもあることが伺える。特に基線の設定や防風林などの空間要素は，その印象が強い。

　十勝平野の殖民区画を見ると，様々な方向を向いたパッチワーク状のパターンになっていることをまず見ることができる。川や丘陵で囲まれたエリ

アや区画測設の実施年次が異なり，そのエリアごとに基線の設定が異なる。この基線の設定において，殖民区画の計画で，川，見晴らしのいい丘陵からの軸が殖民区画のグリッドを決める手がかりとなっている。また既存の街道が，植民区画のグリッドと異なる斜めの軸となり，和寒のように市街地内のなかで特異点を生み出すおもしろいアーバンスペースになっている場合がある。

　防風林もサラベツ原野では，区画測設の段階で斜めのパターンや食い違いのあるデザインとなっている。サラベツ原野ではカシワの木が多いが，基幹防風林は樹木のあるところをねらって計画されており，樹林地の分布に対応した配置になっている。そこでは必ずしも規則的なグリッドにこだわっていない。

３）市街区画に見る自然地形との対応と親和
　市街区画における自然地形との対応と親和には，札幌での本府や偕楽園などの立地におけるメム（湧水）の存在がある。敷地内はメムと小川により心地よいスケールの微地形があり，現在，北大植物園や知事公館のなかにそれを活かしたすぐれた事例を見ることができる。

　また殖民区画によって形成された小市街地に自然地形との対応と親和性の好例を見ることができる。立地した地形的条件において，まず丘陵と川（海岸線）という基本的な地形要素が，市街地形成の土台になっていることが伺える。市街地が位置する平坦地形の拡がりは，短辺を丘陵から川（海岸線），あるいは川から川での距離にすると，長さが 500 〜 700 m ほどで，まさに歩行スケールの大きさである。市街地の選地において，背後に丘陵，前に川という屯田兵村にも見られる風水的土地の読み方と歩行距離でのスケール感が読みとれるのである。今金町などの市街地は，地形条件とスケールにうまく対応し，丘陵の見晴らし点に神社や寺の精神的空間を配置し，麓に公共施設，それに沿って主要街路や商店街などの人の集まる空間を関連づけ，さらにそこから川までの間に住宅地を配置し，心地よい市街空間をつくりあげている好例にあげられる。

3-3．よりしろと場所

　「よりしろ」とは，「よりどころ」と「代（しろ：何かのためにとっておく部分）」で構成される概念である。

「よりどころ」とは reliance を意味し，地域空間を計画するときの手がかりや目印となる場所や対象である。

「代」は，糊代とか縫い代などと使われる意味であるが，空間デザインにおけるゆとりや，何かのためにとっておく部分をさす物理的なスペースである。その「代」があることによって，人びとの生活にかかわる時間の経過のなかで，場所が豊かな環境に成熟していく。「代」とは redundancy，余裕の豊かさを意味するといえよう。

屯田兵村，殖民区画，市街区画を見るとき，それぞれの空間デザインのなかに「よりしろ」を読みとることができる。「よりしろ」の存在が，地域における基層の空間計画が，地域において，時間の積み重ねのなかで成熟した環境として形成される要因となっている。

1）屯田兵村における「よりしろ」と場所

そのなかでも屯田兵村の空間には，様々なレベルで「よりしろ」が仕込まれていることを発見できる。まず，その立地における配置や軸の手がかりとなる小丘陵や地形の存在がある。

次に屯田兵村における中隊本部や練兵場，学校などの立地する中心ゾーンは，微地形として特徴のある場や湧水地であったり，大樹をシンボルにした集合の場所など，「よりしろ」をもった空間として計画されている。また兵村の精神的よりどころとなった神社の位置も地形的特徴や軸性など，まさに「よりしろ」をもった空間である。これらのスペースは現在訪れると，その場所が，地域の核となる緑地や公園，遊歩道，学校，社寺などの立地する成熟した環境になっているのを見ることができる。美唄にある高志内屯田兵村では，かつての中心ゾーン（中隊本部など）が現在，神社，小学校，寺のコミュニティ場になっており，土手，あぜ道，小丘陵に大木など，微地形が活かされた空間デザインで，心地よい環境を味わうことができる。

屯田兵村での防風林は屯田兵村全体ではなく，兵屋のある耕宅地の範囲に計画された。農地の保護に加え，兵屋とその周辺の集落域を風から守ることや地形的手がかりのない場所での領域性をつくり出すことに計画の意味が読みとれ，この防風林も「よりしろ」をもった空間の計画といえよう。現在，屯田兵村が市街地になったところでも，新琴似兵村や野幌兵村では防風林が街のなかの貴重なグリーンベルトとして地域のシンボルとなる豊かな環境に成熟している。

基礎単位となる耕宅地において，住居である兵屋は前面道路から 15 間 (27

m) ～ 25 間 (45 m) という，かなり下がった場所に位置しているが，この道路と兵屋の間のスペースが，「よりしろ」を備えた空間であると思う。間口が狭く，奥行きの深い短冊型の耕宅地の敷地形状において，兵屋が前面道路から下がった位置にあることによって，道路との間のスペースが，自家用蔬菜の栽培地であり，井戸組というコミュニティの基礎単位となる交流の場であり，環境調整機能をもった樹林地など多様に活用される意味のある場となった。出征兵士の家では道際に望郷の松が植えられたり，江部乙兵村では，両側の道際に桜が植えられ，地域のシンボルとなる並木がつくられた。現在も多くの兵村でこのスペースが印象的な空間となっている例を見ることができる。

2）殖民区画における「よりしろ」と場所

　殖民区画の計画デザインにおける空間は，屯田兵村に比べると拡がりの規模が極めて大きい。ひとつの村落の計画ではなく，広域の地域空間を計画したデザインである。それゆえ，そのなかに「よりしろ」をもった空間が，様々に埋め込まれているように思えるが，実際にそれを発見するのには注意が必要である。場所がそれぞれ特徴をもつというのではなく，地域が規格的な空間パターンで隈なく埋め尽くされている印象であるからである。殖民区画の計画とは，大面積を短期間で計画し，処分するという時代の要請を帯びていた計画制度であった。それゆえ，統一的な規格が現場の場所性よりも優先する空間となっている側面が強いのである。そういうなかでも，防風林の存在は，殖民区画での空間要素として，規格性を越えて傑出している。基幹防風林が広大な平野のなかに何キロも続く景観は，計画的な空間というよりも，自然の丘陵や山並みのようにも見える。地域空間を強く特徴づける要素であり，「よりしろ」をもった空間の存在感を有する。

　殖民区画とは 300 間四方のグリッドがなにより特徴的だが，そのグリッドがのる地形は平坦な場所ばかりではない。地形の起伏が変化に富んだところでは，直線性や規格性がかえって変化をもたらし，特徴的な空間や景観をつくり出す。また殖民区画のグリッドの方向を決めている軸線は川や旧街道などにより，場所によって様々な方向を向いている。直角ではない角度で防風林が接するところもあり，そういう場所に集落の神社がまた別な軸線で交わるような景観は大地の環境デザインを感じさせる。

　殖民区画における「よりしろ」をもった空間とは，大地という基層の計画のさらに下にある存在の空間性を浮かびあがらせる，そういうデザイン要素

であるといえる。それは意図したデザインというよりも，大地のもつ場所の存在性が，グリッドの網から意外な偶然性で浮かびあがる存在といいうるものかもしれない。

3）市街区画における「よりしろ」と場所

　市街区画の計画での「よりしろ」をもった空間とは，札幌本府計画における火除地であった現在の大通公園があげられるように思う。札幌本府計画では，さらに当初，300間四方で計画された市街区画のなかでは極めて大きいスペースであった本府敷地も「よりしろ」をもった空間であると思う。その後の，旭川や帯広，名寄などの市街区画において，都心ゾーンに札幌がもったような大通公園や道庁敷地のような空間は存在していない。そのなかで明治26年(1893)の帯広市街区画の構想における格子状の街路パターンの対角を貫く放射型街路（斜交線）と，その斜交線がクロスする場所にはスーパーブロック（公共用空間）が特徴ある配置計画としてあげられよう。しかし斜交線とスーパーブロックのアイディアも都市形成の過程で次第に意味を失っていき，現在の帯広市街地において，せっかくの斜行線やスーパーブロックが一部の通りや公園を除くと，場所性を感じさせるポイントにそうほど成熟していないのは残念である。

　北海道の都市市街地に「よりしろ」をもった空間が計画され，シンボル性と緑地性のある環境に成熟して場が実現している例は少ないが，殖民区画で計画された市街地のグリッドのなかに川や運河，既存道路，地形の変化，神社など市街地形成の要素を読み込み，それを手がかり＝よりしろに区画をデザインする手法は多く見られるのである。

3-4．リザベーション

　屯田兵村などの計画では，兵村全体の安定のための共有財産としての薪炭林や林地，農地が重要な意味をもったが，それら特別な機能をもった土地はreservation(共有地)として位置づけ，「よりしろ」の概念には含まないが，それに近いものであるといえよう。リザベーション (reservation) とは一般に保留，予約という意で，ここでは土地，森林などに用いる公共保留地という意味で用いる。

　明治23年(1890)の屯田兵条例の改正により兵村に給与されることになった共有地は，公共の諸費に当てるため，共有財産として屯田兵村に300万

坪（1,000 町歩）以内の土地を給与すると規定された。兵村では給与地の面積が 1 万 5,000 坪 ×200 戸 =300 万坪あったので，それと同じ面積が兵村全体の共有地として与えられることになったのである。兵村全体の維持や個々の成員のサポートのための共同事業（道路や灌漑用水造成）などを行うための資金とするもので，土地は防風林，建築用材林および薪炭林，牧場に区別された。共同で活用する入会地的な存在ではなく土地から生じる果実を使用するか，売却して資金を得るものとして考えられた。東旭川兵村では，水害にあったとき，給与地の代替用地などになり，災害時のセーフガードとしても機能した。

　広大な共有地の存在によって，兵村から一般農村に移行したときに，村として豊かであるため，小作移民を招来させるなどにも好条件となり，地域の発展につながったといわれる。この共有地を管理する自治組織として兵村会や兵村諮問会の仕組みも形づくられ，社会組織としての地域の共同体的形成が進んだ側面があった。

　一方，移民募集により，未開の原野にいきなり大勢の人間が押し寄せ，数百戸の開拓小屋が建ち，にわかづくりの村が生まれた。そういう開拓の現場であった殖民区画地では，地域の村財政基盤づくりに共有地を使って手法が試みられた。

　開拓が始まって 2，3 年の村には，財源になるものがほとんどなかった。移住したばかりで，税金を払える余裕のある人は少なかった。できたばかりの村では，何もかも一から始めなければならない。

　篠津原野では，村は市街予定地として，2 ヶ所の土地を村有地として確保した。後者を市街地とすれば，前者の土地は宙に浮く。市街予定地の一部にはすでに入植者が入っていたから，一部は交換用の土地として確保しなければならないが，余った土地は自由に使うことができた。市街地の二重取得は，村の財源をつくるための計画的な措置だった。村の公有財産をつくるために，さらにもうひとつの手を打った。村有林を造成して，村の基本財産としようとしたのである。しかし隣接する当別村からも対抗する出願が出て，結局許可にならなかったが，こういう手法が考案され，村の共有地を確保しようとする動きがあったのである。

　共有地を運営上の基盤づくりのひとつに確保しようとした例は，村落だけでなく，学校などでも重要な要素として考えられた。学田や学校林などをもつ教育機関は北海道に多く，現在も環境教育資源として活用している事例は多い。

3-5．都市と農村の相関・相補性

　未開の原野の開拓では，農耕入植地といえども，入植初期は移住地では食料確保の問題を抱えていたが，まして未開の土地の市街地は物資の流通が十分でないなか，周辺の農村との連携は不可欠のものであった。北海道開拓期において地域を拓くという計画の意味で，都市，農村は一体であり，相補関係にある存在であった。都市，農村は連続するものであり，相補的な関係にあることは，初期の移住村から，札幌本府などの市街区画，屯田兵村，殖民区画をとおして，北海道開拓における地域空間形成の基本原理であった。

　屯田兵村と市街地の立地関係において，札幌型，江別型，滝川型と名付けたモデルの存在を示した。いずれも市街地との密接な相関性のもとに計画されたことに特徴がある。屯田兵村の以前の初期，移住村でも，村落と市街地の連携による，地域デザインの意図が読みとれる。

　殖民区画の実施過程でも，未開の原野に入植地を開くには，まず幹線道路や鉄道の交通インフラの開削があり，その建設工事による人の集まりから，結節点に市街地が形成されていくという，原初的な地域空間形成のモデルを見ることができる。結節点は駅の他，川や丘陵など地形的な手がかりと歩行スケールでの空間的な拡がりという条件が読み込まれ，場所が選地され，計画がデザインされている。

　この基本原理は，戦前期まではもちろんであるが，戦後も高度成長期に都市市街地が急速に拡大し始める前までは，地域空間形成において通底する計画原理であり続けたといえよう。

　現在，都市と農村とそれぞれ，別な論理，大系で考えられる存在になってしまっている。特に地方圏においてはそういうなかで，市街地と農村がいずれも，活力を失う状況に陥っている。改めて都市と農村の地域空間が相関し，相補性の関係にある存在であるものとして，北海道開拓の原点に立ち戻り，位置づけ直す必要性のある時代になっているように思われる。

4．基層構造の規定力

4-1．広域性—地と図

　北海道の全面積，約735万 ha。森林面積が約7割，それを除く開発可能面積は約220万 ha である。明治開拓期以降に形成された北海道の耕地面積

は，現在110万haを超える，開発可能面積の約半分の土地が耕地として開かれ，維持されてきている。その耕地面積は日本全体の1/4を占める。

この大半を計画したのが，屯田兵村と殖民区画の計画であるといってよいであろう。さらに約10万ha弱の市街地の拡がりがあるが，そのかなりの範囲も，屯田兵村と殖民区画を計画原理とする市街地計画に基づくものであるといえよう。

確かに，道南の日本海側の函館や江差などの市街地や周辺農村，小樽などは江戸期にその出発があり，異なる計画原理で地域空間が形成されている。これらを除く大半の地域が屯田兵村と殖民区画を計画原理とする。

農業地帯分布を見ると，北海道は中央に南北に走る大雪から日高の山脈で東西に分かれ，西の石狩川流域エリアが主に米作，東の十勝などのエリアが主に畑作，酪農のエリアに分かれる。石狩川流域エリアとは，屯田兵村の入植した地域である。現在，米作の中心地域となっている上川や雨竜では，屯

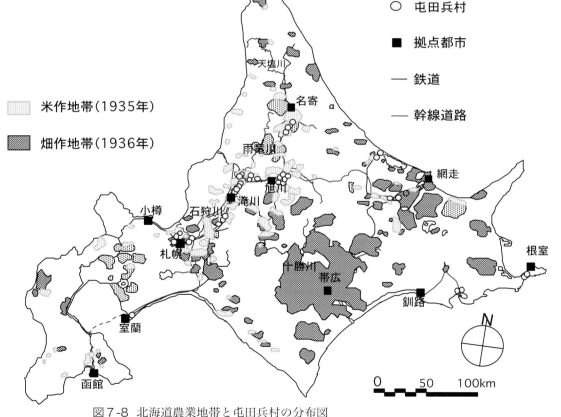

図7-8 北海道農業地帯と屯田兵村の分布図
（出典：北海道立総合経済研究所『北海道農業発達史Ⅰ』（中央公論　1963年）収録の「北海道農業の地帯形成（1）」に屯田兵村の分布等を重ね合わせ作成）

田兵村で初めて米づくりが実験的に実施されたものであった。石狩川流域での平均数〜10ha規模の農地の米作地帯と，数十ha規模の十勝の畑作地帯の現状は，屯田兵村での耕宅地の集村構成と，殖民区画での300間四方（30ha）の疎居の拡がりを反映したものであるかもしれない。

屯田兵村は1ヶ所につき約2,000ha，37ヶ所あったので，その形成した総面積は共有地を含めても約7.4万haほどである。殖民区画から見れば，10分の1以下である。面積からいえば，殖民区画地域が圧倒的に大きく，「地」であるといえる。しかし屯田兵村は，石狩川流域だけでなく，北見や天塩，根室などで，未開地帯の開拓の最前線を切り開くものとして，農村と都市の地域拠点を形成していったものである。屯田兵村モデルが存在しないのは，開拓の進展が遅れた十勝地域のみである。そういう意味で，屯田兵村も北海道開拓期における地域空間形成のモデルとして，「地」を担ったものといえよう。

4-2．空間形成の時間の集積と計画持続力―インフラの規定力

屯田兵村地域は，地形や眺望，立地のよさなどの環境的要素や米，果樹栽培など，様々な営農の取り組みや魅力に引かれ，時代を超えて新規の移住誘因力をもち続けてきた側面がある。

兵村時代の区画や耕宅地の構成は，地域でほとんどそのまま現在の地図に重ね合わせ，読みとることがことができるように，屯田兵村時代の空間パターン，構成はそれぞれに地域で継承されている。そこには，地域の土地利用や空間形態を規定する現行の諸制度でのデザインの，その基底に屯田兵村時代の空間デザインの骨格が，今も計画のガイドラインのような形で作用しているように思える。つまりは屯田兵村時代の区画デザインが地域形成の基層となっているのである。これは屯田兵村によって形成された地域の変容というだけでなく，1世紀を超える時間のなかでの兵村時代の計画意図による地域空間形成の過程であったともいいうるのかもしれない。

一方，殖民区画とは明治開拓期の土地区画と道路，施設配置の制度であり，入植地域の農村都市計画といえるが，事業の過程では一気に完成したものではなく，長い時間の積み重ねのなかで，地域空間が形成されてきた側面ももつ。例えば石狩川沿いの泥炭地域では，当初は川沿いの比較的土地条件のよい場所から開拓が進み，その当時は川沿いの道に沿った列状村の形態をとっていた地域があり，条件の悪い土地への入植は遅れた。ようやく戦後になっ

て，本格的な排水溝の工事が行われ，条件の悪い泥炭地域や湿原にも入植が進む。このように長い時間がかかって，地域の様々な条件に対応しながら，殖民区画のグリッドが計画から現実の姿として形成されてきたのである。その過程では，グリッドとは別な街道型の路村のような空間構成になっていた場合もある。計画として，１世紀を超える長い時間のなかで村の形態としては変化しながらも，空間秩序を担保し続けてきたことに，基層としての殖民区画の重要性がある。

　防風林も明治の殖民区画の計画をベースとしながら，その後伐採や植林の取り組みを繰り返しながら，現在見るような密度をもった見事な防風林網を形成している。

4-3．基準と現場性

　殖民区画図は，規則正しいグリッドが地域に刻み込まれた，画一的なデザインと見えがちである。原則はその通りであろう。小河川や泥炭地には関係なく，区画を行っている。しかし，細部を見ると現地情報がもりこまれた地域特性に対応したデザインでもあることが伺える。特に基線や防風林などの環境要素は，その印象が強い。

　十勝平野の殖民区画を見ると，様々な方向に向いたパッチパーク状のパターンになっていることを見ることができる。川や丘陵で囲まれるエリアの拡がりや区画測設の実施年次の違いにより，エリアごとに基線の設定が異なる。基線の設定において，殖民区画の計画時点で，すでに形成されていた既存の街道や見晴らしのいい丘陵からの軸が殖民区画のグリッドを決める手がかりとなった。美唄の開拓地域で，三笠の達布山や月形の円山にのろしをあげて，道路の線を引き，上川道路や樺戸道路がまず開削され，そういう広域幹線道路がグリッドの基軸となっている。一方それが市街地内のなかでは，特異点を生み出すおもしろいアーバンスペースをつくり出している場合がある。

　防風林も更別原野の事例では，区画測設の段階で斜めのパターンや食い違いの生じる計画となっている。更別は柏の木が多いが，その樹林地は点在して分布していた。幹線防風林は樹木のあるところをねらっており，樹林地の分布に対応した形の配置になっているのである。

　また樺太で行われた殖民区画の計画では，既存集落の密居・街村がそのまま取り込まれ，継承されている。結果，殖民区画のグリッドのなかに，おも

しろい特異点やパターンをつくりだしている。

4-4. 地域空間のスケール

　殖民区画は300間（540m）を基本モジュールとしている。300間とは
どういうスケールであろうか。農村部の地形が緩勾配で拡がりを一望できる
場所に立つと，300間のスケールがなかなか，普段体験しない距離感である
ことが認識できる。広いという意識をもつスケールであるが，広大な拡がり
というほどではなく，向こう端が意識できる距離感であり，農地のなかの一
本道でも向こうまで歩いていける距離の感覚である。茫漠とした孤独感に襲
われるようなスケールではない。なかなか都市空間では体感する機会の少な
いスケールなのだが，造園空間として北海道でのすぐれた事例となっている
場所に，そのスケール感が埋め込まれているようにも思える。帯広のグリー
ンパークの400m×200mの芝生広場やイサム・ノグチ設計のモエレ沼公
園の草地と人工の山のランドスケープのスケール感が，300間に近い空間ス
ケールのように思われる。

　殖民区画は，平坦地のみでなく，丘陵地においても，格子状の区画が実施
されている。丘陵地では，一見地形とは無関係な格子の直線道路は，かえっ
て地形の凹凸を浮かびあがらせ，立体的な景観の魅力をつくり出す。これは
有名な美瑛の丘陵地の畑の風景のような景観をさしているのではない。美瑛
の景観も，この特徴を有するものであるが，そうではない一般の殖民区画の
実施エリアの丘陵地で，この立体的な景観の魅力を体験することができるの
である。丘陵地では，農地として開墾されなかった樹林が丘の頂部や谷間に
残されている。丘陵地では，この緑の存在も地域の景観をさらに豊富化する
要素となっているのである。

　防風林のなかで基幹防風林という殖民区画の計画で位置づけられたもの
は，幅が広く（当初は180mで，現在でも60～90mほど），長さ6～
7kmほど続くものがある。平坦な地形のなかで，農家の棟の2～3倍の高
さの緑の塊が延々と続く景観を遠くから眺めると，緑の丘陵や山並みが続く
かのようである。平坦な地形の場所では防風林があるとないとでは，まった
く地域の風景が異なる。殖民区画のグリッドの方向を決める軸線は川や旧街
道などに沿い場所によって様々な方向に向いている。直角ではない角度で防
風林が接するところもあり，そういう場所に集落の神社がまた別な軸線で交
わるような景観は殖民区画による環境デザインの特徴となるものである。

写真 7-1　更別原野での 300 間のスケール

写真 7-2　モエレ沼公園でのスケール

　防風林にはもうひとつ耕地単位での耕地防風林と呼ばれるものがある。そのモジュールは 100 間（180 m）や 150 間（270 m），300 間で落葉松林や広葉樹林が連続して，リズミカルで美しい。道東地域に行くと，畑作，酪農の波状の丘陵地が，その起伏を残しながら，グリッド状に区画され，その線に沿って直線を描く耕地防風林が加わり，幾何学的な形が景観となって現れる。その背景には日高や大雪の山並みが加わり，防風林と幾何学的に区切られた畑の対比が見事な構成をつくり出して，北海道の地域空間に独特のスケール感の空間を生んでいる。

補 章

近代期における北関東・東北・北海道での比較

明治近代期での東北・北関東の原野開拓と北海道開拓を比較し分析することで，従来異なる道筋を通して展開してきたと思われていた東北・北関東地域と北海道における近代期の農村開拓が実は多くの同時性や共通の計画原理をもつことを明らかにしている。それらの開拓事業は時代，入植者や開発方式などから4つのパターンに分けられ，それぞれに北海道と本州の開拓事業を通底して流れる開拓の計画原理を読みとることができる。

　明治初期の禄を失った奥羽北陸列藩同盟諸藩旧藩士らによる入植開拓では地域政府（県，北海道開拓使）による入植地の幹旋をもとに，宅地を道の両側に配置する路村型の集落を自力建設し，その外側に農地を配置するパターンは江戸期の新田開発の計画を継承するものであった。そこでは「邑則」などの開墾団体としての共同精神が強く唱えられ，後の本格化した北海道での開拓事業のモデルとなる側面があった。

　明治10年頃からの士族授産による入植開拓では，地域政府（県，北海道開拓使）による入植地の幹旋，移住費用，家屋建設費，生活費の貸与などの保護移民的の側面が強くなる。入植前に面的な区画の測量が行われ，1戸当たりの給与地・農地の規模を拡大する。開拓のための交通・水利のインフラ整備（国営事業）と一体になった開墾・入植が行われる。その代表例は東北の安積原野開拓であり，北海道の屯田兵村である。同時期に民間結社による事業もスタートした。

　明治10年代半ば以降，大面積の土地貸下げによる大農経営の農場が現れる。那須野ヶ原の開拓では水路，道路，鉄道のインフラ整備が周到に進められ，華族，資本家などが経営する畑・牧畜・林業の複合経営による大農場が目指された。そこではグリッド形態の区画や防風林など北海道開拓での標準となった計画デザインが試みられる。経営面から明治後期以降，大農法から小作経営へ転換する。

　東北・北関東地域と北海道における近代期の農村開拓に類似する計画原理やデザインを確認できた背景には，明治初中期の開拓事業推進の基盤となった内務省勧農局と開拓使などの行政組織につながりがあったことや，安積での中條政恒，那須野ヶ原での三島通庸という，事業の中心人物に北海道開拓に強い関心をもっていたものの存在があげられる。

明治維新に始まる日本の近代は殖産興業や富国強兵に象徴されるように都市改造や産業施設の建設が華々しく取りあげられる面が多いが，実は近代期における原野開墾や新農村形成も我が国開拓史のなかで重要な意義をもっている。明治から大正期にかけて大幅な耕地面積の増大が見られ，その数字は100万 ha を超える 。これは現在の日本の耕地面積の4分の1に近い数字である。

日本の近代化研究とは欧米文物という近代の種子が異なる風土，条件，資源の土壌に播かれ，そのなかでいかにして日本としての近代の花を咲かせえたか，その過程をたどることにある。日本の近代期の開拓事業とはそれまで未開の地であった北海道の開拓以外に,青森県三本木原野，山形県松ヶ岡，福島県安積原野，栃木県那須野ヶ原など本州各地でも広く展開された。これらの開拓事業は個々の事例[1]としては研究されてきているが，各事例を横断的に捉え分析した研究はほとんどない。それぞれが独自の道筋をたどってきたものなのか，それとも関連性を有する開拓事業であるのか，ほとんど明らかになっていない。本章の問題意識は北海道と本州における近代期の開拓事例を共通の土俵で分析し，その関連性や共通点を明らかにし，日本近代という時代での原野開拓を通底する農村空間形成の原理を文献調査やフィールド調査を通して探り出すことにある。

本州の近代期の開拓については集落地理学や農業地理学などの分野で進められてきており，各地方の県町村史にも地域の近代の開拓史が言及されている。しかし，それらの研究は具体的な姿を分析する視点に乏しく，農村空間形成の面からは未解明な部分が多い。建築学の分野では岡田義治らの近代建築史の側面からの那須野ヶ原開拓と洋風建築の研究[2]があるが，地域の農村空間や集落計画の視点からの言及は薄い。

近代期の開拓・開墾事業を全国的に把握することが可能な資料は実はほとんどなく，唯一といえるものが大正13年(1922)の農商務省食料局編の『開墾地移住経営事例』報告である。この資料には都道府県別に213事例掲載されているが，ただし北海道は9事例のみで明らかに事例数が少ない。そこで北海道の開拓資料には『新北海道史』，『新撰北海道史』などから開拓事例を補足した。『開墾地移住経営事例』で入植時期を分析すると，本州の開墾事例には明治1年(1868)〜5年(1872)と明治11年(1878)〜25年(1892)，大正1年(1910)〜5年(1914)の3つのピークが見られる。明治20年代末には本州の未開原野の開墾入植はほぼ終わり，大正期の事例は大半が耕地整理法に基づく既存農地の土地改良とその拡大によるもので，原野の開拓とい

1) 矢部洋三「大久保政権下の安積開墾政策再論」（『日本大学工学部紀要』No.35 1994年），矢部洋三「安積開墾の民間構想について」（『日本大学工学部紀要』No.38 1997年）の他，『郡山市史』，『西那須野町史』，『黒磯市史』などの市町村史でも地域の原野開拓史に多くの論述がある。

2) 那須原野開拓での青木農場に関する研究として，岡田義治・初田亨「建築家松ヶ崎萬長の初期の経歴と青木周蔵那須邸－松ヶ崎萬長の経歴とその作品（その1）」（『日本建築学会計画系論文集』No.514 1998年）などがある。

う意味での対象からはずれる。北海道の原野開拓で開墾入植事業の主要な制度，計画が創設され，実践される時期は明治初年から明治20年代末までである。それ以降は，既存制度や事業の拡大再生産の過程−年間の開墾規模（面積）ではピークは明治後半から大正前半の時期になるが−である。本章では近代期の本州と北海道の開拓・開墾事業を比較分析するが，その対象時期は以上の理由から明治20年代末までと設定する。

　『開墾地移住経営事例』を補うものとして藤岡謙二郎編『日本歴史地理総説・近代編』などを参照し，明治30年(1897)までの本州と北海道の主な開拓・開墾事業と関連する出来事をまとめたものが表補−1である。この表から近代期の大きな3つの開墾・開拓事業の流れが読みとれる。

　1番目は徳川家や奥羽越列藩同盟など戊申戦争に敗れた士族が禄を奪われ，明治初年に帰農や原野開拓に参加したことである。これには明治2年(1869)の幕臣による牧ノ原開墾，明治5年(1872)の旧庄内藩士[3]による月山山麓の開墾，明治6年(1873)の旧二本松藩士による安積大槻原開墾への移住などがあり，北海道では明治3年(1870)の仙台亘理藩家臣の紋別移住や明治4年(1871)の仙台岩出山藩家臣の当別移住への移住事業などがあげられる。

　明治4年(1871)の廃藩置県に続いて，明治9年(1876)には士族の秩禄給与を全廃する秩禄処分が実施される。士族の不満は高まり佐賀の乱や西南戦争が勃発し，士族授産が政府の大きな政策課題となる。大久保利通ら政府首脳は殖産興業の面からも士族授産による原野開拓を重視する。2番目が士族授産のための国家プロジェクトとしての未開原野開拓事業である。代表例が明治11年(1873)からの福島県の安積疏水開削と安積原野への旧士族の大規模入植や，北海道では開拓使による明治8年(1875)の屯田兵村制度の創設や明治17年(1884)の岩見沢などへの官営士族移住村事業があげられる。

　明治10年代後半には旧藩主や明治新政府高官などによる北関東，東北での未開原野の大規模な土地の貸下げ，大農場経営の動きが現れてくる。北海道でも明治19年(1886)の北海道庁の設置以降，北海道内の殖民地選定調査事業が開始され，殖民区画制度による本格的な開拓事業の準備が始まるが，それに合わせ大農場経営の事例も誕生する。この大規模な土地の貸下げ，大農場経営の展開が3番目の動きである。本州では那須野ヶ原での明治19年(1877)の三島農場，明治21年(1888)の千本松農場や明治23年(1890)の岩手県の小岩井農場などの開設などが有名であり，北海道では明治19年(1886)北越殖民社の野幌入植や明治23年(1890)の殖民区画制度の出発点

3) 藩士，旧藩士の区分は明治4年(1871)の廃藩置県の以前，以降による。

表補-1 近代期の本州と北海道の開拓事業

分類（左欄・縦書き）：戊申戦争敗軍諸藩士の帰農と入植／土族授産開拓の展開／大農場開拓と北海道開拓の本格的展開

主要な出来事	年	開墾・入植場所	都道府県	開墾・入植内容
・戊申戦争終わる	明治 2 年（1869）	開拓使募集北海道移民	北海道	開拓使など東京での募集移民策根室・宗谷・樺太への移住
・蝦夷地を北海道に改称		会津藩士斗南転封・入植	青森県	会津藩主松平容保の子斗太らの下北半島斗南の地への転封・入植
・版籍奉還		東京都市下層民下総小金原移住開墾	千葉県	新政府による東京の旧幕臣軽輩者や都市下層民の下総小金原への移住開墾
・開拓使を設置		旧幕臣牧ノ原開墾	静岡県	静岡の旧幕臣による牧ノ原での茶園開墾
・工省省設置	明治 3 年（1870）	亘理藩士族門別移住入植	北海道	仙台藩支藩亘理藩士族第一陣の門別移住入植
・廃藩置県	明治 4 年（1871）	佐倉藩士族同協社印旛郡開墾	千葉県	佐倉藩士族の同協社による印旛郡開墾
		旧重原藩（元福島藩）士安城が原開墾	愛知県	旧重原藩（元福島藩）士による安城が原での茶園開墾
・岩倉使節団欧米調査（～明治6年）		旧会津藩一行余市入植	北海道	旧会津藩一行の余市（黒川・山田村）移住入植
	明治 5 年（1872）	旧庄内藩士松ヶ岡開墾	山形県	旧庄内藩士による月山山麓の松ヶ岡養蚕開墾
		旧斗南藩士農会社三本木原野再開拓	青森県	旧斗南藩士による農会社三本木原野の再開拓328戸入植
		旧岩出山藩士族当別士族移住	北海道	旧仙台藩支藩岩出山藩士族第一陣の当別移住
・地租改正・内務省設置	明治 6 年（1873）	旧二本松藩士・開成社安積大槻原開墾	福島県	旧二本松藩士と開成社による安積原野大槻原開墾
	明治 7 年（1874）	屯田兵例則施行	北海道	開拓使による北海道開拓のモデル事業の屯田兵制の実施規則施行
	明治 8 年（1875）	旧盛岡藩士厨川開墾	岩手県	旧盛岡藩士による南岩手郡厨川村の荒蕪地130町歩の開墾
・ケプロン報文		内務省下総牧羊場開設	千葉県	内務省の命による米人ジョーンズの調査により下総の荒蕪地に牧羊場を開設
		琴似屯田兵村入植	北海道	最初の屯田兵村琴似兵村に240戸移住入植
・秩禄処分・内務省授産局設置	明治 9 年（1876）	旧新発田藩士大場沢開墾	新潟県	旧新発田藩士40名の大場沢開墾社による岩船郡面川の小扇状地の荒蕪地開墾
・札幌農学校開校		山鼻屯田兵村入植	北海道	山鼻屯田兵村240戸移住入植
・西南戦争・駒場農学校開校	明治 10 年（1877）	旧尾張藩・徳川士族八雲入植	北海道	旧藩主徳川慶勝による5万円の銀行預託による旧尾張藩士族八雲原野500戸入植
	明治 11 年（1878）	旧久留米士族安積原野入植	福島県	安積対面原原野旧久留米士族101戸移住入植
		旧士族津田出女化原開墾	茨城県	旧士族津田出（陸軍少将）による官有荒蕪地700町歩の洋式大農法経営開墾
		江別屯田兵村入植	北海道	江別屯田兵村第一陣（10戸）入植
・明治用水，国営安積疏水工事着工	明治 12 年（1879）	旧秋田藩士将軍野・大張野開墾	秋田県	旧秋田藩士の結社秋成社（132名）による砂丘地（将軍野・大張野）の開墾
		岡本兵松等安城が原開墾	愛知県	岡本兵松・伊予田与八郎等の用水路開削着手による安城が原洪積台地の開墾
・松方内務卿の士族授産政策の再編・強化		徳島県団体余市郡入植	徳島県	徳島県団体仁木竹吉ら余市郡入植
	明治 13 年（1880）	旧仙台藩士大街道開墾	宮城県	旧仙台藩士による石巻の砂丘帯大街道（牡蠣原）を県営事業として開墾
		那須野ヶ原那須開墾社土地貸下げ	栃木県	那須野ヶ原での那須開墾社による3000町歩の土地貸下げ
		那須野ヶ原肇耕社土地貸下げ	栃木県	那須野ヶ原での三島通庸による肇耕社1037町歩の土地貸下げ
		旧桑名藩士族共立社明野ヶ原開墾	三重県	旧桑名藩士族結共立社による明野ヶ原開墾
・農商務省の設立		篠津屯田兵村入植	北海道	篠津屯田兵村第一陣（20戸）入植
・松方デフレ政策での農民困窮	明治 14 年（1881）	那須野ヶ原青木農場開設	栃木県	那須野ヶ原に青木農場開設（582町歩）の貸下げ
		那須野ヶ原加治屋開墾場開設	栃木県	那須野ヶ原に加治屋開墾場開設（大山巌・西郷従道）
・安積疏水通水		旧山口藩主余市原野1,000町歩払下げ	北海道	旧山口藩主・毛利元徳への余市原野に1,000町歩の払下げ
・北海道開拓使廃止	明治 15 年（1882）	旧村松藩士中ノ原茶園開拓	新潟県	旧村松藩士14名が明治15年（1883）に南蒲原郡の数十町歩を開拓した
		赤心社の浦河入植	北海道	神戸で結成されたキリスト教団体赤心社沢茂吉らの浦河入植
	明治 16 年（1883）	那須野ヶ原鍋島開墾場開設	栃木県	那須野ヶ原に鍋島開墾場開設（鍋島直大）
		晩成社の十勝原野入植	北海道	依田勉三ら晩成社の十勝原野（下帯広村）入植
・那須野ヶ原新陸羽街道の開削	明治 17 年（1884）	旧菊間藩士族能満開墾	千葉県	旧菊間藩士族による市原郡能満開墾
		岩見沢士族移住村入植	北海道	旧山口・鳥取士族279戸の鉄道駅開通後の岩見沢への移住入植
・那須疏水完成	明治 18 年（1885）	那須野ヶ原豊浦農場開設	栃木県	那須野ヶ原に豊浦農場（後の毛利農場）県事業を継承開設
・北海道庁の誕生		野幌屯田兵村入植	北海道	鉄道開通後の野幌に屯田兵村225戸入植
・西那須野一上野鉄道開通	明治 19 年（1886）	那須野ヶ原三島農場開設	栃木県	三島通庸肇耕社を解散後三島農場設立
		北越植民社野幌入植	北海道	北海道開拓での最初の企業的小作農場の試みである北越殖民社野幌入植
	明治 20 年（1887）	輪西屯田兵村入植	北海道	室蘭の輪西屯田兵村220戸入植
	明治 21 年（1888）	那須野ヶ原千本松農場開設	栃木県	那須野ヶ原で千本松農場（松方農場）の開設
		新琴似屯田兵村入植	北海道	札幌郊外の新琴似屯田兵村220戸入植
	明治 22 年（1889）	三本木原渋沢農場開設	青森県	渋沢栄一による三本木原野での渋沢農場開設
		南・北滝川屯田兵村入植	北海道	南・北滝川屯田兵村440戸入植
・士族授産事業廃止	明治 23 年（1890）	小岩井農場開設	岩手県	山林などの総合民間農場小岩井農場（3,600町歩）開設
・明治用水（明治12年）完成		新十津川殖民区画実施	北海道	トック原野で初の殖民区画事業（十津川村郷兵地）実施
・屯田兵条例（平民屯田）の改正		華族組合農場入植	北海道	雨竜原野の華族組合農場に50,000町歩の土地貸下げ。翌年解散
・殖民区画制度誕生	明治 24 年（1891）	美唄屯田兵村入植	北海道	美唄屯田兵村110戸
	明治 25 年（1892）	東旭川屯田兵村入植	北海道	上川盆地の東旭川屯田兵村（400戸）入植
・空知太（滝川）まで鉄道開通	明治 26 年（1893）	千本松農場の土地拡大	栃木県	那須開墾社の勧農台以北1,140町歩を千本松農場（松方農場）に売却
	明治 27 年（1894）	南・北江部乙屯田兵村入植	北海道	滝川屯田兵村の北隣に南・北江部乙屯田兵村400戸入植
	明治 28 年（1895）	鷹栖原野松平農場開設	北海道	上川盆地鷹栖原野に旧松江藩主松平伯爵が1767町歩の土地貸下を受け農場開設
・殖民地撰定及び区画施設規程	明治 29 年（1896）	雨竜地域屯田兵村入植	北海道	雨竜地域屯田兵村（秩父別・一已・納内）入植
・北海道国有地処分法	明治 30 年（1897）	フラヌ原野殖民区画事業入植	北海道	空知川上流のフラノ原野での殖民区画事業による開拓入植

（出典：農商務省食料局『開墾地移住経営事例』（農商務省 1922年），藤岡謙二郎『日本歴史地理総説・近代編』（吉川弘文堂 1977年），北海道編『新北海道史第三巻 通説二』（北海道 1971年）などを参照し作成）

となった奈良県十津川郷民のトック原野入植や雨竜華族組合農場の創設などである。

　明治20年代までに出現した3つの開墾・開拓事業タイプについて，本州と北海道から1〜2事例ずつ取りあげ，集落計画の視点から開拓と空間形成の姿と生活の背後にある営農などの関連システムを探る。それらの比較を通して3つのタイプごとに本州と北海道の事例の相違点，共通点は何なのか，またそれはいかなる要因により生じたものなのかを明らかにする。事例については，それぞれのタイプのなかで開墾事業の規模の大きいもの，正確な集落形態を把握できる史料の入手可能なものから選び，1番目のタイプからは旧二本松藩士による福島県安積原野大槻原開墾と仙台藩家臣の北海道の有珠郡紋別と当別への移住，2番目のタイプからは安積疎水開削による安積原野開墾と有珠郡紋別移住の後期事業と山鼻屯田兵村，3番目のタイプからは那須野ヶ原開墾と北海道の殖民区画制度による開拓事業を取りあげた。

1．奥羽越列藩同盟諸藩士族の移住開墾

1-1．開拓の前提としての原野

　原野とは江戸期以前において農耕地として活用されていない土地のことをさす。本州では乏水性の洪積台地などがそれであり，農業用水の確保が難しく茅場や秣場などの採草地であったが，大半は周辺農村の入会地であり，まったくの未開原野といえるものはほとんど存在しなかった。北海道ではアイヌの集落が点在した河川沿いや江戸期からの漁場集落が立地した場所以外は，明治に入っても大半は人跡未踏の広大な原野や平地林が拡がっていた。

　原野は明治初年に土地制度上公有地となるが，明治7年 (1884) の地所名称改正法により公有地の仕組みが廃止され，そのほとんどが官有地に編入される。官有地に編入されることにより原野は政府主導の開拓，開墾の対象地となる。しかし本州では入会地としての利用が存続していたため，開拓入植の進展をめぐっては周辺農民との間に摩擦を生じることになる。

1-2．移住開墾のための移住地選択と移住条件

　1番目のタイプの事例である明治6年 (1873) の旧二本松士族大槻原開墾と明治3年 (1870) 以降の仙台藩支藩亘理藩一行の有珠郡紋別開拓の分析で

は，史料として『開墾地移住経営事例』，『郡山市史』，『新北海道史』，『伊達市史』，『当別町史』などを参照した。

　この期の開拓の計画を分析する前にそれぞれの移住事業の背景を押さえておきたい。まず大きな前提となるのが移住地選択の問題である。旧二本松士族の移住地はかつての藩領地で距離的にも近い安積原野であり，仙台藩士族は北海道への移住で場所としては大きく異なっているように思える。しかし仙台藩と北海道のかかわりは江戸期に遡る先史があり，まったく見知らぬ土地への移住とはいえない側面があった。

　文化元年（1804）に蝦夷地警備を幕府から命じられた仙台藩は幕末になり再び蝦夷地警備の重要な役割を担うことになる。白老に本陣屋を設け藩兵約300人を1年間交代の勤務で派遣するとともに，安政6年（1859）には東蝦夷地を預地として与えられるよう幕府に願い出て，藩士を屯田兵とし，西洋人を雇った洋式の開墾事業や蝦夷地の物産販売による蝦夷地開拓計画を構想する。その後明治2年(1869)8月には誕生したばかりの新政府から，仙台藩には蝦夷地（北海道）[4]を熟知するものも多いので，開拓の志あるものを募り自費をもって漸次移住させるように尽力せよとの通達を受ける。

　旧奥羽越列藩同盟諸藩は維新後その禄を大きく減ぜられたが，特に仙台藩への措置は厳しく，支藩の亘理藩では2万4,350石から一気に58石に減封される。藩の危急存亡時に亘理藩家老の田村顕允は藩主伊達邦成に次のように進言する。「新政府はその政策において今後必ず北海道開拓に力をいれるであろうから，我々が自費を以て北海道に移住し，兵農相兼ねて開拓に従事すれば，開墾で自らを養うだけでなく北門の警備に役立ち，北海道開拓の先達に担うことで朝敵の汚名を受けた我が藩の名を少しでも高からしめることができる」[5]と。藩を救うため，かつて仙台藩が構想した北海道での屯田兵開拓をめざそうとしたのである。明治3年（1870）4月，亘理藩の士族220人の北海道への移住が開始される。移住地の紋別はかつて仙台藩本陣の白老に近く，良港室蘭の隣地で気候的にも北海道のなかでは温暖な土地として知られる場所であった。明治4年(1871)788人，明治5年(1872)465人と続き，明治5年(1872)には伊達邦成の弟で岩出山城城主伊達邦直一行の石狩川下流の当別への入植も始まる。伊達一門の北海道移住のスタートはまったくの自費移住で，官費補助がないため渡航から開墾，農具に至るまで経費一切を自賄いしなければならなかった。藩主伊達邦成は道具，甲冑などを売り払い3万両を用意したといわれる。その後明治5年（1872）になり開拓使の移住民政策[6]が変わり，移住者は3ヶ年の扶養米や味噌などの支給を受けるこ

4) 新政府は明治2年(1869)8月15日に，蝦夷地を北海道と改称する。

5) 岡蕃編『伊達町史』(伊達町　1949年)

6) 開拓使は明治2年(1869)から北海道の開拓を進めるべく，手厚い保護制度による保護給費移住事業を進めるが，かき集めた移民の質が悪く，事業は失敗が続く。明治5年(1872)に政策を改め，独立自営民の移住を推進する方針に転換する。伊達一門は自力で移住したが，明治5年以降は開拓使の政策転換により，すでに移住していたものも定着支援を目的とする3ヶ年の賦与米などの支給を受けることになる。

補章　近代期における北関東・東北・北海道での比較　297

とができるようになる。これにより移住地で窮状に陥っていた移住士族も一息つけることになった。

　安積原野では明治5年 (1872) 6月，岩倉具視遣米視察団の一員として米国の開拓状況を見聞してきた安場保和が福島県令として赴任してくる。安場は赴任後すぐに，幕末期に蝦夷地開拓を提唱するなど原野開拓事業に深い関心をもっていた旧米沢藩士中條政恒を県典事に任命する。中條は乏水性の台地が拡がる広大な安積原野大槻原の開墾を構想する。大槻原は幕藩期には二本松藩の所領で，周辺農民が茅場，秣場として活用していた入会地であった。明治6年 (1873) 県令安場は維新後減封され厳しい暮らしを強いられていた旧二本松藩士族の窮状を救済すべく，旧藩士による原野移住開墾事業を開始する。移住者には1戸当たり田畑予定地1町歩と無利子の資金30円が貸与された。

1-3．移住地の土地区画と農村計画

　図補-1，2は旧二本松士族の明治6年 (1873) の安積原野大槻原への入植と亘理藩城主伊達邦成一行の明治3年 (1870) に始まる紋別入植の配置図である。図補-3は伊達邦直一行の当別移住入植図である。

　現在の安積高校（旧制安積中学）前を通る開拓道路に沿って宅地を設け明治9年 (1876) までに28戸が入植した。明治6年 (1873) 中條による熱心な働きかけによって郡山の豪商・富農の出資による開墾結社開成社が発足し，民間資本により大槻原の開墾事業もスタートする。開成社による開墾地は二本松士族の入植地の北側で，明治15年 (1882) までの間に路村型の区画が拓かれ101戸が入植する。その事業の中心となる社屋として明治7年 (1874) に建設された擬洋風建築が開成館である。新式の洋館である開成館が原野の真っ只なかに建つ有名な写真は開拓使札幌本庁舎の洋風庁舎（明治6年）の竣工時の光景と共通する。

　有珠郡紋別入植地ではまず沙流川東側の扇状地の小河川沿いに道を開き路村型の配置を行う。両入植地の集落計画は川沿いや開削した道を中心に両側に宅地の並ぶ路村型の区画に共通点がある。明治初期の奥羽越列藩同盟諸藩士族の移住は多くの場合，自力開墾で入植地の区画を工事しなければならなかった。正確な測量を行う時間も技術者も不足していた。川や既存の街道などを手がかりに原野のなかに一本の道を拓き，その道の両側に1戸分の間口を決め，入植者の土地を戸数分割り当てていくという方法が，明治4年

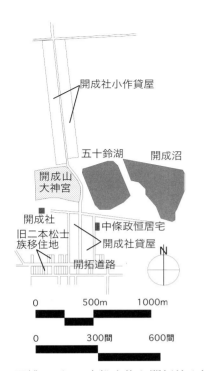

図補-1 旧二本松士族と開拓社入植図 安積原野
（出典：高橋哲夫『安積野士族開拓史』（安積野開拓顕彰会 1983年），『郡山町史』（郡山町 1981年）などの資料をもとにCAD図面化し作成）

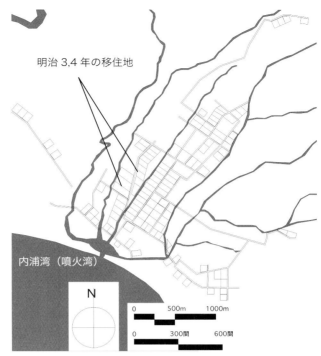

図補-2 旧亘理藩伊達邦成一行有珠郡紋別移住入植図（明治3,4年）
（出典：岡蕃『伊達町史』（伊達町 1949年）などの資料をもとにCAD図面化し作成）

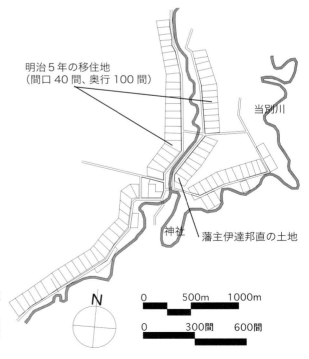

図補-3 旧岩出山藩伊達邦直一行当別移住入植図
（出典：当別町史編さん委員会『当別町史』（当別町 1972年）などの資料をもとにCAD図面化し作成）

（1871）の札幌本府周辺の移住村で行われた記録[7]があり，この場合もそれに近い形で路村型の土地区画になったのではないだろうか。

宅地の規模は図補-1の大槻原（開成山）開墾では一戸当たり440坪である。それに比べれば図補-2の土地区画の規模はかなり大きいが，実は有珠郡紋別入植地でも明治3年（1870）4月の第一陣の土地区画は宅地と開墾地を分け，宅地を間口20間，奥行30間，面積600坪とする集落計画を行ったという記述[8]があり，大槻原の開墾に近い規模であった。しかし亘理藩家老の田村顯允[9]の遺稿[10]によると，この土地区画では宅地と農耕地が分離し，一戸の規模が5町歩ほどにもなる北海道の開拓地では営農上大きな不便になるので田村は到着後，各戸を説いて宅地を各開墾地に分散させようとしたとある。「各自をして移転を勧奨すと雖も，荒漠の原野に新移の人心無りょう寂莫の感あり，隣家接近を以て快楽と為し，門外夜中大熊の足跡見ること数度あるが如き到底遠距離の地に移転するが如きは婦女子などの最も忌避する処にして，容易に実行し難きものあり，徐々として之れを説き，三戸の内一戸を移転し，残る二戸分を譲り表口六十間を所有せしめ，又二戸の内一戸を移転せしめ，残る一戸に二戸分表口四十間を所有せしむる等相互の便宜に応じ実行せしむ，居宅の周囲に畑地を設くるの便宜を与え，示後の移住者は此に似らしむ。」[11]のように次第に宅地の規模を大きくし，結果図補-2のような規模の配置計画を生み出したものと思われる。

当別移住地（図補-3）でも一戸の区画について，「間口の間数算出の根拠については，当時の記録など信ずべき資料はない。岩出山の時代の区画割が，間口20間となっていたので，当時の人達の頭にその事が先入観として固まっていたということである。その考え方で北海道の広大な土地の区画割に臨んだ場合，思い切って広くというのが，みんなの一致した考えであったから。それならば郷里の二倍という計算になったものであろう。つまりは二倍ということは精一杯大きくということを意味したのである。」[12]とある。間口40間は郷里での2倍とあるから，郷里では間口20間ということで，それは紋別の当初案の間口20間と等しい。安積原野の二本松士族移住宅の宅地は面積440坪で，区画図からは間口11間，奥行き40間と推定でき，そう大きな違いはない。いずれにせよ出身地の集落形態の伝統を引きずりながらも，北海道開拓は戸当たりの規模を大きくしなければという発想があったことが伺われる。

当別では明治5年（1872）の当別移住に当たって伊達邦直は吾妻謙に命じて入植地での規則として共同で開拓事業を行うための「邑則」を起草させて

7) 明治4年（1871）入植の札幌本府周辺の月寒，白石の移住村の事例。

8) 岡蕃編『伊達町史』（伊達町 1949年）

9) 亘理藩家老の田村顯允は明治3年（1870）4月の第一陣の移住には加われなかったが，その後紋別に移住し合流した。

10) 田村顯允の遺構は岡蕃編『伊達町史』（伊達町 1949年）に収録のものによる。

11) 岡蕃編『伊達町史』（伊達町 1949年）

12) 当別町史編さん委員会編『当別町史』（当別町 1972年）のなかの鹿野恵造回想録による。

13) 邑則は49条からなり, 屯田兵村に受け継がれた主なものをあげると, 第一条「邑中の事務一切衆議に決すべし」, 第三条「邑中より有志一名を選て議長となすべし」。屯田兵村では自治組織として兵村会が設けられ, 10名に1名の割合で会員を選挙し, 会長は会員から3名を互選後中隊長が任命した。第二条「五戸を以て一伍とし, 一伍の中から議員一名を選ぶべし」。屯田兵村での基礎社会単位も一伍 (4～8戸で構成) といい, 井戸や風呂を共有したので井戸組ともいわれて, 冠婚葬祭のまとまりなど最も重要な生活単位となった。第八条「毎日板木を叩て操作の時を報ず, …」あるが, 屯田兵村でも毎朝班長が班木という板を叩くことから起床が始まったように, そのまま受け継がれている。

いる。前途の見えない未開の地への移住開墾を前に, 一団の結束と勤勉を図る意図のもので, 49条からなる邑則は封建的な上下関係のしばりをできるだけ排除し, 各自が能力を発揮できるような内容をめざしたものであった。邑則の内容にはその後の屯田兵村での規則 (屯田兵例則) [13] に受け継がれていくものも多かった。

表補-2は旧二本松士族大槻原開墾と初期有珠郡紋別入植の比較表であるが入植地の選定要因, 路村型の集落形態, 当初の宅地規模 (440坪と600坪), 営農形態など, 共通する部分の多いことが見てとれる。

表補-2　大槻原開墾と初期有珠郡紋別入植の比較表

	旧二本松藩士族大槻原開墾	初期有珠郡紋別開墾
入植地	旧二本松藩領の周辺農村の入会地, 乏水性の台地	旧仙台藩の蝦夷地本陣近傍の海沿いの原野
集落形態	路村	路村
宅地規模	440坪	600坪 (第一陣) 移住後規模拡大
営農形態	通い作	通い作

(出典:高橋哲夫『安積野士族開拓史』(安積野開拓顕彰会　1983年), 岡著『伊達町史』(伊達町　1949年) などの資料をもとに作成)

2. 士族授産開拓

安積原野開拓と有珠郡紋別入植事業はその後も展開し, 明治10年前後に始まる2番目の開拓事業タイプである士族授産開拓でも代表的な事例になった。1番目と2番目の開拓事業の違いを比較する上でも参考になるので, この2地区を事例として取りあげたい。さらに北海道開拓の事例では, 有珠郡紋別の入植者から多くが参加した札幌本府近くの山鼻屯田兵村も取りあげる。事例の分析には『開墾地移住経営事例』,『郡山市史』,『安積野士族開拓史』,『開拓者の群像−大久保利通と安積開拓』,『伊達町史』などの資料を参照した。

2-1. 士族授産開拓の入植地と成立条件

安積原野は乏水性の洪積台地でその本格的な原野開拓には大規模な用水建設が必要であった。しかし費用面から地方事業としては限界があり, 明治政府の国土開発計画での事業化が求められていた。

戊申戦争において「順逆をあやまった東北には, 希望のない沈滞が風をなしている。政府の積極的な施策の手がさしのべられないと, この広大な地域は立ち直りの機を失ってしまい, 鬱積した不満は取り返しのつかない不測の

補章　近代期における北関東・東北・北海道での比較　301

事態の発生にならないとも限らないという憂慮が政府にあった」[14]。そうい
うなか明治 9 年 (1886) 明治天皇の東北巡幸が行われるが，それに際して大
久保利通は東北地方の詳細な開発調査を行い，東北開発のための思い切った
政策導入を探ることになる。内務省の高畑千畝，南一郎平の調査をもとに，
明治 11 年 (1878) 3 月大久保は「一般殖産及華士族授産ノ儀ニ付伺」を太
政大臣に提出する。具体的な内容は野蒜築港，新潟港改修，阿武隈川改修な
どでそのほとんどが東北地方での事業であり，安積疏水工事と士族移住開拓
事業も内国開発の第一着手事業に位置づけられる。地元で計画を推進してい
たのが県典事の中條政恒であった。緻密で将来性に富む中條の開発構想が明
治政府，特に大久保の関心を捉えたのであった。

　安積疏水工事はオランダ人技師ファン・ドールンの助言を得ながら，明治
12 年 (1879) に着工，40 万 7,000 円を費やし明治 15 年 (1882) に完成する。
完工後管理事務が福島県に移管され，安積疏水を活用した原野開拓事業が始
まる。開墾移住者には 1.5 〜 3.0 町歩の土地の交付，家屋建築費・旅費・馬
匹・農具・種苗・食料の支給，入植費の貸与・鍬下年季・免除など多くの優
遇策を講じたため，疏水工事着手以前の明治 11 年 (1878) に出願した旧久
留米士族をはじめ米沢，会津，二本松，棚倉の東北諸藩旧士族のほか，四国
の松山，高知，中国の鳥取，岡山など計 9 藩の旧士族から約 500 戸，2,500
人が入植することになる。最も移住戸数の多かったのが九州の旧久留米藩士
族で，明治 11 年 (1878) 〜明治 15 年 (1882) に約 150 戸，500 人が安積原
野内の大蔵壇原などに入植した（図補 - 4）。

　有珠郡紋別の入植事業では，開拓使が洋式農業施策のモデル事業地に有珠
郡紋別を指定し，助成など諸施策を積極的に講じたことも力となり，明治
13 年 (1880)にも 353 人の移住入植事業が実施される。また明治 9 年 (1876)
には有珠郡紋別の移住者のうち 157 名が札幌本府近郊に開かれた最初の屯
田兵村である琴似兵村，山鼻兵村の入植者に選ばれる。屯田兵村は士族授産
と北海道開拓の先導的モデルとなった制度だが，その中核に有珠郡紋別入植
者一行が参画することになったのである。

2-2．士族授産開拓の開拓地の計画デザインと土地区画

　中條政恒の『安積事業誌』[15]のなかの「大なるもの出馨山，小さきもの
離れ森（現開成大神宮）…」とある出馨（珪）山（図補−4 ★の位置）は安
積原野の中央に位置する小丘陵である。北海道開拓では札幌本府建設や屯田

14) 高橋富雄『風土と歴史
2 東北の風土と歴史』(山
川出版社 1975 年)

15) 中條政恒『安積事業誌』
(郡山市図書館所蔵)

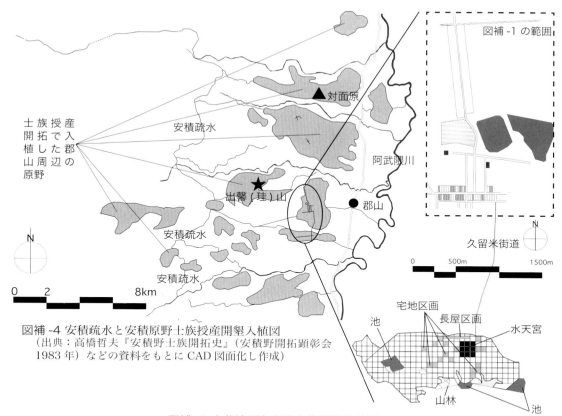

図補-4 安積疏水と安積原野士族授産開墾入植図
（出典：高橋哲夫『安積野士族開拓史』（安積野開拓顕彰会 1983年）などの資料をもとにCAD図面化し作成）

図補-5 大蔵壇原久留米士族開墾入植図
（出典：高橋哲夫『安積野士族開拓史』（安積野開拓顕彰会 1983年），郡山町『郡山町史』（郡山町 1981年）などの資料をもとにCAD図面化し作成）

兵村事業などで地域を一望できる小丘陵からの国見により，基軸の設定や土地区画を構想したが，中條らも出馨(珪)山に上り国見を行い，安積原野開拓を構想したことが十分に想像できる。有珠郡紋別の入植地でも西側に標高50 mほどの国見に適した小丘陵（図補-6▲の位置）がある。

9藩からの士族移住の行われた安積原野の開墾地のうち久留米士族の開墾入植は入植時期も早く，140戸という規模も最大であり，残留子孫も最も多く，大蔵壇原には現在も「久留米」の地名を残しているなど，安積原野の士族移住を代表する存在である。また記録資料も多いので旧久留米士族移住地をこの事業事例として取りあげる。

明治11年(1878)10月，森尾茂助ら先発隊7名が久留米を出発し安積原野に入る。当初入植地として北部の対面原（図補-4▲の位置）が予定されていたが，桑野村大槻原開拓の延長として受け入れたい中條政恒の目論みで大蔵壇原に変更となる。まず開成山から大蔵壇原に通じる幅3間，長さ1,700

補章　近代期における北関東・東北・北海道での比較　303

mの道路（後の久留米街道）がつくられる。

　明治12年(1879)に第一次移住団100戸が到着し，そのうち大蔵壇原には77戸が入植した。図補-5のように開墾地を30間（54.5 m）間隔で碁盤目に道路を設け3反歩（900坪）を一区画とした。道幅は2間（3.6m）を基準に，道3つごとに3間幅の道路を設けた。

　この士族授産開拓の計画で特徴的なことの第1点は格子状の土地区画の出現である。面的な配置計画には，正確な測量が欠かせない。北海道開拓で正確な測量に基づく入植地の土地区画が実施されるのは明治8年（1875）に始まる屯田兵村頃からであるが，明治10年代に入りそういう条件が一般的に整ってくる。同じ格子状の区画でも図補-6の明治13年（1880）の有珠郡紋別士族開墾入植地では形態が異なる。それは格子状の道路区画のなかを

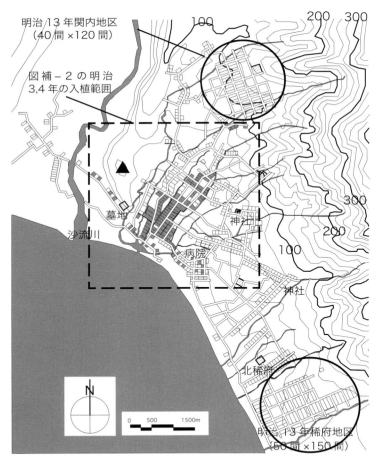

図補-6　有珠郡紋別士族開墾入植図
（出典：岡蕃『伊達町史』（伊達町　1949年）をなどの資料をもとにCAD図面化し作成）

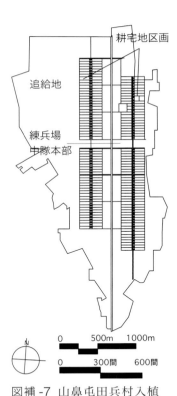

図補-7　山鼻屯田兵村入植区画図
（出典：札幌市教育委員会『札幌歴史地図 明治編』（札幌市教育委員会　1978年）などの資料をもとにCAD図面化し作成）

16) 屯田兵村は日常的に軍事教練を目的としていたため，兵士の集合が容易なよう給与地を居住地（耕宅地）と農耕開墾地に分け，奥行きに対し間口の狭い短冊形の耕宅地を並べ路村型の集落計画を行うことに特徴があった。

さらに区画し，土地区画の形状を短冊型にしたパターンである。この短冊型が集合した格子状の区画は屯田兵村に典型的に現れるパターン[16]である。旧亘理藩士族一行の有珠郡紋別への開墾入植はもともと兵農相兼ねての開拓をめざしており，しかも多くのメンバーが琴似や山鼻兵村に参加したように屯田兵村とつながりがあった。その影響が見られるように思う。集落形態としては前項で宅地を各開墾地に分散させたとあるように，この期の有珠郡紋別は散村である。大蔵壇原での集落計画も図補-5の宅地区画のなかにそれぞれ2戸程度設けたようで，その形態は散村である。

　大蔵壇原での一戸当たりの貸下げの土地は 2.5 町歩で他に若干の山林もあり，福島県内への士族移住の入植地のなかでは優遇されていた。有珠郡紋別の入植地は，明治 13 年 (1880) 入植の稀府地区が 2.5 町歩（7,500 坪=50 間 ×150 間）で，大蔵壇原入植地と同じである。北海道での入植者への給与地は基準となった屯田兵村で見ると明治 8 年 (1875) のスタート時が 1.6 町歩（5,000 坪）で，明治 11 年 (1878) に 3.3 町歩（1 万坪）に増加するがそれに近い規模である。

　大蔵壇原開墾地の中央部に入植地の精神的支えとして神社（水天宮）と生活上の日用品を扱う購買部が設けられたが，有珠郡紋別でも明治 8 年 (1875) に神社，郵便局，病院などの生活施設が整えられている。屯田兵村でも神社や生活上の日用品を扱う場所として番外地の配置が集落計画の重要な要素になった。

　大蔵壇原での日常の農作業などの時報では，事務所に置かれた板木を打ち合図したとある。旧久留米士族は明治 11 年 (1878) 入植移住に先立って久留米開墾社を結成し開拓事業を進めるための結社大意と規則をつくりあげる。そのなかに日常の心得を申し合わせた「社中申合書」二十七ヶ条[17]がある。「十戸毎に一戸の什長を選び，什長を中心として墾業に励むものとする」，「社中男子は耕作，婦女子は養蚕，製糸，機織に励むものとする」などの内容は前項の当別入植地，屯田兵村での生活規則と共通する。

17) 森尾良一『久留米開墾誌』（久留米開墾誌報徳会 1977 年）

　有珠郡紋別の移住地では明治 9 年 (1876)，開拓使からの扶助費米などを蓄財した資金をもとに移住者全員参加の永年社を結社し，開墾地の拡大など入植地域の産業振興を目的に事業を行うことになる。

　大蔵壇原の入植地では慣れない農作業に苦戦したが，内務省勧農局に願い出て米国製のプラウと農馬の貸与と技術者ふたりの派遣を受けた結果，開墾が急速に進むことになる。有珠郡紋別でも開拓使から教師の派遣を得てプラウなどの使用法を習い北海道での西洋農具使用の開墾のさきがけとなる。ま

補章　近代期における北関東・東北・北海道での比較　305

た西洋作物導入政策の実験地として甜菜などの試験栽培を行い，明治11年 (1878) にはパリの万国博に出席した内務省勧農局長松方正義らの視察に基づき勧農局直営の日本で最初の甜菜を原料とする製糖所が建設されることになる。

　ここで安積原野開拓と有珠郡紋別入植事業を支援した行政組織である内務省勧農局と開拓使[18]について触れておきたい。それぞれ国の行政機関のひとつであるが，農業分野では－例えば甜菜の栽培を例にとると，明治3年 (1870) 勧農局（当時は民部省）が西洋作物導入政策により甜菜の種子を輸入しそれを北海道開拓使の札幌官園などで試験栽培し，その後有珠郡紋別の士族入植地や札幌農学校農場で本格栽培し，さらに内務省勧農局直営の製糖工場を有珠郡紋別に建設する－ように両組織は事業推進で連携体制をとっていた。こういう関係は他の外来農作物や果樹の栽培，畜産振興などでも見られ，技師の役所間の移動もあるなど両者は密接に連携した組織であったといえる。それが旧久留米藩士族大槻原開墾と後期の有珠郡紋別入植での事業の様々な面での類似性を生む要因のひとつになったと推測できる。

　表補－3は旧久留米藩士族大槻原開墾と後期有珠郡紋別入植の比較表であるが，格子状の区画，土地規模，営農形態。開墾結社など基本的な部分で共通性の高い開拓事業であることが見てとれる。

18) 内務省勧農局は明治14年 (1881) に農商務省に引き継がれ，開拓使は明治15年 (1882) に廃止され，開拓業務は北海道庁などに引き継がれる。

表補 - 3　旧久留米士族大槻原開墾と後期有珠郡紋別入植の比較表

	旧久留米士族大蔵壇原入植	後期有珠郡紋別入植
入植地	旧疎水で灌漑された乏水性の台地	河川沿いの丘陵地
土地区画	格子状区画（30間×30間）	格子状区画（150間×50間）
土地規模	2.5 町歩	2.5 町歩
集落形態	散村	散村
営農形態	馬耕西洋農法の導入	馬耕西洋農法の導入
開墾結社	久留米開墾社	永年社

（出典：高橋哲夫『安積野士族開拓史』（安積野開拓顕彰会　1983年），岡蕃『伊達町史』（伊達町　1949年）などの資料をもとに作成）

3．大規模経営農場開拓

3－1．大規模経営農場開拓の入植地と成立条件

　明治10年代後半から現れる未開原野の大規模経営農場の誕生は，当時の農業分野で影響力のあった井上馨[19]らの大農論の主張と，新たな開拓

19) 外務卿（外務大臣）や農商務大臣を勤めるほか，実業界の発展の発展にも力を尽くした。大物閣僚のなかでも欧化主義者といわれ，明治10年代から20年代にかけて日本農業のあり方に米国の大規模農場ような経営の大農論を展開した。

20）那須野ヶ原開拓では，
西那須野町史編さん委員会
編『西那須野町の開拓史』
（西那須野町 2000 年），
西那須野町史編さん委員会
編『西那須野町の交通通信
史』（西那須野 1993 年）
を参照した。

のインフラストラクチャーとしての鉄道開通が加わりその事業が展開する。その典型例として栃木県那須野ヶ原開拓[20]を北海道の殖民区画制度との比較で分析する。栃木県北部に位置する那須野ヶ原は那珂川，箒川と北の山地で囲まれた広大な扇状地で面積は約4万町歩，南側は奥羽街道が通り江戸期から集落形成が進んでいたが，北側は水が得にくく土地も痩せて開墾が進まず，安積原野と同様周辺農村の茅場，秣場となっていた。

明治8年(1875)12月，関八州大三角測量として日本で最初の一等三角測量のための基線が那須野ヶ原に設定される。この基線は地域で通称「縦道」と呼ばれる約10kmの直線道路がそれである（図補 - 8）。測量に合わせ官営牧羊場開設の選定調査や内務省勧農局の模範混同農場構想などが立てられるが実現せずに終わる。明治11年(1878)6月那須野ヶ原の土地約1万1,298町歩が官有原野に編入され，入植開墾事業が動き始める。明治13年(1880)，3,000町歩の官有原野の貸下げが地元の有力者らによる那須開墾社に，また1,037町歩が内務官僚三島通庸の肇耕社に行われる。さらに明治14年(1881)内務卿の大山巌，農商務卿の西郷従道，ドイツ公使青木周造，明治16年(1883)には品川弥二郎，明治17年(1884)山県有朋と次々と時の政府高官への大規模な土地貸下げが行われる。

那須野ヶ原開拓では国の優先的ともいえるインフラ整備事業が進められていく。まず明治17年(1884)，栃木県令（県知事）でもあった三島通庸は那須野ヶ原を通る2本の新規幹線道路（新陸羽街道と塩原新道）を開削する。続いて明治18年(1885)9月，延長16.3kmの那須野原疏水が国の直轄工事として完成する。鉄道は明治19年(1886)10月上野〜那須野間が開通する。上野からの所要時間は5時間13分であった。栃木県を通る当初のルートは城下町の大田原などを通る旧奥州街道沿いであったが，実施計画では北側の那須野ヶ原の中央を通る位置に変更されていた。

北海道への流入人口は明治20年代に入り急速に拡大しはじめ，北海道の開拓もテイクオフの時代をむかえる。本格化した開拓の入植事業を支えたものが原野の面的な土地区画計画である殖民区画制度である。殖民区画の実施は明治23年(1890)奈良県十津川村村民の洪水被害による北海道への集団移民に際し初めて実施されたが，北海道の原野の組織的な土地区画の制度は明治初期からの課題であった。北海道庁の設置など行政機構が整った明治中期に入り，4年間にわたる全道内の殖民地選定調査（地域調査と測量）と北米の開拓事業でのタウンシップ制度などの研究を踏まえ，ようやく施行されることになる。現在の北海道内の農村地域が300間四方のグリッドに沿っ

補章　近代期における北関東・東北・北海道での比較　307

て格子状に道路や耕地，防風林が整然と展開する景観はこの殖民区画によるものである。

殖民区画による開拓事業制度の目的は本州からの一般入植者の応募に対応したものであったが，未開原野への入植には資本の準備も必要なため，まとまった規模の団体移住が推奨され，合わせて北海道内でも札幌農学校の佐藤

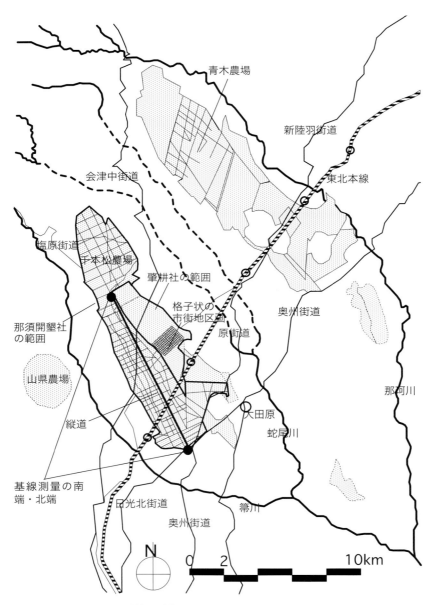

図補-8　那須野ヶ原開拓入植図
　（出典：西那須野町史編さん委員会編『西那須野町の開拓史』(西那須野町　2000年)　などの資料をもとにCAD図面化し作成）

昌介に代表される大農主義の主張を背景に大農式の直営をめざした農場もこの時期に誕生する。蜂須賀茂韶，松平直亮などの旧藩主層，官僚の橋口文蔵，犬養毅，団体として札幌農学校同窓会などへの大規模な土地の貸下げがこの時期，鉄道の開通した石狩川沿いの原野に行われたのである。

3-2．那須野ヶ原の開墾事業と土地区画

　那須野ヶ原の大農場での開拓の労働力を那須開墾社では移住人という仕組みでまかなった。那須開墾社の移住契約は，移住人に土地を15年間貸与，移住人はその土地を自費で開墾するとともに那須開墾社の求めに応じる義務力役を負い，開墾が成功するか義務力役が完了した段階で移住人は貸与された土地の無償分与を得るというものであり，移住人は15年間の労働地代を提供する小作人といえた。那須開墾社の創業当初の移住人入植地は開墾地と植林地を含め3.5町歩であったが，その後移住人が増加すると規模を縮小し間口30間，奥行100間で1区画1町歩の入植地を縦道沿いに百間道[21]との間に設けた。明治19年（1886）までの入植戸数は172戸になった。三島通庸の肇耕社での開墾労働力は移住人制度に加え，農場が直接賃金を払って人を雇う仕組み（定夫や人夫といった）もあった。大農場の土地は移住人用の区画エリアと直営エリアがモザイク状に拡がるというものであった。

21) 縦道から西へ百間ほど隔てて並行して走る直線の道路

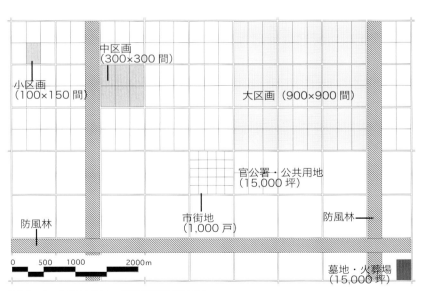

図補-9　殖民区画の区画測設規定図
（出典：北海道庁編『新撰北海道史　第四巻　通説三』（北海道庁 1937年［復刻版］清文堂出版　1990年）などの資料をもとにCAD図面化し作成）

殖民区画は 300 間（約 545 m）の区画グリッドを単位に北海道内の原野
を開拓の土地区画基準となった（図補 - 9）。しかしそのグリッドの方向は
画一的なものでなく，地域ごとに那須野ヶ原の縦道に当たるような測量の基
線を設定し，それに平行にグリッドが設定され，全体で見ると様々な方向の
パッチワーク状のグリッドになった。300 間四方の区画は入植地としては
150 間 ×100 間の 6 区画に分割され，この小画（5 町歩）が営農単位となっ
た。大農場では明治 27 年 (1894) の 1,767 町歩の土地貸下げを受け上川盆
地に開かれた松平農場では，殖民区画により全体が区画されているなか，小
作人の移住地ではさらに分割し 50 間 ×150 間という，那須開墾社の区画に
似た土地区画も行われた。

3-3. 肇耕社の格子状市街地区画

　三島通庸の肇耕社での特徴に開拓地での都市計画事業ともいうべき，碁盤
目状の市街区画が行われたことがある。塩原街道を縦軸とし，横 800 間（約
1,454m），縦 540 間 (982m) の範囲を 1 区画を 1 町歩（50 間 × 60 間）で
144 区画し，その区画を株主などに分配した。土地区画内の予定施設には駅，
郡役所，小・中学校，農学校，病院，銀行，警察署，郵便局，馬車宿などが
計画された（図補 -10）。この土地区画は明治 17 年 (1884) の塩原新道・新
陸羽街道の開削に合わせて行われたが，栃木県令の三島は郡役所などを移転
し，この場所を那須郡の中心地とする構想をもっていた。
　この碁盤目状の市街区画は明治 29 年 (1896) の区画測設規定に制度化さ
れた殖民区画のなかの市街地計画とよく似ている。その市街地計画は，明治
4 年 (1871) の札幌本府計画の 60 間 ×60 間の街区を受け継いだように思わ
れるが，三島の碁盤目状の市街地計画も札幌本府と関連があるのではないだ
ろうか（図補 -11）。三島通庸は明治 9 年 (1876) 山形県の初代県令として行っ
た有名な官庁街建設事業（明治 9 ～ 12 年）で札幌本府計画の影響を受けた
といわれている[22]。また鶴岡県令時代に建設した学校は開拓使の洋風建築
に似た木造下見板張りである。『三島通庸傳』[23] によれば三島は北海道開拓
への強い関心から，北海道や樺太での開拓や屯田兵も構想していたのである。

3-4. 農場経営と環境形成

　明治 19 年 (1886) 肇耕社は解散し，三島は株主のひとりとして数百町歩

22) 野中勝利「山形・官庁
街における薄井龍之を介し
た札幌本府計画の影響の可
能性－三島通庸による明
治初期の山形・官庁街建
設に関する研究－」（『日
本建築学会計画系論文集』
No.597　2005 年）

23) 佐藤國男『三島通庸傳』
（三島通庸刊行會 1933 年）

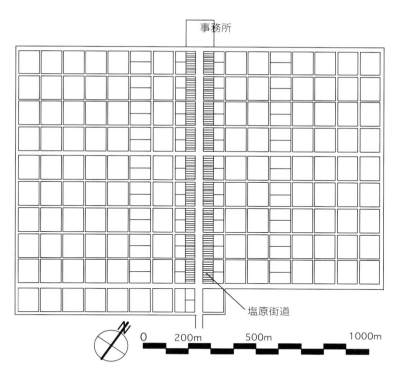

図補-10 肇耕社の格子状市街地区画図
　（出典：西那須野町史編さん委員会編『西那須野町の開拓史』（西那須野町 2000年）などの資料をもとにCAD図面化し作成）

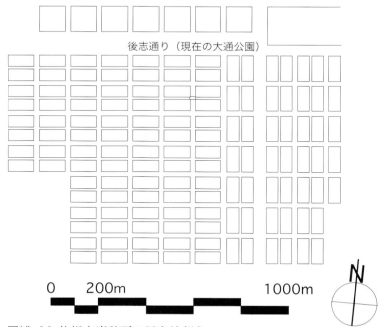

図補-11 札幌本府計画の民有地部分
　（出典：札幌市教育委員会『札幌歴史地図〈明治編〉』（札幌市教育委員会 1978年）などの資料をもとにCAD図面化し作成）

の土地の分与を得て，それをもとに三島農場を設立し，もとの株主の土地を買い受けるなどして規模を拡大する。三島農場での経営は大農方式は放棄し，小作経営と山林事業の二本柱とすることになる。三島農場での小作農は明治19年(1886)に46戸，大正中頃には370戸にまで達する。殖民区画制度の誕生と同時期に試みられた北海道の大農主義の農場も，開拓がある程度進んでいた札幌周辺を除いて交通と市場の未整備が原因となり成功せず，その後の大規模農場は松平農場のように小作経営の農場に変わっていく。

　三島農場での山林事業は造林を行い，防風林には杉や松を植え薪炭の製造も行った。那須野ヶ原はもともと樹木のほとんどない土地で，冬期の強い季節風から入植地を守るため，防風林は重要な施設であった。当時の屋裏と呼ばれる防風土手と防風林が現在那須野が原博物館の北側に復元されている（写真補-1）。

写真補-1　那須開墾社の事務所裏にあった防風土手と防風林の復元

　那須野ヶ原の防風林は松方正義の千本松農場でさらに大規模な防風林帯の形成につながっていく。千本松農場は明治26年(1893)，那須開墾社から観象台以北の土地を取得し，面積を1,600町歩に拡大する。農場の9割は山林・原野で経営は薪炭収入が中心であった。千本松農場で山林・原野の防火線として当初幅5間(9.09m)で600間(1,080 m)間隔のものを設けていたが，効果が十分でないため，幅8間(14.54m)で300間(540 m)間隔のグリッド状のものとする。殖民区画で制度化された北海道の防風林は300間のグリッドを単位に道内の未開原野を区画することになるが，千本松農場でのグリッド状の防火線は景観の類似だけでなく，実施の時期としてもそれと重なるものである。表補-4は那須野ヶ原開墾と北海道の殖民区画での開拓の比較表である。インフラ整備，土地区画，営農形態，環境形成など共通する部分の多いことが解る。

　従来その関連性について関心のもたれることのなかった東北・北関東と北

表補-4　那須野ヶ原開墾と北海道の殖民区画開拓の比較表

	那須野ヶ原開墾入植	殖民区画開拓
入植地	本州に残された最大の未開原野	北海道内の未開原野を対象
インフラ整備	面的測量，用水，幹線道路，鉄道	面的測量と土地資源調査，幹線道路，鉄道
土地区画	所有者毎の土地区画と格子状市街地	面的土地区画と格子状市街予定地
営農形態	大農方式と小作制	大農方式と小作制，小農
環境形成	格子状の林内防火線	格子状の防風林帯

（出典：西那須野町史編さん委員会編『西那須野町の開拓史』（西那須野町　2000年），北海道庁編『新撰北海道史　第四巻通説三』（北海道庁　1937年　［復刻版］清文堂出版　1990年）などの資料をもとに作成）

海道の近代期の原野開拓が実は多くの同時性，共通性をもつものであること
が確認できた。

　まず第1が明治初年の旧奥羽北陸列藩同盟諸藩藩士を中心とする入植開拓
で，地域政府（県，開拓使）による斡旋をもとに宅地を道の両側に配置する
路村型の集落を建設し，その外側に農地を配置する江戸期の新田開発を継承
する計画デザインに共通性があった。

　第2が明治10年頃からの士族授産による入植開拓では，開拓のための交
通・水利のインフラ整備（国営事業）が進められ，地域政府（県，開拓使）
による移住費用，家屋建設費，生活費の貸与などの手厚い保護のもと，1戸
当たりの給与地の規模も拡大され，格子状の土地区画が行われることに共通
性が見られた。

　第3が明治10年代半ば以降の大面積の払下げによる大農経営をめざした
農場の出現で，この期に共通するのは用水，道路，鉄道などの本格的なイン
フラ整備を基盤に，畑・牧畜・林業からなる複合経営が計画され，明確なグ
リッド形態の区画や防風林など−北海道開拓の殖民区画制度で標準となる計
画要素−が北関東の大規模農場でも出現したことである。

　東北・北関東地域と北海道における近代期の原野開拓に同時性や類似の計
画原理が生まれた要因には，事業推進の基盤となった内務省勧農局と開拓使
が農業分野，開拓事業で連携し，技師の役所間の移動も行われ密接な関係に
あったことがあげられる。両組織が時代の要請に対応した事業のなかで共通
の目標をかかげ，開拓のためのインフラとして測量，用水や道路,鉄道整備
などを進めたこと，開拓技術としては江戸期から続く開墾手法を継承しなが
らも共通して西洋農法を新たに導入したこと，加えて安積開拓の中條や那須
野ヶ原開拓の三島通庸のように東北・北関東での開拓事業の中心に,北海道
開拓へ強い関心をもつ人物がいたことがもうひとつの大きな要因になったと
考えられる。

参考文献

[全　　体]

日本建築学会編『図説集落−その空間と計画』（都市文化社　1989 年）

建築学大系編集委員会編『建築学大系 2　都市論・住宅問題』（彰国社　1960 年）

新建築学大系編集委員会編『新建築学大系 1 8　集落計画』（彰国社　1986 年）

北海道立総合経済研究所編『北海道農業発達史Ⅰ』（中央公論　1963 年）

北海道農業土木史編集委員会『北海道農業土木史』（北海道大学図書刊行会　1984 年）

林野庁監修『北海道の防風，防霧林』（水利科学研究所　1971 年）

伊澤道雄『開拓鉄道論　上巻』（春秋社　1937 年）

北海道道路史調査会編『北海道道路史　路線史編』（北海道道路史調査会　1990 年）

山口恵一郎ほか編『日本図誌大系　北海道・東北Ⅰ』（朝倉書店　1980 年）

藤岡謙二郎編『日本歴史地理総説・近代編　9 .北海道』（吉川弘文堂　1977 年）

平岡昭利編『北海道　地図で読む百年』（古今書院　2001 年）

高倉新一郎編『改訂郷土史事典　北海道』（昌平社　1982 年）

永井秀夫『北海道の史跡を歩く』（北海道新聞社　1990 年）

鳥越皓之『家と村の社会学　増補版』（世界思想社　1993 年）

矢守一彦『都市図の歴史　日本編』（講談社　1974 年）

矢嶋仁吉『集落地理学』（古今書院　1956 年）

矢嶋仁吉『武蔵野の集落』（古今書院　1954 年）

鈴木榮太郎『鈴木榮太郎著作集Ⅰ　農村社会学原理（上）』（未来社　1968 年）

鈴木榮太郎『鈴木榮太郎著作集Ⅱ　農村社会学原理（下）』（未来社　1968 年）

鈴木榮太郎『鈴木榮太郎著作集Ⅵ　都市社会学原理』（未来社　1969 年）

日本建築学会『建築用語辞典　第 2 版』（岩波書店　1999 年）

藤岡謙二郎編『最新地理学辞典　新訂版』（大明堂　1979 年）

日本地誌研究所『地理学辞典　改訂版』（二宮書店　1989 年）

工学会編『明治工業史　建築編』（工学会　1927 年 ）

工学会編『明治工業史　土木編』（明治工業史発行所　1931 年 ）

土木学会編『明治以前日本土木史』（岩波書店　1936 年　［復刻版］　岩波書店　1973 年）

農業発達史調査會編『日本農業発達史　第一巻』（中央公論社　1953 年）

上田陽三『北海道農村地域における生活圏域の形成・構造・変動に関する研究』（北海道大学学位請
　求論文　私家版　1991 年）

越野武『北海道における初期洋風建築の研究』(北海道大学図書刊行会　1993年)

遠藤明久『開拓使営繕事業の研究』(東京大学学位請求論文　私家版　1961年)

北海道庁編『新撰北海道史第二巻　通説一』(北海道庁　1937年　[復刻版]　清文堂出版1990年)

北海道庁編『新撰北海道史第三巻　通説二』(北海道庁　1937年　[復刻版]　清文堂出版1990年)

北海道庁編『新撰北海道史第四巻　通説三』(北海道庁　1937年　[復刻版]　清文堂出版1990年)

北海道庁編『新撰北海道史第五巻　史料一』(北海道庁　1936年　[復刻版]　清文堂出版1991年)

北海道庁編『新撰北海道史第六巻　史料二』(北海道庁　1936年　[復刻版]　清文堂出版1991年)

北海道編『新北海道史第二巻　通説一』(北海道　1970年)

北海道編『新北海道史第三巻　通説二』(北海道　1971年)

北海道編『新北海道史第四巻　通説三』(北海道　1973年)

北海道編『新北海道史第五巻　通説四』(北海道　1975年)

北海道編『新北海道史第七巻　史料一』(北海道　1969年)

北海道編『新北海道史第八巻　史料二』(北海道　1972年)

北海道編『新北海道史第九巻　史料三』(北海道　1980年)

北海道編『新北海道史年表』(北海道出版企画センター　1989年)

[序章]

梅原猛・埴原和郎『アイヌは原日本人か–新しい日本人論のために』(小学館創造選書　1982年)

佐藤滋・後藤春彦ほか『図説都市デザインの進め方』(丸善　2006年)

McHarg, I. L『Design With Nature』(日本語版『デザイン・ウィズ・ネーチャー』1969年　集文社　1994年)

Ir. Laretna Trisnantari Adhisakti (『都市における歴史的環境の保存　ジャグジャカルタの歴史的な地区における保存』都市環境デザイン98年国際セミナー記録　1998年)

上田陽三『北海道農村地域における生活圏域の形成・構造・変動に関する研究』(北海道大学学位請求論文　私家版　1991年)

北海道教育委員会編『北海道文化財シリーズ　第10集　屯田兵村』(北海道教育委員会　1968年)

新旭川市史編集会議『新旭川市史第八巻　史料三』(旭川市　1997年)

一已屯田会編『一已一〇〇年記念誌　一已屯田開拓史』(一已屯田会　1994年)

納内町開拓八十周年記念誌編纂委員会編『納内屯田兵村史』(納内町開拓八十周年記念誌編纂委員会　1977年)

[第1章]

金田一京助『金田一京助全集第12巻　アイヌ文化・民俗学』(三省堂　1993年)

藤本強『もう二つの日本文化—北海道と南島の文化』(UP考古学選書　東京大学出版会　1988年)

宇田川洋『アイヌ考古学研究・序論』（北海道出版企画センター　2001年）

宇田川洋『アイヌ文化成立史』（北海道出版企画センター　1988年）

宇田川洋『アイヌ考古学』（北海道出版企画センター　2000年）

宇田川洋『アイヌ伝承と砦（チャシ）』（北海道出版企画センター　2005年）

山田秀三『北海道の地名』（北海道新聞社　1984年）

山田秀三『アイヌ語地名の研究1』（草風館　1982年）

山田秀三『アイヌ語地名の研究2』（草風館　1983年）

山田秀三『アイヌ語地名の研究3』（草風館　1983年）

山田秀三『アイヌ語地名の研究4』（草風館　1984年）

瀬川拓郎『アイヌ・エコシステムの考古学』（北海道出版企画センター　2005年）

鈴木国弘『日本中世の私戦世界と親族』（吉川弘文館　2003年）

工藤平助著・井上隆明訳『赤蝦夷風説考―北海道開拓秘史』（教育社　1979年）

高橋康夫ほか編『図集日本都市史』（東京大学出版会　1993年）

松浦武四郎著・吉田常吉編『蝦夷日誌 下　西蝦夷日誌』（時事通信社　1981年）

日本史籍協会編『開拓使日誌1』（1869年　［復刻版］　東京大学出版会　1987年）

フラーシェム，R．G．他『蝦夷地場所請負人　山田文右衛門家の活躍とその歴史的背景』（北海道出
版企画センター　1994年）

榎本守恵『北海道の歴史』（北海道新聞社　1981年）

海保嶺夫『近世蝦夷地成立史の研究』（三一書房　1984年）

海保嶺夫『エゾの歴史―北の人びとと「日本」』（講談社　1996年）

海保嶺夫『日本北方史の論理』（雄山閣　1974年）

菊池勇夫『幕藩体制と蝦夷地』（雄山閣　1984年）

榎森進『北海道近世史の研究−幕藩体制と蝦夷地』（北海道出版企画センター　1982年）

北海道新聞社編『北海道百年（上）　開拓使・三県時代編』（北海道新聞社　1972年）

永井秀夫『明治国家形成期の外政と内政』（北海道大学図書刊行会　1990年）

永井秀夫・大庭幸生編『北海道の百年　県民百年史』（図書印刷　1989年）

永井秀夫編『近代日本と北海道　「開拓」をめぐる虚像と実像』（河出書房新社　1998年）

田端宏・桑原真人・船津功・関口明『県史1　北海道の歴史』（山川出版社2000年）

原田一典『お雇い外国人　⑬開拓』（鹿島出版会　1975年）

田中彰『北海道と明治維新　辺境からの視座』（北海道大学図書刊行会　2000年）

永井秀夫・小池喜孝・関秀志『明治大正図誌第5巻　北海道』（筑摩書房　1978年）

桑原真人『戦前期北海道の史的研究』（北海道大学図書刊行会　1993年）

河野常吉『河野常吉著作集2　北海道史編［一］』（北海道出版企画センター　1975年）

河野常吉『河野常吉著作集3　北海道史編［二］』（北海道出版企画センター　1978年）

河野常吉『物語北海道史　明治時代編』（北海道出版企画センター　1978 年）

高倉新一郎監修『改訂郷土史事典 1　北海道』（昌平社　1982 年）

梅村又次ほか編『日本経済史 3　開港と維新』（岩波書店　1989 年）

矢嶋仁吉『武蔵野の集落』（古今書院　1954 年）

蝦名賢造『北海道拓殖・開発経済論』（新評論　1983 年）

高倉新一郎「北海道拓殖史」（『高倉新一郎著作集第 3 巻　移民と拓殖 1』北海道出版企画センター　1996 年）

山下弦橘『風雪と栄光の百二十年—ピューリタン開拓団赤心社のルーツと業績を辿る』（赤心株式会社・浦河町　2002 年）

浅田英祺編『北海道開発政策の歴史　巻の一　明治編—埋もれていた文献とその読み方』（石狩川サミット実行委員会　2003 年）

『開拓使事業報告附録布令類聚　上編』（大蔵省　1885 年　［復刻版］『開拓使事業報告 第 6 編 (附録) 布令類聚 上編』　北海道出版企画センター　1985 年）

『開拓使事業報告第 2 編　勧農・土木』（大蔵省　1885 年　［復刻版］北海道出版企画センター　1983 年）

「開拓使顧問ホラシ・ケプロン報文」（北海道庁編『新撰北海道史第六巻　史料二』（北海道庁　1936 年　［復刻版］清文堂出版　1991 年））

北海道郷土資料研究会編『北海道郷土研究資料第 11　黒田清隆履歴書案』（北海道郷土資料研究会　1963 年）

『大鳥圭介書翰黒田清隆宛—明治五年（一八七二）十二月四日在・ニューヨーク』（出版者・出版年不明　複製本　北海道立図書館蔵）

中濱康光『札幌郡白石村・上白石村・手稲村開拓史 2—北海道開拓使貫属考の 2　士族移民』（中濱康光　2004 年）

阿部末吉『奥羽盛衰見聞誌 下編』（白石市史編纂調査会 1956 年)〔再掲〕札幌市教育委員会編『札幌歴史地図〈明治編〉』（札幌市教育委員会　1978 年)）

萩原実編『北海道晩成社十勝開発史』（萩原実　1937 年）

札幌市教育委員会編『札幌歴史地図〈明治編〉』（札幌市教育委員会　1978 年)

札幌市教育委員会編『新札幌市史第二巻　通史二』（札幌市　1991 年）

札幌市教員委員会編『屯田兵』（さっぽろ文庫 33　札幌市　1985 年）

円山百年史編纂委員会編『円山百年史』（円山百年史編纂協賛会　1977 年）

平岸開基 120 年記念会編『平岸百二十年』（平岸開基 120 年記念会　1990 年）

豊平町史編さん委員会編『豊平町史』（豊平町　1959 年）

白石村編『白石村誌』（白石村　1940 年）

静内町史編纂委員会編『静内町史』（静内町　1975 年）

伊達市史編さん委員会編『伊達市史』（伊達市　1994 年）

当別町史編さん委員会編『当別町史』（当別町　1972 年）

当別町教育委員会編『とうべつ文庫 1　当別村開墾顛末』（当別町教育委員会　1997 年）

川端義平編『仁木町史』（仁木町　1968 年）

帯広市編纂委員会編『帯広市史［昭和 59 年版］』（帯広市　1984 年）

岩見澤市史編さん委員会編『岩見澤市史』（岩見沢市　1963 年）

釧路市審議室市史編さん事務局編『市政施行 70 周年記念誌　目で見る釧路の歴史』（釧路市　1992 年）

鳥取村誌編纂委員会『鳥取村五十年史』（鳥取村　1934 年）

Watanabe　Hitoshi『The Ainu Ecosystem』（University of Tokyo Press　1972 年）

［第 2 章］

上原轍三郎『北海道屯田兵制度』（北海道拓殖部　1914 年　［復刻版］北海学園出版会　1983 年）

加藤俊次郎『兵農植民政策』（慶應書房　1941 年）

安田泰次郎『北海道移民政策史』（生活社　1941 年）

増田忠二郎「屯田兵村における集落形態の諸問題」（『人文地理』第 14 巻 6 号　1962 年）

足利健亮「屯田兵村と殖民地区画」（藤岡謙二郎編『地形図に歴史を読む──続日本歴史地理ハンドブック』（大明堂　1969 年））

小田邦雄『屯田兵生活考』（北見市史編さん事務室　2011 年）

北海道教育委員会編『北海道文化財シリーズ　第 10 集　屯田兵村』（北海道教育委員会　1968 年）

高倉新一郎「北海道拓殖史」（『高倉新一郎著作集第 4 巻　移民と拓殖 2』北海道出版企画センター　1997 年）

井上修次「北海道東海岸屯田兵村について」（『地理研究』創刊号　1941 年）

栃内元吉「屯田兵本部長永山将軍北海道全道巡回日記　上」（北海道大学附属図書館北方資料室蔵　1886 年）

栃内元吉「屯田兵本部長永山将軍北海道全道巡回日記　下」（北海道大学附属図書館北方資料室蔵　1886 年）

栃内元吉「北海道屯田兵制度考」（『歴史と生活』第 6 巻　1943 年）

「屯田兵村の建設／栃内元吉」（北海道総務部行政資料室編『開拓の群像　中』北海道　1969 年）

伊藤廣『屯田兵村の百年　下巻』（北海道新聞社　1979 年）

玉井健吉『旭川叢書第 13 巻　史料旭川屯田』（旭川振興公社　1980 年）

北海道屯田倶楽部編『歴史写真集屯田兵　改訂増補』（北海道屯田倶楽部 1989 年）

若林功「創業の人々を語る−兵農兼備北門の鎖を堅守した屯田兵」（『北海道農会報』37-10　1937 年）

伊藤廣『屯田兵物語』（北海道教育社　1984 年）

伊藤廣『屯田兵の研究』（同成社　1992 年）

中島九郎「北海道屯田兵制側面観」（『法経会論叢』第八号　1940 年）

伊藤廣『屯田兵制度の公有財産』（伊藤廣　1994 年）

早川彰編『屯田兵村夜話（上）　秩父別村』（早川彰　1980 年）

高垣仙蔵『旭川屯田開拓』（総北海　1987 年）

井上修次「北海道屯田兵村に就いて」（『地理学評論』16 巻　1940 年）

井上修次「続・北海道屯田兵村調査」（『地理学評論』16 巻　1940 年）

井上修次「北海道東海岸屯田兵村」（『地理研究』創刊号　1941 年）

山田勝伴『開拓使最初の屯田兵―琴似兵村』（山田勝伴　1944 年）

紺谷憲夫「屯田兵の養蚕具について」（北海道開拓記念館『北海道開拓記念館調査報告』第 9 号
　　1975 年）

日本放送協会札幌中央放送局編「屯田兵古老物語（1）」（日本放送協会札幌中央放送局編　『昔話北
　　海道』（北方書院　1948 年））

大政翼賛会北海道支部編『開拓血涙史–屯田兵座談会–』（長谷川書房　1943 年）

松下芳男『屯田兵制史』（五月書房　1981 年）

山鼻創基八十一周年記念会『山鼻創基八十一周年記念誌』（山鼻創基八十一周年記念会　1957 年）

新館長次『江別屯田兵村史』（江別屯田兵村財産区　1964 年）

納内町開拓八十周年記念誌編纂委員会編『納内屯田兵村史』（納内町開拓八十周年記念誌編纂委員会
　　1977 年）

一已屯田会編『一已一〇〇年記念誌　一已屯田開拓史』（一已屯田会　1994 年）

記念誌編集委員会編『琴似屯田兵村開基百十年・琴似屯田子孫会創立十周年記念誌』（琴似屯田子孫
　　会　1984 年）

「永山屯田兵村」（北海道庁殖民部拓殖課『殖民公報』第 3 巻第十九号　北海道協会支部　1904 年　［復
　　刻版］北海道出版企画センター　1985 年）

上湧別町史編纂委員会編『上湧別町史』（上湧別町　1968 年）

江別市篠津自治会編『篠津屯田兵村史』（図書刊行会　1982 年）

富田芳郎「我が植民地に於ける聚落の原型に就いて（一）」（『教育地理』19 巻 5 号　1934 年）

富田芳郎「我が植民地に於ける聚落の原型に就いて（二）」（『教育地理』19 巻 6 号　1934 年）

原田一典『お雇い外国人　⑬開拓』（鹿島出版会　1975 年）

湯沢誠編『北海道農業論』（日本経済評論社　1984 年）

新渡戸稲造『農業本論』（裳華書房　1898 年　［再録］『新渡戸稲造全集第二巻』（教文館　1969 年））

高岡熊雄『北海道農論』（裳華書房　1899 年）

山崎不二夫監修『農地造成』（金原出版　1958 年）

菊地利夫『新田開発』（古今書院　1977 年）

村松繁樹「北海道における集団移民の村落型」(『地理教育』 1939 年)

村松繁樹「北海道の村落型」(村松繁樹『日本集落地理の研究』(ミネルヴァ書房 1962 年))

司馬遼太郎『司馬遼太郎全集第五十六巻 街道を行く五』(文藝春秋 1999 年)

日本建築学会編『近代日本建築学発達史［復刊］』(丸善 1972 年 ［復刻版］丸善 2001 年)

千葉燎郎「北海道農業論の形成と課題—第一次大戦前を対象に」(湯沢誠編『北海道農業論』(日本経済評論社 1984 年))

「開拓使顧問ホラシ・ケプロン報文」(北海道庁編『新撰北海道史第六巻 史料二』(北海道庁 1936 年 ［復刻版］ 清文堂出版 1991 年))

北海道庁第二部殖民課編『北海道殖民地撰定報文』(1891 年 ［復刻版］ 北海道出版企画センター 1986 年)

北海道庁編『産業調査報告書第一巻 土地・人口・土地改良』(北海道庁 1914 年)

金子堅太郎「北海道三県巡視復命書」(北海道庁編『新撰北海道史第六巻 史料二』(北海道庁 1936 年 ［復刻版］清文堂出版 1991 年))

「本廳の諸問案に對する北海道農會の答申」(北海道庁『殖民公報』第二十五号 1901 年［復刻版］ 北海道出版企画センター 1985 年)

北海道道路史調査会編『北海道道路史 路線史編』(北海道道路史調査会 1990 年)

北海道庁編『新撰北海道史第三巻 通説二』(北海道庁 1937 年 ［復刻版］ 清文堂出版 1990 年)

旭川市史編集会議『新旭川市史第二巻 通史二』(旭川市 2002 年)

旭川市史編集会議『新旭川市史第八巻 資料三』(旭川市 1997 年)

札幌市教育委員会編『新札幌市史第二巻 通史二』(札幌市 1991 年)

北見市史編さん委員会編『北見市史上巻』(北見市 1981 年)

端野町編『新端野町史』(端野町 1998 年)

上湧別町史編纂委員会編『上湧別町史』(上湧別町 1968 年)

秩父別町史編さん委員会『秩父別町史』(秩父別町 1987 年)

［第 3 章］

矢嶋仁吉『集落地理学』(古今書院 1956 年)

増田忠二郎「屯田兵村における集落形態の諸問題」(『人文地理』第 14 巻 6 号 1962 年)

日本建築学会編『図説集落–その空間と計画』(都市文化社 1989 年)

明治大学工学部建築学科・神代研究室編『日本のコミュニティ—その 1』(鹿島出版会 1977 年)

戸沼幸市『人間尺度論』(彰国社 1978 年)

藤岡謙二郎編『地形図に歴史を読む—続日本歴史地理ハンドブック 第 5 集』(大明堂 1972 年)

藤岡謙二郎編『日本歴史地理総説・近代編』(吉川弘文堂 1977 年)

林野庁監修『北海道の防風、防霧林』(水利科学研究所 1971 年)

北海道教育委員会編『北海道文化財シリーズ　第10集　屯田兵村』（北海道教育委員会　1968年）

高垣仙蔵『旭川屯田開拓』（総北海　1987年）

山田誠「屯田兵村の番外地に関する一考察」（織田武雄先生退官記念事業会『織田武雄先生退官記念
　　人文地理学論叢』（柳原書店　1971年））

日本放送協会札幌中央放送局編「屯田兵古老物語（2）」（日本放送協会札幌中央放送局編『昔話北海道』
　　（北方書院　1948年））

平野知彦「屯田兵村公有財産地に関する覚書（『旭川研究』16号（旭川市総務部市史編集課　2000年））

金巻鎮雄『屯田兵のまちづくり』（サッポロ堂書店　2003年）

小田邦雄『屯田兵生活考』（北見市史編さん事務室　2011年）

笹木義友「屯田兵村公有財産地の推移」（『北海道の研究5・近現代編1』（清文堂出版　1983年））

上湧別町史編纂委員会編『上湧別町史』（上湧別町　1968年）

一已屯田会『一已一〇〇年記念誌　一已屯田開拓史』（一已屯田会　1994年）

佐藤良也編『野幌兵村史』（野幌屯田兵村開村記念祭典委員会　1984年）

北海道編『新北海道史第四巻　通説三』（北海道　1973年）

当麻町史編さん委員会編『当麻町史』（当麻町　1975年）

当麻町史編さん委員会編『当麻百年史』（当麻町　1993年）

滝川市史編さん委員会『滝川市史』（滝川市　1962年）

滝川市史編さん委員会『滝川市史　上巻』（滝川市　1981年）

滝川市史編さん委員会『滝川市史　下巻』（滝川市　1981年）

鞍田武夫編『江部乙町史』（江部乙町　1958年）

[第4章]

総務庁統計局編『国勢調査平成7年人口集中地区の人口』（総務庁統計局　1997年）

山口恵一郎ほか編『日本図誌大系　北海道・東北Ⅰ』（朝倉書店　1980年）

北海道立総合経済研究所編『北海道農業発達史　上巻』（北海道立総合経済研究所　1963年）

湯沢誠編『北海道農業論』（日本経済評論社　1984年）

「屯田兵村に於ける農地改革」（北海道農地部編『[農地改革]記録参考資料』（北海道農地部　1952年））

渡辺英郎「永山屯田兵村の原型変化」（『人文地理』　1965年）

納内町開拓八十周年記念誌編纂委員会『納内屯田兵村史』（納内町開拓八十周年記念誌編纂委員会
　　1977年）

小谷幸勝『篠路兵村の礎』（篠路兵村五十年記念会　1938年）

新館長次『篠津屯田兵村史』（江別市篠津自治会　1971年）

江別市篠津自治会編『篠津屯田兵村史』（江別市篠津自治会　1982年）

野幌部落会編『野幌部落史』（北日本社　1947年）

筧虎三『野幌兵村屯田こぼれ話』(筧虎三　1971 年)

佐藤良也編『野幌兵村史』(野幌屯田兵村開村記念祭典委員会　1984 年)

河野民雄「士別屯田と土地所有」(士別市立博物館『士別市立博物館報告』第 23 号　2005 年)

北海道編『新北海道史第四巻　通説三』(北海道　1973 年)

旭川市永山町史編集委員会編『永山町史』(旭川市　1962 年 [復刻版] 図書刊行会　1981 年)

金巻鎮雄『地図と写真でみる旭川歴史探訪』(総北海　1982 年)

旭川市総務部市史編集課『旭川市史第二巻　通史二』(旭川市　2002 年)

東旭川町編『東旭川町史』(東旭川町　1962 年)

渡辺茂編『根室市史　上巻』(根室市　1968 年)

渡辺茂編『根室市史　史料編』(根室市　1968 年)

厚岸町史編纂委員会編『厚岸町史　上巻』(厚岸町　1975 年)

厚岸町史編纂委員会編『厚岸町史　下巻』(厚岸町　1975 年)

美唄市史編さん委員会編『美唄市史』(美唄市　1970 年)

美唄市百年史編さん委員会編『美唄市百年史　通史編』(美唄市　1991 年)

美唄市百年史編さん委員会編『美唄市百年史　資料編』(美唄市　1991 年)

美唄郷土史研究会編『写真集明治大正昭和　美唄』(国書刊行会　1985 年)

士別市史編纂室編『新士別市史』(士別市　1989 年)

剣淵町編『剣淵町史』(剣淵町　1979 年)

剣淵町史編さん委員会編『百年のあゆみ　剣淵町史　続史一』(剣淵町　1999 年)

[第 5 章]

富山県編『富山県史通史編V　近代上』(富山県　1981 年)

古島敏雄『日本地主制研究史』(岩波書店　1958 年)

マックス・フエスカ「日本農業及北海道殖民論」(近藤康男編『明治大正農政経済名著集 2　日本地
　　産論　日本農業及北海道殖民論』(農山漁村文化協会　1977 年))

マリオン・クローソン他　小沢健二訳『アメリカの土地制度』(農政調査委員会　1981 年)

山本紘照『北門開拓とアメリカ文化』(文化書院　1946 年)

金子堅太郎「北海道三県巡視復命書」(北海道庁編『新撰北海道史第六巻　史料二』(北海道庁　1936
　　年 [復刻版] 清文堂出版　1991 年))

北海道第二部殖民課編『北海道移住問答』(北海道庁　1891 年)

北海道庁殖民課『北海道殖民地撰定報文　完』(北海道庁　1891 年 [復刻版] 北海道出版企画セン
　　ター　1986 年)

北海道庁殖民課『北海道殖民地撰定第二，第三報文』(北海道庁　1897 年 [復刻版] 北海道出版企
　　画センター　1986 年)

北海道庁『殖民公報第五十一号』(1909 年　［復刻版］『殖民公報第 6 巻　第四十三号〜第五十一号』(北海道出版企画センター　1986 年))

岩村通俊「行政施設方針演説書」(北海道庁編『新撰北海道史第六巻　史料二』(北海道庁　1936 年　［復刻版］清文堂出版　1991 年))

渡辺操「北海道の集落」(木内信蔵・藤岡謙二郎・矢嶋仁吉編『集落地理講座第 3 巻』(朝倉書店　1958 年))

渡辺操『寒地農村の実態—北海道の開拓地域を中心として』(柏葉書院　1948 年)

田端保『北海道の農村社会』(日本経済評論社　1986 年)

矢嶋仁吉『集落地理学』(古今書院　1956 年)

渡辺操「北海道の村落型集落」(木内信蔵・藤岡謙二郎・矢嶋仁吉編『集落地理講座第 3 巻　日本の集落』(朝倉書店　1958 年))

木内信蔵・藤岡謙二郎・矢嶋仁吉編『集落地理講座　第 3 巻』(朝倉書店　1958 年)

金田弘夫「農村に於ける集落設営形態に関する研究」(北海道大学教育学部　1962 年)

神埜努『柳本通義の生涯』(共同文化社　1995 年)

小野基樹編『小野兼基自叙伝』(小野基樹　1939 年)

新渡戸稲造『農業本論』(裳華書房　1898 年　［再録］『新渡戸稲造全集第二巻』(教文館　1969 年))

新渡戸稲造「植民政策講義及論文集」(『新渡戸稲造全集第四巻』(教文館　1969 年))

高岡熊雄『北海道農論』(裳華書房　1899 年)

更科源蔵「土の人−内田瀞」(高倉新一郎編『明治の群像 8　開拓と探検』(三一書房　1971 年))

中島九郎『佐藤昌介』(川崎書店新社　1956 年)

新渡戸憲之『三本木原開拓誌考』(新渡戸憲之　1988 年)

遠藤龍彦「殖民地区画図のデーターベース化について」(北海道立文書館編『研究紀要』第 7 号　1992 年)

川西光・中岡義介・妻神卓八「『北海道殖民地撰定報文』と『殖民地区画図』にみる北海道殖民地開発システムについて—北海道十勝国を事例として」(『日本建築学会計画系論文集』No.597　2005 年)

大條雅昭・越野武・角幸博「北海道十勝地方における明治大正期殖民区画制と市街地について　その 1」(『日本建築学会北海道支部研究報告集』No.59　1986 年)

大條雅昭・越野武・角幸博「北海道十勝地方における明治大正期殖民区画制と市街地について　その 2」(『日本建築学会北海道支部研究報告集』No.59　1986 年)

横山尊雄「北海道農村の集落構成−集落形態の面からの調査研究」(『北海道大学工学部研究報告』第 19 号　1958 年)

上田陽三『北海道農村地域における生活圏域の形成・構造・変動に関する研究』(北海道大学学位請求論文　私家版　1991 年)

小口千明『日本人の相対的環境観—「好まれない空間」の歴史地理学』(古今書院　2002 年)

遠藤龍彦「石狩国上川郡における殖民地の形成について」(『旭川研究』第6号 (旭川市総務部市史編集課 1994年))

原田一彦「殖民市街地と殖民都市に関する覚書(一)」(『旭川研究』第14号 (旭川市総務部市史編集課 1998年))

原田一彦「殖民市街地と殖民都市に関する覚書(二)」(『旭川研究』第15号 (旭川市総務部市史編集課 1999年))

旗手勲『近代土地制度史研究叢書第五巻 日本における大農場の生成と展開』(御茶の水書房 1963年)

鷹田和喜三『釧路叢書第32巻 根釧開拓と移住研究』(釧路市 1997年)

栃木県史編さん委員会『栃木県史通史編8 近現代三』(栃木県 1984年)

奈良県史編集委員会編『奈良県史4 条里制』(名著出版 1987年)

森田稔・長谷川成一『図説日本の歴史2 図説青森県の歴史』(河出書房新社 1991年)

深井甚三・本郷真紹・久保尚文・市川文彦『県史16 富山県の歴史』(山川出版社 1997年)

阿部昭・橋本澄郎・千田孝明・大嶽浩良『県史9 栃木県の歴史』(山川出版社 1998年)

北海道編『新北海道史第九巻 史料三』(北海道 1980年)

北海道庁編『新撰北海道史第四巻 通説三』(北海道庁 1937年 [復刻版] 清文堂出版 1990年)

北海道庁編『新撰北海道史第六巻 史料二』(北海道庁 1936年 [復刻版] 清文堂出版 1991年)

東英治編『開村五十年史』(樺戸郡新十津川村 1940年)

新十津川町編『新十津川町史』(新十津川町 1966年)

新十津川町史編さん委員会編『新十津川百年史』(新十津川町 1991年)

川端義平編『仁木町史』(仁木町 1968年)

渡辺茂編『江別市史 上巻』(江別市役所 1970年)

滝川市史編さん委員会編『滝川市史 上巻』(滝川市 1981年)

砂川市史編纂委員会編『私たちの砂川市史 上巻』(砂川市 1991年)

[第6章]

佐藤基次郎『明治期作成の地積図』(古今書院 1986年)

「北海道第一期拓殖計画事業報文」(北海道編『新北海道史第八巻 史料二』(北海道 1972年))

山田誠「十勝地域の形成過程と中心集落―地域の動態的考察への一試論」(『人文地理』第23巻第2号 1971年)

金田弘夫「農村に於ける集落設営形態に関する研究」(北海道大学教育学部 1962年)

『明治後期産業発達史資料第65巻 北海道庁勧業年報 第5・6回』(北海道庁 1892〜1893年 [復製] 竜渓書舎 1991年)

内田瀞・田内捨六『日高十勝釧路北見根室巡回復命書』(北海道大学附属図書館北方資料室蔵)

北海道殖民部拓殖課編『北海道殖民状況報文　十勝国』（北海道殖民部拓殖課　1899 年）

高倉新一郎「橋口文蔵遺事録」（『高倉新一郎著作集第 3 巻　移民と拓殖 1』（北海道出版企画センター
　　1996 年））

田端保『北海道の農村社会』（日本経済評論社　1986 年）

北海道庁編『新撰北海道史第四巻　通説三』（北海道庁　1937 年　［復刻版］　清文堂出版 1990 年）

新篠津村史編纂委員会編『新篠津村史』（新篠津村　1975 年）

新篠津村史編纂委員会編『新篠津村百年史　上巻』（新篠津村　1996 年）

新篠津村史編纂委員会編『新篠津村百年史　資料編』（新篠津村　1996 年）

鞍田武夫編『江部乙町史』（江部乙町　1958 年）

滝川市教育委員会編『滝川江部乙屯田兵屋』（滝川市教育委員会　1981 年）

渡辺茂編『江別市史　上巻』（江別市　1970 年）

江別市総務部編『新江別市史』（江別市　2005 年）

当別町史編さん委員会編『当別町史』（当別町　1972 年）

坂田資宏編著『とうべつ文庫 1　当別村開墾顛末』（当別町教育委員会　1997 年）

東鷹栖町史編集委員会編『東鷹栖町史』（東鷹栖町　1971 年）

鷹栖町編『鷹栖町史』（鷹栖町　1973 年）

鷹栖町郷土誌編集委員会編『オサラッペ慕情 1　希望の大地』（鷹栖町　1982 年）

鷹栖町郷土誌編集委員会編『オサラッペ慕情 2　拓地のロマン』（鷹栖町　1982 年）

鷹栖町郷土誌編集委員会編『オサラッペ慕情別巻　たかすの自然』（鷹栖町　1982 年）

松田光春『松平農場記載録（東鷹栖米作の礎）』（松田光春　2004 年）

更別村史編さん委員会編『更別村史』（更別村　1972 年）

上田豊著『更別原野』（原始林社　1981 年）

更別村史編さん委員会編『更別村史　続編』（更別村　1998 年）

和寒町編『和寒町史』（和寒町　1975 年）

[第 7 章]

北海道立総合経済研究所編『北海道農業発達史 I』（中央公論　1963 年）

北海道総務部文書課『新しい道史　通巻 17 号』（北海道総務部文書課　1966 年）

菊池勇夫『飢饉―飢えと食の日本史』（集英社　2000 年）

大内力『日本現代史大系　農業史』（東洋経済新報社　1960 年）

黒谷了太郎『都市計画と農村計画』（曠台社　1925 年）

渡邊侃『農政学講義』（養賢堂　1936 年）

藤田明郎『和寒今昔物語』（みやま書房　1975 年）

和寒町編『和寒町百年史』（和寒町　2000 年）

丹野嶽二『和寒村沿革概誌』（和寒村　1935 年）

尾池隆男監『目で見る旭川・上川の 100 年』（郷土出版社　2004 年）

[補章]

農商務省食料局編『開墾地移住経営事例』（農商務省　1922 年）

藤岡謙二郎編『日本歴史地理総説・近代編』（吉川弘文堂　1977 年）

高橋富雄『風土と歴史 2　東北の風土と歴史』（山川出版社　1975 年）

中條政恒『安積事業誌』（郡山市図書館所蔵）

矢部洋三「大久保政権下の安積開墾政策再論」（『日本大学工学部紀要』No.35　1994 年）

矢部洋三「安積開墾の民間構想について」（『日本大学工学部紀要』No.38　1997 年）

岡田義治・初田亨「建築家松ヶ崎萬長の初期の経歴と青木周蔵那須邸─松ヶ崎萬長の経歴とその作品
　（その 1）」（『日本建築学会計画系論文集』No.514　1998 年）

野中勝利「山形・官庁街における薄井龍之を介した札幌本府計画の影響の可能性─三島通庸による明
　治初期の山形・官庁街建設に関する研究」（『日本建築学会計画系論文集』No.597　2005 年）

佐藤國男『三島通庸傳』（三島通庸刊行會　1933 年）

高橋哲夫『安積野士族開拓誌─安積原野・血と涙の開拓』（安積野開拓顕彰会　1983 年）

森尾良一『久留米開墾誌』（久留米開墾誌報徳会　1977 年）

立岩寧『開拓者の群像 - 大久保利通と安積開拓』（青史出版　2004 年）

西那須野町史編さん委員会編『西那須野町の開拓史』（西那須野町　2000 年）

西那須野町史編さん委員会編『西那須野町の交通通信史』（西那須野　1993 年）

北海道庁編『新撰北海道史第三巻　通説二』（北海道庁　1937 年　[復刻版]　清文堂出版 1990 年）

北海道庁編『新撰北海道史第四巻　通説三』（北海道庁　1937 年　[復刻版]　清文堂出版 1990 年）

北海道編『新北海道史第三巻　通説二』（北海道　1971 年）

当別町史編さん委員会編『当別町史』（当別町　1972 年）

札幌市教育委員会編『札幌歴史地図〈明治編〉』（札幌市教育委員会　1978 年）

郡山市編『郡山市史』（郡山市　1981 年）

岡蕃編『伊達町史』（伊達町　1949 年）

表・図・写真リスト

[序章]

図序 - 1 　　レイヤーの構成と分析の考え方

[第1章]

表 1-1 　　黒田清隆開拓使次官の建議の内容

表 1-2 　　ケプロンの北海道開拓のための基盤づくりへの提言

表 1-3 　　ケプロン提言による諸産業の振興策

表 1-4 　　計画都市の街区と敷地の形状

表 1-5 　　札幌本府周辺移住村

表 1-6 　　札幌本府周辺移住村の土地区画の形態と規模

表 1-7 　　伊達士族移住の流れ

図 1-1 　　島義勇の石狩国本府指図
（出典：札幌市教育委員会編『札幌市史　政治行政編』（札幌市　1953年）をもとに本府，創成川，区画などの位置を示した）

図 1-2 　　明治4年の札幌本府計画
（出典：北海道庁『北海道史 付録地図』（北海道庁　1918年）〔再掲〕札幌市教育委員会編『札幌歴史地図〈明治編〉』（札幌市教育委員会 1978年）の図版をもとに本府，創成川，区画などの場所を示した）
島の構想に対し本府庁舎正面を東に振ることで官庁ゾーンの軸が南北から東西に変わるなどの変更はあったが，官と民のゾーニングは変えていない実施案である。

図 1-3 　　札幌本府周辺移住村の配置
（出典：国土地理院『札幌（明治29年版）5万分1地形図』（国土地理院　1896年），〔再掲〕札幌市教育委員会『札幌歴史地図〈明治編〉』（札幌市教育委員会 1978年）の図版をもとに初期移住村，屯田兵村入植の明治10年(1877)頃の状況を示す）

図 1-4 　　白石村土地割図（明治4年）
（出典：阿部末吉『奥羽盛衰見聞誌 下編』（白石市史編纂調査会 1956年)〔再掲〕札幌市教育委員会編『札幌歴史地図〈明治編〉』（札幌市教育委員会 1978年)）

図 1-5 　　当別士族移住村配置図
（出典：当別町史編さん委員会編『当別町史』（当別市　1972年）にある「明治5年および12年移住者土地分配図」に川名，入植年度の情報を表記した）

図 1-6 　　岩見沢士族移住村区画図
（出典：「岩見澤市史編さん委員会『岩見澤市史』（岩見沢市　1965年）収録の図に，川，鉄道などを示した）

329

[第2章]

表 2-1　　　屯田兵村の時期分類
（出典：北海道編『新北海道史第四巻　通説三』（北海道　1973 年），北海道教育委員会『北海道文化財シリーズ　第 10 集　屯田兵村』（北海道教育委員会　1968 年），兵村の立地した各市町村史、兵村史などを参照し作成した）

表 2-2　　　軸型と区画型による屯田兵村の配置パターンの分類
（出典：北海道編『新北海道史第四巻　通説三』（北海道　1973 年），北海道教育委員会『北海道文化財シリーズ　第 10 集　屯田兵村』（北海道教育委員会　1968 年），兵村の立地した各市町村史、兵村史などを参照し作成した）

図 2-1　　　雨竜原野の開拓のための屯田兵村の立地
（出典：秩父別町史編さん委員会『秩父別町史』（秩父別町　1987 年），納内町開拓八十周年記念誌編纂委員会『納内屯田兵村史』（納内町開拓八十周年記念誌編纂委員会　1977 年），一已屯田会『一已一〇〇年記念誌　一已屯田開拓史』（一已屯田会　1994 年）などの資料と現地調査をもとに作成した）

図 2-2　　　雨竜原野の屯田兵村の立地と国見
（出典：国土地理院 2 万 5,000 分の 1 地図をもとに現地調査により作成した）

図 2-3　　　南・北湧別兵村入村当時の樹林地と原野の分布
（出典：『上湧別町史』（上湧別町　1968 年）の「入村当時の原野と樹林地」資料をもとに CAD 図面化し作成）

図 2-4　　　屯田兵村における給与地配置の意図

図 2-5　　　琴似兵村の配置図
（出典：札幌市教員委員会編『屯田兵』（さっぽろ文庫 33　1985 年），札幌市教育委員会編『新札幌市史第二巻　通史二』(札幌市　1991 年) の資料などを参考に CAD 図面化し作成）

図 2-6　　　山鼻兵村と琴似兵村の第一給与地の配置計画の比較
（出典：札幌市教員委員会編『屯田兵』（さっぽろ文庫 33　1985 年），札幌市教育委員会『札幌歴史地図〈明治編〉』（札幌市教育委員会　1978 年）などの資料を参考に CAD 図面化し作成）

図 2-7　　　山鼻兵村の第一給与地を中心とする配置計画と追給地の範囲
（出典：札幌市教員委員会編『屯田兵』（さっぽろ文庫 33　1985 年），札幌市教育委員会『札幌歴史地図〈明治編〉』（札幌市教育委員会　1978 年）などの資料を参考に CAD 図面化し作成）

図 2-8　　　密居制兵村（野付牛, 山鼻）と疎居制兵村（高志内）と上川原野の兵村（永山, 旭川, 当麻）の比較図
（出典：北海道教育委員会『北海道文化財シリーズ　第 10 集　屯田兵村』（北海道教育委員会　1968 年），旭川市史編集会議『新旭川市史第二巻・通史二』（旭川市　2002 年），当麻町史編纂委員会『当麻町史』（当麻町　1975 年）などを参照し作成した）

図 2-9　　　上野付牛兵村での分析
（出典：北見市史編さん委員会編『北見市史　上巻』（北見市役所　1981 年）などの資料を参照し作成した）

図 2-10　　　中間的密度の当麻兵村の配置図
（出典：当麻町史編纂委員会『当麻町史』（当麻町　1975 年）などの資料を参考に CAD 図面化し作成）

図 2-11　　　「疎居制」といわれる納内兵村の配置図
（出典：納内町開拓八十周年記念誌編纂委員会『納内屯田兵村史』（納内町開拓八十周年記念誌編纂委員会　1977 年）などの資料を参考に CAD 図面化し作成）

図 2-12　　　中央道路 (上川道路・北見道路) 沿いの屯田兵村の立地
（出典：北海道編『新北海道史第四巻　通説三』（北海道　1973 年）収録の図版「石狩原野殖民地撰定図」をもとに，市街地，屯田兵村，集治監，道路などの位置を示した）

図 2-13　　　屯田兵村の配置パターンのタイプ の事例
（出典：北海道教育委員会『北海道文化財シリーズ　第 10 集　屯田兵村』（北海道教育委員会　1968 年），各兵村の立地した市町村史、兵村史などの資料をもとに CAD 図面化し作成）

図 2-14　軸型と区画型の分布図
（表 2-2 のデータをもとに北海道地図に分布を示した）

図 2-15　美唄地域の 3 兵村の位置図
（出典：「沼貝村屯田兵用地整理之図」（北海道立文書館所蔵）をもとに作図し兵村名などを記入し、場所を明示した）沼貝村とは美唄村の旧名である。図上で網色の部分は、凡例で返還地とある。兵村の給与地となっていた。利用されずに返還された土地と考えられる。地形的には東側（図では下）は丘陵地、西側（図では上）は低地で地質は湿地・泥炭地である。返還地は丘陵地、湿地などの条件の悪いところに多いことがわかる。

図 2-16　高志内兵村の配置図
（出典：美唄市百年史編さん委員会編『美唄市百年史通史編』（美唄市　1991 年）などの資料をもとに CAD 図面化し作成）

図 2-17　上川盆地の兵村（永山、東旭川、当麻）の配置図
（出典：北海道教育委員会『北海道文化財シリーズ　第 10 集　屯田兵村』（北海道教育委員会　1968年），旭川市史編集会議『新旭川市史第二巻　通史二』（旭川市　2002 年），当麻町史編纂委員会『当麻町史』（当麻町　1975 年）などの資料を参照し、現地調査を行い作成した）

図 2-18　東・西永山兵村の配置図
（出典：旭川市永山町史編集委員会編『永山町史　全』（旭川市　1962），金巻鎮雄『地図と写真でみる旭川歴史探訪』（総北海　1982 年）などの資料をもとに CAD 図面化し作成）

図 2-19　南・北滝川兵村と南・北江部乙兵村の配置図
（出典：「石狩国空知郡滝川村南滝川兵村屯田歩兵第 2 大隊第 3, 4 中隊給与地配置図」（北海道立図書館蔵），滝川市史編さん委員会編『滝川市史　上巻』（滝川市役所　1981 年）などの資料をもとに CAD 図面化し作成）

図 2-20　篠路兵村の配置図
（出典：札幌市教育委員会『札幌歴史地図〈明治編〉』（札幌市教育委員会　1978 年）などの資料をもとに CAD 図面化し作成）

図 2-21　南・北一已兵村
（出典：「石狩国雨竜郡深川村北一已兵村屯田歩兵第 1 大隊第 2, 3 中隊給与地配置図」（北海道立図書館蔵），一已屯田会『一已一〇〇年記念誌　一已屯田開拓史』（一已屯田会　1994 年）などの資料をもとに CAD 図面化し作成）

図 2-22　上野付牛兵村の配置
（出典：国土地理院 5 万分の 1 地図に兵村域，追給地，中隊本部などの位置を示した）

図 2-23　中野付兵村での耕宅地のサイトプラン
（出典：北見市史編さん委員会編『北見市史　上巻』（北見市役所　1981 年）などの資料をもとに CAD 図面化し作成）

図 2-24　下野付牛兵村の配置図
（出典：国土地理院 5 万分の 1 地図に兵村域，追給地，中隊本部などの位置を示した）

写真 2-1　深川市音江にある国見峠。現在は公園になっている。

写真 2-2　国見峠からの眺め 1。一已兵村方向

写真 2-3　国見峠からの眺め 2。納内兵村方向とコップ山

写真 2-4　篠津兵村地区に建つ養蚕堂跡の碑

写真 2-5　永山兵村から突哨山の眺め

写真 2-6　一已兵村のランドマーク丸山

写真 2-7　丸山からの一已兵村の眺め

[第3章]

表 3-1　　耕宅地の間口・奥行・面積
（出典：北海道編『新北海道史第四巻　通説三』（北海道　1973 年），北海道教育委員会『北海道文化財シリーズ　第 10 集　屯田兵村』（北海道教育委員会　1968 年），兵村の立地した各市町村史、兵村史などを参照し作成した）

表 3-2　　距離と空間スケール
（出典：戸沼幸市『人間尺度論』（彰国社　1978 年）などの資料をもとに作成）

表 3-3　　防風林のパターン分類
（出典：北海道編『新北海道史第四巻　通説三』（北海道　1973 年），北海道教育委員会『北海道文化財シリーズ　第 10 集　屯田兵村』（北海道教育委員会　1968 年），兵村の立地した各市町村史、兵村史などを参照し作成した）

表 3-4　　野幌兵村会の役割

図 3-1　　南・北滝川兵村と南・北江部乙兵村の配置図
（出典：「石狩国空知郡滝川村南滝川兵村屯田歩兵第 2 大隊第 3，4 中隊給与地配置図」（北海道立図書館蔵），滝川市史編さん委員会編『滝川市史　上巻』（滝川市役所　1981 年）などの資料をもとにCAD 図面化し作成）

図 3-2　　耕宅地の形状パターン 1
（出典：北海道教育委員会『北海道文化財シリーズ　第 10 集　屯田兵村』（北海道教育委員会　1968 年），各兵村の立地した市町村史、兵村史などをもとに CAD 図面化し作成）

図 3-3　　耕宅地の形状パターン 2
（出典：北海道教育委員会『北海道文化財シリーズ　第 10 集　屯田兵村』（北海道教育委員会　1968 年），各兵村の立地した市町村史、兵村史などをもとに CAD 図面化し作成）

図 3-4　　江別兵村，野幌兵村での平行四辺形の耕宅地
（出典：佐藤良也編『野幌兵村史』（野幌屯田兵村開村記念祭典委員会　1984 年）などの資料をもとに CAD 図面化し作成）

図 3-5　　耕宅地での宅地と兵屋の位置

（出典：滝川市史編さん委員会編『滝川市史　上巻』（滝川市役所　1981 年）などの資料をもとにCAD 図面化し作成）

図 3-6　　耕宅地内の表道，作道，隣道
（出典：滝川市史編さん委員会編『滝川市史　上巻』（滝川市役所　1981 年）などの資料をもとにCAD 図面化し作成）

図 3-7　　上湧別兵村での共同の井戸・風呂の位置と井戸組のまとまり
（出典：上湧別町史編纂委員会編『上湧別町史』（上湧別町　1968 年）などの資料をもとに CAD 図面化し作成）

図 3-8　　生活領域のまとまりの単位
（出典：当麻町史編纂委員会『当麻町史』（当麻町　1975 年）などの資料をもとに CAD 図面化し作成）

図 3-9　　給養班のまとまりの事例
（出典：一已屯田会『一已一〇〇年記念誌　一已屯田開拓史』（一已屯田会　1994 年）などの資料をもとに CAD 図面化し作成）

図 3-10　　滝川兵村での事業場と事業場通
（出典：「石狩国空知郡滝川村南滝川兵村屯田歩兵第 2 大隊第 3，4 中隊給与地配置図」（北海道立図書館蔵），滝川市史編さん委員会編『滝川市史　上巻』（滝川市役所　1981 年）などの資料をもとにCAD 図面化し作成）

図 3-11　　当麻兵村での中心ゾーンの形成と展開
（出典：当麻町史編纂委員会『当麻町史』（当麻町　1975 年）などの資料と現地調査をもとに CAD 図面化し作成）

図 3-12　　耕宅地の道路際の緑の扱い方
（出典：滝川市史編さん委員会編『滝川市史　上巻』（滝川市役所　1981 年）中の屯田兵村での開拓

営農に関する資料をもとに CAD 図面化し作成）

図 3-13 　防風林の配置パターン
（出典：北海道教育委員会『北海道文化財シリーズ　第 10 集　屯田兵村』（北海道教育委員会　1968 年），兵村の立地した各市町村史，兵村史などをもとに CAD 図面化し作成）

図 3-14 　当麻兵村の立地と周辺の地形
（出典：当麻町史編纂委員会『当麻町史』（当麻町　1975 年）などの資料と現地調査をもとに CAD 図面化し作成）

図 3-15 　野幌屯田兵村共有地分布図
（出典：佐藤良也編『野幌兵村史』（野幌屯田兵村開村記念祭典委員会　1984 年）のなかの「野幌屯田兵村給与公有地分布図」をもとに「江別市都市計画白図」に兵村，耕宅地，防風林，追給地，共有地の位置を示す）

図 3-16 　屯田兵村の空間構成のモデル図

写真 3-1 　滝川兵村の立地した河岸段丘地形 1・石狩川側。
　　　　　　手前の水田と 7 〜 8 m と高低差がある河岸段丘に立地した。

写真 3-2 　滝川兵村の立地した河岸段丘地形 2・空知川側。
　　　　　　手前の畑と 10 m と高低差がある丘に立地した。

写真 3-3 　一の坂に立地した滝川神社

写真 3-4 　当麻の歴史公園と郷土資料館（旧町役場庁舎）

写真 3-5 　歴史公園から当麻駅に向かう斜めの道（大正期にできる）

写真 3-6 　4 番通りと歴史公園

写真 3-7 　出征した兵士の家族の家に植えられた「望郷の松」の名残りか

写真 3-8 　納内兵村での増毛道路と南北の通りの角に残る緑の小スペース

写真 3-9 　東旭川兵村での練兵場に残されたハルニレの巨木

写真 3-10 　東旭川兵村のハルニレ巨木由来解説

写真 3-11 　兵村の面影が残る住宅の周りの緑（納内兵村）

写真 3-12 　野幌兵村地区に残る防風林

写真 3-13 　美唄の高志内兵村地区に残る防風林

写真 3-14 　野幌兵村の防風林の保護地区規定

写真 3-15 　元当麻神社の丘 東から見る

写真 3-16 　元当麻神社の丘 西から見る

写真 3-17 　当麻兵村のシンボルとなった当麻山

写真 3-18 　野幌地区の環境資源となっている防風林

[第 4 章]

表 4-1 　屯田兵村の大隊別による分類と地域状況
（出典：北海道編『新北海道史第四巻　通説三』（北海道　1973 年），北海道教育委員会『北海道文化財シリーズ　第 10 集　屯田兵村』（北海道教育委員会　1968 年），兵村の立地した各市町村史、兵村史などを参照し作成した）

表 4-2 　屯田兵村地域の現状の土地利用による分類

（出典：北海道編『新北海道史第四巻 通説三』（北海道 1973 年），兵村の立地した各市町村史，兵村史などの資料と現地調査をもとに作成した）

表 4-3 農村的土地利用の屯田兵村地域
（表 4-2 からの抜粋）

表 4-4 農村と市街地の土地利用が混在する屯田兵村地域
（表 4-2 からの抜粋）

表 4-5 市街地的土地利用の屯田兵村地域
（表 4-2 からの抜粋）

図 4-1 屯田兵村の分布図
（出典：北海道編『新北海道史第四巻 通説三』（北海道 1973 年），北海道教育委員会『北海道文化財シリーズ 第 10 集 屯田兵村』（北海道教育委員会 1968 年），兵村の立地した各市町村史，兵村史などのデータをもとに北海道地図に分布を示した）

図 4-2 農村的土地利用の屯田兵村地域の分布図
（出典：北海道編『新北海道史第四巻 通説三』（北海道 1973 年），兵村の立地した各市町村史，兵村史などの資料と現地調査をもとに北海道地図に分布を示した）

図 4-3 篠津兵村の位置と周辺の開拓状況図
（出典：江別市篠津自治会編『篠津屯田兵村史』（図書刊行会 1982 年），新篠津村史編纂委員会編『新篠津村百年史 資料編』（新篠津村 1996 年）などの資料をもとに国土地理院 2 万 5,000 分の 1 地図に篠路屯田兵村，当別の士族移住村，篠津原野の殖民区画の位置と文字を示す）

図 4-4 南・北太田兵村の立地と区画
（出典：釧路国厚岸郡太田村南太田兵村屯田歩兵第 4 大隊第 1,2 中隊給与地配置図（北海道立図書館蔵）などの資料をもとに CAD 図面化し，国土地理院 2 万 5,000 分の 1 地図に重ね合わせ屯田兵村の区画，中隊本部，防風林の位置を表示）

図 4-5 南・北太田兵村地域の現状
（出典：国土地理院 2 万 5,000 分の 1 地図に集落の 中心ゾーン位置と，通りの文字を表示）

図 4-6 東・西和田兵村地域の立地と区画
（出典：根室国根室郡和田村東和田兵村・西和田兵村屯田歩兵第 4 大隊第 1,2 中隊給与地配置図（北海道立図書館蔵）などの資料をもとに CAD 図面化し，国土地理院 2 万 5,000 分の 1 地図に重ね合わせ屯田兵村の区画，中隊本部，防風林の位置を表示）

図 4-7 東・西和田兵村地域の現状
（出典：国土地理院 2 万 5,000 分の 1 の地図にかつて屯田兵村の耕宅地の範囲，中心ゾーンの位置，文字を表示）

図 4-8 農村と市街地の土地利用が混在する屯田兵村地域の分布
（出典：北海道編『新北海道史第四巻 通説三』（北海道 1973 年），兵村の立地した各市町村史，兵村史などの資料と現地調査をもとに北海道地図に分布を示した）

図 4-9 上・下東旭川兵村の耕宅地と全体の範囲
（出典：東旭川町『東旭川町史』（東旭川町役場 1962 年），金巻鎮雄『地図と写真でみる旭川歴史探訪』（総北海 1982 年）などの資料をもとに CAD 図面化し，国土地理院 2 万 5,000 分の 1 地図に上・下東旭川兵村の耕宅地，全体範囲，文字を表示）

図 4-10 上・下東旭川兵村の中心ゾーンの現状の土地利用
（出典：東旭川町『東旭川町史』（東旭川町役場 1962 年）などの資料をもとに CAD 図面化し，国土地理院 2 万 5,000 分の 1 地図に東旭川兵村の中心ゾーンの現状，鉄道，駅，商店街，住宅市街地，工業団地，文字を表示）

図 4-11 上・下東旭川兵村の配置図
（出典：東旭川町『東旭川町史』（東旭川町役場 1962 年）などの資料をもとに東旭川兵村の中心ゾーンと周辺を CAD 図面化し作成）

図 4-12 上・下東旭川兵村の中心ゾーンの現状の街区構成と土地利用
（出典：東旭川町『東旭川町史』（東旭川町役場 1962 年）などの資料をもとに東旭川兵村の中心ゾーンを CAD 図面化し，空中写真『北海道航空真図旭川圏』（地勢堂 1984 年）に兵村時代の区画を重ね合わせた）

図 4-13　南・北剣淵兵村地域の立地と区画
（出典：剣淵町編『剣淵町史』（剣淵町　1979 年）などの資料をもとに CAD 図面化し，国土地理院
2 万 5,000 分の 1 地図に南・北剣淵兵村の耕宅地囲，練兵場，中隊本部などと文字を表示）

図 4-14　南・北剣淵兵村地域の現状
（出典：国土地理院 2 万 5,000 分の 1 地図に現地調査のもと，兵村時代の耕宅地の範囲，神社，鉄道
駅を表示）

図 4-15　高志内兵村の立地と現状
（出典：美唄市史編さん委員会編『美唄市史』（美唄市役所　1970 年），美唄市百年史編さん委員会
編『美唄市百年史資料編』（美唄市　1991 年）などの資料をもとに CAD 図面化し，国土地理院 2 万
5,000 分の 1 地図に屯田兵村の範囲，耕宅地と中隊本部，防風林，現在の国道，コミュニティゾーン，
主要施設などを表示）

図 4-16　市街地的土地利用の屯田兵村地域の分布
（出典：北海道編『新北海道史第四巻　通説三』（北海道　1973 年），兵村の立地した各市町村史、
兵村史などの資料と現地調査をもとに北海道地図に分布を示した）

図 4-17　江別・野幌屯田兵村の立地と現状
（出典：江別市役所・新館長次『江別兵村史』（国書刊行会　1964 年），佐藤良也編『野幌兵村史』（野
幌屯田兵村開村記念祭典委員会　1984 年）などの資料をもとに CAD 図面化し，江別市都市計画白
図に屯田兵村の耕宅地と番外地，追給地，鉄道，などの位置と文字を表示）

図 4-18　士別兵村の立地と現状
（出典：士別市史編纂室編『新士別市史』（士別市　1989 年）などの資料をもとに CAD 図面化し，
国土地理院 2 万 5,000 分の 1 地図に屯田兵村の耕宅地と追給地，番外地，主要施設，現在の国道な
どの位置と文字を表示）

図 4-19　篠路兵村地域の立地と区画
（出典：札幌市教育委員会『札幌歴史地図〈明治編〉』（札幌市教育委員会　1978 年）などの資料を
もとに CAD 図面化し，国土地理院 2 万 5,000 分の 1 地図に耕宅地，防風林，現在の国道の位置と
文字を表示）

図 4-20　篠路兵村地域の範囲現状
（現地調査をもとに国土地理院 2 万 5,000 分の 1 地図に兵村時の範囲，現在の団地，防風林を表示）

図 4-21　納内兵村と現在の納内地区の領域性とまとまり
（出典：納内町開拓八十周年記念誌編纂委員会『納内屯田兵村史』（納内町開拓八十周年記念誌編纂
委員会　1977 年）などの資料をもとに CAD 図面化し，国土地理院 2 万 5,000 分の 1 地図に耕宅地，
中隊本部，練兵場，墓地，防風林などの施設と，現在の道路，高速道路の位置を表示）

図 4-22　江部乙兵村の立地と軸性
（出典：「石狩国空知郡滝川村南滝川兵村屯田歩兵第 2 大隊第 3，4 中隊給与地配置図」（北海道立図
書館蔵）などの資料をもとに CAD 図面化し作成）

図 4-23　江別・野幌屯田兵村地域での土地区画整理エリア
（出典：江別市の都市計画関連資料をもとに都市計画白図に土地区画整理エリア網掛けで表示）

図 4-24　江別・野幌屯田兵村地域での街区形状の現況
（江別市都市計画白図に枠線で区画整理範囲を表示）

図 4-25　東・西永山兵村の中心ゾーンの形成と成熟
（出典：旭川市永山町史編集委員会編『永山町史』（永山町　1962 年　［復刻版］図書刊行会　1981 年）
などの資料と現地調査をもとに CAD 図面化し作成）

図 4-26　納内兵村中心ゾーンの構成
（出典：納内町開拓八十周年記念誌編纂委員会『納内屯田兵村史』（納内町開拓八十周年記念誌編纂
委員会　1977 年）などの資料をもとに CAD 図面化し作成）

図 4-27　鉄道開通後の納内兵村中心部での商店街形成とタウンセンター化
（出典：深川市の都市計画関連資料と現状調査により作成）

図 4-28　納内兵村中心ゾーンの構成と現状
（出典：国土地理院 2 万 5,000 分の 1 地図に屯田兵村の区画，商店街，納内神社，開拓記念公園の位置，
文字を表示）

表・図・写真リスト　335

写真 4-1　　　集落内を通るバス停の名は「旧兵村」である

写真 4-2　　　兵村内にある町村牧場

写真 4-3　　　現状の路村的な景観1

写真 4-4　　　現状の路村的な景観2

写真 4-5　　　道路際の松の木，兵村時代の名残りか

写真 4-6　　　軸線上に形成されている東旭川の商店街

写真 4-7　　　兵村のシンボル旭川神社

写真 4-8　　　軸型で耕宅地が並んだ兵村時代の通り

写真 4-9　　　樹齢600年を超す大木。兵村時代の集合場所のシンボルであったといわれる

写真 4-10　　平坦な土地のなかの小丘陵に位置する剣淵神社

写真 4-11　　剣淵神社の遠景

写真 4-12　　剣淵神社から兵村の耕宅地，市街地方向の眺め

写真 4-13　　国道沿いに農地の高木の並ぶ町並み

写真 4-14　　コミュニティゾーン周囲の土手，あぜ道，小丘陵など微地形を活かしたデザイン

写真 4-15　　記念館として残る野幌兵村中隊本部

写真 4-16　　中隊本部跡と西番外地跡，湯川公園をつなぐグリーンモール

写真 4-17　　野幌地区の住宅地の環境資源として残る防風林

写真 4-18　　市街地内に公園として残る練兵場跡

写真 4-19　　練兵場跡の兵村時代からの大樹

写真 4-20　　一已兵村の軸の景観

写真 4-21　　江部乙兵村の軸の景観

写真 4-22　　江部乙兵村の丘陵地形のなかの林檎園景観

写真 4-23　　江部乙兵村の丘陵地形のなかの緑の並木が続く景観

写真 4-24　　江部乙兵村の丘陵地形のなかの林檎園農家

写真 4-25　　永山神社へ向かう参道

写真 4-26　　永山屯田兵村公園

写真 4-27　　元農業高校前の松並木

写真 4-28　　元農業高校の校舎

写真 4-29　　風格ある一画をつくる納内神社

写真 4-30　　タウンセンター角地の開拓記念公園

写真 4-31　　開拓記念公園にある中隊本部で使われた鐘

写真 4-32　　タウンセンターからJR納内駅の間の商店街通りに残る煉瓦造の建物

写真 4-33　　開拓記念公園の対角線にある納内神社

[第 5 章]

表 5-1　　殖民地選定調査事業の内容

表 5-2　　殖民地選定および区画施設規定の内容

表 5-3　　殖民地選定報文調査による原野の状況
（出典：『北海道殖民地撰定報文完』（北海道庁　1991 年　［復刻版］　北海道出版企画センター
1986 年）の「殖民地撰定原野国別表」をもとに作成）

表 5-4　　殖民地選定及区画施設規定

表 5-5　　入植地での密居制と疎居制の利点と欠点

表 5-6　　殖民区画での密居制の住宅区画実施事例
（出典：北海道庁編『新撰北海道史第四巻　通説三』（1937 年　［復刻版］　清文堂出版　1990 年）
などの資料をもとに作成）

図 5-1　　北海道開拓における耕地面積の推移
（出典：北海道編『新北海道史第九巻　史料三』（北海道　1980 年）のなかの土地統計資料などをも
とに作成）

図 5-2　　タウンシップの空間計画モデル
（出典：マリオン・クローソンほか　小沢健二訳『アメリカの土地制度』（農政調査委員会　1981 年）
などの資料をもとに CAD 図面化し作成）

図 5-3　　明治 23 年（1890）の石狩国開拓状況図
（出典：北海道庁編『新撰北海道史第四巻　通説三』（北海道庁　1937 年　［復刻版］清文堂出版
1990 年）収録の図版「石狩原野殖民地撰定図」をもとに市街地，屯田兵村，集治監，十津川村住民
移住地，道路などを示した）

図 5-4　　トック原野周辺の入植図　空知原野殖民聚落図
（出典：北海道庁編『新撰北海道史第四巻　通説三』（北海道庁　1937 年　［復刻版］清文堂出版
1990 年）収録の図に地名，場所などを書き加える）
明治 30 年(1897) 製版の 5 万分の 1 の地形図である。石狩川右岸トック原野に入植した新十津川村
の 300 間四方の区画のなかに 6 戸ずつ整然と並んだ殖民区画が配置されている。左岸には滝川と江
部乙の屯田兵村が，やや集居的な密度で配置されている。その南は市街地として予定された人口 10
万人規模の空知太市街地区画である。空知川の両岸にまたがって計画された区画には鉄道の駅も見
られる。1 枚の地図のなかに北海道開拓における 3 つの主要な計画が示される例として貴重な計画
図面である。

図 5-5　　土地区画の規模の変遷
（出典：川端義平編『仁木町史』(仁木町　1968 年)，渡辺茂編『江別市史 上巻』（江別市役所　1970 年）
などの資料をもとに CAD 図面化し作成）

図 5-6　　十津川郷民移住トック原野での土地区画（明治 22 年 10 月の柳本案）

図 5-7　　十津川郷民移住トック原野での土地区画（明治 23 年の実施案）

図 5-8　　トック原野での土地区画のデザイン
（出典：『新十津川町史』（新十津川町 1966 年）のなかの図に道路や実際には入植されなかった区画
の位置などを記入）

図 5-9　　石狩国空知郡奈江村殖民区画図（北海道立文書館蔵）

図 5-10　殖民区画モデル計画図
（出典：北海道庁編『新撰北海道史第四巻　通説三』（北海道庁　1937 年　［復刻版］清文堂出版
1990 年）などの資料をもとに CAD 図面化し作成）

図 5-11　新渡戸の大区画と区画規定での大区画の相違

図 5-12　石狩国空知郡奈江村殖民区画図
（出典：北海道立文書館蔵・部分に道路排水位置を示したもの）

図 5-13　新渡戸の考えた 24 戸をまとまりとする密居配置案

表・図・写真リスト　337

図 5-14　新渡戸の考えた密居宅地案を9中区画のなかに配置した案

図 5-15　新渡戸の案を面的な拡がりのなかに配置した場合

図 5-16　篠津原野での密居宅地の事例
（出典：「殖民区画図」（北海道立文書館蔵）に密居区画の位置と文字を表示）

図 5-17　上美唄原野での密居宅地の事例
（出典：「殖民区画図」（北海道立文書館蔵）に密居区画の位置を表示）

図 5-18　天塩川流域での密居宅地の事例
（出典：「殖民区画図」（北海道立文書館蔵）に密居区画の位置を表示）

図 5-19　羊蹄山麓地域での密居宅地の事例
（出典：北海道庁編『新撰北海道史第四巻　通説三』（北海道庁　1937 年　［復刻版］清文堂出版
1990 年）収録の「胆振国殖民地における密居区画」の図に密居宅地位置を示す）

図 5-20　更別原野での密居宅地の事例
（出典：「殖民区画図」（北海道立文書館蔵）に密居区画の位置を表示）

図 5-21　十勝湧洞沼地域での密居宅地の事例
（出典：「殖民区画図」（北海道立文書館蔵）

図 5-22　十勝湧洞沼地域での密居宅地の現状
（出典：国土地理院2万5,000分の1地図に密居区画の位置と文字を表示）

図 5-23　拓殖実習場・拓北集落での密居宅地の事例
（出典：木内信蔵・藤岡謙二郎・矢嶋仁吉編『集落地理講座第3巻』（朝倉書店　1958 年）のなかの
資料をもとに CAD 図面化し作成）

図 5-24　拓殖実習場・拓北集落での密居宅地の現状
（出典：図 5-23 の図を国土地理院2万5,000分の1地図に重ね合わせ作成）

図 5-25　富良野原野殖民区画図　部分
（出典：北海道立文書館蔵）

図 5-26　富良野原野殖民区画図に新渡戸の密居計画案を重ね合わせた図
（出典：北海道立文書館蔵の富良野原野殖民区画図に新渡戸の密居計画案を重ね合わせ作成）

写真 5-1　タウンシップ制度でつくられた農村風景（ミネソタ州）

写真 5-2　山裾のエリアの現状

写真 5-3　開発密居宅地エリアに建つ開発神社

写真 5-4　元更別の大国神社（かつての更別出雲神社か？）

写真 5-5　元更別の密居宅地地区
（出典：北海道庁編『新撰北海道史第四巻　通説三』北海道庁　1937 年　［復刻版］清文堂出版
1990 年）

写真 5-6　元更別の密居宅地地区の現況

写真 5-7　拓北集落の公共用地に建つコミュニティ施設

写真 5-8　拓北集落の公共用地に建つ入植記念碑

写真 5-9　拓北集落の公共用地に建つ拓北神社

写真 5-10　拓北集落の密居宅地に建つ農家

写真 5-11　拓北集落の農地の現況

[第6章]

表 6-1　北海道土地払下規則での事業目的と土地の広さの貸下げ期間
（出典：北海道庁編『新撰北海道史第四巻　通説三』（北海道庁　1937年　［復刻版］清文堂出版　1990年）などの資料を参照し作成）

表 6-2　北海道国有未開地処分法で無償付与される土地の面積規模
（出典：北海道庁編『新撰北海道史第四巻　通説三』（北海道庁　1937年　［復刻版］清文堂出版　1990年）などの資料を参照し作成）

表 6-3　北海道国有未開地処分法での会社・組合への貸付期間
（出典：北海道庁編『新撰北海道史第四巻　通説三』（北海道庁　1937年　［復刻版］清文堂出版　1990年）などの資料を参照し作成）

表 6-4　殖民地選定地と殖民区画地の面積の推移
（出典：明治19年〜大正2年は北海道庁編『新撰北海道史第七巻　史料三』（北海道庁　1937年［復刻版］清文堂出版　1993年）のデータ，大正3年〜昭和1年は，「北海道第一期拓殖計画事業報文」（北海道編『新北海道史第八巻　史料二』北海道　1972年）のデータを活用し作成）。表の網掛けはそれぞれの最高値を示す。

表 6-5　明治32〜42年の払下げ地の状況
（出典：北海道庁編『新撰北海道史第四巻　通説三』（北海道庁　1937年　［復刻版］清文堂出版　1990年）のなかのデータなどを活用し作成）

表 6-6　自作農地と小作農地の面積の推移
（出典：北海道庁編『新撰北海道史第四巻　通説三』（北海道庁　1937年　［復刻版］清文堂出版　1990年）のなかのデータなどを活用し作成）

表 6-7　殖民区画での市街地形成のタイプ

図 6-1　殖民地選定と殖民区画の施行面積の推移
（出典：北海道庁編『新撰北海道史第七巻　史料三』（北海道庁　1937年〔復刻版〕清文堂出版　1993年），北海道編『新北海道史第八巻　史料二』北海道　1972年）のなかの「北海道第一期拓殖計画事業報文」などのデータを活用し作成）

図 6-2　鷹栖原野のエリア図
（出典：鷹栖町郷土誌編集委員会『オサラッペ慕情2　拓地のロマン』（鷹栖町　1982年）所収の図に地名を書き加える）

図 6-3　鷹栖原野の地質状況図
（出典：殖民区画図「石狩国上川郡鷹栖村区画図第一・第二」（北海道立文書館蔵）に湿地，泥炭地，排水路などの地域の地質情報を明示）

図 6-4　鷹栖原野の初期の入植状況図
（出典：「石狩国上川郡近文原野区画図第一・第二」（北海道立文書館蔵）に入植状況をCAD上で書き加える）

図 6-5　松平農場入植状況
（出典：「石狩国上川郡近文原野区画図第一・第二」（北海道立文書館蔵）に松平農場の入植地の計画（濃い線）を示す）。地質の悪い泥炭地を牧場や樹林地に，湿地部分（濃色の網）には排水路を数多く設けている。明治30年の入植地（7線から11線までの範囲）にはH型の防風林を設けている。

図 6-6　松平農場（明治30年第二次富山県移民）入植区画図
（出典：鷹栖町郷土誌編集委員会編『オサラッペ慕情　2拓地のロマン』（鷹栖町　1982年）などの資料をもとにCAD図面化し作成）。網掛けの部分は入植者の氏名がわかっている区画。

図 6-7　松平農場の入植区画での道路組と考えられるまとまり
（出典：鷹栖町郷土誌編集委員会編『オサラッペ慕情　2拓地のロマン』（鷹栖町　1982年）などの資料をもとにCAD図面化し作成）

図 6-8　空中写真と入植時の計画を重ね合わせた図
（出典：空中写真『北海道航空真図—旭川圏』（地勢堂　1984年）に松平農場の入植区画の重ね合わせ作図）

表・図・写真リスト　339

図 6-9　番外市街地の分布と大区画の位置
（出典：「石狩国上川郡近文原野区画図第一・第二」（北海道立文書館蔵）に番外市街地と大区画の位置を示す）

図 6-10　丘陵地と神社の分布（網掛けは丘陵地）
（出典：「石狩国上川郡近文原野区画図第一・第二」（北海道立文書館蔵）に神社の位置を示す）

図 6-11　当別・篠津原野の位置と地質
（出典：「石狩国石狩札幌郡当別篠津原野区画図」，新篠津村史編纂委員会編『新篠津村百年史　資料編』（新篠津村　1996 年）などの資料により CAD 図面化し作成）

図 6-12　当別・篠津原野殖民区画図の特徴
（出典：「石狩国石狩札幌郡当別篠津原野区画図」（北海道立文書館蔵），新篠津村史編纂委員会編『新篠津村百年史　資料編』（新篠津村　1996 年）などの資料をもとに CAD 図面化し作成）

図 6-13　当別・篠津原野の入植入植状況
（出典：「石狩国石狩札幌郡当別篠津原野区画図」（北海道立文書館蔵），新篠津村史編纂委員会編『新篠津村百年史　資料編』（新篠津村　1996 年）などの資料をもとに CAD 図面化し作成）

図 6-14　当別・篠津原野入植地の生活のまとまり（市街地・学校・神社・寺）
（出典：「石狩国石狩札幌郡当別篠津原野区画図」（北海道立文書館蔵），新篠津村史編纂委員会編『新篠津村百年史　資料編』（新篠津村　1996 年）などの資料をもとに CAD 図面化し作成）

図 6-15　十勝地域の開拓と等高線地形
（出典：明治 34 年（1901）の（北海道殖民部拓殖課編『北海道殖民状況報文　十勝国』（北海道殖民部拓殖課　1899 年）のなかの十勝国の開拓状況を示す地図に，等高線によるエリア分け，道路，更別周辺地名などを示す）

図 6-16　更別原野の区画測設の実施年次
（出典：更別村史編さん委員会編『更別村史』（更別村　1972 年）などの資料をもとに CAD 図面化し作成）

図 6-17　更別原野の殖民区画地の計画的特徴
（出典：更別村史編さん委員会編『更別村史』（更別村　1972 年）などの資料をもとに CAD 図面化し作成）

図 6-18　広尾線の開設とその後の区画測設の実施
（出典：更別村史編さん委員会編『更別村史』（更別村　1972 年）などの資料をもとに CAD 図面化し作成）

図 6-19　殖民区画図の長沼市街地
（出典：「殖民区画図」（北海道立文書館蔵）に長沼市街地の位置などを示す）

図 6-20　殖民区画図「天塩国上川郡和寒原野区画図」の和寒市街予定地
（出典：「殖民区画図」（北海道立文書館蔵）に駅，市街地の位置などを示す）

図 6-21　和寒市街地の計画デザイン
（出典：国土地理院 2 万 5,000 分の 1 地図に市街地の主要施設などの位置と文字を表示）

図 6-22　新篠津原野の市街地の計画
（出典：国土地理院 5 万分の 1 の地図に明治 29 年（1896）の市街予定地を示している）

図 6-23　更別市街地の計画デザイン
（出典：更別村史編さん委員会編『更別村史』（更別村　1972 年）所収の地図に地名，300 間グリッドなどを書き加えている）

写真 6-1　松平農場跡の興国神社

写真 6-2　10 線 12 号の交差点から東を見る。10 線道路沿いに農家が連担して並ぶ。

写真 6-3　10 線 12 号の交差点から北を見る。12 号道路に接道する農家がない。

写真 6-4　大区画の交点に位置する商店

写真 6-5　柏台神社の秋祭りの様子

写真 6-6　　丘陵地形の景観

写真 6-7　　松平農場跡に残る大樹

写真 6-8　　軸性が強調される丘陵地形

写真 6-9　　新篠津神社

写真 6-10　浄楽寺

写真 6-11　基点となった場所の現在

写真 6-12　防風林というよりも森としての存在感のある樹林地

写真 6-13　樹林内を通る区画の道

写真 6-14　和寒神社

写真 6-15　更別神社

写真 6-16　更別神社を通りのアイストップとする景観

[第 7 章]

図 7-1　　明治 2 年の地方区分図
（明治 2 年の「北海道」の誕生時に 11 国 86 郡が決められた。11 国には千島国が含まれる）

図 7-2　　明治 10 年の北海道の開拓状況図
（出典：北海道庁編『新撰北海道史第四巻　通説三』（北海道庁　1937 年　［復刻版］清文堂出版
1990 年）収録の関秀志作成の「北海道移住・開拓図」のデータをもとに作画した）

図 7-3　　明治 20 年（1877）の北海道の開拓状況図
（出典：北海道庁編『新撰北海道史第四巻　通説三』（北海道庁　1937 年　［復刻版］清文堂出版
1990 年）収録の関秀志作成の「北海道移住・開拓図」のデータをもとに作画した）

図 7-4　　明治 30 年（1897）の北海道の開拓状況図
（出典：北海道庁編『新撰北海道史第四巻　通説三』（北海道庁　1937 年　［復刻版］清文堂出版
1990 年）収録の関秀志作成の「北海道移住・開拓図」のデータをもとに作画した）

図 7-5　　明治 40 年（1907）の北海道の開拓状況図
（出典：北海道庁編『新撰北海道史第四巻　通説三』（北海道庁　1937 年　［復刻版］清文堂出版
1990 年）収録の関秀志作成の「北海道移住・開拓図」のデータをもとに作画した）

図 7-6　　市街地と屯田兵村の関係モデル図

図 7-7　　屯田兵村と殖民区画の関係モデル図

図 7-8　　北海道農業地帯と屯田兵村の分布図
（出典：北海道立総合経済研究所『北海道農業発達史 I』（中央公論　1963 年）収録の「北海道農
業の地帯形成（1）」に屯田兵村の分布等を重ね合わせた）

写真 7-1　　更別原野での 300 間のスケール

写真 7-2　　モエレ沼公園でのスケール

[補章]

表補 -1　　近代期の本州と北海道の開拓事業
（出典：農商務省食料局『開墾地移住経営事例』（農商務省　1922 年），藤岡謙二郎『日本歴史地理総説・
近代編』（吉川弘文堂　1977 年），北海道編『新北海道史第三巻　通説二』（北海道　1971 年）など
を参照し作成）

表補 -2　　　大槻原開墾と初期有珠郡紋別入植の比較表
（出典：高橋哲夫『安積野士族開拓史』（安積野開拓顕彰会　1983 年），岡蕃『伊達町史』（伊達町　1949 年）などの資料をもとに作成）

表補 -3　　　旧久留米士族大槻原開墾と後期有珠郡紋別入植の比較表
（出典：高橋哲夫『安積野士族開拓史』（安積野開拓顕彰会　1983 年），岡蕃『伊達町史』（伊達町　1949 年）などの資料をもとに作成）

表補 -4　　　那須野ヶ原開墾と北海道の殖民区画開拓の比較表
（出典：西那須野町史編さん委員会『西那須野町の開拓史』（西那須野町　2000 年）などの資料をもとに作成）

図補 -1　　　旧二本松士族と開拓社入植図　安積原野
（出典：高橋哲夫『安積野士族開拓史』（安積野開拓顕彰会　1983 年），『郡山町史』（郡山町　1981 年）などの資料をもとに CAD 図面化し作成）

図補 -2　　　旧亘理藩伊達邦成一行有珠郡紋別移住入植図（明治 3,4 年）
（出典：岡蕃『伊達町史』（伊達町　1949 年）などの資料をもとに CAD 図面化し作成）

図補 -3　　　旧岩出山藩伊達邦直一行当別移住入植図
（出典：当別町史編さん委員会『当別町史』（当別町　1972 年）などの資料をもとに CAD 図面化し作成））

図補 -4　　　安積疏水と安積原野士族授産開墾入植図
（出典：高橋哲夫『安積野士族開拓史』（安積野開拓顕彰会 1983 年）などの資料をもとに CAD 図面化し作成）

図補 -5　　　大蔵壇原久留米士族開墾入植図
（出典：高橋哲夫『安積野士族開拓史』（安積野開拓顕彰会　1983 年），郡山町『郡山町史』（郡山町　1981 年）などの資料をもとに CAD 図面化し作成）

図補 -6　　　有珠郡紋別士族開墾入植図
（出典：岡蕃『伊達町史』（伊達町　1949 年）をなどの資料をもとに CAD 図面化し作成）

図補 -7　　　山鼻屯田兵村入植区画図
（出典：札幌市教育委員会『札幌歴史地図 明治編』（札幌市教育委員会　1978 年）などの資料をもとに CAD 図面化し作成）

図補 -8　　　那須野ヶ原開拓入植図
（出典：西那須野町史編さん委員会『西那須野町の開拓史』（西那須野町　2000 年）などの資料をもとに CAD 図面化し作成）

図補 -9　　　殖民区画の区画測設規定図
（出典：北海道庁編『新撰北海道史第四巻　通説三』（北海道庁　1937 年　［復刻版］清文堂出版　1990 年）などの資料をもとに CAD 図面化し作成）

図補 -10　　　肇耕社の格子状市街地区画図
（出典：西那須野町史編さん委員会『西那須野町の開拓史』（西那須野町　2000 年）などの資料をもとに CAD 図面化し作成）

図補 -11　　　札幌本府計画の民有地部分
（出典：札幌市教育委員会『札幌歴史地図〈明治編〉』（札幌市教育委員会　1978 年）などの資料をもとに CAD 図面化し作成）

写真補 -1　　　那須開墾社の事務所裏にあった防風土手と防風林の復元

あとがき

　今年の夏，アメリカ中西部のミネソタやカンザスを訪れる機会があった。ミネソタ州ミネアポリスは環境や景観も美しく，産業的にも好調で全米でも住みたい街として上位にランクされる魅力的な都市だが，旅の目的は「都市」ではなく農村にあった。アメリカの中西部は地図で見るとわかるが，州境が直線でしかも線は経度，緯度に沿ったラインで区切られている。そのなかはインターステイトハイウェイなどもほぼ直線で東西，南北に走っているが，地図をどんどん拡大していくと，地域がまったく碁盤のように正確にグリッドで区切られたエリアが出現する。単位が1マイル（約1,600 m）のグリッドで整然と区画された仕組みはタウンシップといわれ，19世紀中頃からアメリカの中西部開拓の土地区画制度によって生まれたものである。タウンシップが行われたエリアは東西1,000km，南北1,500kmを超える広大な範囲に拡がる。グリッドで整然と区画された田園地域の景観は北海道の農村にも見られる。北海道の農村にも殖民区画という制度でつくられた共通する風景があるのである。農村調査の途中で今は賑わいからは取り残されたような街だが，19世紀の開拓期に川港や鉄道駅を基点に開かれ，一本のメインストリートを軸に格子状の市街地が拡がるフロンティア時代の都市形成の原型のようなものも見ることができた。
　19世紀は産業革命と都市化の時代でもあったが，原野開拓の時代でもあった。世界の新大陸といわれる地域と，明治時代の北海道と東北の一部は同じような目的をもった地域づくりの時代にあった。アイディアや制度に類似するものをもち，それぞれの地域で原野を拓き，農村やフロンティアの都市をつくる困難な時代にあった。現在，2世紀近い歴史を経て，開拓の時代の原野は重要な農村地域とそのなかに都市を形成するに至っている。
　本書は19世紀の北海道開拓時代への旅を通して，地域づくりの有り様を探しもとめに出た旅の記録である。旅の途中では，いくつもの思いもかけない発見に出くわした。屯田兵村が近代期のモデルになるような優れた地域空間計画の手法であったことの発見や，札幌農学校卒業生たちの開拓への強い思いは旅を継続する勇気を与えてくれるものであった。北海道の開拓と土地に根付くために，先人の思いやすばらしいアイディアが至るところにちりばめられ，そこには濃密な地域づくりの歴史が詰まっていたのである。
　本書は2007年に学位論文としてまとめたものをベースにしている。論文

としてまとめるに当たって，多くの方々の助言や支援を頂いた。まずなによりも本研究が論文としてまとまりを得られたのは，重村力教授の適切なご指導の賜物である。重村教授には，早稲田大学大学院吉阪研究室で出会って以来，研究や地域づくり実践における先輩として師として，常に変わらぬご指導を頂いた。北海道大学時代の恩師である上田陽三先生には北海道における農村計画，地域づくり研究の先達として，本研究をまとめるに当たって貴重なご示唆を頂いた。また越野武先生，故・足達富士夫先生には本研究について直接，ご助言を得る機会はなかったが，両先生のもとで建築史や地域空間研究の基礎を学んだことや真摯な研究への姿勢に触れたことは，論文をまとめる上での基礎として大きな力となった。北海道大学の森下満氏は北海道大学建築工学科の同級生として出会って以来，研究や小樽，函館，札幌での地域づくりの実践や研究において，常に同志といえる存在であった。本研究をまとめる過程においても，終始適切な示唆と助言を与えてくれた。同じ時期に論文をまとめようとしていた彼との月1回のD論ゼミと称した場は，互いに励まし合い，行き先の見えない作業を照らす燈台であった。また妻・桃子も論文全体を通して，表現や言い回しが明確になるよう何度も添削して，文章の質を高めてくれた。これらの方々には改めて深くお礼申し上げたい。

　筆者が学位論文をまとめようと考えたきっかけは，早稲田大学大学院吉阪研究室博士課程在籍のときである。吉阪隆正先生に，当時没頭していた小樽運河保存運動と小樽の都市再生について論文をまとめようと考えているが，見込みはあるだろうか，その内容を研究室のみんなにも発表したいので，評価してほしい旨を伝えた。発表の結果，筆者はなんとなく好感触を得たと勝手に解釈し，論文を書き始めることになった。しかし書き方も十分わかっていない状態ですぐにまとめることができずにいたなか，吉阪先生は急逝された。小樽から出発した筆者の研究や地域づくり実践は，その後函館や札幌の都市研究，開拓期の農村地域の空間研究へと拡がった。テーマは異なるものになったかもしれないが，本論文の出発点は吉阪先生に北海道での地域空間研究を評価していただいたことにあると考えている。本書を故・吉阪隆正先生に捧げたい。

　最後に本書の刊行に際しては，独立行政法人日本学術振興会より「平成26年度科学研究費助成事業（科学研究費補助金）（研究成果公開促進費「学術図書」）」の助成を受けた。記して謝意を述べたい。

　　2014年12月24日　　　　　　　　　　　　　　　　　柳田良造

事項・人名索引

あ行

アイストップ　251
アイヌ　3, 173
アイヌ文化　15
青木周造　307
旭川大学キャンパス　148
旭川農業高校　147
浅間山噴火　17
足利健亮　87
足軽屋敷　38
吾妻謙　38, 300
安積大槻原開墾　294
安積開拓　313
安積原野開拓　303
安積疏水工事　302
阿武隈川改修　302
虻田通　29
アンチセル　20
安東氏　17
イウォル　15
異国　17
石田頼房　11
移住小作　215
移住者　153
移住団体　39
移住民　170
移住村　4
一列　67
一列軸型　71
井戸組　95
稲田邦植　19
犬養毅　213
井上修次　11
伊能忠敬　17
入口道　94
インセンティブ　24, 55
インフラ事業　24
インフラ整備　313
飲用水　162
上田陽三　11
上原轍三郎　11
有珠郡紋別　42, 296, 300
宇田川洋　15
内田瀞　10, 162, 180, 196
雨竜華族組合農場　296
雨竜の農場　213

運河　7, 248
運輸　22, 162
営農　180
営農・教練・コミュニティ形成　112
営農形態　57
営農モデル　137
駅逓　90
エコシステム　15
蝦夷三官寺　124
蝦夷地　16
蝦夷地開拓計画　297
蝦夷地警備　297
榎森進　16
江別型モデル　270
江別屯田兵村　230
江別兵村　122, 278
エルドッジ　21
沿海部　157
沿川型　32
遠藤明久　11
遠藤龍彦　11
縁辺部　15
桜桃　39
大久保利通　302
大蔵壇原　303
大槻原（開成山）開墾　300
大槻原開墾　301
大鳥圭介　28
小川二郎　220
奥行　34
納内神社　148
渡島通　29
小樽通　29
御手作場　18
小野兼基　180
オホーツク文化　15
御雇い外国人　57

か行

街区　29, 62
街区構成　29
開港場　263
開墾　297
開墾技術　45
開墾競争　55, 63

開墾結社　39
開墾小作　214
開墾小作慣行　215
開墾事業　205
開墾手法　313
開墾地　32, 184, 303, 304, 305, 309
開墾入植　293, 305
開墾優先　67
開墾料　222
海産物　17
開進社　39
開成館　298
開成社　298
街村　87
開拓　3, 5, 153
開拓期　5, 253
開拓技術　313
開拓記念公園　150
開拓行政　157
開拓結社　206
開拓使　11, 18, 122, 162, 306
開拓使官園　54
開拓使顧問　20
開拓使次官　20
開拓使東京出張所　60
開拓使判官　157
開拓初期　106
開拓政策　153, 263
開拓政策上　157
開拓前線　267
開拓地　268
開拓地域　287
開拓道路　298
開拓入植地域　267
開拓方針　158
開拓村　118
開発可能面積　285
開発適地　128
海保嶺夫　16
外洋航海　16
家屋　19
家屋敷地　38
河岸段丘　16, 68, 78
河口　15
火山灰地　23
貸下げ制度　153
課税制度　154
河跡湖　78
河川　7
華族組合農場　212
片倉小十郎　19
樺戸集治監　230
河畔林　228
上川支庁　148
茅場　178, 298
家老　38

川西光子　11
官営農場　18
官営牧羊場　307
官園　21, 36
灌漑　230
環境改変　103
環境管理　277
環境形成　111
環境条件　4
環境調整機能　102
環境調整装置　256, 277
環境的配慮　101
環境変貌　277
換金作物　57
緩勾配　277
幹線　71
幹線道路　71, 117, 250
官と民のゾーニング　262
勧農　38
勧農規則　35
官有地　296
官吏　39
基幹防風林　228, 288
菊池勇夫　16
菊亭華族農場　80
菊亭脩季　213
技師　20
基軸　103, 106, 143
岸辺　15
既成市街地　7
寄生地主制　155
基線　111, 173, 176, 230, 254, 287
基層　3, 117
基礎単位　168, 171, 172
規定　173
規定力　12
基点　230
帰農　294
基盤　160
基盤事業　23
騎兵　67, 74
基本要素　9
給費　19
窮乏　24
旧増毛道路　149
給養班　81, 184
丘陵部　164
境界　15
行政　39
郷土　37
協同性　38
共同生活行為　97
共同体　15
共同体意識形成　95
共同放牧　178, 179
共同放牧地　177, 256

共同秣地　　177, 178, 179
共同浴場　　38
共有財産　　6
共有地　　6, 108
共有地制度　　51
共用地　　177
教練　　83
居住　　15
居住地　　6
居宅　　39
拠点　　12, 23
漁猟採集　　15
漁労　　15
規律　　45
近世史　　16
近代史　　5
近代史研究　　18
金田一京助　　15
金納負担　　154
金肥　　154
近隣生活　　84
空間計画　　12
空間形態　　286
空間構造　　253
空間スケール　　97
空間秩序　　200, 253
空間デザイン　　4
空中写真　　12
区画　　160, 161, 197
区画型　　68
区画グリッド　　272
区画整理　　146
区画設計　　177, 210
区画測設　　5, 83, 177, 242, 243, 245, 287
区画測設規定　　310
区画道路　　173, 176
区画割　　25, 239, 251
草地　　7, 178
釧路集治監　　267
国見　　4
組合　　10
組み合わせ区画型　　71
組み合わせ軸型　　71
組頭　　38
組長　　38
グリッド　　248
黒田清隆　　20
桑　　39
桑苗　　57
軍備優先　　67
訓練　　42
計画　　5, 198
計画意志　　261
計画意図　　5, 9
計画原理　　111, 117, 160, 266, 285
計画手法　　88, 111

計画的担保性　　252
景観　　153
景観ポイント　　250
形成過程　　3
形態　　49
化外の地　　17
結節点　　101
ケプロン報文　　21
建議　　20, 49
現実的対処　　24
原始的蓄積　　155
建築学　　11
建築用材　　38
建築用材林　　283
現地調査　　10, 162
原野　　5
原野開拓　　181, 198, 210, 294, 301, 313
小岩井農場　　294
高位泥炭地　　230
交易　　16
交換　　16
公共用地　　193
公共予定地　　251
考古学　　15
興国神社　　228
耕作契約　　238
格子型路村　　87
格子状　　153, 250
洪水　　122
貢祖　　153
耕宅地　　60, 145, 223, 281
耕宅地接道道路　　71
耕地　　170
耕地防風林　　289
耕地面積　　285
交通網　　156
交通路　　234
豪農　　155
興農園　　220
河野常吉　　18
後背地　　25
工兵　　67, 74
公有財産地　　109, 139
公有地　　296
港湾の修築　　157
国防　　19
国有未開地　　205, 210
小作契約　　221
小作人　　155, 213, 221, 222
小作農　　214
小作率　　154
越野武　　11
古島敏雄　　153
互助　　42
コタン　　15
古地図　　5

骨格　　4, 5, 7
碁盤目　　28
碁盤目状　　262
コミュニティ意識　　110
コミュニティデザイン　　273
コミュニティの共同体意識　　273
コミュニティの生態圏　　110
米づくり　　219
固有　　4
困窮士族　　35
痕跡　　6
近藤重蔵　　17

さ行

採鉱　　21
西郷従道　　307
採集　　15
最重要施策　　157
最小規模　　54
財政　　24
サイトプラン　　4, 7, 76
砂金　　17
札幌型モデル　　269
札幌官園　　306
札幌県令　　41
札幌農学校　　162, 171, 180, 308
札幌本道　　262
札幌本府計画　　310
擦文文化　　15
佐藤昌介　　180, 308
里山　　110
サブ市街地　　129
サブタイプ　　68
散居形態　　186
散居的構成　　125
三県一局　　157
三県一局時代　　170
三条実美　　213
山丹錦　　16
山林　　170
山林制度　　208
三列軸型　　71
自移工商　　19
自移農夫　　19
塩原街道　　310
市街空間　　279
市街区画　　4, 59, 262, 282, 284
市街区画型　　71
市街地　　4, 175, 197, 239, 270
市街地区画　　249
市街地計画　　164, 271
市街地予定地　　251
敷地規模　　232
敷地割　　29

事業場　　96
事業場通　　96
軸型　　68
軸性　　4
軸線　　281
資源開発　　18
試験場　　21
試行錯誤　　12
自作農　　154, 207, 213
システム　　161
施設利用圏　　97
自然河川　　33
士族移住　　42
士族授産　　294, 313
時代状況　　153
仕度費　　19
自治組織　　51, 283
支庁　　10
実験地　　137
湿地　　7, 189, 278
地主的土地所有　　153
篠津屯田兵村　　230
自費移住　　297
資本主義経済　　155
資本の移住　　158
島根団体　　191
島義勇　　19
社会集団　　97
射撃場　　141
終焉期　　67
縦貫道路　　41
集合形態　　59
集治監　　157, 264
囚人労働　　164
集村　　67
集団移住地　　176
私有地　　24
十文字型　　251, 257
重要港湾　　67
集落　　11, 198
集落域　　102
集落運営　　4
集落計画　　11, 254, 276, 296
集落形成　　173
集落形態　　34, 296, 305
集落調査　　95
集落地理学　　11, 293
集落配置　　225
授産　　35, 41
首長　　16
酒保　　101
手法　　7
狩猟　　15
樹林植生　　55
樹林地　　7, 55, 103, 106, 228
小河川　　278

小学校　　10
城下町　　18, 26
小丘陵　　88, 106, 278
商業ゾーン　　136
将校官舎　　100
小地主　　154
小村落　　199
沼沢　　7
沼沢地　　230
商店　　37
小農　　59
縄文文化　　15
逍遥地　　27
殖産興業　　293
殖民学　　11
殖民区画　　5, 83, 153, 159, 171, 173, 177, 200,
　　248, 274, 285, 287, 307, 312
殖民区画規定　　186
殖民区画図　　249
殖民区画制度　　164, 205, 221
殖民地　　157
殖民地選定　　157, 177, 210
殖民地選定事業　　162
殖民地選定地　　208, 209
殖民地選定調査　　82, 159, 164, 205, 221
殖民地選定調査事業　　162, 163
殖民適地調査　　162
植林地　　309
自立　　54
寝具　　19
神社　　88, 305
神社林　　227
薪炭用林地　　109, 139, 177, 178, 179
薪炭林　　6, 283
新田開発　　34
新十津川　　173
新北海道史　　16
シンボル　　281
水運　　262
水源涵養林　　256
水産資源　　15
杉　　39
スケール　　4, 9, 97
図式　　67
図説　　11
砂川停車場　　177
スプロール　　131
諏訪大明神絵詞　　16
寸法　　9
生活共同体　　180
生活居住　　12
生活圏　　98
生活物資　　235
成墾　　58
政策　　12
成熟　　5

西南戦争　　42
製麻　　56, 57
西洋李　　39
西洋梨　　39
西洋農具　　36, 305
西洋農法　　313
セーフガード　　112
瀬川拓郎　　15
赤心社　　39
セクション　　160
接道　　71
扇状地　　25, 68, 73, 277
選地　　5
選定調査　　158, 164
千本松農場　　294, 312
前面道路　　94
桑園　　59
装身具　　16
草創　　37
総代　　43
贈与　　16
ゾーニング　　5
疎居　　59, 180
疎居制　　180
疎居配置　　67, 183
続縄文文化　　15
即地的　　4
測量　　160, 162, 200
測量基点　　160
測量標　　160
空知地域　　175
空知農学校　　147
空知太市街計画地　　166
空知太市街地　　176, 270
村有基本財産　　239
村有地　　238
村有林　　283
村落　　11, 175
村落の計画　　261

た行

第1次レイアー　　117
第一給与地　　60
大飢饉　　17
大規模経営農場　　306
大規模農場　　255
大区画　　183, 217, 225
第七師団　　10
大樹　　102
大樹林　　219
太政官　　34
大隊本部　　88
大土地所有　　212
大農　　59

大農会　　207
大農経営　　313
大農式　　213
大農主義　　309
大農場経営　　294
大木　　16
大陸　　16
タウンシップ　　153
タウンシップ制度　　159
タウンセンター　　146
高岡熊雄　　171
高倉新一郎　　18, 38
鷹栖原野　　276
高田屋嘉兵衛　　17
滝川型モデル　　270
拓殖計画　　164
拓殖実習場　　193
宅地区画　　193
拓北集落　　193
武田廣　　10
田島弥平　　57
伊達邦直　　19
伊達邦成　　19
伊達士族移住　　230
縦道　　310
田中彰　　18
田沼意次　　17
段階的なまとまり　　98
段丘面　　277
短冊型　　34, 281
団体移住　　218
単独移住者　　175
地域空間　　3, 205
地域空間形成　　153, 261, 286
地域中心市街地　　129
地域デザイン　　168
地域農村計画　　205
地価　　24, 154
地形　　5
地形条件　　250
地形図　　5
地形測量　　162
地質　　7, 158
地質資源　　23
地質条件　　5
地勢　　20
地租　　153, 154
地租改正　　153
地租負担　　154
秩禄給与　　294
秩禄処分　　294
秩禄廃止　　35
地名　　15
チャシ　　15
中央管理ゾーン　　143
中央道路　　51, 68

中区画　　217
中国人　　15
中小自作農層　　153
中心性　　68
中心ゾーン　　88, 278
中隊　　272
中農　　59
超大地主　　155
長官　　26
肇耕社　　307
調査　　160
調査測量　　159
調査隊　　17
徴兵常備軍　　153
徴兵令　　51, 158
直轄地　　18
直交　　103
鎮守　　20, 81
追給地　　62
通学　　197
通底　　12
提言　　20
提言書　　21
泥炭地　　7, 189, 230, 278
定着　　18
デザイン　　5, 274, 286
デザイン原理　　12
デザイン手法　　87
鉄道　　7, 166
鉄道駅　　250
鉄道防風林　　133
でっぱり　　78
展開期　　67
転換　　24
天寧寺　　147
天明期　　17
唐　　17
同一　　9
等高線　　7
統治　　19
道庁技師　　10, 164, 171, 217
道道旭川深川線　　149
道南地域　　117
当別移住　　294
東北開発　　302
東北巡幸　　302
道路　　157, 197, 270
道路維持管理　　164
道路開削　　23, 41, 157, 158, 162
道路区画　　145
道路組　　175, 225
道路交点　　199, 200
道路整備　　42, 200
十勝育成牧場　　193
十勝監獄　　41
十勝原野　　117

徳川慶勝　35
徳川義礼　213
独立農家　206
都市　284
都市市街地　118
都市的機能　175
土地　6, 159
土地規模　55, 171
土地給与規則　51
土地給与のシステム　112
土地区画　138, 153, 168, 211, 232
土地区画図　175
土地区画制度　160
土地区画整理事業　138
土地処分　24, 205, 212, 214
土地制度　24
土地選定　54
土地測量　33, 210
土地調査　160, 229
栃内元吉　52
土地の貸下げ　294
土地併合　155
特科隊　74
十津川移民　208
十津川郷土　164
十津川村民　170
十津川村　173
トック原野　196
トック原野入植　296
富山県史　153
砦　15
屯田の鐘　150
屯田兵　11, 157
屯田兵屋　104
屯田兵条例　51, 108
屯田兵本部　125
屯田兵村　5, 117, 173, 210, 285
屯田兵例則　301

な行

奈井江停車場　177
内国化　18
内務省勧農局　306
内陸部　157
奈江村区画図　182
永井秀夫　18
中区画　232
中條政恒　298, 303
中通り　142
長屋　38
永山武四郎　275
永山農学校　146
那須開墾社　309
那須野ヶ原開墾　312

名主　38
南北軸　81
新潟港改修　302
仁木竹吉　39
日常生活圏　97
日用品　37
日露戦争　42
日清戦争　42
新渡戸稲造　84, 171
入植　5
入植戸数　49, 173
入植者　219
入植地　4, 164, 170
二列軸型　71
人間尺度論　97
人夫　23
農家経済　154
農家住宅　57
農学校　21
農器具　19
農業経営　161
農業政策　56
農業地理学　293
農業適地　229
農耕開発適地　268
農耕地　197, 296
農耕地面積　170
農耕適地　88, 158, 166, 210, 265
農場　213
農村　4, 261, 284
農村地域　118
農村的土地利用　118, 121
農地　6
農地規模　44
農地経営上　275
野蒜築港　302

は行

パイオニア　12
配給　37
排水　230
排水溝　142
排水路　232
配置　4
配置区画　71
配置計画　12, 111, 223
配置パターン　37, 68
幕臣　28
幕藩期　17
幕藩体制　16
馬耕　213
箱館戦争　20
橋口文蔵　213
場所　5

場所請負制　18
パターン　26
八王子千人同心団　17
蜂須賀茂韶　213
パッチパーク　287
伐木　39
原田一典　10, 18
馬鈴薯　39
班　76, 225
番外地　11, 76, 100, 128, 139, 140, 225
判官　26
班木　96
晩成社　39
氾濫　16
引き込み道路　71
微高地　90
微地形　90
ひっこみ　78
必要性　276
日ノモト　16
百間道　309
肥沃地　278
肥沃度　56
肥沃な土地　56
ビレッジセンター　112, 146, 147
フィールド　12
フィールド調査　293
風水　53
風致　227
風土　293
奉行所　18
複路村　87
府県農村　153
武士　18
藤本強　15
扶助米　39
扶養米　297
プラウ　36, 305
古在由直　195
風呂組　95
プロジェクト　4
フロンティア　4, 268
文献調査　293
分散型　55, 71
分析　7
分領制　20
分類　68
平安京　28
兵屋　42
米価　154
平行区画型　71
平行四辺形　138
平行四辺形の区画　138
米国　159
兵村会　51, 108
兵村記念館　10

兵村空間　106
兵村時代　145
兵村事務所　10
兵村諮問会　51, 108, 283
兵村全域　81
平坦地　63, 164
平坦部分　78
兵部省　38
募移工商　19
募移農夫　19, 20
募移民　38
方形測量　160
方向性　68
方針　18, 24
乏水性の台地　298
防備　18
防風　186
防風林　102, 111, 177, 198, 227, 232, 246, 254,
　　256, 270, 281, 283, 312
防風林網　287
砲兵　67, 74
防霧林　178, 256
北越殖民社　170, 215, 294
牧場用地　170
牧畜　57
保護　19
保護移民　19, 42, 160
歩行距離　97
募集　19
墓地　88, 178
北海道移住　158
北海道開拓　156
北海道殖民地選定報文　163
北海道大学付属図書館　10
北海道庁　153, 157, 170
北海道土地売買規則　205
北海道農会　171
北海道立図書館　10
北海道立文書館　10
北方資料室　10
北方資料部　10
北方防備　164
幌内炭鉱　264
本府計画　4

ま行

前田利嗣　213
牧ノ原開墾　294
秣場　298
間口　34
増田忠二郎　87
町村牧場　121
町役場　250
松浦武四郎　25

松方正義　312
松平農場　276
間宮林蔵　17
丸木舟　40, 44
未開原野　158, 293, 306
未開原野開拓　294
未開地調査　162
三島農場　294
三島通庸　307
密居　59, 180
密居型　180
密居区画　190, 243
密居集落　185, 254
密居制　180, 222
密居宅地　177, 184, 232
密居配置　67
密度　34
民間移民　40
民地　26
向こう三軒両隣　95
無償付与　207
村松繁樹　11
村本徹　11
明治維新　153
メインストリート　251, 257
メム（湧水）　279
面積　158, 159, 160
免祖　24
毛利元徳　35
最上徳内　17
モジュール　81
モデル　4, 286
モデル性　113

や行

役宅　39
役場　10
矢嶋仁吉　87
安場保和　298
野生動物　17
柳本通義　10, 162, 164, 171, 180, 196
山田秀三　15
山田誠　11, 100
弥生文化　15
邑則　38, 273, 300
有畜混合農業　57
ユニット　76
用材　56
養蚕　56, 122
洋式農業施策　302
養樹園　21
洋風　26
洋風建築　11
洋風兵屋　57

要路　107
横線　80
横道路　142
横山光雄　11
依田勉三　39
米蔵　38
よりしろ　6, 281, 282
よりどころ　6, 106, 226, 280

ら行

ランドスケープ　288
ランドマーク　106
陸軍省　42
離村者　155
立地　16
立地意図　136
領域　7, 15
領域性　102
良港　25
領主的土地所有　153
領土　18
旅費　19
林檎　39
林地　6
隣道　94
類推　9
ルート　93
ルーラルデザイン　6, 273
レイヤー　3
列状村　67, 87
連担部分　131
練兵場　83, 100
ロシア式実験タイプ　137
路村　32, 87
路村型　298
路村構成　273
論考　16

わ行

ワーフィールド　20
和人　15
渡辺仁　15
渡辺操　196
渡党　16
和寒神社　249

数字

5人組制度　38
8間幅　75
45度　250

事項・人名索引　353

200戸　272
300間　75, 252, 288
300間四方　153
300間のスケール　288

欧文

CAD　9

地名索引

あ行

アイヌ・モシリ　15
旭川　11
安積原野　293
安積原野大槻原　298
阿波国　40
石狩　11, 18, 166
石狩街道　80
石狩川　15, 164, 168
石狩川右岸　164
石狩川中流部　164
石狩国空知　162
石狩国夕張　162
石山道路　60
一の坂　78
一已　51
胆振国　166
胆振国千歳　162
胆振国勇払　162
岩内　18
岩見沢村　43
牛朱別川　65
雨竜川　168
雨竜原野　51, 168
江差　18
江部乙　51
沿海州　17
演武山　81
奥羽北越　30
大津　40, 41
大友堀　26
丘珠村　27, 31
納内　51
渡島　166
渡島半島　17
長万部　18
オシラリカ川　166
オシラリカ原野　166
小樽　38
帯広　27
オホーツク海側　68
生振村　32

か行

開発宅地　188
柏崎県　31
金沢　187
カバト川　166
樺戸郡　164
樺戸集治監　37, 164, 173
神居雨粉　219
上川　11, 162
上川盆地　16, 168
上常呂原野　82
上トック　173
上美唄原野　188
カムチャッカ　16
樺太　16
雁来村　32
木古内　42
北見　162, 166
北見道路　63
釧路　162, 166
釧路地方　170
国見峠　54
黒川村　38
剣淵　51
庚午ノ村　30
琴似　27
琴似村　27

さ行

堺川　81
酒田県　31
札幌　4
札幌新村　31
札幌本道　23
札幌村　31
三本木原野　293
静内　39
聚富　36
篠津川　229
篠津原野　187
篠津太　56
篠路村　31
士別　51
士別神社　141

下帯広　41
下帯広村　40
下トック　173
十三湊　17
集落　187
将軍山　54
上州　57
後志　162, 166
白石区　35
新琴似兵村　80
新得　41
新十津川トック原野　175
辛未村　32
水郷公園　141
砂川　175
仙台藩　32
宗谷　19
空知　21
空知川　164
空知太　78, 164

た行

大国神社　88
大鳳川　81
高志内　51, 67
鷹栖　216
鷹栖原野　218
滝川　27
千島　16
秩父　51
千歳道　32
茶志内　51, 176
中国　17
忠別　11
忠別川　65
対雁　37
対雁通　37
津軽　17
津軽海峡　16, 17
月形　37
月寒村　32
九十九山　141
天塩　162, 166
天塩郡各原野　189
唐　17
当別町　35
東北地方　16
当麻　51
十勝　162, 166
十勝川　15
十津川村　153
トック川　173
トック原野　164, 166, 173
突哨山　217

鳥取　43
鳥取村　43
豊平川　25
トレップタウシナイ原野　166

な行

奈井江両市街地　175
ナイ原野　175
奈江原野　175
苗穂村　31
中小屋　187
永山　51
那須野ヶ原　293
名寄　27
仁木村　40, 170
二の坂　78
根室　19, 162
根室県　170
根室国　166
野桑　56
野付牛　51

は行

萩ヶ岡　88, 278
箱舘　18
函館　23
発寒川　60
発寒村　31
パンケチベシュナイ川　36
花畔村　32
東旭川　10
美唄　51
平岸村　32
ピンネシリ岳　164
フィラデルフィア市　28
福島　18
富良野盆地　168
米国　28, 153
北海道　5
幌内炭鉱　42

ま行

増毛道路　80, 166
松前　16, 17
松本十郎　60
円山　25
丸山　81
円山村　31
未開　19
武蔵野　34

や行

八雲　　35
山田村　　38
湧別　　51
余市　　35

わ行

ヲトシナイ原野　　175

北海道開拓の
空間計画

発行
2015 年 2 月 27 日　第 1 刷

著者
柳田　良造

発行者
櫻井　義秀

発行所
北海道大学出版会
札幌市北区北 9 条西 8 丁目
北海道大学構内（〒060-0809）
Tel. 011（747）2308　Fax. 011（736）8605
http://www.hup.gr.jp

装幀・レイアウト
伊藤　公一

印刷
㈱アイワード

製本
石田製本㈱

ISBN 978-4-8329-8217-8
ⓒ柳田　良造, 2015

柳田　良造 (やなぎだ　りょうぞう)

1950 年
徳島市に生まれる
1975 年
北海道大学工学部建築工学科卒業
1981 年
早稲田大学大学院理工学研究科博士課程
単位取得満期退学
1983 〜 2001 年
（株）柳田石塚建築計画事務所代表
2001 〜 2008 年
プラハアソシエイツ株式会社代表
2008 年〜
岐阜市立女子短期大学生活デザイン学科
教授
博士（工学）

主な業績
2013 年度日本建築学会賞受賞
「近代期における開拓と農村地域空間形成
の研究」

論文
「北海道開拓における殖民区画の計画原理
と集落デザイン」日本建築学会計画系論文
集 Vol.635，2009
「近代期における開拓・農村地域空間形成
の研究―北関東・東北・北海道での開拓の
比較分析を通して」日本建築学会計画系論
文集 Vol.673，2012，他

建築作品
「ニセコ生活の家」，1999「もみじ台の家」，
2000「山鼻コーポラティブハウス」，2001
「発寒ひかり保育園」，2002「旧岐阜県庁舎
＋岐阜大医学部跡地保全活用計画」，2010，
他

主要著書
『シリーズ地球環境建築・専門編 1　第二
版』彰国社（2010，分担執筆），『シリー
ズまちづくり教科書・第 1 巻まちづくり
の方法』丸善（2004，分担執筆），『日本
の都市環境デザイン第 1 巻北海道・東北・
関東編』建築資料研究社（2003, 分担執筆）

北海道農村住宅変貌史の研究	足達富士夫 編著	A5・188頁 価格6700円
明治初期日本政府蒐集舶載建築書の研究	池上重康 著	B5・170頁 価格7000円
積雪寒冷型アトリウムの計画と設計	繪内正道 編著	B5・230頁 価格18000円
建築空間の空気・熱環境計画	繪内正道 著	A5・272頁 価格5500円
北国の街づくりと景観 ―気候に結びつけた都市デザイン―	N.プレスマン 著 繪内正道 訳	A5・226頁 価格3000円
北の住まいを創る	菊地弘明 飯田雅史 著	A5・336頁 価格3200円
私のすまい史 ―関西・北海道・パリ―	足達富士夫 著	四六・234頁 価格1800円
北海道の住まい ―環境の豊かさを生かす―	北海道大学 放送教育委員会 編	A5・176頁 価格1800円
ストーブ博物館	新穂栄蔵 著	四六変・224頁 価格1400円
サイロ博物館	新穂栄蔵 著	四六変・174頁 価格1400円
写真集北大125年	北海道大学 125年史編集室 編	A4変・238頁 価格5000円
北大の125年	北海道大学 125年史編集室 編	A5・152頁 価格900円
北大歴史散歩	岩沢健蔵 著	四六変・224頁 価格1400円
絵はがき 北大の歴史的建築 ―図面と模型Ⅰ～Ⅳ―	池上重康 監修	各8枚組 価格各400円

―――――北海道大学出版会―――――

価格は税別